澜沧江-湄公河区域橡胶林植物多样性及分布

兰国玉　吴志祥　陈帮乾　著

中国农业科学技术出版社

图书在版编目（CIP）数据

澜沧江-湄公河区域橡胶林植物多样性及分布 / 兰国玉, 吴志祥, 陈帮乾著. —北京：中国农业科学技术出版社，2020.12

ISBN 978 − 7 − 5116 − 4941 − 6

Ⅰ.①澜… Ⅱ.①兰… ②吴… ③陈… Ⅲ.①澜沧江－流域－橡胶树－生物多样性－研究 ②湄公河－流域－橡胶树－生物多样性－研究 Ⅳ.①S794.1

中国版本图书馆 CIP 数据核字（2020）第154672号

责任编辑	姚　欢
责任校对	马广洋
出 版 者	中国农业科学技术出版社
	北京市海淀区中关村南大街12号　　邮编：100081
电　　话	（010）8210 6636（编辑室）　　（010）8210 9702（发行部）
	（010）8210 9709（读者服务部）
传　　真	（010）8210 6636
网　　址	http://www.castp.cn
经 销 者	各地新华书店
印 刷 者	北京东方宝隆印刷有限公司
审 图 号	GS（2020）7094号
开　　本	889mm×1194mm　1/16
印　　张	30.75
字　　数	850 千字
版　　次	2020年12月第1版　2020年12月第1次印刷
定　　价	360.00 元

《澜沧江–湄公河区域橡胶林植物多样性及分布》

著 作 委 员 会

主　　著　　兰国玉　　吴志祥　　陈帮乾

副 主 著　　陈　莉　　杨　川　　孙　瑞　　周建南　　王翠翠

著者成员　　兰国玉　　吴志祥　　陈帮乾　　陈　莉　　杨　川　　孙　瑞

　　　　　　周建南　　朱家立　　王纪坤　　张希财　　郑定华　　王翠翠

　　　　　　祁栋灵　　陶忠良

摄　　影　　杨　川

作者简介

兰国玉，男，1977年3月生，陕西大荔人。博士，博士生导师，中国热带农业科学院橡胶研究所研究员。现任农业农村部儋州热带作物科学观测实验站副站长。曾于2008年5—9月在加拿大阿尔伯特大学做访问学者。主要从事热带森林生态学、生物多样性及微生物生态学等方面的研究。主持并完成了中国植胶区及湄公河区域国家植胶区橡胶林植物多样性调查与研究，同时在热带森林微生物生态学方面开展深入了研究。近年来以第一作者及通信作者发表论文50余篇（SCI论文15篇），出版专著4部，获海南省科技进步二等奖一项。

吴志祥，男，1970年6月生，湖南湘阴人。博士，博士研究生导师，中国热带农业科学院橡胶研究所研究员。现任农业农村部儋州热带作物科学观测实验站站长，国家天然橡胶产业技术体系橡胶园生态岗位科学家。主要从事热带林生态系统结构与功能以及长期定位观测研究。近年来发表论文100余篇，出版专著4部，获海南省科技进步二等奖一项（第一完成人）。

陈帮乾，男，1982年4月生，贵州遵义人。博士，硕士生导师，中国热带农业科学院橡胶研究所副研究员。2017年博士毕业于复旦大学生态学专业，海南省高层次人才（"拔尖人才"）和"南海名家青年项目"入选者。主要从事热带农林遥感监测等研究。近年来主持国家自然科学基金等省部级项目9项，获海南省科技进步二等奖1项（第二完成人），以第一作者发表学术论文12篇，其中SCI论文7篇；合作发表SCI论文20余篇。

前　言

　　橡胶林是以典型热带经济作物中的橡胶树为唯一优势种的热带地区可持续发展的人工生态系统，是在旱地上建立的较好的生态系统，对生态平衡起着非常重要的作用。整个东南亚区域是目前全球生物多样性本底情况了解得非常少的区域，可能有 6 万～7 万种植物，如老挝曾有一份物种名录中记录的开花植物少于 5000 种，而面积差不多大的中国广东省就达 7700 种，缅甸也存在这种情况。这些区域天然橡胶有较长的植胶历史，在各国的国民经济中占有重要地位。大力发展橡胶产业对于维持该区域社会经济持续发展和繁荣稳定起着非常重要的作用。近年来，橡胶林的发展得到迅速壮大，尤其是东南亚橡胶林的发展。据联合国粮食及农业组织（FAO）统计，2010年东南亚地区橡胶种植面积已经达到 800 万公顷，占世界橡胶种植面积的 81%。其中，即使处于橡胶种植适宜区北缘的中国、老挝和缅甸等国家的丘陵地区也已经是橡胶林广布，面积超过 50万公顷。中国橡胶种植区主要在海南省和云南省，橡胶林种植面积和产量居世界第五。由森林向单一橡胶作物种植转换将对区域生物多样性构成威胁，同时还影响到碳汇，这种土地利用转变还可能对区域水循环造成负面影响。在老挝，连年种植橡胶树需要大规模特许租赁土地，这会对农村地区的森林覆被、水资源、生物多样性和野生动物等自然环境产生负面影响。随着全球市场对天然橡胶的刚性需求，世界范围内的橡胶生产规模还将持续扩大，预计全球橡胶林的种植面积到2050 年时将扩大为现在的 2～3 倍。

　　如何客观地、科学地阐述橡胶林发展过程中出现的突出问题，并提出科学对策，不仅关系到橡胶产业的可持续发展，也是关系到澜沧江－湄公河区域国家橡胶产业布局。但到目前为止，橡胶种植基础数据仍然相对缺乏，如种植橡胶后植物多样性到底降低了多少？这些基础数据对评估橡胶种植引起的环境影响至关重要。鉴于此，本书拟系统调查澜沧江－湄公河区域橡胶林群落植物的种类组成及分布特征，通过分析橡胶林群落物种组成、生物多样性及其影响因素与机制，评估橡胶种植后对该区域植物多样性的影响，同时应用生态学理论，提出切实可行的措施推进橡胶林生态系统的健康、协调发展。本书的研究结果可为选择和培育植物种植材料提供基础，也可为改变橡胶种植结构、合理科学发展橡胶人工林提供理论依据，对促进澜沧江－湄公河区域经济效益和生态环境建设以及多样性保护都有重要的意义。

　　本书对澜沧江－湄公河区域国家橡胶林植物多样性进行了系统研究，并对这些植物的原色图谱、鉴别特征、产地与地理分布以及用途等进行详细描述。鉴于《中国植胶区林下植物（云南卷）》已经出版，本书不再包含云南林下植物的图片及用途分析等内容。本书中植物科、属、种的中文学名和拉丁学名均以《中国植物志》中的名称为准。植物的科排序依次按照下列系统：蕨类植物按秦仁昌 1978 年的系统，被子植物按恩格勒系统，但均略有改动，属、种均按拉丁文字母顺序排序。希望本书能为从事生态学、生物多样性等方面的研究者提供参考，并以期提高当地胶农以及基地工作人员的植物识别能力和保护意识。

由于时间、精力和水平所限，书中不足之处在所难免，恳请批评指正。

目　录
CONTENTS

下　篇　植物分述及分布

◆ 第一章　蕨类植物

◆ 第二章　裸子植物

◆ 第三章　被子植物

澜沧江－湄公河区域
橡胶林植物多样性及分布

上篇 调查研究与结果分析

第一章　研究地区与研究方法

一、研究地区

1. 越南植胶区概况

越南位于中南半岛东部，北与中国接壤，西与老挝、柬埔寨交界，东面和南面临南海，地理位置为北纬8°30′～23°22′，东经102°30′～109°30′。海岸线长3260多千米，地处北回归线以南。越南地形狭长，基本上沿横断山余脉呈西北—东南延伸，地形狭长，地势西高东低，境内3/4为山地和高原。西部为山地，纵贯南北，西坡较缓；中部山脉纵贯南北，有一些低平山口；东部为平原，地势低平，河网密布。地处北回归线以南，高温多雨，属热带季风气候，年平均气温24℃左右，年平均降水量为1500～2000毫米，北方分春、夏、秋、冬四季。南方雨旱两季分明，大部分地区5—10月为雨季，11月至翌年4月为旱季。橡胶种植地域主要在越南南部东区各省，尤以同奈、小河两省的橡胶园面积最大。其次是西宁、多乐、嘉莱—昆嵩、广平、广治、承天—顺化等省。

2. 柬埔寨植胶区概况

柬埔寨位于中南半岛南部，东部和东南部同越南接壤，北部与老挝交界，西部和西北部与泰国毗邻，西南濒临暹罗湾，海岸线长约460千米。柬埔寨属于热带季风气候，年平均气温29～30℃，5—10月为雨季，11月至翌年4月为旱季，受地形和季风影响，各地降水量差异较大，象山南端可达5400毫米，金边以东约1000毫米。柬埔寨其东部、东北部近1/3的国土为倾斜平缓的高原，具有发展天然橡胶独特的天然条件。柬埔寨的橡胶园主要集中在磅湛省、桔井省和腊塔纳基里省，拜林市和西哈努克市地区也有少量种植（刘文和齐欢，2004）。磅湛省的橡胶园主要分布在朱普、古卡勒等地，是柬埔寨最重要的天然橡胶产地，其中朱普橡胶园最大。

3. 老挝植胶区概况

老挝北部适宜种植橡胶的区域地理位置为北纬17°30′～21°25′，东经100°06′～102°20′。老挝国土面积23.68万平方公里，2015年人口约680万(United Nations，2015)，人少地多。北部地势由北向南倾斜，主要地貌有山地、平坝、河谷等地貌，海拔250～800米，局部山地海拔达1200多米，大部分山地地势较为平缓，坡度多在10°～20°范围。热作土地资源丰富，拥有丰富的热区气候资源，年降水量在1500毫米左右，年平均相对湿度在75%左右。属热带亚热带季风气候，年均气温约26℃，年降水量1250～3750毫米，5—10月为雨季，11月至翌年4月为旱季。境内山地与高原面积占80%，森林覆盖率高。自2004年起，中国、越南和泰国等外国企业开始大规模在老挝境内投资种植橡胶，橡胶种植扩展迅速（Manivong et al.，2008; Hicks et al.，2009），主要集中在北部三省（南塔、乌多姆赛、波乔）、中部三省（波里坎赛、甘蒙、沙湾拿吉）、南部三省（占巴色、沙拉湾、阿速波）。其北部、中部和南部分别依靠中国、泰国和越南的橡胶市场。老挝希望通过大力发展橡胶种植，到2020年成为重要的天然橡胶出口国（Kokmila et al.，2010）。

4. 泰国植胶区概况

泰国位于亚洲中南半岛中南部，地理位置在北纬5°24′～20°12′，东经97°～106°，与柬埔寨、老挝、缅甸、马来西亚接壤，东南临泰国湾（太平洋），西南濒安达曼海（印度洋），西和西北与缅甸接壤，东北与老挝交界，东南与柬埔寨为邻，疆域沿克拉地峡向南延伸至马来半岛，与马来西亚相接，其狭窄部分居印度洋与太平洋之间。国土面积51.3万千米²，与法国面积相当。全境地形呈扇状，地形地貌千差万别。西北部多山，北部为呵叻高原，地势比较平坦，中部是湄南河平原，东南沿海、南部多丘陵。泰国气候属于热带季风气候。全年分为热、雨、旱三季。年均气温24～30℃。常年温度不低于18℃，平均年降水量约1000毫米。泰国是一个热带国家，地理位置和气候环境非常适合橡胶种植，尤其是南部地区。泰国是世界上主要的橡胶生产国，全国76个府中有52个府种植橡胶，近几年的种植面积在200万～230万公顷，约占其国土总面积的5%，种植面积在世界上排第二，仅次于印度尼西亚。

5. 缅甸植胶区概况

缅甸位于中南半岛的西部，与中国云南省的德宏州、临沧、思茅地区及西双版纳州接壤，南部与西南部濒临印度洋。缅甸面积约67.85万千米²，海岸线长3200千米。以山地和高原为主，地势北高南低，北、西、东为山脉环绕。北部为高山区，西部有那加丘陵和若开山脉，东部为掸邦高原。靠近中国边境的开卡博峰海拔5881米，为全国最高峰。西部山地和东部高原间为伊洛瓦底江冲积平原，地势低平。国内河流密布，主要河流有伊洛瓦底江、萨尔温江和湄公河，河流呈南北走向，水量充沛，水流平缓。缅甸大部分在北回归线以南，属于热带季风气候生态环境良好，自然灾害较少，3—5月为热季，6—10月为雨季，11月至翌年2月为凉季，且三季分明。全年平均气温27℃，除了海拔较高的地区外，全年气温各月都偏高，温差较小；日照充足，降水充沛。缅甸自然条件优越，资源丰富。据缅甸农业部公布的统计数字，全国适合种植橡胶的土地面积达262万公顷（刘文和齐欢，2004）。

6. 中国植胶区概况

中国云南省植胶区范围为北纬21°～25°，东经97°～103°。云南植胶区地处北热带和亚热带季风气候区，年平均气温为18～23℃，年日照时数一般为1800～2300小时，热量条件表现出南部略好于北部；年降水量多为1200～1800毫米，降水量充沛，但在空间上分布不均匀。年降水量多为1200～1800毫米，但降水在空间上分配极不均匀，干湿季分明，5—10月为雨季，降水量为全年的85%，11月至翌年4月为旱季，只占全年的15%。地势大体呈北高南低，地貌类型较为复杂，土壤以赤红壤为主。云南省植胶区无台风、少寒流等条件，显著优于海南省和广东省西南部等植胶区，橡胶树的种植提供了好的自然条件，有利于橡胶树的生长；但由于纬度、地形等因素影响，橡胶树受寒害影响的情况又相对严重（陈国林，2005；孟丹，2013）。云南省中西南部地区的景洪、勐腊、瑞丽等地为橡胶树种植的气候中高适宜区和主要种植区（刘少军等，2015）。

▶ 二、研究方法

1. 调查地点与样方选取

越南：顺化省、昆嵩省、嘉莱省、得乐省、得农省、广义省、平福省、平阳省、同奈省、巴地头顿省等11个地区共选取32个10米×10米的样方，取样面积为3200米²。柬埔寨：磅湛省、特本克蒙省、蒙多基里省、上丁省、柏威夏省5个地区共选取24个10米×10米的样方，取样面积为2400米^2。老挝：琅南塔省、波乔省、乌多姆赛省、琅勃拉邦省4个地区共选取15个10米×10米的样方，取样面积为1500米^2。泰国：巴蜀府、春蓬府、素叻府、洛坤府、宋卡府、博达伦府、董里府、甲米府、攀牙府、拉廊府、高里春府、罗勇府、北柳府、沙缴府、布里兰府、益梭通府、莫达汉府、那空帕府、汶干府、廊开府、黎府、彭世洛府、清莱府23个地区共选取73个10米×10米的样方，取样面积为7300米^2。缅甸：共选取47个10米×10米的样方，取样面积为4700米^2。中国：西双版纳州、红河州、德宏州、普洱市、临沧市5个地区共选取49个10米×10米的样方，取样面积为4900米^2。澜沧江-湄公河流域的样方，总计取样240个，取样面积24000米^2。调查地点详见图1-1。

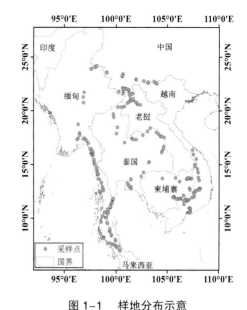

图1-1　样地分布示意

Fig.1-1 Plot distribution map

2. 调查方法

详细记录样方经纬度、海拔、坡度、坡向、林龄、植物平均胸径、平均树高和林冠郁闭度，记录其物种名、高度和盖度等；详细情况见附表1-1。

每个植物物种采集2～3张照片，调查过程中有疑问或不认识的植物，采集标本带回，进一步鉴定。物种命名参考了《中国植物志》（中国科学院植物研究所，2004）、《云南植物志》（中国科学院昆明植物研究所，2006）、《广东植物志》（陈封环，1994）、《海南植物志》（陈焕镛，1964）、《中国高等植物图鉴》（中国科学院植物研究所，2001）、《中国植物志》电子版（www.iplant.cn/frps）、中国自然标本馆（www.cfh.ac.cn）、中国植物图像库（http://ppbc.iplant.cn）、中国国家标本资源平台（www.nsii.org.cn/2017/home.php）和英国皇家园林协会（www.rhs.org.uk）等工具书。

3. 分析方法

（1）物种丰富度指数（S）

S为样方中出现的物种总数。

（2）重要值（IV）

$$IV = 100 \times （相对高度+相对盖度+相对频度）/ 3$$

（3）Simpson指数（D）

$$D = 1 - \sum_{i=1}^{s} p_i^2$$

其中，$i = 1, 2, \cdots, S$，$p_i = N_i/N$，N_i 表示样地中第 i 种物种的重要值，S 表示物种数目。

（4）Shannon-Wiener指数（H）

$$H = -\sum_{i=1}^{s} p_i \ln p_i$$

其中，$i=1$，2，$\cdots$，S，$p_i=N_i/N$，N_i 表示样地中第 i 种物种的重要值，S 表示物种数目。

（5）相似性系数（C_s）

$$C_s=\frac{2a}{b+c}$$

其中，a 表示2个地区共有物种数，b 和 c 分别表示2个地区各自拥有物种数。

（6）排序分析

采用SAS v8.0软件对不同国家、林龄、海拔、坡度、经纬度、郁闭度、气温、降水量等条件下橡胶林植物多样性进行单因素方差分析，LSD法检验本群落相应角度下多样性指数在置信区间（$P<0.05$）水平上的差异显著性。同时采用R软件中的Vegan软件包，对调查数据进行CCA、RDA排序，进行澜沧江-湄公河流域橡胶林群落主要植物的物种分布与海拔、坡度、纬度、林龄、郁闭度、气温、降水量等影响因素的冗余分析（赖江山，2012）。

第二章　橡胶林植物群落物种组成

▶ 一、植物物种组成分析

>>>

据表2-1统计所知，澜沧江-湄公河区域橡胶林共有植物153科、550属、949种，其中蕨类植物有76种，裸子植物有3种，被子植物有870种。越南橡胶林共有植物89科、211属、294种，其中蕨类植物有28种，裸子植物有1种，被子植物有265种。柬埔寨橡胶林共有植物70科、171属、224种，其中蕨类植物有12种，裸子植物有1种，被子植物有211种。老挝橡胶林共有植物73科、167属、235种，其中蕨类植物有36种，没有裸子植物，被子植物有199种。泰国橡胶林共有植物101科、284属、388种，其中蕨类植物有35种，裸子植物有2种，被子植物有351种。缅甸橡胶林共有植物81科、224属、283种，其中蕨类植物有25种，没有裸子植物，被子植物有258种。中国橡胶林共有植物102科、275属、387种，其中蕨类植物有41种，裸子植物有1种，被子植物有345种。其中中国的科数最多，泰国的属数、种数最多。对澜沧江-湄公河区域橡胶林下植物进行调查，统计共有1066种，只鉴定出了949种，以下数据均使用已鉴定的物种来统计的。

表 2-1　澜沧江－湄公河区域橡胶林植物物种组成

Table 2-1 Composition of plants of rubber plantations in Lancang–Mekong region

类型		澜－湄区域	越南	柬埔寨	老挝	泰国	缅甸	中国
科数		153	89（58.17）	70（45.75）	73（47.71）	101（66.01）	81（52.94）	102（66.67）
属数		550	211（38.36）	171（31.09）	167（30.36）	284（51.64）	224（40.73）	275（50.00）
种数	蕨类植物	76	28（36.84）	12（15.79）	36（47.37）	35（46.05）	25（32.89）	41（53.95）
	裸子植物	3	1（33.33）	1（33.33）	0（0）	2（66.67）	0（0）	1（33.33）
	被子植物	870	265（30.46）	211（24.25）	199（22.87）	351（40.34）	258（29.66）	345（39.66）
	合计	949	294（30.98）	224（23.60）	235（24.76）	388（40.89）	283（29.82）	387（40.78）

注：括号内为各国所占的比例（%），因有相同的科、属、种，因此比例和会大于100%。

1. 科、属的数量级别统计

将林下植物科分为4个等级：单种科（仅1种）、寡种科（2～10种）、中等科（11～20种）和优势科（＞20种）。据表2-2统计所知，澜沧江-湄公河区域橡胶林单种科有56科，寡种科有70科，中等科有18科，优势科有9科，共有153科，其中寡种科所占比重最多，占比为45.75%，具有明显的优势地位。越南单种科有40科，占总单种科的71.43%；寡种科有45科，占总寡种科的64.29%；中等科有2科，占总中等科的11.11%；优势科有2科，占总优势科的22.22%，如禾本科和大戟科。柬埔寨单种科有31科，占总单种科的55.36%；寡种科有36科，占总寡种科的51.43%；中等科有3科，占总中等科的16.67%。老挝单种科有30科，占总单种科的53.57%；寡种科有38科，占总寡种科的54.29%；中等科有5科，占总中等科的27.78%。泰国单种科有46科，占总单种科的82.14%；寡种科有46科，占总寡种科的65.71%；中等科有7科，占总中等科的38.89%；优势科有2科，占总优势科的22.22%，如禾本科和大戟科。缅甸单种科有31科，占总单种科的55.36%；寡种科有46科，占总寡种科的65.71%；中等科有2科，占总中等科的11.11%；优势科有2科，占总优势科的22.22%，如蝶形花科和禾本科。中国单种科有41科，占总单种科的73.21%；寡种科有55科，占总寡种科的78.57%；中等科有3科，占总中等科的16.67%；优势科有3科，占总优势科的33.33%，如大戟科、蝶形花科和茜草科。

表 2-2　澜沧江－湄公河区域橡胶林植物科的级别统计

Table 2-2 Statistics of the family of plants in Lancang-Mekong region rubber plantations

类型	科数						
	澜－湄区域	越南	柬埔寨	老挝	泰国	缅甸	中国
单种科（仅1种）	56	40（71.43）	31（55.36）	30（53.57）	46（82.14）	31（55.36）	41（73.21）
寡种科（2～10种）	70	45（64.29）	36（51.43）	38（54.29）	46（65.71）	46（65.71）	55（78.57）
中等科（11～20种）	18	2（11.11）	3（16.67）	5（27.78）	7（38.89）	2（11.11）	3（16.67）
优势科（>20种）	9	2（22.22）	0（0）	0（0）	2（22.22）	2（22.22）	3（33.33）
合计	153	89（58.17）	70（45.75）	73（47.71）	101（66.01）	81（52.94）	102（66.67）

注：括号内为各国所占澜沧江-湄公河区域的比例（%）。

将林下植物属分为4个等级：单种属（仅1种）、寡种属（2～4种）、中等属（5～7种）和优势属（>7种）。据表2-3统计所知，澜沧江-湄公河区域橡胶林单种属有375属，寡种属有144属，中等属有27属，优势属有4属（如榕属 *Ficus*、薯蓣属 *Dioscorea*、茄属 *Solanum*、菝葜属 *Smilax*），共有550属；其中单种属所占比重最多，占总属数的68.18%，可见该区域单种属优势较为明显。越南单种属有163属，占总单种属的43.47%；寡种属有44属，占总寡种属的30.56%；中等属有4属，占总中等属的14.81%。柬埔寨单种属有136属，占总单种属的36.27%；寡种属有34属，占总寡种属的23.61%；中等属有1属，占总中等属的3.70%。老挝单种属有127属，占总单种属的33.87%；寡种属有36属，占总寡种属的25.00%；中等属有4属，占总中等属的14.81%。泰国单种属有215属，占总单种属的57.33%；寡种属有66属，占总寡种属的45.83%；中等属有3属，占总中等属的11.11%。缅甸单种属有181属，占总单种属的48.27%；寡种属有42属，占总寡种属的29.17%；中等属有1属，占总中等属的3.70%。中国单种属有216属，占总单种属的57.60%；寡种属有52属，占总寡种属的36.11%；中等属有6属，占总中等属的22.22%；优势属有1属，占总优势属的25.00%，如榕属。

表 2-3　澜沧江－湄公河区域橡胶林植物属的级别统计

Table 2-3 Statistics of the genera of plants in Lancang–Mekong region rubber plantations

类型	属数						
	澜－湄区域	越南	柬埔寨	老挝	泰国	缅甸	中国
单种属（仅1种）	375	163（43.47）	136（36.27）	127（33.87）	215（57.33）	181（48.27）	216（57.60）
寡种属（2～4种）	144	44（30.56）	34（23.61）	36（25.00）	66（45.83）	42（29.17）	52（36.11）
中等属（5～7种）	27	4（14.81）	1（3.70）	4（14.81）	3（11.11）	1（3.70）	6（22.22）
优势属（>7种）	4	0（0）	0（0）	0（0）	0（0）	0（0）	1（25.00）
合计	550	211（38.36）	171（31.09）	167（30.36）	284（51.64）	224（40.73）	275（50.00）

注：括号内为各国所占澜沧江-湄公河区域的比例（%）。

2. 优势科的统计

澜沧江-湄公河区域橡胶林植物优势科共有9科（表2-4），163属、318种，如蝶形花科、大戟科、禾本科、茜草科、菊科、百合科、桑科、莎草科、天南星科。9科植物占总科数的5.88%，但属数占总属数的29.82%，种数占总物种数的33.72%，其优势性比较明显。图2-1为优势科分布图。

表 2-4　澜沧江－湄公河区域橡胶林植物优势科的统计

Table 2-4 Statistics of the dominant families of plants in Lancang–Mekong region rubber plantations

排名	科名	属数	种数
1	蝶形花科 Fabaceae	28（5.09）	59（6.22）
2	大戟科 Euphorbiaceae	24（4.36）	51（5.37）
3	禾本科 Gramineae	36（6.55）	50（5.27）
4	茜草科 Rubiaceae	17（3.09）	37（3.90）
5	菊科 Compositae	23（4.18）	34（3.58）
6	百合科 Liliaceae	11（2.00）	23（2.42）
7	桑科 Moraceae	6（1.09）	23（2.42）
8	莎草科 Cyperaceae	7（1.27）	22（2.32）
9	天南星科 Araceae	12（2.18）	21（2.21）
合计		163（29.82）	318（33.72）

3. 优势属的统计

澜沧江-湄公河区域橡胶林下植物优势属共有4属、46种（表2-5），优势属为榕属、薯蓣属、茄属、菝葜属。4属植物占总属数的0.73%，占总物种数的4.85%。图2-2为优势属分布图。

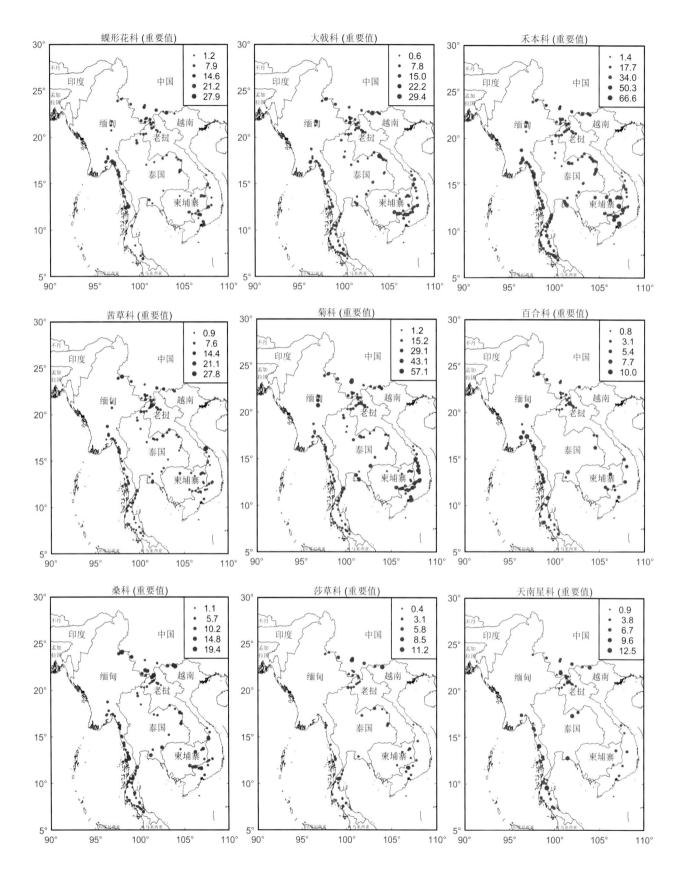

图 2-1　澜沧江－湄公河区域橡胶林 9 种优势科分布示意

Fig.2-1 Distribution location of 9 dominant families of rubber plantations in Lancang–Mekong region

表 2-5 澜沧江-湄公河区域橡胶林植物优势属的统计

Table 2-5 Statistics of the dominant genera of plants in Lancang–Mekong region rubber plantations

排名	属名	种数	占比（%）
1	榕属 *Ficus*	14	1.48
2	薯蓣属 *Dioscorea*	11	1.16
3	茄属 *Solanum*	11	1.16
4	菝葜属 *Smilax*	10	1.05
合计		46	4.85

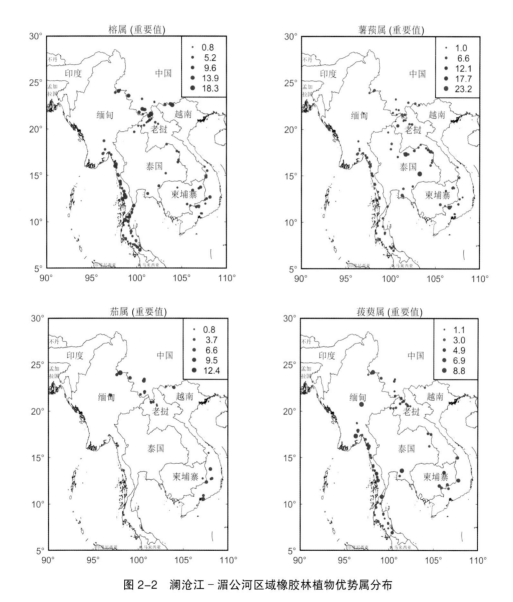

图 2-2 澜沧江-湄公河区域橡胶林植物优势属分布

Fig.2-2 Distribution location of the dominant genera of plant in Lancang–Mekong region rubber plantations

4. 优势物种的统计

澜沧江-湄公河区域橡胶林下植物重要值前20名物种如表2-6所示，按重要值依次为弓果黍、飞机草、十万错、地毯草、对叶榕、含羞草、酸模芒、白花银背藤、银柴、两耳草、藿香蓟、海金沙、地桃花、薯蓣、野牡丹、芒、华南毛蕨、阔叶丰花草、破布叶和赤才。重要值前20名的物种占总物种数的2.11%，但重要值高达34.71%。图2-3为重要值前20名分布图。

表 2-6 澜沧江－湄公河区域橡胶林中植物重要值前 20 名的物种

Table 2-6 Species of top 20 important values of plants in Lancang–Mekong region rubber plantations

排名	物种名	属名	科名	相对高度（%）	相对盖度（%）	相对频度（%）	重要值
1	弓果黍 Cyrtococcum patens	弓果黍属	禾本科	1.66	9.97	2.49	4.71
2	飞机草 Eupatorium odoratum	泽兰属	菊科	4.12	5.66	2.74	4.17
3	十万错 Asystasia chelonoides	十万错属	爵床科	0.65	6.16	0.87	2.56
4	地毯草 Axonopus compressus	地毯草属	禾本科	0.97	4.84	1.65	2.49
5	对叶榕 Ficus hispida	榕属	桑科	2.06	1.30	1.52	1.63
6	含羞草 Mimosa pudica	含羞草属	含羞草科	1.56	1.24	2.04	1.61
7	酸模芒 Centotheca lappacea	酸模芒属	禾本科	1.28	1.85	1.67	1.60
8	白花银背藤 Argyreia seguinii	银背藤属	旋花科	1.61	1.83	1.26	1.57
9	银柴 Aporusa dioica	银柴属	大戟科	1.89	1.01	1.65	1.52
10	两耳草 Paspalum conjugatum	雀稗属	禾本科	0.95	1.75	1.36	1.35
11	藿香蓟 Ageratum conyzoides	藿香蓟属	菊科	0.97	1.82	1.25	1.34
12	海金沙 Lygodium japonicum	海金沙属	海金沙科	1.43	1.02	1.55	1.33
13	地桃花 Urena lobata	梵天花属	锦葵科	1.36	0.94	1.61	1.30
14	薯蓣 Dioscorea opposita	薯蓣属	薯蓣科	1.47	1.02	1.27	1.26
15	野牡丹 Melastoma candidum	野牡丹属	野牡丹科	1.28	1.14	1.14	1.19
16	芒 Miscanthus sinensis	芒属	禾本科	1.03	1.56	0.57	1.05
17	阔叶丰花草 Borreria latifolia	丰花草属	茜草科	0.58	1.48	1.03	1.03
18	华南毛蕨 Cyclosorus parasiticus	毛蕨属	金星蕨科	0.70	1.53	0.87	1.03
19	破布叶 Microcos paniculata	破布叶属	椴树科	1.28	0.72	0.99	0.99
20	赤才 Erioglossum rubiginosum	赤才属	无患子科	1.18	0.75	1.00	0.98
	合计			28.03	47.59	28.53	34.71

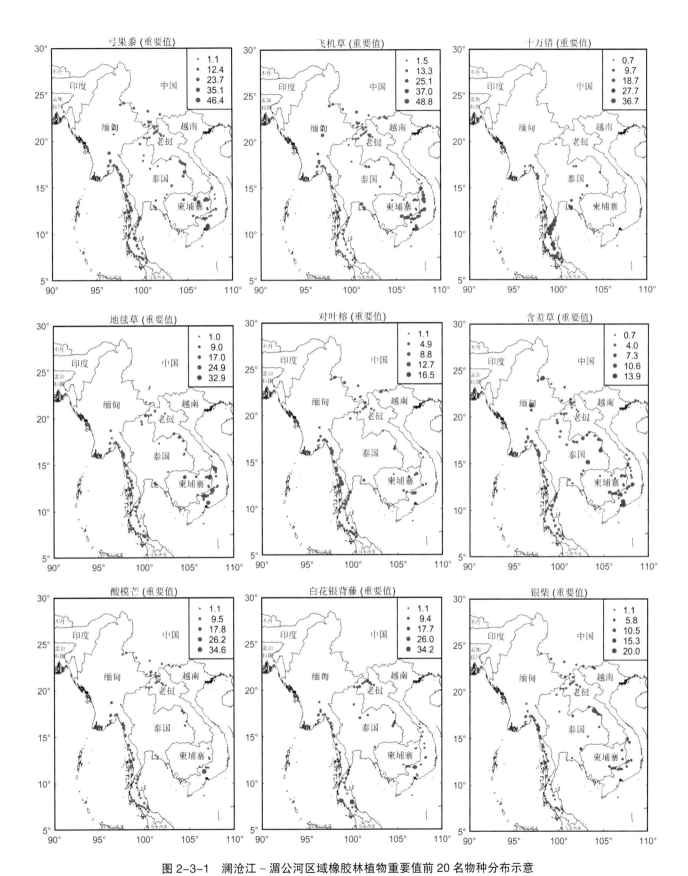

图 2-3-1　澜沧江－湄公河区域橡胶林植物重要值前 20 名物种分布示意

Fig.2-3-1 Distribution location of the top 20 important values of plant in Lancang-Mekong region rubber plantations

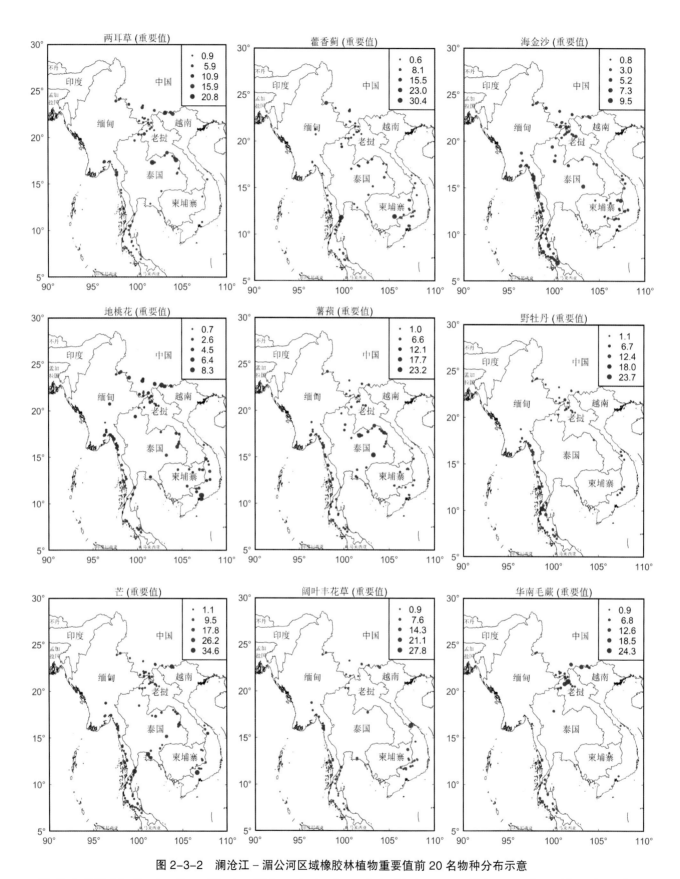

图 2-3-2　澜沧江-湄公河区域橡胶林植物重要值前 20 名物种分布示意

Fig.2-3-2 Distribution location of the top 20 important values of plant in Lancang-Mekong region rubber plantations

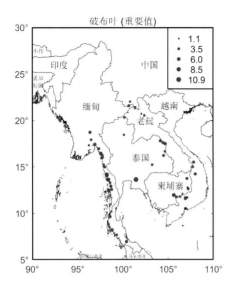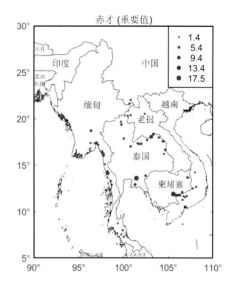

图 2-3-3　澜沧江－湄公河区域橡胶林植物重要值前 20 名物种分布示意

Fig.2-3-3 Distribution location of the top 20 important values of plant in Lancang-Mekong region rubber plantations

5. 植物生活型统计

植物的生活型可以反映本植物群落的区系特征，也可以反映该地区的自然地理和环境气候（赵杏花等，2011）。如表2-7所示，将橡胶林下植物生活型分为4个类型：草本、藤本、灌木和乔木，共有226科、609属、949种。草本植物有86科、278属、445种，占总物种数的46.89%；藤本植物有32科、62属、101种，占总物种数的10.64%；灌木植物有42科、118属、192种，占总物种数的20.23%；乔木植物有66科、151属、211种，占总物种数的22.23%。通过统计所知，草本所占比重最多，具有明显的优势，因此，澜沧江-湄公河区域橡胶林下植物主要以草本为主。

表 2-7 澜沧江－湄公河区域橡胶林下植物生活型统计

Table 2-7 Statistics of the life style of plants in Lancang-Mekong region rubber plantations

生活型	科数	属数	种数
草本	86（38.05）	278（45.65）	445（46.89）
藤本	32（14.16）	62（10.18）	101（10.64）
灌木	42（18.58）	118（19.38）	192（20.23）
乔木	66（29.20）	151（24.79）	211（22.23）
合计	226（100.00）	609（100.00）	949（100.00）

注：括号内为百分比数值（%）。

6. 橡胶林群落植物频度统计

据图2-4统计所知，将植物出现频度分为1次、2～50次、50～100次、>100次。在240个样地中只出现1次的植物有407种；出现2～50次的植物有517种；出现50～100次的植物有16种，如两耳草（94次）、薯蓣（88次）、白花银背藤（87次）、叶下珠（87次）、藿香蓟（86次）、野牡丹（79次）、黄牛木（72次）、菝葜（72次）、阔叶丰花草（71次）、赤才（69次）、破布叶（68次）、华南毛蕨（61次）、十万错（60次）、假柿木姜子（60次）、白花鬼针草（55次）、短叶黍（54次）；出现100次以上的植物有9种，如飞机草（189次）、弓果黍（172次）、含羞草（141次）、酸模芒（115次）、银柴（114次）、地毯草（114次）、地桃花（111次）、海金沙（107次）、对叶榕（105次）。

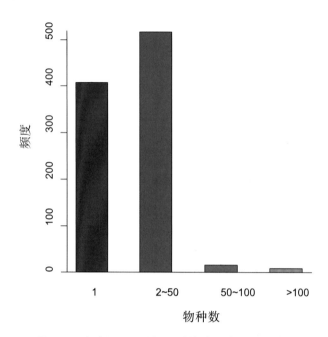

图2-4　澜沧江－湄公河区域橡胶林植物频度统计

Fig.2-4 Statistics of plant frequency of rubber plantations in Lancang-Mekong region

二、种子植物区系组成成分分析

1. 种子植物科的区系统计

澜沧江-湄公河区域橡胶林种子植物共有128科、512属、873种，将其中的科划分为4个分布区类型：世界广布（1型）、热带分布（2～7型）、温带分布（8～14型）、异常分布[（17）型]。如表2-8所示，世界广布科有35科、372种，占种子植物总科数的27.34%，占总物种数的42.61%，如蝶形花科59种、禾本科50种、茜草科37种、菊科34种等。热带分布科有84科、475种，占总科数的65.63%，占总物种数的54.41%，其中2型泛热带分布最多，有52科、374种，如大戟科51种、天南星科21种、爵床科17种、含羞草科17种、姜科17种等。温带分布科有8科、31种，占总科数的6.25%，占总物种数的3.55%，其中最多的是8型北温带分布，有3科、25种，如百合科23种、忍冬科1种、松科1种。异常分布有1科、1种，占总科数的0.78%，占总物种数的0.11%，如凤梨科Bromeliaceae1科、1种。其中红木科、马钱科、杜鹃花科、清风藤科、凤梨科为中国没有的科。据统计可知，热带分布有84科，温带分布有8科，本群落种子植物科的热带成分与温带成分的比例（R／T值）为10.5，由此可说明种子植物科的热带成分占优势，热带性质明显。

表 2-8　澜沧江－湄公河区域橡胶林种子植物科、属的级别统计

Table 2-8 Statistics of the families and genera of seed plants in Lancang-Mekong region rubber plantations

分布区类型	科数（种数）	占总科数比例（%）	属数（种数）	占总属数比例（%）
1 世界广布	35（372）	27.34	28（62）	5.47
2 泛热带分布	61（417）	47.66	166（354）	32.42
3 热带亚洲和热带美洲间断分布	13（35）	10.16	41（50）	8.01
4 旧世界热带分布	2（6）	1.56	59（103）	11.52
5 热带亚洲至热带大洋洲分布	3（5）	2.34	57（91）	11.13
6 热带亚洲至热带非洲分布	4（4）	3.13	33（41）	6.45
7 热带亚洲（印度－马来西亚）分布	1（2）	0.78	72（93）	14.06
8 北温带分布	5（27）	3.91	18（28）	2.54
9 东亚和北美洲间断分布	2（3）	1.56	13（24）	2.53
10 旧世界温带分布	—	—	6（7）	1.17
12 地中海区、西亚至中亚分布	—	—	3（4）	0.59
13 中亚分布	—	—	1（1）	0.20
14 东亚分布	1（1）	0.78	12（12）	2.34
15 中国特有分布	—	—	3（3）	0.59
（17）　热带非洲－热带美洲间断分布	1（1）	0.78	—	—
合计	128（873）	100.00	512（873）	100.00

种子植物科的级别统计如下：

1 世界广布 Cosmopolitan：蝶形花科Fabaceae（59种）、禾本科Gramineae（50种）、茜草科Rubiaceae（37种）、菊科Compositae（34种）、桑科Moraceae（23种）、莎草科Cyperaceae（22种）、茄科Solanaceae（17种）、旋花科Convolvulaceae（16种）、玄参科Scrophulariaceae（16种）、唇形科Labiatae（15种）、兰科Orchidaceae（12种）、苋科Amaranthaceae（11种）、蔷薇科Rosaceae（8种）、蓼科Polygonaceae（6种）、鼠李科Rhamnaceae（6种）、榆科Ulmaceae（6种）、木犀科Oleaceae（4种）、紫草科Boraginaceae（3种）、千屈菜科Lythraceae（3种）、伞形科Umbelliferae（3种）、桔梗科Campanulaceae（2种）、柳叶菜科Onagraceae（2种）、远志科Polygalaceae（2种）、马齿苋科Portulacaceae（2种）、瑞香科Thymelaeaceae（2种）、堇菜科Violaceae（2种）、石竹科Caryophyllaceae（1种）、十字花科Cruciferae（1种）、麻黄科Ephedraceae（1种）、龙胆科Gentianaceae（1种）、田基麻科Hydrophyllaceae（1种）、酢浆草科Oxalidaceae（1种）、车前科Plantaginaceae（1种）、白花丹科Plumbaginaceae（1种）、毛茛科Ranunculaceae（1种）。

2 泛热带分布Pantropic：大戟科Euphorbiaceae（51种）、天南星科Araceae（21种）、爵床科Acanthaceae（17种）、含羞草科Mimosaceae（17种）、姜科Zingiberaceae（17种）、苏木科Caesalpiniaceae（16种）、锦葵科Malvaceae（16种）、葫芦科Cucurbitaceae（15种）、梧桐科Sterculiaceae（14种）、葡萄科Vitaceae（14种）、棕榈科Palmae（13种）、夹竹桃科Apocynaceae（11种）、薯蓣科Dioscoreaceae（11种）、鸭跖草科Commelinaceae（10种）、樟科Lauraceae（10种）、野

牡丹科Melastomataceae（10种）、萝藦科Asclepiadaceae（9种）、白花菜科Cleomaceae（9种）、防己科Menispermaceae（9种）、紫金牛科Myrsinaceae（9种）、芸香科Rutaceae（9种）、荨麻科Urticaceae（9种）、漆树科Anacardiaceae（7种）、番荔枝科Annonaceae（7种）、桃金娘科Myrtaceae（7种）、石蒜科Amaryllidaceae（5种）、西番莲科Passifloraceae（5种）、无患子科Sapindaceae（5种）、椴树科Tiliaceae（5种）、楝科Meliaceae（4种）、胡椒科Piperaceae（4种）、卫矛科Celastraceae（3种）、使君子科Combretaceae（3种）、五桠果科Dilleniaceae（3种）、大风子科Flacourtiaceae（3种）、竹芋科Marantaceae（3种）、山矾科Symplocaceae（3种）、马兜铃科Aristolochiaceae（2种）、秋海棠科Begoniaceae（2种）、紫葳科Bignoniaceae（2种）、牛栓藤科Connaraceae（2种）、藤黄科Guttiferae（2种）、商陆科Phytolaccaceae（2种）、红树科Rhizophoraceae（2种）、苦木科Simaroubaceae（2种）、山茶科Theaceae（2种）、凤仙花科Balsaminaceae（1种）、落葵科Basellaceae（1种）、木棉科Bombacaceae（1种）、水玉簪科Burmanniaceae（1种）、美人蕉科Cannaceae（1种）、番木瓜科Caricaceae（1种）、毒鼠子科Dichapetalaceae（1种）、柿科Ebenaceae（1种）、买麻藤科Gnetaceae（1种）、莲叶桐科Hernandiaceae（1种）、茶茱萸科Icacinaceae（1种）、肉豆蔻科Myristicaceae（1种）、金莲木科Ochnaceae（1种）、山榄科Sapotaceae（1种）、蒟蒻薯科Taccaceae（1种）。

3 热带亚洲和热带美洲间断分布Trop. Asia & (S.) Trop. Amer. disjuncted：马鞭草科Verbenaceae（15种）、五加科Araliaceae（7种）、苦苣苔科Gesneriaceae（3种）、芭蕉科Musaceae（3种）、杜英科Elaeocarpaceae（2种）、红木科Bixaceae（1种）、仙人掌科Cactaceae（1种）、七叶树科Hippocastanaceae（1种）、木通科Lardizabalaceae（1种）、玉蕊科Lecythidaceae（1种）、紫茉莉科Nyctaginaceae（1种）、省沽油科Staphyleaceae（1种）、安息香科Styracaceae（1种）。

4 旧世界热带分布Old World Tropics：八角枫科Alangiaceae（2种）、露兜树科Pandanaceae（1种）。

5 热带亚洲至热带大洋洲分布Trop. Asia to Trop. Australasia Oceania：马钱科Loganiaceae（2种）、百部科Stemonaceae（2种）、木麻黄科Casuarinaceae（1种）。

6 热带亚洲至热带非洲分布Trop. Asia to Trop. Africa：钩枝藤科Ancistrocladaceae（1种）、辣木科Moringaceae（1种）、攀打科Pandaceae（1种）、杜鹃花科Ericaceae（1种）。

7 热带亚洲（印度－马来西亚）分布Trop. Asia (Indo-Malaya)：清风藤科Sabiaceae（2种）。

8 北温带分布North Temperate：百合科Liliaceae（23种）、忍冬科Caprifoliaceae（1种）、壳斗科Fagaceae（1种）、灯心草科Juncaceae（1种）、松科Pinaceae（1种）。

9 东亚和北美洲间断分布E. Asia & N. Amer. disjuncted：三白草科Saururaceae（2种）、木兰科Magnoliaceae（1种）。

14 东亚分布E. Asia：猕猴桃科Actinidiaceae（1种）。

（17）热带非洲-热带美洲间断分布Trop. Africa & Trop. America disjuncted：凤梨科Bromeliaceae（1种）。

2. 种子植物属的区系统计

将其中的属划分为4个分布区类型：世界广布（1型）、热带分布（2～7型）、温带分布（8～14型）、中国特有分布（15型）。如表7所示，世界广布属有28属、62种，占总属数的5.47%，占总物种数的7.10%，如茄属11种、莎草属7种等。热带分布有428属、732种，占总属数的83.59%，占物种数的83.85%，如榕属14种、薯蓣属11种、菝葜属10种等。温带分布有53属、76种，占总属数的10.35%，占物种数的8.71%，如山蚂蟥属7种、蓼属6种、蛇葡萄属3种等。中国特有分布有3属、3种，占总属数的0.59%，占总物种数的0.34%，如颠茄属1种、裸蒴属1种、箬竹属1种。据统计所知，澜沧江-湄公河区域橡胶林群落种子植物属的热带成分与温带成分的比例（R／T值）为8.09，说明热带性质明显。

种子植物属的级别统计如下：

1　世界广布 Cosmopolitan：茄属Solanum（11种）、莎草属Cyperus（7种）、大戟属Euphorbia（7种）、悬钩子属Rubus（6种）、苋属Amaranthus（3种）、磨芋属Amorphophallus（3种）、薹草属Carex（3种）、鬼针草属Bidens（2种）、木榄属Bruguiera（1种）、碎米荠Cardamine（1种）、积雪草属Centella（1种）、铁线莲属Clematis（1种）、非洲芙蓉属Dombeya（1种）、麻黄属Ephedra（1种）、五加属Acanthopanax（1种）、飞蓬属Erigeron（1种）、羊茅属Festuca（1种）、蝎尾蕉属Heliconia（1种）、水莎草属Juncellus（1种）、灯心草属Juncus（1种）、羊耳蒜属Liparis（1种）、酢浆草属Oxalis（1种）、酸浆属Physalis（1种）、松属Pinus（1种）、车前属Plantago（1种）、远志属Polygala（1种）、时钟花属Turnera（1种）、堇菜属Viola（1种）。

2　泛热带分布Pantropic：榕属Ficus（14种）、薯蓣属Dioscorea（11种）、菝葜属Smilax（10种）、决明属Cassia（7种）、大青属Clerodendrum（7种）、叶下珠属Phyllanthus（7种）、羊蹄甲属Bauhinia（6种）、猪屎豆属Crotalaria（6种）、耳草属Hedyotis（6种）、黄花稔属Sida（6种）、金合欢属Acacia（5种）、山柑属Capparis（5种）、山芝麻属Helicteres（5种）、番薯属Ipomoea（5种）、母草属Lindernia（5种）、钩藤属Uncaria（5种）、合欢属Albizia（4种）、鸭跖草属Commelina（4种）、黄檀属Dalbergia（4种）、马唐属Digitaria（4种）、龙血树属Dracaena（4种）、飘拂草属Fimbristylis（4种）、木蓝属Indigofera（4种）、崖豆藤属Millettia（4种）、含羞草属Mimosa（4种）、雀稗属Paspalum（4种）、西番莲属Passiflora（4种）、珍珠茅属Scleria（4种）、狗尾草属Setaria（4种）、相思子属Abrus（3种）、南蛇藤属Celastrus（3种）、白花菜属Cleome（3种）、白酒草属Conyza（3种）、巴豆属Croton（3种）、鱼黄草属Merremia（3种）、狼尾草属Pennisetum（3种）、胡椒属Piper（3种）、山矾属Symplocos（3种）、梵天花属Urena（3种）、豇豆属Vigna（3种）、苘麻属Abutilon（2种）、藿香蓟属Ageratum（2种）、山麻杆属Alchornea（2种）、莲子草属Alternanthera（2种）、番荔枝属Annona（2种）、紫金牛属Ardisia（2种）、假马齿苋属Bacopa（2种）、秋海棠属Begonia（2种）、苎麻属Boehmeria（2种）、丰花草属Borreria（2种）、朴属Celtis（2种）、虎尾草属Chloris（2种）、白粉藤属Cissus（2种）、闭鞘姜属Costus（2种）、仙茅属Curculigo（2种）、木槿属Hibiscus（2种）、山香属Hyptis（2种）、白茅属Imperata（2种）、素馨属Jasminum（2种）、水蜈蚣属Kyllinga（2种）、丁香蓼属Ludwigia（2种）、罗勒属Ocimum（2种）、黍属Panicum（2种）、商陆属Phytolacca（2种）、山壳骨属Pseuderanthemum（2种）、九节属Psychotria（2种）、鹅掌柴属Schefflera（2种）、山黄麻属Trema（2种）、刺蒴麻属Triumfetta（2种）、斑鸠菊属Vernonia（2种）、牡荆属Vitex（2种）、花椒属Zanthoxylum（2种）、枣属Ziziphus（2种）、合萌属Aeschynomene（1种）、鸡骨常山属Alstonia（1种）、糙叶树属Aphananthe（1种）、马兜铃属Aristolochia（1种）、地毯草属Axonopus（1种）、假杜鹃属Barleria（1种）、落葵属Basella（1种）、红木属Bixa（1种）、瓶树属Brachychiton（1种）、醉鱼草属Buddleja（1种）、石豆兰属Bulbophyllum（1种）、水玉簪属Burmannia（1种）、刺果藤属Byttneria（1种）、苏木属Caesalpinia（1种）、虾脊兰属Calanthe（1种）、紫珠属Callicarpa（1种）、脚骨脆属Casearia（1种）、青葙属Celosia（1种）、蒺藜草属Cenchrus（1种）、弯管花属Chassalia（1种）、金须茅属Chrysopogon（1种）、金红岩桐属Chrysothemis（1种）、蝶豆属Clitoria

（1种）、木防己属*Cocculus*（1种）、椰子属*Cocos*（1种）、风车子属*Combretum*（1种）、牛栓藤属*Connarus*（1种）、黄麻属*Corchorus*（1种）、文殊兰属*Crinum*（1种）、菟丝子属*Cuscuta*（1种）、杯苋属*Cyathula*（1种）、狗牙根属*Cynodon*（1种）、龙爪茅属*Dactyloctenium*（1种）、山菅属*Dianella*（1种）、毒鼠子属*Dichapetalum*（1种）、柿属*Diospyros*（1种）、荷莲豆草属*Drymaria*（1种）、稗属*Echinochloa*（1种）、鳢肠属*Eclipta*（1种）、油棕属*Elaeis*（1种）、地胆草属*Elephantopus*（1种）、穇属*Eleusine*（1种）、广防风属*Epimeredi*（1种）、画眉草属*Eragrostis*（1种）、刺芹属*Eryngium*（1种）、土丁桂属*Evolvulus*（1种）、爱地草属*Geophila*（1种）、算盘子属*Glochidion*（1种）、买麻藤属*Gnetum*（1种）、千日红属*Gomphrena*（1种）、天芥菜属*Heliotropium*（1种）、天胡荽属*Hydrocotyle*（1种）、田基麻属*Hydrolea*（1种）、凤仙花属*Impatiens*（1种）、鸭嘴草属*Ischaemum*（1种）、龙船花属*Ixora*（1种）、麻风树属*Jatropha*（1种）、马缨丹属*Lantana*（1种）、艾麻属*Laportea*（1种）、粗叶木属*Lasianthus*（1种）、鳞花草属*Lepidagathis*（1种）、银合欢属*Leucaena*（1种）、丝瓜属*Luffa*（1种）、砖子苗属*Mariscus*（1种）、酸脚杆属*Medinilla*（1种）、马松子属*Melochia*（1种）、假泽兰属*Mikania*（1种）、盖裂果属*Mitracarpus*（1种）、巴戟天属*Morinda*（1种）、求米草属*Oplismenus*（1种）、草胡椒属*Peperomia*（1种）、芦苇属*Phragmites*（1种）、白花丹属*Plumbago*（1种）、马齿苋属*Portulaca*（1种）、雾水葛属*Pouzolzia*（1种）、铜锤玉带属*Pratia*（1种）、萝芙木属*Rauvolfia*（1种）、红叶藤属*Rourea*（1种）、芦莉草属*Ruellia*（1种）、甘蔗属*Saccharum*（1种）、乌桕属*Sapium*（1种）、地杨桃属*Sebastiania*（1种）、田菁属*Sesbania*（1种）、金钮扣属*Spilanthes*（1种）、鼠尾粟属*Sporobolus*（1种）、金腰箭属*Synedrella*（1种）、合果芋属*Syngonium*（1种）、土人参属*Talinum*（1种）、诃子属*Terminalia*（1种）、锡叶藤属*Tetracera*（1种）、鹧鸪花属*Trichilia*（1种）、马鞭草属*Verbena*（1种）、蛇婆子属*Waltheria*（1种）。

3 热带亚洲和热带美洲间断分布Trop. Asia & (S.) Trop. Amer. disjuncted：木姜子属*Litsea*（4种）、辣椒属*Capsicum*（3种）、猴耳环属*Pithecellobium*（3种）、秋英属*Cosmos*（2种）、竹芋属*Maranta*（2种）、腰果属*Anacardium*（1种）、凤梨属*Ananas*（1种）、落花生属*Arachis*（1种）、五彩芋属*Caladium*（1种）、毛蔓豆属*Calopogonium*（1种）、鸭蛋花属*Cameraria*（1种）、美人蕉属*Canna*（1种）、番木瓜属*Carica*（1种）、距瓣豆属*Centrosema*（1种）、樟属*Cinnamomum*（1种）、南瓜属*Cucurbita*（1种）、萼距花属*Cuphea*（1种）、假连翘属*Duranta*（1种）、柃木属*Eurya*（1种）、朱顶红属*Hippeastrum*（1种）、千年健属*Homalomena*（1种）、量天尺属*Hylocereus*（1种）、水鬼蕉属*Hymenocallis*（1种）、蛋黄果属*Lucuma*（1种）、大翼豆属*Macroptilium*（1种）、赛葵属*Malvastrum*（1种）、木薯属*Manihot*（1种）、紫茉莉属*Mirabilis*（1种）、文定果属*Muntingia*（1种）、假酸浆属*Nicandra*（1种）、鳄梨属*Persea*（1种）、鸡蛋花属*Plumeria*（1种）、番石榴属*Psidium*（1种）、无患子属*Sapindus*（1种）、水东哥属*Saurauia*（1种）、野甘草属*Scoparia*（1种）、假马鞭属*Stachytarpheta*（1种）、肿柄菊属*Tithonia*（1种）、羽芒菊属*Tridax*（1种）、山香圆属*Turpinia*（1种）、蟛蜞菊属*Wedelia*（1种）。

4 旧世界热带分布Old World Tropics：野桐属*Mallotus*（6种）、蝴蝶草属*Torenia*（5种）、杜茎山属*Maesa*（4种）、酸藤子属*Embelia*（3种）、血桐属*Macaranga*（3种）、水竹叶属*Murdannia*（3种）、千金藤属*Stephania*（3种）、鹊肾树属*Streblus*（3种）、蒲桃属*Syzygium*（3种）、山牵牛属*Thunbergia*（3种）、狸尾豆属*Uraria*（3种）、秋葵属*Abelmoschus*（2种）、牛膝属*Achyranthes*（2种）、八角枫属*Alangium*（2种）、链荚豆属*Alysicarpus*（2种）、五月茶属*Antidesma*（2种）、十万错属*Asystasia*

（2种）、艾纳香属*Blumea*（2种）、乌蔹莓属*Cayratia*（2种）、黄皮属*Clausena*（2种）、蓝耳草属*Cyanotis*（2种）、一点红属*Emilia*（2种）、千斤拔属*Flemingia*（2种）、火筒树属*Leea*（2种）、苦瓜属*Momordica*（2种）、弓果藤属*Toxocarpus*（2种）、紫玉盘属*Uvaria*（2种）、白花苋属*Aerva*（1种）、见血封喉属*Antiaris*（1种）、荩草属*Arthraxon*（1种）、玉蕊属*Barringtonia*（1种）、鸦胆子属*Brucea*（1种）、鱼骨木属*Canthium*（1种）、酸模芒属*Centotheca*（1种）、寒竹属*Chimonobambusa*（1种）、红瓜属*Coccinia*（1种）、弓果黍属*Cyrtococcum*（1种）、毒瓜属*Diplocyclos*（1种）、楠草属*Dipteracanthus*（1种）、白饭树属*Flueggea*（1种）、扁担杆属*Grewia*（1种）、牛筋果属*Harrisonia*（1种）、牛鞭草属*Hemarthria*（1种）、银叶树属*Heritiera*（1种）、绣球防风属*Leucas*（1种）、蒲葵属*Livistona*（1种）、楝属*Melia*（1种）、谷木属*Memecylon*（1种）、金锦香属*Osbeckia*（1种）、露兜树属*Pandanus*（1种）、暗罗属*Polyalthia*（1种）、爵床属*Rostellularia*（1种）、带叶兰属*Taeniophyllum*（1种）、青牛胆属*Tinospora*（1种）、蝴蝶兰属*Torenia*（1种）、翼核果属*Ventilago*（1种）、倒吊笔属*Wrightia*（1种）、马胶儿属*Zehneria*（1种）、线柱兰属*Zeuxine*（1种）。

5 热带亚洲至热带大洋洲分布Trop. Asia to Trop. Australasia Oceania：姜属*Zingiber*（5种）、山姜属*Alpinia*（4种）、野牡丹属*Melastoma*（4种）、海芋属*Alocasia*（3种）、银背藤属*Argyreia*（3种）、波罗蜜属*Artocarpus*（3种）、鱼尾葵属*Caryota*（3种）、狗牙花属*Ervatamia*（3种）、崖爬藤属*Tetrastigma*（3种）、银柴属*Aporusa*（2种）、黑面神属*Breynia*（2种）、姜黄属*Curcuma*（2种）、石斛属*Dendrobium*（2种）、五桠果属*Dillenia*（2种）、吴茱萸属*Evodia*（2种）、紫薇属*Lagerstroemia*（2种）、芭蕉属*Musa*（2种）、排钱树属*Phyllodium*（2种）、石柑属*Pothos*（2种）、百部属*Stemona*（2种）、栝楼属*Trichosanthes*（2种）、肖蒲桃属*Acmena*（1种）、毛麝香属*Adenosma*（1种）、穿心莲属*Andrographis*（1种）、槟榔属*Areca*（1种）、竹节树属*Carallia*（1种）、基及树属*Carmona*（1种）、木麻黄属*Casuarina*（1种）、蝙蝠草属*Christia*（1种）、水翁属*Cleistocalyx*（1种）、肾茶属*Clerodendranthus*（1种）、兰属*Cymbidium*（1种）、假鹰爪属*Desmos*（1种）、龙眼属*Dimocarpus*（1种）、杜英属*Elaeocarpus*（1种）、麒麟叶属*Epipremnum*（1种）、赤才属*Erioglossum*（1种）、桉属*Eucalyptus*（1种）、瓜馥木属*Fissistigma*（1种）、刺篱木属*Flacourtia*（1种）、舞花姜属*Globba*（1种）、大豆属*Glycine*（1种）、山小橘属*Glycosmis*（1种）、糯米团属*Gonostegia*（1种）、咀签属*Gouania*（1种）、醉魂藤属*Heterostemma*（1种）、轴榈属*Licuala*（1种）、淡竹叶属*Lophatherum*（1种）、露籽草属*Ottochloa*（1种）、寄树兰属*Robiquetia*（1种）、齿果草属*Salomonia*（1种）、守宫木属*Sauropus*（1种）、茅瓜属*Solena*（1种）、葫芦茶属*Tadehagi*（1种）、香椿属*Toona*（1种）、犁头尖属*Typhonium*（1种）、荛花属*Wikstroemia*（1种）。

6 热带亚洲至热带非洲分布Trop. Asia to Trop. Africa：玉叶金花属*Mussaenda*（6种）、土蜜树属*Bridelia*（3种）、野茼蒿属*Crassocephalum*（2种）、崖藤属*Albertisia*（1种）、芦荟属*Aloe*（1种）、钩枝藤属*Ancistrocladus*（1种）、木棉属*Bombax*（1种）、牛角瓜属*Calotropis*（1种）、散尾葵属*Chrysalidocarpus*（1种）、西瓜属*Citrullus*（1种）、咖啡属*Coffea*（1种）、水麻属*Debregeasia*（1种）、南山藤属*Dregea*（1种）、藤黄属*Garcinia*（1种）、姜花属*Hedychium*（1种）、青藤属*Illigera*（1种）、六棱菊属*Laggera*（1种）、狮耳花属*Leonotis*（1种）、黑蒴属*Melasma*（1种）、小盘木属*Microdesmis*（1种）、芒属*Miscanthus*（1种）、辣木属*Moringa*（1种）、金莲木属*Ochna*（1种）、杠柳属*Periploca*（1种）、肾苞草属*Phaulopsis*（1种）、使君子属*Quisqualis*（1种）、崖角藤属*Rhaphidophora*（1种）、红毛草属*Rhynchelytrum*（1种）、蓖麻属*Ricinus*（1种）、孩儿草属*Rungia*（1

种）、虎尾兰属*Sansevieria*（1种）、火焰树属*Spathodea*（1种）、酸豆属*Tamarindus*（1种）。

7 热带亚洲（印度-马来西亚）分布Trop. Asia (Indo-Malaya)：芋属*Colocasia*（4种）、蛇根草属*Ophiorrhiza*（4种）、省藤属*Calamus*（3种）、润楠属*Machilus*（3种）、翅子树属*Pterospermum*（3种）、葛属*Pueraria*（3种）、柑橘属*Citrus*（2种）、金瓜属*Gymnopetalum*（2种）、山柰属*Kaempferia*（2种）、鸡矢藤属*Paederia*（2种）、线柱苣苔属*Rhynchotechum*（2种）、清风藤属*Sabia*（2种）、马莲鞍属*Streptocaulon*（2种）、尖头花属*Acrocephalus*（1种）、黄肉楠属*Actinodaphne*（1种）、赤杨叶属*Alniphyllum*（1种）、毛车藤属*Amalocalyx*（1种）、沉香属*Aquilaria*（1种）、舌柱麻属*Archiboehmeria*（1种）、木奶果属*Baccaurea*（1种）、秋枫属*Bischofia*（1种）、留萼木属*Blachia*（1种）、柏拉木属*Blastus*（1种）、构属*Broussonetia*（1种）、山茶属*Camellia*（1种）、金钱豹属*Campanumoea*（1种）、浆果楝属*Cipadessa*（1种）、黄牛木属*Cratoxylum*（1种）、茶条木属*Delavaya*（1种）、秤钩风属*Diploclisia*（1种）、竹根七属*Disporopsis*（1种）、香果树属*Emmenopterys*（1种）、喜花草属*Eranthemum*（1种）、干花豆属*Fordia*（1种）、异药花属*Fordiophyton*（1种）、蓬莱葛属*Gardneria*（1种）、绞股蓝属*Gynostemma*（1种）、铰剪藤属*Holostemma*（1种）、大风子属*Hydnocarpus*（1种）、微花藤属*Iodes*（1种）、红光树属*Knema*（1种）、轮叶戟属*Lasiococca*（1种）、钗子股属*Luisia*（1种）、杧果属*Mangifera*（1种）、破布叶属*Microcos*（1种）、韶子属*Nephelium*（1种）、紫麻属*Oreocnide*（1种）、木蝴蝶属*Oroxylum*（1种）、连蕊藤属*Parabaena*（1种）、赤车属*Pellionia*（1种）、细圆藤属*Pericampylus*（1种）、柊叶属*Phrynium*（1种）、金发草属*Pogonatherum*（1种）、紫檀属*Pterocarpus*（1种）、棕竹属*Rhapis*（1种）、紫万年青属*Rhoeo*（1种）、钻喙兰属*Rhynchostylis*（1种）、无忧花属*Saraca*（1种）、大血藤属*Sargentodoxa*（1种）、裂果薯属*Schizocapsa*（1种）、鳞隔堇属*Scyphellandra*（1种）、蜂斗草属*Sonerila*（1种）、泉七属*Steudnera*（1种）、斑果藤属*Stixis*（1种）、柚木属*Tectona*（1种）、赤瓟属*Thladiantha*（1种）、泰竹属*Thyrsostachys*（1种）、棕叶芦属*Thysanolaena*（1种）、刺通草属*Trevesia*（1种）、滑桃树属*Trewia*（1种）、盆架树属*Winchia*（1种）、岩黄树属*Xanthophytum*（1种）。

8 北温带分布North Temperate：蓼属*Polygonum*（6种）、泽兰属*Eupatorium*（3种）、天南星属*Arisaema*（2种）、风轮菜属*Clinopodium*（2种）、牵牛属*Pharbitis*（2种）、七叶树属*Aesculus*（1种）、龙牙草属*Agrimonia*（1种）、细辛属*Asarum*（1种）、琉璃草属*Cynoglossum*（1种）、青兰属*Dracocephalum*（1种）、披碱草属*Elymus*（1种）、桑属*Morus*（1种）、黄精属*Polygonatum*（1种）、栎属*Quercus*（1种）、盐肤木属*Rhus*（1种）、接骨木属*Sambucus*（1种）、榆属*Ulmus*（1种）、葡萄属*Vitis*（1种）。

9 东亚和北美洲间断分布E. Asia & N. Amer. disjuncted：山蚂蝗属*Desmodium*（7种）、蛇葡萄属*Ampelopsis*（3种）、楤木属*Aralia*（3种）、漆属*Toxicodendron*（2种）、两型豆属*Amphicarpaea*（1种）、勾儿茶属*Berchemia*（1种）、香槐属*Cladrastis*（1种）、八角属*Illicium*（1种）、胡枝子属*Lespedeza*（1种）、地锦属*Parthenocissus*（1种）、茑萝属*Quamoclit*（1种）、刺槐属*Robinia*（1种）、络石属*Trachelospermum*（1种）。

10 旧世界温带分布Old World Temperate：苦苣菜属*Sonchus*（2种）、益母草属*Leonurus*（1种）、女贞属*Ligustrum*（1种）、蜜蜂花属*Melissa*（1种）、马甲子属*Paliurus*（1种）、糙苏属*Phlomis*（1种）。

12 地中海区、西亚至中亚分布Mediterranea，W. Asia to C. Asia：黄连木属*Pistacia*（2种）、菊芹

属*Erechtites*（1种）、木犀榄属*Olea*（1种）。

13 中亚分布C. Asia：假百合属*Notholirion*（1种）。

14 东亚分布E. Asia：木瓜属*Chaenomeles*（1种）、黄猄草属*Championella*（1种）、万寿竹属*Disporum*（1种）、吊钟花属*Enkianthus*（1种）、泥胡菜属*Hemistepta*（1种）、玉簪属*Hosta*（1种）、蕺菜属*Houttuynia*（1种）、沿阶草属*Ophiopogon*（1种）、泡桐属*Paulownia*（1种）、显子草属*Phaenosperma*（1种）、双蝴蝶属*Tripterospermum*（1种）、油桐属*Vernicia*（1种）。

15 中国特有分布Endemic to China：颠茄属*Atropa*（1种）、裸蒴属*Gymnotheca*（1种）、箬竹属*Indocalamus*（1种）。

3. 橡胶林种子植物不同地理成分比较

对澜沧江-湄公河区域越南、老挝、柬埔寨、泰国、缅甸、中国共6个国家橡胶林种子植物地理成分比较，如图2-5所示，6国世界广布和热带分布占绝对优势，而热带分布所占比重最大，均超过所占科的50%；温带分布和特有分布比例最少。世界广布科中，缅甸所占比例高于其他5个国家，柬埔寨比例最低，但在热带分布科中柬埔寨比例最高。温带分布和特有分布中橡胶林种子植物科所占比例老挝比例均最大，柬埔寨所占比例均最小。澜沧江-湄公河区域越南、老挝、柬埔寨、泰国、缅甸和中国橡胶林群落种子植物科的热带成分与温带成分的比例（R／T值）分别为28.00、7.77、64.00、17.82、26.20、17.50，即柬埔寨＞越南＞缅甸＞泰国＞中国＞老挝，结果说明6个国家热带性质都比较明显，而其中柬埔寨的热带性质最高，这可能与地理位置有关，柬埔寨相对纬度更低。

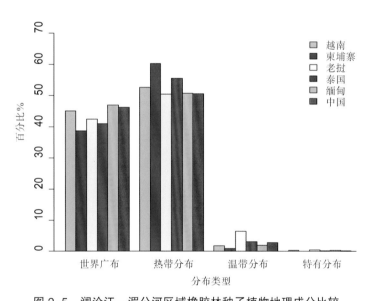

图2-5　澜沧江-湄公河区域橡胶林种子植物地理成分比较

Fig.2-5 Comparison of geographical elements of seed plants in Lancang-Mekong region

▶ 三、植物用途统计

参考吴征镒先生对植物的分类方法（孙鸿烈，2000）为药用植物、食用植物、经济植物、饲料植物、观赏植物、生态植物，而其中有一部分植物因查询不清其用途，因此归为用途不明。如表2-9所示，澜沧江-湄公河区域橡胶林下药用植物有597种，食用植物有163种，经济植物有220种，饲料植物有64种，观赏植物有158种，生态植物有62种，用途不明有170种；植物用途最多的国家是泰国，占总资源植物的42.47%。 在药用植物中，最多的国家是泰国和中国，有258种，占总药用植物的43.22%，如酢浆草*Oxalis corniculata*，全草入药，具有解热利尿、消肿散瘀等功效，牛羊食其过多可中毒致死。食用植物最多的国家是泰国，有77种占总食用植物的47.24%，如柚*Citrus maxima*，果肉含维生素C较高，具有消食、解酒毒等功效。经济植物最多的国家是泰国，有95种，占总经济植物的43.18%，如毛桐*Mallotus barbatus*，茎皮纤维可作制纸原料，木材质地轻软，可制器具，种子油可作工业用油。饲料植物最多的是泰国和缅甸，有30种，占总饲料植物的46.88%，如茸毛山蚂蟥*Desmodium velutinum*，嫩枝叶富含蛋白质，适口性好，且干旱季节仍保持青绿，可供牲畜采食。观赏植物最多的是泰国，有71种，占总观赏植物的44.94%，如中国狗牙花*Ervatamia chinensis*，花期在夏、秋季，彼时串串白花，芳香四溢，适合庭园美化或大型盆栽。生态植物最多的是中国，有29种，占总生态植物的46.77%，如蜈蚣草*Pteris vittata*，本种从不生长在酸性土壤上，为钙质土及石灰岩的指示植物，其生长地土壤的pH值为7.0～8.1。

表2-9 澜沧江－湄公河区域橡胶林中植物用途分类

Table 2-9 Classification of plant uses in Lancang–Mekong region rubber plantations

用途类型	种数						
	澜－湄区域	越南	柬埔寨	老挝	泰国	缅甸	中国
药用植物	597	191（31.99）	140（23.45）	165（27.64）	258（43.22）	185（30.99）	258（43.22）
食用植物	163	51（31.29）	42（25.77）	47（28.83）	77（47.24）	47（28.83）	66（40.49）
经济植物	220	67（30.45）	62（28.18）	53（24.09）	95（43.18）	74（33.64）	79（35.91）
饲料植物	64	24（37.50）	22（34.38）	12（18.75）	30（46.88）	30（46.88）	22（34.38）
观赏植物	158	58（36.71）	43（27.22）	28（17.72）	71（44.94）	45（28.48）	45（28.48）
生态植物	62	18（29.03）	18（29.03）	10（16.13）	25（40.32）	25（40.32）	29（46.77）
用途不明	170	47（27.65）	35（20.59）	36（21.18）	53（31.18）	39（22.94）	66（38.82）
合计	1434	456（31.80）	362（25.24）	351（24.48）	609（42.47）	445（31.03）	565（39.40）

注：括号内为各国所占澜沧江–湄公河区域的比例（%），个别植物有多种用途，因此合计大于实际种数。

四、讨论及结论

1. 讨论

澜沧江-湄公河区域橡胶林下植物多样性较丰富，共有植物153科、550属、949种，其中蕨类植物有76种，裸子植物有3种，被子植物有870种。林下植物生活型有4个类型，最多的为草本植物，有86科、278属、445种。植物生活型可以反映植物区系特征、自然地理和环境气候，而该区域草本植物最多，占总物种数的46.89%，具有明显的优势，意味着世代数多，演化的速率更快。其他研究表明，海南儋州橡胶林群落草本植物多样性较高且盖度较高（兰国玉等，2014a），长江重庆段河岸植物群落种草本植物所占比例也最多（程莅登，2019）。

据统计寡种科所占比重最多，为45.75%，具有明显的优势地位；单种属所占比重最多，占总属数的68.18%，该区域单种属优势较为明显。优势科主要有蝶形花科、大戟科、禾本科、茜草科、菊科、百合科、桑科、莎草科、天南星科等9科、163属、318种，9科仅占总科数的5.88%，但物种数占总物种数的33.72%，该9科物种具有明显的优势，且以草本为主。优势属有榕属、茄属、薯蓣属、菝葜属4属、46种，占总属数的0.73%，占总物种数的4.85%。优势种为弓果黍、飞机草、十万错、地毯草、对叶榕等，重要值前20名的物种占总物种数的2.11%，但重要值高达34.71%，与植物在样地中出现的频度有关。橡胶林下药用植物有597种，占比最多，为62.91%。

澜沧江-湄公河区域橡胶林种子植物有128科、512属、873种。热带分布科有84科、475种，温带分布科有8科、31种。其中红木科、马钱科、杜鹃花科、清风藤科、凤梨科为中国没有的科。热带分布属有428属、732种，温带分布属有53属、76种。通过对澜沧江-湄公河区域橡胶林群落种子植物地理成分分析，本群落种子植物科、属的热带成分与温带成分的比例（R／T值）分别为10.5、8.09，由此可说明种子植物科和属的热带成分占优势，热带性质明显。而澜沧江-湄公河区域6个国家橡胶林种子植物地理成分比较，其种子植物科的热带成分与温带成分的比例（R／T值）分析为，柬埔寨（64.00）＞越南（28.00）＞缅甸（26.20）＞泰国（17.82）＞中国（17.50）＞老挝（7.77），6个国家热带性质明显。柬埔寨的热带性质最高，可能受地理位置的影响，纬度更低热带性质更高。6个国家世界广布和热带分布占绝对优势，热带分布均超过所占科的50%。橡胶林热带性质明显，橡胶林群落世界广布分布比较较高表明其群落过渡性的特点（兰国玉等，2013a；2013b）。

2. 结论

通过澜沧江-湄公河区域橡胶林下植物的调查，对群落中植物的组成和多样性进行分析，主要结果和结论如下。

澜沧江-湄公河区域橡胶林群落共有植物153科、550属、949种，其中蕨类植物有76种，裸子植物有3种，被子植物有870种。林下植物生活型有4个类型，草本植物（86科、278属、445种）、藤本植物（32科、62属、101种）、灌木植物（42科、118属、192种）、乔木植物（66科、151属、211种）橡胶林群落林下植物主要以草本植物为主。优势科主要有蝶形花科、大戟科、禾本科、茜草科、菊科、百合科、桑科、莎草科、天南星科等9科163属318种，其物种数占总物种数的33.72%，具有明显的优势。优势属有榕属、茄属、薯蓣属、菝葜属等4属46种，优势种主要有弓果黍、飞机草、十万错、地毯草、对叶榕等，植物出现频度决定其优势种。

澜沧江-湄公河区域橡胶林种子植物有128科、512属、873种，本群落种子植物科和属的热带性质明显。而6个国家橡胶林种子植物地理成分比较，即柬埔寨＞越南＞缅甸＞泰国＞中国＞老挝，6个国家热带性质明显。6个国家世界广布和热带分布占绝对优势，热带分布均超过所占科的50%。

澜沧江-湄公河区域橡胶林下药用植物有597种，食用植物有163种，经济植物有220种，饲料植物有64种，观赏植物有158种，生态植物有62种，用途不明植物有170种。

第三章 植物物种多样性分析

➤ 一、不同国家橡胶林植物多样性

1. 不同国家橡胶林的植物多样性

对澜沧江-湄公河区域越南、柬埔寨、老挝、泰国、缅甸和中国6个不同国家橡胶园植物多样性进行比较（图3-1），丰富度指数、Shannon-Wiener指数和Simpson指数均有明显的差异（$P < 0.05$）。老挝大部分样地物种丰富度大于40种物种，其他5个国家均低于40种物种，丰富度指数、Shannon-Wiener指数和Simpson指数变化规律均为老挝＞缅甸＞中国＞柬埔寨＞泰国＞越南。丰富度指数变化幅度最大的是泰国15～47，变化幅度最小的是缅甸24～41；Shannon-Wiener指数变化幅度最大的是越南1.86～3.39，变化幅度最小的是老挝3.08～3.81；Simpson指数变化幅度最大的是越南0.73～0.97，变化幅度最小的是老挝0.91～0.97。由此可以得出，老挝的多样性显著高于其他几个国家。

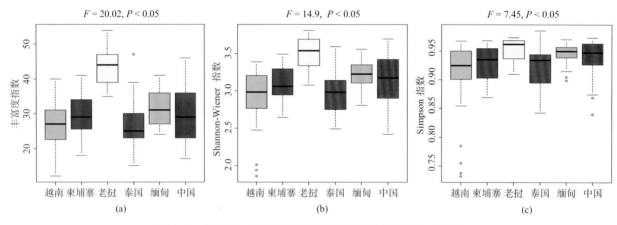

图 3-1　澜沧江－湄公河区域不同国家橡胶林的植物多样性

Fig.3-1 Plant diversity of different country in Lancang–Mekong region rubber plantations

注：图中越南、柬埔寨、老挝、泰国、缅甸、中国6个国家样地分别有32个、24个、15个、73个、47个和49个，共240个样地，见附表2。

2. 不同国家橡胶林的相似性

澜沧江-湄公河区域越南、柬埔寨、老挝、泰国、缅甸、中国不同地区橡胶林的相似性系数如表3-1所示，其中缅甸橡胶林与越南橡胶林相似性系数为0.43，缅甸橡胶林与泰国橡胶林相似性系数为0.47；而其他地区的相似性系数均小于0.40，变化范围为0.29～0.38。据分析可知，缅甸与泰国橡胶林相似性系数最高，柬埔寨与越南橡胶林相似性系数次之，而其他地区相对较低，这可能受到地理位置的影响。

表 3-1　澜沧江 - 湄公河区域不同地区橡胶林的相似性系数

Table 3-1 Coefficients of similarity in rubber plantations of different region in Lancang-Mekong

地区	越南	柬埔寨	老挝	泰国	缅甸	中国
越南	1					
柬埔寨	0.43	1				
老挝	0.38	0.35	1			
泰国	0.37	0.38	0.38	1		
缅甸	0.34	0.32	0.35	0.47	1	
中国	0.35	0.29	0.36	0.32	0.29	1

二、不同立地条件植物多样性

1. 不同林龄橡胶林的植物多样性

对澜沧江-湄公河区域不同林龄（< 8林龄、8 ~ 10林龄、10 ~ 30林龄、> 30林龄）橡胶园植物多样性进行比较（图3-2），丰富度指数差异性显著（$P < 0.05$），而Shannon-Wiener指数和Simpson指数差异不显著（$P > 0.05$）。在丰富度指数和Simpson指数上，橡胶林植物物种多样性随林龄增加而上升，> 30林龄的最高，< 8林龄的最低，8 ~ 10林龄和10 ~ 30林龄次之，而< 8林龄的物种数平均低于30种，其他林龄物种数均高于30种。在Shannon-Wiener指数上，8 ~ 10林龄多样性最高，< 8林龄最低。

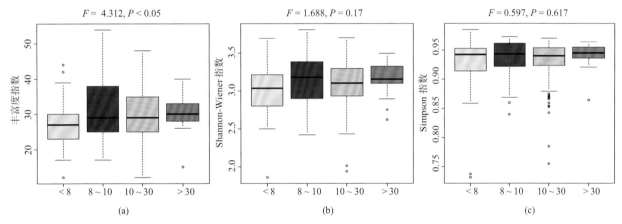

图 3-2　澜沧江 - 湄公河区域不同林龄橡胶林的植物多样性

Fig.3-2 Plant diversity of different ages in Lancang-Mekong region rubber plantations

注：< 8林龄有样地61个，8~10林龄有样地37个，10~30林龄有样地129个，> 30林龄有样地13个。

2. 不同海拔橡胶林的植物多样性

对澜沧江-湄公河区域不同海拔（< 200米、200 ~ 500米、500 ~ 700米、> 700米）橡胶林下植物多样性进行比较（图3-3），丰富度指数和Shannon-Wiener指数差异均显著（$P < 0.05$），Simpson指数差异不显著（$P > 0.05$）。3个指数中，海拔在500 ~ 700米的多样性指数均高，> 700米的多样性指数次之；200 ~ 500米在丰富度指数和Shannon-Wiener指数中最低，而< 200米在Simpson指数中最低。

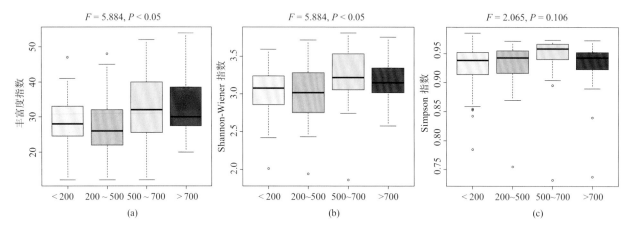

图 3-3 澜沧江－湄公河区域不同海拔橡胶林的植物多样性

Fig.3-3 Plant diversity of different altitudes in Lancang–Mekong region rubber plantations

注：海拔<200米样地有140个，200~500米样地有30个，500~700米样地有39个，>700米样地有31个。

3. 不同坡度橡胶林的植物多样性

对澜沧江–湄公河区域不同坡度（<2°、2°~15°、15°~25°、>25°）橡胶林下植物多样性进行比较（图3-4），丰富度指数和Shannon-Wiener指数表现出了显著的差异性（$P < 0.05$），Simpson指数差异不显著（$P > 0.05$）。丰富度指数、Shannon-Wiener指数和Simpson指数都随着坡度的增加呈现上升的趋势，坡度<2°最低，坡度>25°最高。坡度在2°~15°的变化范围是最大的，3个多样性指数范围分别为12~54、1.86~3.81、0.73~0.99。

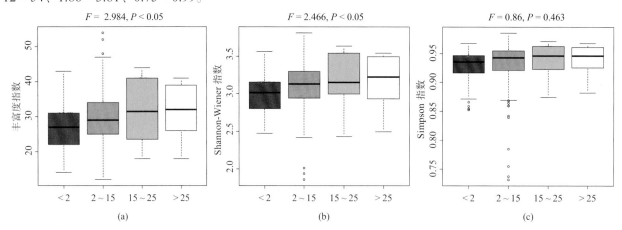

图 3-4 澜沧江－湄公河区域不同坡度橡胶林的植物多样性

Fig.3-4 Plant diversity of different slopes in Lancang–Mekong region rubber plantations

注：坡度<2°样地有47个，2°~15°样地有167个，15°~25°样地有20个，>25°样地有6个。

4. 不同经纬度橡胶林的植物多样性

生物多样性和生态因子之间的关系可以通过群落物种多样性在纬度上的变化特征来揭示（孙影，2015）。对澜沧江–湄公河区域橡胶林群落纬度与植物多样性进行线性回归分析，如图3-5所示，该区域不同纬度橡胶林下植物物种多样性指数均达到极显著水平（$P < 0.01$），随着纬度的增加，丰富度指数、Shannon-Wiener指数和Simpson指数呈上升趋势，且都比较集中在北纬10°~20°。由图可知，丰富度指数和Shannon-Wiener指数上升速度较快，且拟合度高；Simpson指数上升速度慢，且拟合度低。低于北纬10°，物种丰富度指数更集中在30种左右；高于北纬20°，物种丰富度的范围为17~54种。

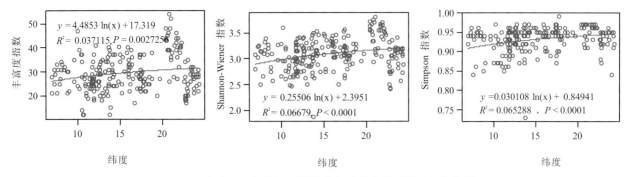

图 3-5 澜沧江－湄公河区域纬度与植物多样性线性回归分析

Fig.3-5 Linear regression analysis of latitude and plant diversity in Lancang-Mekong region rubber plantations

对澜沧江-湄公河区域橡胶林群落经度与植物多样性进行线性回归分析，如图3-6所示，该区域不同经度橡胶林下植物物种多样性指数差异性极显著（$P < 0.01$），丰富度指数、Shannon-Wiener指数和Simpson指数随着经度的增加而降低。3个多样性指数都随着经度增加表现出缓慢的下降速度快且拟合度低。橡胶林下植物物种多样性主要集中在东经96°～102°。

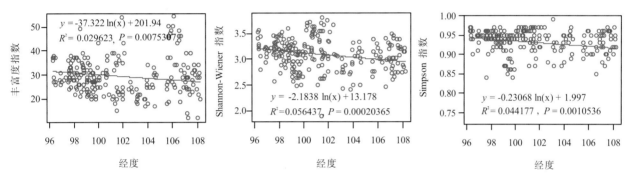

图 3-6 澜沧江－湄公河区域经度与植物多样性线性回归分析

Fig.3-6 Linear regression analysis of longitude and plant diversity in Lancang-Mekong region rubber plantations

5. 不同郁闭度橡胶林的植物多样性

对不同郁闭度下橡胶林的植物多样性进行统计分析，如图3-7所示，丰富度指数和Shannon-Wiener指数差异性不显著（$P > 0.05$），Simpson指数具有明显的差异性（$P < 0.05$）。物种丰富度指数在不同的郁闭度条件下，植物都低于30种，在80%～90%郁闭度之间最高。在80%～90%郁闭度中Shannon-Wiener指数最高，次之是 >90%，而70%～80%最低。Simpson指数中郁闭度 >90%最高。

6. 不同气象条件橡胶林的植物多样性

通过对澜沧江-湄公河区域橡胶林群落温度与植物多样性进行线性回归分析，如图3-8所示，该区域不同气温条件橡胶林下植物物种多样性指数均表现不显著（$P > 0.05$），随着温度的增加，丰富度指数和Shannon-Wiener指数Simpson指数呈上升趋势，Simpson指数呈下降趋势，且都比较集中在24～28℃。从图中可以得出，丰富度指数上升速度快，但拟合度低；Shannon-Wiener指数上升速度缓慢，且拟合度低；Simpson指数下降速度缓慢，且拟合度低。

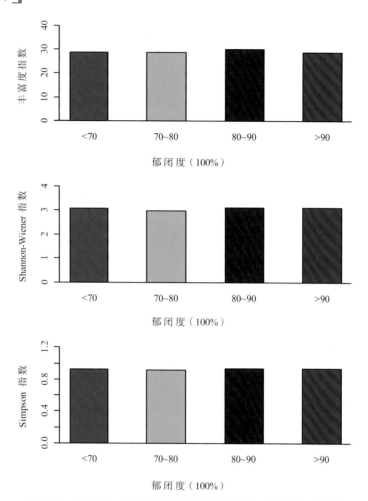

图 3-7　澜沧江－湄公河区域不同郁闭度橡胶林的植物多样性

Fig.3-7 Plant diversity of different canopy density in Lancang–Mekong region rubber plantations

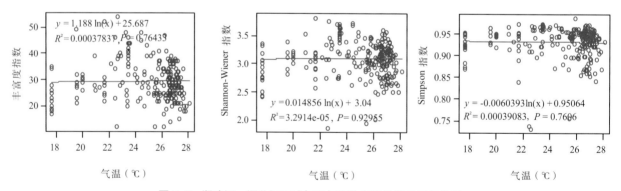

图 3-8　澜沧江－湄公河区域气温与植物多样性线性回归分析

Fig.3-8 Linear regression analysis of temperature and plant diversity in Lancang–Mekong region rubber plantations

　　通过对澜沧江-湄公河区域橡胶林群落降水量与植物多样性进行线性回归分析，如图3-9所示，该区域不同降水量橡胶林下植物物种多样性指数差异性不显著（$P > 0.05$），丰富度指数、Shannon-Wiener指数和Simpson指数随着经度的增加而呈上升趋势。从图中可以得出，丰富度指数上升速度快，但拟合度低；Shannon-Wiener指数和Simpson指数上升速度缓慢，且拟合度低。橡胶林下植物物种多样性主要集中在1000～2500毫米。

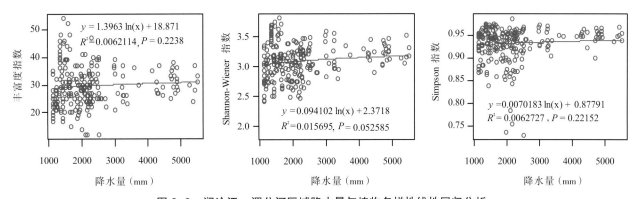

图 3-9　澜沧江－湄公河区域降水量与植物多样性线性回归分析
Fig.3-9 Linear regression analysis of rainfall and plant diversity in Lancang-Mekong region rubber plantations

三、优势植物分布的影响因素

1. 植物群落 RDA 分析

通过R软件对澜沧江-湄公河区域240个橡胶林样地植物物种的重要值进行去趋势对应分析（Detrend correspondence analysis，DCA），用Species-sample资料作DCA分析，分析结果中Axis lengths的第一轴大小为8.0053（表3-2），因此选择典范对应分析（Canonical correspondence analysis，CCA）。表3-2为环境因子与植物群落的排序结果，4个典范轴累计解释了群落变化的28.8196%。图内的样方点越接近，代表样方内的物种组成越相似；物种越靠近一个样地，说明该物种的贡献率越大；箭头连线的长度代表环境因子对植物分布的影响，越长代表影响越大；箭头连线与排序轴的夹角，夹角越小，相关性越高；箭头连线之间的夹角也代表其相关性，锐角说明2个环境因子之间是正相关，钝角是负相关（张金屯，2004）。通过蒙特卡罗置换检验分析，10个环境影响因子对物种分布的解释量达到了显著水平（$P < 0.05$），表明排序效果理想，10个影响因素对物种分布的解释量为9.41%。

表 3-2　澜沧江-湄公河区域 CCA 排序轴特征
Table 3-2 Characteristic of CCA sorting axis in Lancang-Mekong region

项目	轴 1	轴 2	轴 3	轴 4
特征向量征	0.5022	0.4315	0.3889	0.3639
特征量	0.5325	0.4699	0.3970	0.3603
梯度长	8.0053	7.1215	6.7742	6.9186

通过对澜沧江-湄公河区域橡胶林所有植物与影响因素的CCA排序分析，如图3-10所示，物种分布的解释贡献率由大到小的10个影响因素为气温（1.14%）、纬度（1.05%）、海拔（1.01%）、经度（0.85%）、降水量（0.83%）、坡度（0.83%）、郁闭度（0.58%）、林龄（0.55%）、树高（0.49%）、坡向（0.45%），气温对林下植物物种的分布影响最大，次之为纬度、海拔、经度和降水量，影响最小的为坡向。

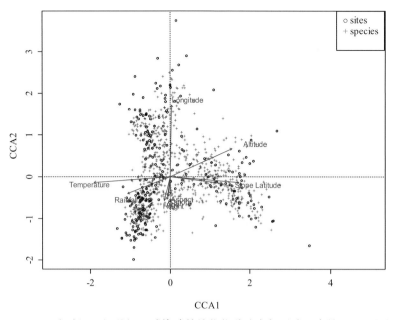

图 3-10 澜沧江－湄公河区域橡胶林植物物种分布与影响因素的 CCA 排序

Fig.3-10 The CCA ordination graph of species distribution in Lancang–Mekong region with influencing factors

2. 群落中优势科的 RDA 分析

根据表5优势科的统计，对优势科物种分布与影响因素做RDA排序。用Species-sample资料作DCA分析，分析结果中Axis lengths的第一轴大小为1.7918（表3-3），因此选择荣誉分析（Redundancy analysis，RDA）。表3-3所示为环境因子与植物群落的排序结果，4个典范轴累计解释了群落变化的7.1456%。通过蒙特卡罗置换检验分析，10个环境影响因子对优势科物种分布的解释量达到了显著水平（$P < 0.05$），表明排序效果理想，10个影响因素对优势科物种分布的解释量为17.94%。

表 3-3　澜沧江－湄公河区域植物优势科 RDA 排序轴特征

Table 3-3 Characteristic of RDA sorting axis of dominant plant families in Lancang–Mekong region

项目	轴 1	轴 2	轴 3	轴 4
特征向量征	0.1982	0.1422	0.1131	0.0996
特征量	0.1998	0.41287	0.1058	0.0860
梯度长	1.7918	1.8341	1.5705	1.9492

由图3-11所知，优势科物种分布的解释贡献率由大到小的10个影响因素为海拔（5.11%）、郁闭度（4.68%）、降水量（4.09%）、林龄（3.62%）、树高（3.57%）、经度（3.44%）、气温（2.78%）、纬度（1.55%）、坡向（1.13%）、坡度（0.83%），海拔对林下植物物种的分布影响最大，次之为郁闭度、降水量和林龄，影响最小的为坡度。

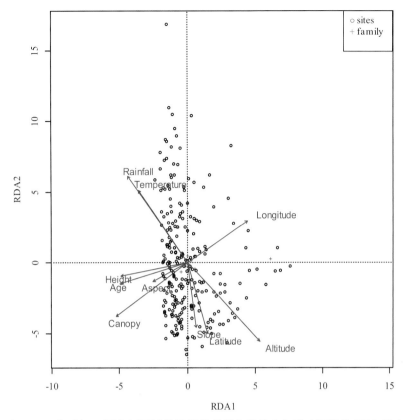

图 3-11　澜沧江 - 湄公河区域橡胶林优势科物种分布与影响因素的 RDA 排序

Fig.3-11 The RDA ordination graph of dominant families distribution in Lancang-Mekong region with influencing factors

3. 群落优势属的 RDA 分析

根据表6优势属的统计，对优势属物种分布与影响因素做RDA排序。用Species-sample资料作DCA分析，分析结果中Axis lengths的第一轴大小为2.8483（表3-4），因此选择荣誉分析（Redundancy analysis，RDA）。表3-4为环境因子与植物群落的排序结果，4个典范轴累计解释了群落变化的10.8762%。通过蒙特卡罗置换检验分析，10个环境影响因子对优势属物种分布的解释量达到了显著水平（$P < 0.05$），表明排序效果理想，10个影响因素对优势属物种分布的解释量为11.57%。

表 3-4　澜沧江 - 湄公河区域植物优势属 RDA 排序轴特征

Table 3-4 Characteristic of RDA sorting axis of dominant plant genera in Lancang-Mekong region

项目	轴 1	轴 2	轴 3	轴 4
特征向量征	0.5817	0.4604	0.4879	0.4895
特征量	0.6388	0.4154	0.0533	0.0297
梯度长	2.8483	2.2608	2.9060	2.8611

由图3-12所知，优势属物种分布的解释贡献率由大到小的10个影响因素为气温（3.09%）、郁闭度（2.68%）、海拔（2.44%）、经度（1.33%）、树高（1.24%）、纬度（1.15%）、林龄（1.15%）、坡度（0.91%）、坡向（0.87%）、降水量（0.86%），气温对林下植物物种的分布影响最大，次之为郁闭度、海拔、经度，影响最小的为降水量。

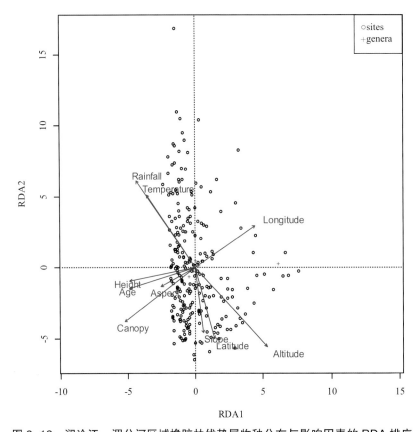

图 3-12　澜沧江 - 湄公河区域橡胶林优势属物种分布与影响因素的 RDA 排序

Fig.3-12 The RDA ordination graph of dominant genera distribution in Lancang-Mekong region with influencing factors

4. 群落优势种的 RDA 分析

根据表3-5的统计，对重要值前10名物种分布与影响因素做RDA排序。用Species-sample资料作DCA分析，分析结果中Axis lengths的第一轴大小为2.8921（表3-5），因此选择荣誉分析（Redundancy analysis，RDA）。表3-5所示为环境因子与植物群落的排序结果，4个典范轴累计解释了群落变化的11.6337%。通过蒙特卡罗置换检验分析，10个环境影响因子对重要值前10名物种分布的解释量达到了显著水平（$P < 0.05$），表明排序效果理想，10个影响因素对重要值前10名物种分布的解释量为21.61%。

由图3-13所知，重要值前10名物种分布的解释贡献率由大到小的10个影响因素为气温（1.14%）、纬度（1.05%）、海拔（1.01%）、经度（0.85%）、降水量（0.83%）、坡度（0.83%）、郁闭度（0.58%）、林龄（0.55%）、树高（0.49%）、坡向（0.45%），气温对林下植物物种的分布影响最大，次之为纬度、海拔、经度和降水量，影响最小的为坡向。

表 3-5　澜沧江 - 湄公河区域重要值前 10 名植物 RDA 排序轴特征

Table 3-5 Characteristic of RDA sorting axis of species of top 10 important values in Lancang-Mekong region

项目	轴 1	轴 2	轴 3	轴 4
特征向量征	0.3927	0.2879	0.2523	0.2408
特征量	0.4579	0.2556	0.2276	0.1955
梯度长	2.8921	2.7148	3.1762	2.8506

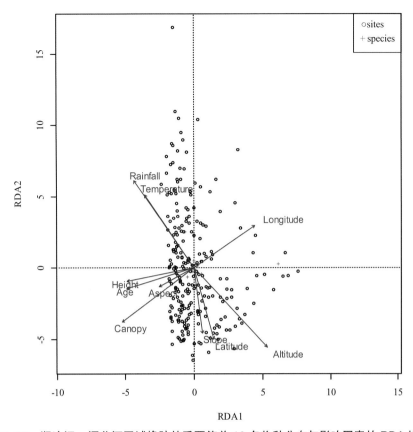

图 3-13　澜沧江－湄公河区域橡胶林重要值前 10 名物种分布与影响因素的 RDA 排序

Fig.3-13 The RDA ordination graph of species of top 10 important values distribution in Lancang-Mekong region with influencing factors

四、讨论与结论

1. 讨论

通过对澜沧江-湄公河区域越南、柬埔寨、老挝、泰国、缅甸和中国6个国家橡胶园植物多样性进行分析，丰富度指数、Shannon-Wiener指数和Simpson指数变化规律均为老挝＞缅甸＞中国＞柬埔寨＞泰国＞越南，老挝的生物多样性显著高于其他几个国家，越南的生物多样性是最低的，这些变化规律，主要受气温、经纬度、海拔和降水量等自然条件的影响。老挝物种丰富度最高，可能是由于橡胶园紧挨着湄公河，水文丰富，有利于植物的生长。越南由于得天独厚的地理和气候条件，生物多样性丰富较丰富，但由于最近几年自然资源过度开发、城市化等人为干扰因素对自然环境的破坏，使其生物多样性降低（陈文，2003；LE *et al.*，2012）。

澜沧江-湄公河区域不同林龄（＜8林龄、8～10林龄、10～30林龄、＞30林龄）植物多样性，丰富度指数差异性显著（$P < 0.05$），植物物种多样性随林龄增加而上升，与黄先寒等（2017b）研究结果相似。但也有一些不同的研究结果，Liu等（2006）和周会平等（2012）对西双版纳橡胶林下植物多样性调查发现物种多样性随林龄增加而降低。林龄＜8年的橡胶林植物多样性最低，这可能是由于橡胶林处于初产期，人为对橡胶林的干预比较多，导致多样性较低。而林龄＞30年的橡胶林多样性比较高，处于旺产期，人为干预逐渐减少，且生态系统趋于稳定。

不同的地形条件对橡胶林群落植物多样性影响比较大，且呈现出了一定的规律。不同海拔（＜200米、200～500米、500～700米、＞700米）橡胶林下植物多样性表现不一样，在500～700米的丰富度指数和Shannon-Wiener多样性指数均高，200～500米在丰富度指数和Shannon-Wiener指数中最低，而＜200米在Simpson指数中最低。黄先寒等（2017a）对生物多样性研究与本文结果相似；任礼等（2018）在岑王老山对不同海拔研究得出，随海拔升高物种逐渐减少。导致这种结果，主要是由于随海拔升高，受降水量和气温以及人为干扰的影响，＜200米和200～500米人为干扰较大，而＞700米受降水量和气温影响较大。橡胶林群落植物多样性在不同坡度（＜2°、2°～15°、15°～25°、＞25°）条件下，随坡度的增加呈现上升趋势，坡度＜2°最低，坡度＞25°最高。坡度不同，涵养水源、土壤营养保持以及人为干扰程度影响不同。坡度越大，可能水分和养分流失较大，但人为干扰较少，适当的坡度让植物能够更好地接受阳光的照射；而坡度越小受人为干扰影响越大（郝建锋等，2015）。对该区域橡胶林群落植物多样性与经纬度进行线性回归分析，不同经纬度对植物多样性影响也有一定规律，随纬度的增加，群落物种多样性呈上升趋势，而物种多样性随经度增加而呈下降趋势。李林等（2020）通过对亚热带不同纬度植物群落多样性研究得出，随纬度增加单个物种出现的频率逐渐下降。而本文研究范围在北纬6°～24°，东经96°～109°，低纬度地区受山地丘陵、降水量和气温的影响，群落植物多样性较低；而东部地区靠近南海，受台风影响较大，导致植物多样性较低。从而印证了老挝植物多样性指数最高，而越南植物多样性指数最低。

澜沧江-湄公河区域橡胶林群落不同郁闭度下，丰富度指数和Shannon-Wiener指数差异性不显著（$P > 0.05$），Simpson指数具有明显的差异性（$P < 0.05$），植物多样性指数总体随郁闭度增加呈上升变化趋势，郁闭度为80%～90%物种丰富度和Shannon-Wiener指数最高。橡胶林的郁闭度直接影响林地的光照强度，从而影响林下植物的生长，植物多样性随郁闭度增加而变化，反映出该林下植物大多是喜阴植物（黄先寒等，2016a）。

通过对澜沧江-湄公河区域橡胶林群落气象条件与植物多样性进行线性回归分析，气象条件同植物多样性指数之间均表现不显著（$P > 0.05$），随着温度和降水量的增加，植物多样性指数均呈上升趋势，但上升速度缓慢，且拟合度低。主要集中在气温24～28℃，降水量1000～2500毫米。也验证了在不同地区中老挝植物多样性指数高于越南植物多样性指数的规律。

通过对澜沧江-湄公河区域越南、柬埔寨、老挝、泰国、缅甸、中国橡胶林群落进行相似性分析，整体变化范围为0.29～0.47，反映了该6个国家橡胶林下植物物种组成较为相似。缅甸与泰国的相似性高为0.47，中国与柬埔寨和缅甸的相似性低分别都为0.29，这在很大程度上受到地理环境因素的影响，以及橡胶种植地的区位因素。

澜沧江-湄公河区域橡胶林植物物种分布与气温、海拔、降水量、经纬度、坡度、坡向、林龄、郁闭度和树高等10个影响因素之间的关系，10个影响因素对植物物种分布的解释量为9.41%，解释贡献率最大的是气温占1.14%，其次为纬度占1.05%。通过分析发现，10个影响因素解释量对各物种分布均比较低，说明人为因素干扰对物种分布影响较大。气温是植物物种分布影响因素中最大的，其次是海拔。气温受经纬度、海拔等影响，也影响植物物种分布。

其他研究者（向仰州等，2012；黄先寒等，2016；陈莉等，2019）通过橡胶林与桉树林物种多样性比较，发现橡胶林群落物种多样性明显高于桉树林物种多样性。这可能受人为干扰影响比较大，且桉树自身的化感作用也对周围植物的生长有影响。

加强生物多样性保护是生态可持续发展的关键，有助于改善贫困人口，是减少贫困的一个有效工具

（张丽荣等，2015）。有一些学者认为，橡胶林群落对生物多样性和生态环境有很大的负面影响（Li *et al.*，2007; Tan *et al.*，2011; Zhai *et al.*，2012）。不合理种植橡胶树的确会对环境产生一些不好的影响，但一些学者提出环境友好型生态胶园的构想，为橡胶群落提出新的科学问题（兰国玉等，2014b）。

2. 结论

澜沧江-湄公河区域6个国家，丰富度指数、Shannon-Wiener指数和Simpson指数变化规律均为老挝＞缅甸＞中国＞柬埔寨＞泰国＞越南，老挝的生物多样性显著高于其他几个国家，越南的生物多样性最低。通过对澜沧江-湄公河区域越南、柬埔寨、老挝、泰国、缅甸、中国橡胶林群落进行相似性分析，整体变化范围为0.29～0.47，反映了该6个国家橡胶林下植物物种组成较为相似。缅甸与泰国的相似性高为0.47，中国与柬埔寨和缅甸的相似性低分别都为0.29，这在很大程度上受到地理环境因素的影响，以及橡胶种植地的区位因素影响。

澜沧江-湄公河区域橡胶林群落植物物种多样性随林龄增加而上升，林龄＞30年的橡胶林多样性最高，林龄＜8年的橡胶林植物多样性最低。不同海拔橡胶林下植物多样性表现不一样，在500～700米的丰富度指数和Shannon-Wiener多样性指数均高，200～500米在丰富度指数和Shannon-Wiener指数中最低，而＜200米在Simpson指数中最低。橡胶林群落植物多样性在不同坡度条件下，随坡度的增加呈现上升趋势，坡度＜2°最低，坡度＞25°最高。随纬度增加，群落物种多样性呈上升趋势，而物种多样性随经度增加而呈下降趋势。植物多样性指数总体随郁闭度增加呈上升变化趋势，郁闭度为80%～90%之间物种丰富度和Shannon-Wiener指数最高。随着温度和降水量的增加，植物多样性指数均呈上升趋势，但上升速度缓慢，且拟合度低。

澜沧江-湄公河区域橡胶林植物物种分布与气温、海拔、降水量、经纬度、坡度、坡向、林龄、郁闭度和树高等10个影响因素之间的关系，气温是植物物种分布影响因素中最大的，其次是纬度。通过分析发现，10个影响因素解释量对各物种分布均比较低，说明人为因素干扰对物种分布影响较大。气温受经纬度、海拔等影响，也影响植物物种分布。

第四章　外来植物组成与多样性

▶ 一、橡胶林外来植物组成与分布

1. 橡胶林外来植物组成

生态入侵是由于人类有意识或无意识地把某种生物带入适宜其栖息和繁衍的地区，其种群不断扩大，分布区逐步稳定地扩展的过程（李博，2000）。入侵植物指能够在自然或半自然的生态系统中建立、繁殖，会改变或威胁到本地生物多样性的外来植物（Richardson et al., 2000）。通过查阅《中国植物志》以及国外植物网站对植物的原产地，筛选出了澜沧江-湄公河区域外来植物名录，通过统计，如图4-1和附表2可知，外来植物共有45科、91属、121种，占该区域总物种数的12.75%。将植物分布样地数目分为4类，只分布一个样地的植物共有50种，分布2~10个样地的植物有47种，分布11~100个样地的植物有21种，>100个样地的植物有3种，如飞机草、含羞草、地毯草。240个样地中有237个样地有入侵植物，入侵植物10种以上的有24个分布样地，飞机草分布样地有189个，其次是含羞草有141个样地分布，地毯草分布有114个样地。

入侵植物生活型主要以草本为主，共有69种，占总入侵植物的57.02%，而其中最多的是多年生草本植物有38种，占总入侵植物的31.40%；一年生草本植物有31种，占总入侵植物的25.62%。藤本植物有8种，占总入侵植物的6.61%；灌木植物有16种，占总入侵植物的13.22%；乔木植物有28种，占入侵植物的23.14%。

入侵植物科最多的是菊科13种，占总入侵植物的10.74%；其次是含羞草科均有9种，占总入侵植物的7.44%。其余科为大戟科有7科，旋花科6科，苏木科5科，蝶形花科5科，禾本科5科，百合科5科，茄科5科，苋科4科，天南星科3科，白花菜科3科，唇形科3科，锦葵科3科，棕榈科3科，西番莲科3科，马鞭草科3科，漆树科2科，番荔枝科2科，葫芦科2科，竹芋科2科，桑科2科，桃金娘科2科，茜草科2科，梧桐科2科，爵床科1科，石蒜科1科，夹竹桃科1科，落葵科1科，紫葳科1科，凤梨科1科，番木瓜科1科，木麻黄科1科，鸭跖草科1科，杜英科1科，苦苣苔科1科，樟科1科，千屈菜科1科，芭蕉科1科，紫茉莉科1科，商陆科1科，胡椒科1科，远志科1科，马齿苋科1科，葡萄科1科。

2. 橡胶林外来植物原产地分析

入侵植物来自世界各地，原产地最多的是热带美洲，有41种，占总入侵植物的33.88%；其次为美洲，有38种，占总入侵植物的31.40%。非洲有13种，占总入侵植物的10.74%；热带亚洲有8种，占总入侵植物的6.61%；热带非洲有7种，占总入侵植物的5.79%；澳大利亚有5种，占入侵植物的4.13%；古热带有2种，占总入侵植物的1.65%；欧洲有2种，占总入侵植物的1.65%；日本有2种，占总入侵植物的1.65%；爪哇有2种，占总入侵植物的1.65%；亚洲西部有1种，占总入侵植物的0.83%。通过分析发现外来植物均表现为适应能力强，分布范围广。

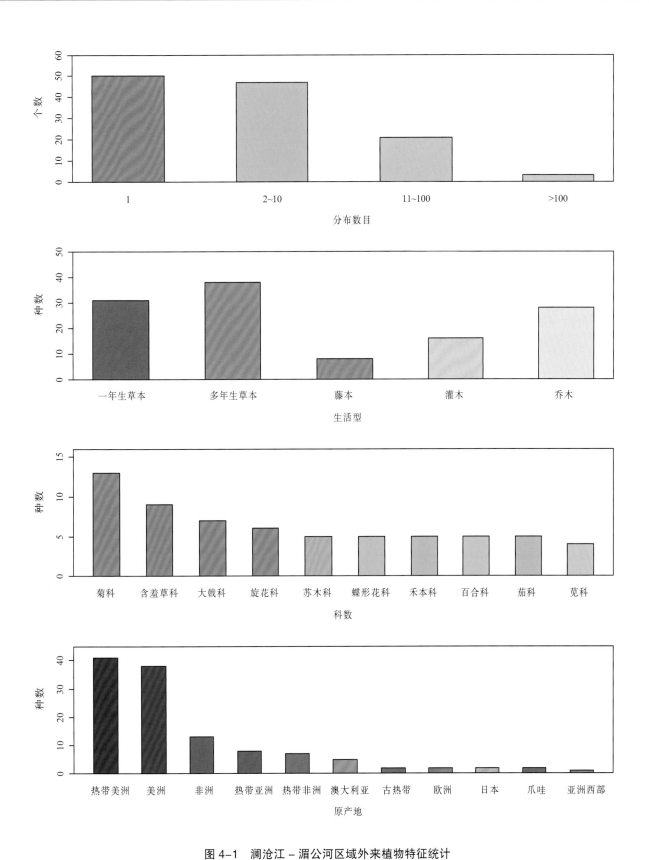

图 4-1　澜沧江 - 湄公河区域外来植物特征统计

Fig.4-1 Characteristic statistics of invasive plants in Lancang-Mekong region

▶ 二、不同国家橡胶林外来植物分析

1. 不同国家外来植物组成

越南外来植物有52种（巴西含羞草、白苞猩猩草、垂序商陆、刺槐、地毯草、番石榴、飞机草、凤梨、狗尾草、光萼猪屎豆、含羞草、红龙草、红毛丹、火焰树、藿香蓟、鸡蛋果、假臭草、假连翘、假马鞭、金心香龙血树、金腰箭、锦绣苋、荆芥叶狮耳花、距瓣豆、决明、阔叶丰花草、辣椒、梁子菜、柳条省藤、龙珠果、芦莉草、马缨丹、木薯、赛葵、山香、望江南、文定果、五爪金龙、西番莲、香膏萼距花、象草、小蓬草、猩猩草、腰果、银合欢、印度榕、圆叶牵牛、圆锥花远志、肿柄菊、皱子白花菜、紫背万年青、紫茉莉），占总样地物种数的17.69%。

柬埔寨外来植物有40种（巴西含羞草、白苞猩猩草、白花菜、蓖麻、刺果番荔枝、大叶相思、地毯草、番石榴、飞机草、光荚含羞草、含羞草、含羞草决明、红龙草、花叶竹芋、藿香蓟、假臭草、金红花、金腰箭、距瓣豆、决明、阔叶丰花草、龙珠果、芦莉草、绿萝、木麻黄、木薯、南瓜、三裂叶薯、土人参、望江南、无刺含羞草、西番莲、西瓜、象草、小蓬草、银合欢、银花苋、圆叶牵牛、皱果苋、皱子白花菜），占总样地物种数的17.86%。老挝外来植物有24种（地毯草、颠茄、番石榴、飞机草、非洲芙蓉、凤梨、含羞草、黄果龙葵、藿香蓟、假臭草、金合欢、决明、阔叶丰花草、辣椒、蓝花野茼蒿、柳条省藤、木薯、破坏草、葡萄、苏门白酒草、五爪金龙、小蓬草、银合欢、棕叶狗尾草），占总样地物种数的10.21%。泰国外来植物有60种（巴西含羞草、白苞猩猩草、翅荚决明、地毯草、番荔枝、番石榴、飞机草、凤梨、含羞草、合果芋、红毛草、花叶竹芋、黄花草、黄秋英、火焰树、藿香蓟、鸡蛋花、假臭草、假马鞭、金边虎尾兰、金腰箭、决明、阔荚合欢、阔叶丰花草、辣椒、柳条省藤、龙血树、龙珠果、芦莉草、落葵、绿萝、马缨丹、面包树、木薯、牛蹄豆、葡萄、槭叶瓶干树、牵牛、茄、三裂叶薯、山香、水鬼蕉、酸豆、铁海棠、五彩芋、五爪金龙、西番莲、西瓜、香龙血树、象草、小蓬草、银合欢、银花苋、印度榕、油棕、圆叶牵牛、皱子白花菜、竹芋、紫玉簪、棕叶狗尾草），占总样地物种数的15.46%。

缅甸外来植物有45种（桉、巴西含羞草、白苞猩猩草、蓖麻、橙红茑萝、齿裂大戟、翅荚决明、大翼豆、地毯草、吊球草、鳄梨、番石榴、飞机草、凤梨、含羞草、火焰树、藿香蓟、假马鞭、假酸浆、金腰箭、荆芥叶狮耳花、距瓣豆、决明、阔叶丰花草、蓝花野茼蒿、柳条省藤、龙珠果、芦莉草、马缨丹、玫瑰茄、茄、秋英、散尾葵、山香、五爪金龙、香龙血树、象草、小蓬草、熊耳草、腰果、银合欢、油棕、圆叶牵牛、皱子白花菜、竹芋），占总样地物种数的15.90%。中国外来植物有33种（芭蕉、白苞猩猩草、蓖麻、草胡椒、赤小豆、地毯草、番木瓜、番石榴、番薯、飞机草、凤梨、光荚含羞草、含羞草、合果芋、藿香蓟、鸡蛋果、金铃花、金腰箭、决明、阔叶丰花草、蓝花野茼蒿、马缨丹、木薯、破坏草、赛葵、无刺含羞草、小蓬草、银合欢、中粒咖啡、肿柄菊、皱子白花菜、紫锦木、棕叶狗尾草），占总样地物种数的8.53%。

2. 不同国家橡胶林外来植物百分比

将澜沧江-湄公河区域6个国家外来植物所占样地植物百分比进行比较（图4-2），具有明显的差异（$P < 0.05$）。外来植物最多的是泰国，而外来植物所占样地植物比例最多的是柬埔寨，所占比例最少的是中国。样地外来物种超过10种以上的样地有9个，如柬埔寨7号样地有17种（占样地总物种数的42.50%），也是澜沧江-湄公河区域外来植物最多的样地，9号样地有10种（占25.64%），12

号样地有10种（占30.30%），14号样地有10种（占29.41%），24号样地有12种（占46.15%）；泰国2号样地有10种（占37.04%），5号样地有11种（占40.74%）；缅甸46号样地有11种（占39.29%），47号样地有11种（占40.74%）。

▶三、外来植物对橡胶林群落多样性的影响

▶▶▶▶▶▶▶▶▶▶▶▶▶▶▶▶▶▶▶▶▶▶▶▶

橡胶林群落中外来入侵种主要集中在1～10种。超过10种外来植物的样地总植物数集中在27～44种，有9个样地。如图4-3所示，澜沧江-湄公河区域样地植物与外来植物丰富度指数差异不显著（$P >0.05$）。随着外来植物丰富度升高，样地植物丰富度指数呈上升趋势，上升速度快，但拟合度低。这表明橡胶林群落随着外来植物种类的增加，群落多样性并不降低。主要因为入侵物种较多时，各入侵物种相互制约，使之不能成为群落的绝对优势种，因此为其他物种的存在提供了空间，从而使得多样性并不降低。

▶四、讨论与结论

▶▶▶▶▶▶▶▶▶▶▶▶▶▶▶▶▶▶▶▶▶▶▶▶

1. 讨论

澜沧江-湄公河区域橡胶林下外来植物有45科、91属、121种，占总物种数的12.75%，其中植物主要以草本植物为主，菊科最多，有237个样地有外来植物，入侵现象比较严重。在野外调查中发现，部分外来植物成片生长，适应生境的能力强，像飞机草分布在189个样地，分布范围广。澜沧江-湄公河区域橡胶林下外来物种主要以草本为主，多年生草本所占比重最大，且外来植物有强的入侵性和环境

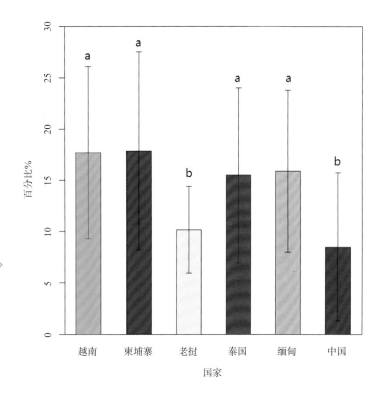

图4-2　澜沧江－湄公河区域不同国家外来植物比较

Fig.4-2 Comparison of invasive plants in different countries in Lancang-Mekong region

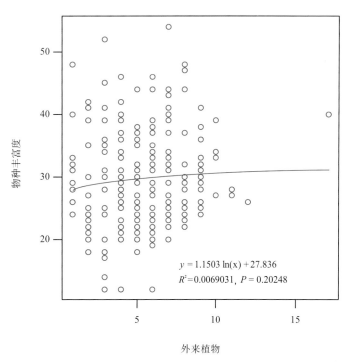

$$y = 1.1503 \ln(x) + 27.836$$
$$R^2 = 0.0069031, P = 0.20248$$

图4-3　澜沧江－湄公河区域样地植物与外来植物丰富度指数线性回归分析

Fig.4-3 Linear regression analysis of richness and invasive plants richness in Lancang-Mekong region

适应性，入侵现象十分严重，亟待解决。这是由于草本植物繁殖周期短、抗干扰能力强，且菊科特有的形态特征有利于其传播广泛。外来植物原产地大多数是热带美洲，首先因为热带美洲地处热带，物种丰富，有许多可构成入侵物种的生物；其次美洲和亚洲相隔较远，物种隔离度高，一旦物种入侵就没有天敌控制。外来植物丰富度指数随着纬度增加而下降，随着经度的增加而增加，因为外来植物主要来自热带美洲，而热带美洲和澜沧江-湄公河区域的环境气候相似，为外来物种提供了很好地适应环境。该区域原产地主要来自热带美洲，表明外来植物在澜沧江-湄公河区域有更好的适应性，因此对于美洲来的植物要严格评估其入侵风险。外来植物最多的是泰国，而柬埔寨外来植物多的样地更多。陈剑等（2020）指出初始建立的肿柄菊群落植株较矮、植株密度大，以草本特征为主，而随着建立时间增长群落植株更高、密度小，以灌木特征为主。很多外来入侵物种能够改变土壤养分和微生物组成（Sharma *et al.*，2009; Lankau，2013）。对于外来入侵植物需要采取一些措施防治，可以彻底挖出其块根，并把散落的珠芽和茎秆一同粉碎或掩埋；或者在幼苗期用化学药物去除（杂草科学，2010）。

2. 结论

澜沧江-湄公河区域橡胶林下外来植物有45科、91属、121种，占总物种数的12.75%，其中植物主要以草本植物为主，菊科最多，有237个样地有外来植物，外来植物原产地大多数是热带美洲。外来植物最多的是泰国（60种），所占比例最高是的柬埔寨（17.86%），超过10种以上的外来植物的样地有9个样地。随着外来植物丰富度升高，样地植物丰富度指数呈上升趋势。

下篇 植物分述及分布

第一章 蕨类植物

藤石松 [*Lycopodiastrum casuarinoides* (Spring) Holub ex Dixit]

鉴别特征：地上主茎木质藤状，圆柱形，具疏叶。叶螺旋状排列，具芒，边缘全缘；苞片形同主茎，仅略小；孢子囊穗每6～26个一组生于多回二叉分枝的孢子枝顶端，红棕色；孢子叶阔卵形，孢子囊生于孢子叶腋，内藏，圆肾形，黄色。

产地与地理分布：产于中国华东、华南、华中及西南大部分省区。生于海拔100～3100米的林下、林缘、灌丛下或沟边。亚洲其他热带及亚热带地区有分布。

用途：【药用价值】植物的全草可供药用，舒筋活血，治风湿关节痛、跌打损伤、筋骨疼痛、月经不调及脚转筋。

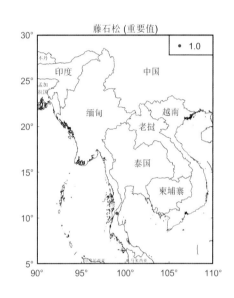

藤石松（重要值）

石松科·藤石松属

石松（*Lycopodium japonicum* Thunb. ex Murray）

鉴别特征：多年生土生植物。匍匐茎地上生，被稀疏的叶；叶螺旋状排列，披针形或线状披针形。孢子囊穗 (3) 4～8个集生于长达30厘米的总柄；孢子囊穗不等位着生 (即小柄不等长)；孢子叶阔卵形，孢子囊生于孢子叶腋，黄色。

产地与地理分布：生于海拔100～3300米的林下、灌丛下、草坡、路边或岩石上。日本、印度、缅甸、不丹、尼泊尔、越南、老挝、柬埔寨及南亚诸国有分布。

用途：【药用价值】全草入药，具舒经活血、祛风散寒、利尿、通经的功效。【食用价值】可食，也可酿酒；炒食或干制成蔬菜。【经济价值】全草可提取蓝色染料；孢子为铸造工业的优良分型剂、照明工业的闪光剂，也可作丸药包衣。【观赏价值】具有很高的观赏价值。

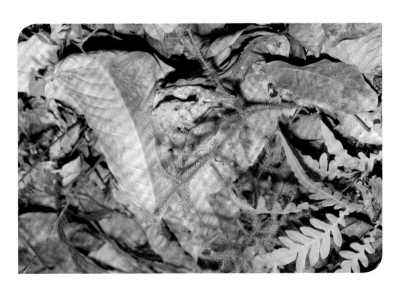

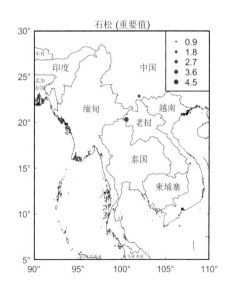

石松（重要值）

石松科·石松属

垂穗石松 [*Palhinhaea cernua* (L.) Vasc. et Franco]

鉴别特征：中型至大型土生植物，主茎直立；叶螺旋状排列，稀疏，无柄，先端渐尖，边缘全缘。侧枝上斜，多回不等位二叉分枝，有毛或光滑无毛；侧枝及小枝上的叶螺旋状排列，无柄，先端渐尖，边缘全缘。孢子囊穗单生于小枝顶端，淡黄色，无柄；孢子叶卵状，具不规则锯齿；孢子囊生于孢子叶腋，黄色。

产地与地理分布：产于中国浙江、江西、福建、台湾、湖南、广东、香港、广西、海南、四川、重庆、贵州、云南等，生于海拔100～1800米的林下、林缘及灌丛下荫处或岩石上。亚洲其他热带地区及亚热带地区、大洋洲、中南美洲有分布。

用途：【药用价值】具有祛风湿、舒筋络、活血、止血等功效，治风湿疼痛麻木、肝炎、痢疾、风疹、赤目、吐血、衄血、便血、跌打损伤、火烫伤。

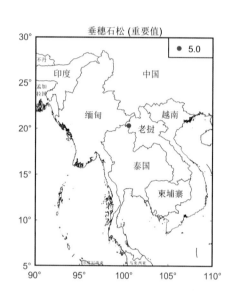

石松科·垂穗石松

蔓出卷柏（*Selaginella davidii* Franch.）

鉴别特征：土生或石生，匍匐。根托在主茎上断续着生，被毛。主茎通体羽状分枝，侧枝3～6对，分枝无毛，背腹压扁。叶全部交互排列，草质，表面光滑，明显具白边，边缘具细齿。分枝上的腋叶对称或不对称，卵状披针形，边缘近全缘或具微齿。大孢子白色；小孢子橘黄色。

产地与地理分布：产于中国安徽、北京、重庆、福建、甘肃、河北、河南、湖南、湖北、江苏、江西、陕西、宁夏、山东、山西、浙江。生于灌丛中荫处，潮湿地或干旱山坡，海拔100～1200米。

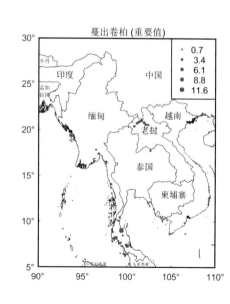

卷柏科·卷柏属

深绿卷柏 [*Selaginella doederleinii* Hieron.]

鉴别特征：土生，近直立，基部横卧。根托达植株中部，通常由茎上分枝的腋处下面生出，根少分叉，被毛。主茎自下部开始羽状分枝，侧枝3～6对，2～3回羽状分枝。叶全部交互排列，边缘不为全缘，不具白边。孢子叶穗紧密，四棱柱形；孢子叶一形，卵状三角形，边缘有细齿。大孢子白色；小孢子橘黄色。

产地与地理分布：产于中国安徽、重庆、福建、广东、贵州、广西、湖南、海南、江西、四川、台湾、香港、云南、浙江等。林下土生，海拔200～1000（～1350）米。也分布于日本、印度、越南、泰国、马来西亚。

用途：【药用价值】全草入药，味甘、性凉，有消炎解毒、祛风消肿、止血生肌功效。【观赏价值】适宜盆栽观赏。

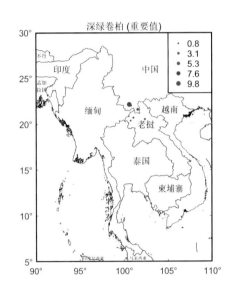

深绿卷柏（重要值）

江南卷柏（*Selaginella moellendorffii* Hieron.）

鉴别特征：土生或石生，直立。根托只生于茎的基部，根多分叉，密被毛。主茎中上部羽状分枝；侧枝5～8对，2～3回羽状分枝。叶（除不分枝主茎上的外）交互排列，边缘不为全缘，边缘有细齿。主茎上的腋叶不明显大于分枝上的，卵形或阔卵形，边缘有细齿。孢子叶穗紧密，四棱柱形；大孢子叶分布于孢子叶穗中部的下侧。大孢子浅黄色；小孢子橘黄色。

产地与地理分布：产于中国云南、安徽、重庆、福建、甘肃、广东、广西、贵州、海南、湖北、河南、湖南、江苏、江西、陕西、四川、台湾、香港、云南、浙江。生于岩石缝中，海拔100～1500米。也分布于越南、柬埔寨、菲律宾。

用途：【药用价值】具有清热利尿、活血消肿等功效，用于急性传染性肝炎、胸胁腰部挫伤、全身水肿、血小板减少。【观赏价值】适宜盆栽观赏。

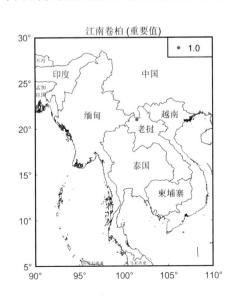

江南卷柏（重要值）

七指蕨 [*Helminthostachys zeylanica* (L.) Hook.]

鉴别特征：根状茎肉质，横走；叶柄为绿色，草质，叶片由三裂的营养叶片和一枚直立的孢子囊穗组成，但各羽片无柄，基部往往狭而下延，向基部渐狭，向顶端为渐尖头，边缘为全缘或往往稍有不整齐的锯齿。叶薄草质，无毛。孢子囊穗单生，通常高出不育叶。

产地与地理分布：产于中国台湾、海南和西双版纳。广泛分布于中南半岛、缅甸、印度北部、泰国、马来西亚、斯里兰卡、菲律宾、印度尼西亚、澳大利亚等地。

用途：【药用价值】

全草：清热化痰、散瘀镇痛、化瘀、消积、解毒，用于劳伤咳嗽、跌打瘀积、乳蛾、风湿骨痛、毒蛇咬伤。根状茎：用作滋补剂。叶：马来西亚民族药，煎剂内服治疗腹泻，捣碎外敷治疗溃疡。

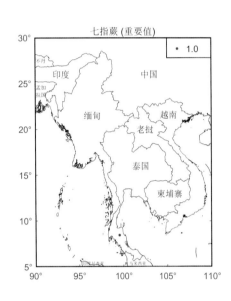

披针观音座莲（*Angiopteris caudatiformis* Hieron.）

鉴别特征：叶柄粗如拇指，光滑。叶二回羽状；羽片长圆形，基部略变狭；小羽片14~18对；基部小羽片稍向上，长披针形，基部近圆形，先端长渐尖。边缘有锯齿。叶脉开展，单一或分叉，两面都明显。叶为纸质。孢子囊群线形，有孢子囊18~24个，先端不育。

产地与地理分布：产于中国云南东南部。

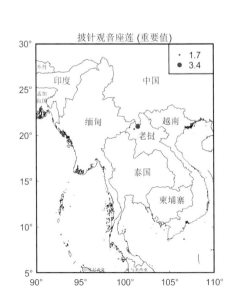

大脚观音座莲（*Angiopteris crassipes* Wall. ）

鉴别特征：植株高大。叶柄粗如拇指，光滑。叶二回羽状；羽片倒披针状长圆形，棕色，羽轴向顶端不具翅；小羽片18~20对，近水平开展，略互生，几无柄，先端渐尖，边缘几为全缘，有小锯齿。叶脉开展，分叉或单一，上面可见，下面明显，不具倒行假脉。叶厚草质。孢子囊群线形，不育而常反卷的边缘极狭，先端不育。

产地与地理分布：产于中国海南。也分布于越南、柬埔寨、缅甸及印度。

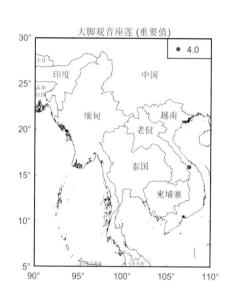

大脚观音座莲 (重要值)

观音座莲科·观音座莲

铁芒萁 [*Dicranopteris linearis* (Burm.) Underw.]

鉴别特征：根状茎横走，被锈毛。叶远生；叶轴5~8回两叉分枝；边缘具三角形裂片。叶坚纸质，上面绿色，下面灰白色，无毛。孢子囊群圆形，细小，一列，由5~7个孢子囊组成。

产地与地理分布：产于中国热带地区：广东南部、海南、云南东南部。生于疏林下，或成密不可入的钝群，生火烧迹地上。本种广泛分布于马来半岛、斯里兰卡、泰国、越南、印度南部。

用途：【药用价值】根茎及叶可治冻伤，且一年四季都能采集利用；全草入药，具清热解毒、祛瘀消肿、散瘀止血的功效，主治痔疮、血崩、鼻出血、小儿高热、跌打损伤、痈肿、风湿搔痒、毒蛇咬伤、烫火伤、外伤出血、毒虫咬伤等。**【经济价值】**叶柄可以拿来编织成篮子或手工艺品；可提取色素。**【观赏价值】**具有观赏用途。**【生态价值】**可水土保持及改良土壤；是酸性土壤指示植物。

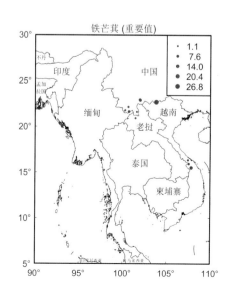

铁芒萁 (重要值)

里白科·芒萁属

掌叶海金沙（*Lygodium digitatum* Presl）

鉴别特征： 羽片多数，对生于叶轴的短距上，向两侧平展，距端有一丛红棕色短柔毛。羽片二型；不育羽片柄长2.5厘米，两侧有狭边，叶缘有细锯齿。叶草质，干后棕褐色，两面光滑。孢子囊穗有规则地沿叶边排列，长2～4毫米，线形，褐色。

产地与地理分布： 产于中国海南南部及西南部、台湾等地。生密林中，海拔1200～1700米。菲律宾、马来西亚都有分布。

用途：【药用价值】清热利尿。

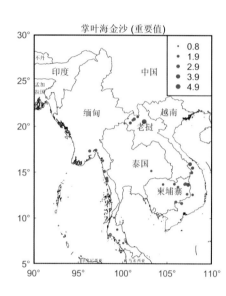

曲轴海金沙 [*Lygodium flexuosum* (L.) Sw.]

鉴别特征： 三回羽状；羽片多数，向两侧平展，距端有一丛淡棕色柔毛。羽片长圆三角形，上面两侧有狭边，奇数二回羽状。叶草质，叶面沿中脉及小脉略被刚毛。孢子囊穗长3～9毫米，线形，棕褐色，无毛，小羽片顶部通常不育。

产地与地理分布： 产于中国广东、海南、广西、贵州、云南等省区南部。生于疏林中，海拔100～800米。越南、泰国、印度、马来西亚、菲律宾、澳大利亚东北部都有分布。

用途：【药用价值】全草及孢子，具有舒筋活络、清热利尿、止血消肿等功效，用于风湿麻木、淋证、石淋、水肿、痢疾、跌打损伤、外伤出血、疮疡肿毒。

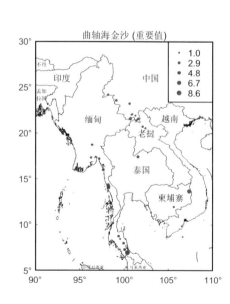

海金沙科·海金沙属

海金沙 [*Lygodium japonicum* (Thunb.) Sw.]

鉴别特征：叶轴上面有2条狭边，羽片多数，平展。不育羽片尖三角形，或较狭，同羽轴一样多少被短灰毛，两侧并有狭边，二回羽状；一回羽片2～4对，互生。宽3～6厘米，一回羽状；二回小羽片2～3对，卵状三角形，具短柄或无柄，互生。主脉明显，侧脉纤细。叶纸质，干后绿褐色。孢子囊穗长2～4毫米，暗褐色，无毛。

产地与地理分布：产于中国江苏、浙江、安徽南部、福建、台湾、广东、香港、广西、湖南、贵州、四川、云南、陕西南部。日本、斯里兰卡、爪哇、菲律宾、印度、澳大利亚都有分布。

用途：【药用价值】具有通利小肠、疗伤寒热狂等功效，治湿热肿毒、小便热淋、膏淋、血淋、石淋、经痛，解热毒气；四川用之治筋骨疼痛。

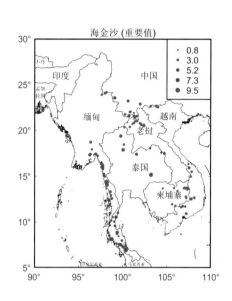

柳叶海金沙（*Lygodium salicifolium* Presl）

鉴别特征：叶轴禾秆色，无毛；羽片多数，对生于叶轴的短距上，平展。不育羽片生于叶轴下部，常为二回二叉分裂或二叉掌状深裂。主脉明显，侧脉纤细，明显，从主脉向上斜出，2～3回二叉分歧，直达锯齿。叶纸质，干后褐绿色。能育羽片和不育羽片同型。孢子囊穗沿叶缘从基部向上分布，几光滑，棕色。

产地与地理分布：产于中国云南、海南。生于混交林中，海拔840～1180米。越南、泰国、马来半岛、印度、缅甸都有分布。

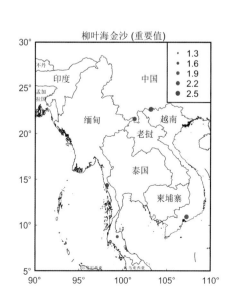

小叶海金沙 [*Lygodium scandens* (L.) Sw.]

鉴别特征: 叶轴纤细如铜丝,二回羽状;羽片多数,羽片对生于叶轴的距上,顶端密生红棕色毛。不育羽片生于叶轴下部,长圆形。叶脉清晰,三出,小脉2~3回二叉分歧,斜向上,直达锯齿。叶薄草质,干后暗黄绿色,两面光滑。能育羽片长圆形,通常奇数羽状,小羽片的柄长2~4毫米,柄端有关节,互生。孢子囊穗排列于叶缘,线形,黄褐色。

产地与地理分布: 产于中国福建西部、台湾、广东、香港、海南西北部及南部、广西、云南东南部。产于溪边灌木丛中,海拔110~152米。也分布于印度南部、缅甸、马来半岛、菲律宾。

用途: 【药用价值】具有清热利湿、舒筋活络等功效,主治肾炎、尿路感染、风湿痹痛。

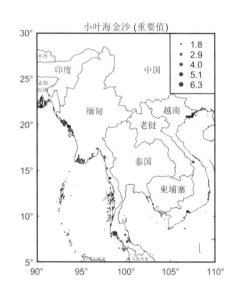

金毛狗 [*Cibotium barometz* (L.) J. Sm.]

鉴别特征: 根状茎卧生,粗大,有光泽,上部光滑;叶片大,广卵状三角形,三回羽状分裂;下部羽片为长圆形,互生;一回小羽片,互生;末回裂片线形略呈镰刀形。叶几为革质或厚纸质,两面光滑;孢子囊群在每一末回能育裂片1~5对;孢子为三角状的四面形,透明。

产地与地理分布: 产于中国云南、贵州、四川南部、广西、广东、福建、台湾、海南、浙江、江西和湖南南部。生于山麓沟边及林下阴处酸性土上。印度、缅甸、泰国、中南半岛、马来西亚、琉球及印度尼西亚都有分布。

用途: 【药用价值】其味苦甘、性温,具有补肝肾、强腰膝、除风湿、壮筋骨、利尿通淋等功效,茎上的茸毛能止血。【食用价值】可食用和酿酒。【观赏价值】可盆栽作为大型的室内观赏蕨类,根状茎能制成精美的工艺品供观赏。

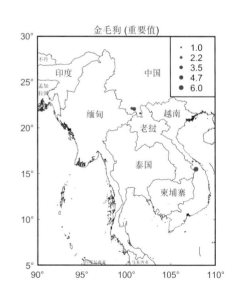

大叶黑桫椤（*Alsophila gigantea* Wall.ex Hook.）

鉴别特征：叶型大，乌木色，粗糙，疏被头垢状的暗棕色短毛，基部、腹面密被棕黑色鳞片；鳞片条形，光亮，平展；叶片三回羽裂，叶轴下部乌木色，粗糙；羽片平展，有短柄，长圆形；小羽片约25对，互生；裂片12～15对；叶脉下面可见，小脉6～7对；叶为厚纸质。孢子囊群位于主脉与叶缘之间，无囊群盖。

产地与地理分布：产于中国云南、广西、广东、海南。海拔600～1000米，通常生于溪沟边的密林下。日本南部、印度尼西亚、马来半岛、越南、老挝、柬埔寨、缅甸、泰国、尼泊尔及印度东北部、中部和南部。

用途：【观赏价值】具有较高的观赏价值。

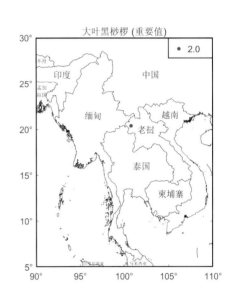

大叶黑桫椤 (重要值)

双唇蕨 [*Schizoloma ensifolium* (Sw.) J. Sm.]

鉴别特征：根状茎横走，密被赤褐色的钻形鳞片。叶近生；叶片长圆形，一回奇数羽状；羽片4～5对，基部近对生，上部互生，基部广楔形，先端渐尖，全缘，或在不育羽片上有锯齿，向上的各羽片略缩短，顶生羽片分离，与侧生羽片相似。中脉显著，向叶缘分离。叶草质，两面光滑。孢子囊群线形；囊群盖两层，灰色，膜质，全缘。

产地与地理分布：产于中国台湾、广东、海南及云南南部。亚洲各地、琉球、波利尼西亚、澳大利亚至西南非洲及马达加斯加都有分布。

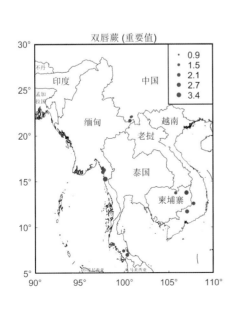

双唇蕨 (重要值)

桫椤科·桫椤属

鳞始蕨科·双唇蕨属

阔片乌蕨 [*Stenoloma biflorum* (Kaulf.) Ching]

鉴别特征：根状茎粗壮，短而横走，密被赤褐色的钻状鳞片。叶片三角状卵圆形，先端渐尖，基部不变狭，三回羽状；羽片10对，除基部一对为近对生外，其余的为互生，密接，开展；下部二回羽状；小羽片近菱状长圆形。叶近革质。孢子囊群杯形，边缘着生，顶生于1~2条细脉上，囊群盖圆形，革质，棕褐色。

产地与地理分布：产于中国台湾、福建及广东。生于海边石山上。

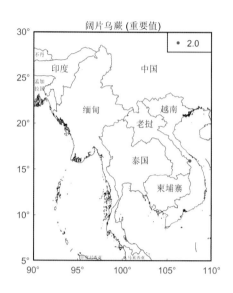

乌蕨（*Stenoloma chusanum* Ching）

鉴别特征：根状茎短而横走，粗壮，密被赤褐色的钻状鳞片。叶近生，禾秆色至褐禾秆色，有光泽；叶片披针形，先端渐尖，基部不变狭，四回羽状；羽片15~20对，互生，密接，下部三回羽状。叶坚草质。孢子囊群边缘着生，每裂片上一枚或二枚；囊群盖灰棕色，革质，半杯形，宽，与叶缘等长，近全缘或多少啮蚀，宿存。

产地与地理分布：产于中国浙江南部、福建、台湾、安徽南部、江西、广东、海南、香港、广西、湖南、湖北、四川、贵州及云南。亚洲各地如日本、菲律宾、波利尼西亚，向南至马达加斯加等地也有分布。生于林下或灌丛中阴湿地，海拔200~1900米。

用途：【药用价值】全草可入药，其味微苦，性寒，具有清热解毒、利湿、止血的功效，主治感冒发热、咳嗽、咽喉肿痛、肠炎、痢疾、肝炎、湿热带下、痈疮肿毒、疼腮、口疮、烫火伤、毒伤、狂犬咬伤、皮肤湿疹、吐血、尿血、便血和外伤出血【观赏价值】可供盆栽观赏。

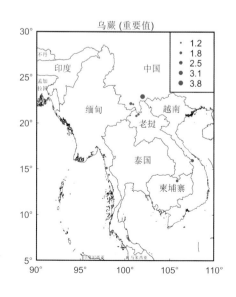

热带鳞盖蕨 [*Microlepia speluncae* (Linn.) Moore]

鉴别特征: 根状茎横走。叶疏生,禾秆色,上面有棱沟,疏被灰棕色节状短毛。叶片,卵状长圆形,三回羽状;羽片10~15对,阔披针形,互生;一回小羽片15~20对,基部上侧一片略长;末回裂片6~8对;小裂片全缘或先端有2~3个矮钝齿。羽片向上渐短。叶薄草质。叶轴有柔毛疏生。孢子囊群近末回裂片边缘着生,有柔毛。

产地与地理分布: 产于中国台湾、海南、云南,生于山峡中。泛热带种,广泛分布于琉球、越南、柬埔寨、斯里兰卡、印度、菲律宾、马来群岛、波利尼西亚、昆士兰、西印度群岛、巴西南部及非洲等地。

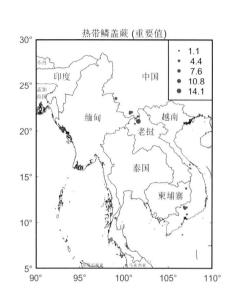

热带鳞盖蕨 (重要值)

姬蕨科·鳞盖蕨属

剑叶凤尾蕨 (*Pteris ensiformis* Burm.)

鉴别特征: 根状茎细长,斜升或横卧。叶密生,二型;柄长与叶轴同为禾秆色,稍光泽,光滑;叶片长圆状卵形,羽片3~6对,对生;不育叶的下部羽片相距1.5~2(3)厘米,小羽片2~3对,对生,密接,无柄;能育叶的羽片疏离,小羽片2~3对。叶干后草质,灰绿色至褐绿色,无毛。

产地与地理分布: 产于中国浙江南部、江西南部、福建、台湾、广东、广西、贵州西南部、四川、云南南部。生于林下或溪边潮湿的酸性土壤上,海拔150~1000米。也分布于日本、越南、老挝、柬埔寨、缅甸、印度北部、斯里兰卡、马来西亚、波利尼西亚、斐济群岛及澳大利亚。用途:【药用价值】全草入药,有止痢的功效。【观赏价值】可盆栽于客厅、书房、庭园,以及用于小区的林下绿化、行道美化。

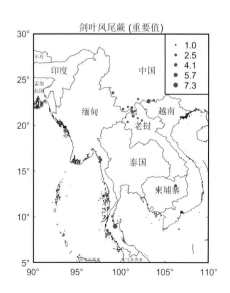

剑叶凤尾蕨 (重要值)

凤尾蕨科·凤尾蕨属

傅氏凤尾蕨（*Pteris fauriei*）

鉴别特征：根状茎短；鳞片线状披针形，深褐色，边缘棕色。叶簇生；柄长30～50厘米，向上与叶轴均为禾秆色，光滑，上面有狭纵沟。羽轴下面隆起，禾秆色。侧脉两面均明显，斜展。孢子囊群线形，沿裂片边缘延伸；囊群盖线形，灰棕色，膜质。

产地与地理分布：产于中国台湾、浙江、福建、江西、湖南南部、广东、广西、云南东南部。生于林下沟旁的酸性土壤上，海拔50～800米。越南北部及日本均有分布。

用途：【药用价值】叶淡、凉，具收敛和止血的功效，可用于烧伤、烫伤和外伤出血。

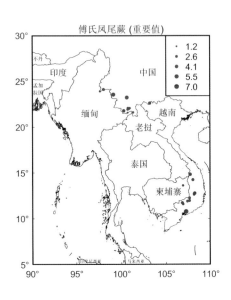

林下凤尾蕨（*Pteris grevilleana* ）

鉴别特征：根状茎短而直立，先端被黑褐色鳞片。叶簇生(10～15片)，同型；能育叶的柄比不育叶的柄长2倍以上，栗褐色，有光泽，光滑；叶片阔卵状三角形，二回深羽裂；顶生羽片阔披针形，先端钝圆，斜展，彼此密接，边缘有短尖锯齿；能育羽片与不育羽片相似，其裂片较短小并且较疏羽轴下面隆起。

产地与地理分布：产于中国台湾、广东、海南、广西、云南。生于林下岩石旁，海拔150～900米。也分布于日本、越南、泰国、印度东北部、尼泊尔、不丹、马来西亚、菲律宾及印度尼西亚。

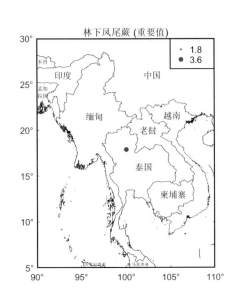

线羽凤尾蕨（*Pteris linearis*）

鉴别特征： 根状茎短而直立，先端被黑褐色鳞片。叶簇生（6~8片）；柄约与叶片等长，向上与叶轴为禾秆色，稍有光泽，光滑；叶片长圆状卵形，二回深羽裂（或基部三回深羽裂）；侧生羽片5~15对，对生；裂片25~35对，互生，近平展或斜展，疏离或毗连，镰刀状长圆形。羽轴下面隆起，禾秆色，光滑。

产地与地理分布： 产于中国台湾、广东、海南、广西、贵州西南部、云南。生于密林下或溪边阴湿处，海拔100~1800米。也广泛分布于亚洲热带地区和马达加斯加。

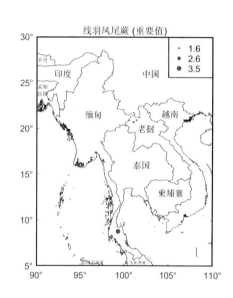

凤尾蕨科·凤尾蕨属

半边旗（*Pteris semipinnata*）

鉴别特征： 根状茎长而横走，先端及叶柄基部被褐色鳞片。叶簇生，近一型；叶柄连同叶轴均为栗红有光泽，光滑；叶片长圆披针形；顶生羽片阔披针形至长三角形，先端尾状，篦齿状，深羽裂几达叶轴，裂片6~12对，对生，开展。

产地与地理分布： 产于中国台湾、福建、江西南部、广东、广西、湖南、贵州南部、四川、云南南部。生于疏林下阴处、溪边或岩石旁的酸性土壤上，海拔850米以下。见于日本、菲律宾、越南、老挝、泰国、缅甸、马来西亚、斯里兰卡及印度北部，模式标本采自广东。

用途： 【药用价值】全草入药，具止血、生肌、解毒、消肿的功效，主治吐血、外伤吐血、发背、疔疮、跌打损伤、目赤肿痛。

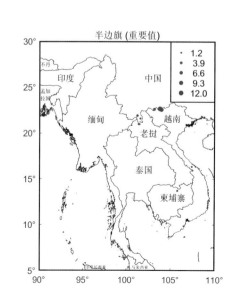

凤尾蕨科·凤尾蕨属

蜈蚣草（*Pteris vittata* L.）

鉴别特征：根状茎直立，短而粗健，木质，密蓬松的黄褐色鳞片。叶簇生；柄坚硬，深禾秆色至浅褐色；叶片倒披针状长圆形，一回羽状；顶生羽片与侧生羽片同形，侧生羽多数，互生或有时近对生，不育的叶缘有微细而均匀的密锯齿，不为软骨质。

产地与地理分布：在中国北起陕西、甘肃东南部及河南西南部，东自浙江，经福建、江西、安徽、湖北、湖南，西达四川、贵州、云南及西藏，南到广西、广东及台湾。生于钙质土或石灰岩上，达海拔2000米以下，也常生于石隙或墙壁上，在不同的生境下，形体大小变异很大。在热带及亚热带地区也分布很广。

用途：【生态价值】本种从不生长在酸性土壤上，为钙质土及石灰岩的指示植物，其生长地土壤的pH值为7.0-8.0。

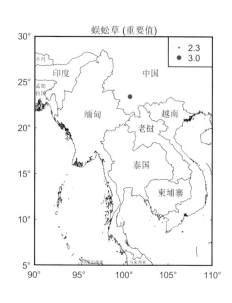

团羽铁线蕨（*Adiantum capillus-junonis* Rupr.）

鉴别特征：根状茎短而直立，被褐色披针形鳞片。叶簇生；柄长2～6厘米，深栗色，有光泽；叶片披针形，奇数一回羽状；羽片4～8对，下部的对生，上部的近对生，下部数对羽片大小几相等，基部对称，圆楔形或圆形，两侧全缘，上缘圆形；孢子囊群每羽片1～5枚；囊群盖长圆形或肾形。

产地与地理分布：产于中国台湾、山东、河南、北京、河北、甘肃、四川、云南、贵州、广西、广东。群生于湿润石灰岩基部、阴湿墙壁基部石缝中或荫蔽湿润的白垩土上，海拔300～2500米。也产于日本。

用途：【药用价值】全草入药，有清热利尿、舒筋活络、补肾止咳之效，用于治痢疾、咳嗽、乳腺炎、颈淋巴结核、血淋、遗精、毒蛇咬伤等。

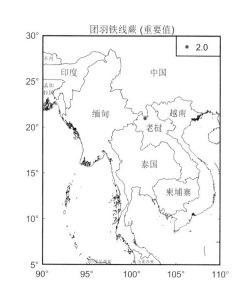

铁线蕨（*Adiantum capillus-veneris* L.）

鉴别特征：根状茎细长横走，密被棕色披针形鳞片。叶远生或近生；柄，纤细，栗黑色，有光泽，基部被与根状茎上同样的鳞片，向上光滑；羽片3~5对，互生。叶脉多回二歧分叉，直达边缘，两面均明显。叶干后薄草质，草绿色或褐绿色。孢子囊群每羽片3~10枚；囊群盖长形、长肾形、圆肾形，上缘平直，淡黄绿色。

产地与地理分布：在中国广布于台湾、福建、广东、广西、湖南、湖北、江西、贵州、云南、四川、甘肃、陕西、山西、河南、河北、北京。常生于流水溪旁石灰岩上或石灰岩洞底和滴水岩壁上，为钙质土的指示植物，海拔100~2800米；也广布于非洲、美洲、欧洲、大洋洲及亚洲温暖地区。

用途：【药用价值】铁线蕨全草入药，苦、凉，有清热利湿、消肿解毒、止咳平喘、利尿通淋的作用，用于淋巴结结核、乳腺炎、痢疾、蛇咬伤、肺热咳嗽、吐血、妇女血崩、产后瘀血、尿路感染及结石、上呼吸道感染等。【观赏价值】适宜作为小型盆栽，点缀山石盆景。

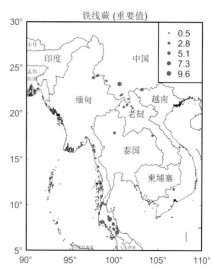

扇叶铁线蕨（*Adiantum flabellulatum* L.）

鉴别特征：根状茎短而直立，密被棕色、有光泽的钻状披针形鳞片。叶簇生；叶片扇形，二至三回不对称的二叉分枝，通常中央的羽片较长；小羽片8~15对，互生。叶脉多回二歧分叉，直达边缘，两面均明显。叶干后近革质，绿色或常为褐色。孢子囊群每羽片2~5枚，横生于裂片上缘和外缘；囊群盖半圆形或长圆形，革质，褐黑色。

产地与地理分布：产于中国台湾、福建、江西、广东、海南、湖南、浙江、广西、贵州、四川、云南。生于阳光充足的酸性红、黄壤上，海拔100~1100米。日本、越南、缅甸、印度、斯里兰卡及马来群岛均有分布。

用途：【药用价值】本种全草入药，具有清热解毒、舒筋活络、利尿、化痰、消肿、止血、止痛等功效，治跌打内伤，外敷治烫火伤、毒蛇、蜈蚣咬伤及疮痛初起；还治乳猪下痢、猪丹毒及牛瘟。【生态价值】生于pH值为4.5~5.0的灰化红壤和红黄壤上，是酸性土的指示植物。

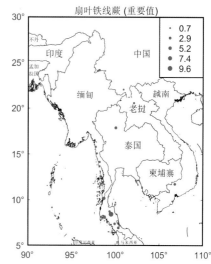

半月形铁线蕨（*Adiantum philippense* L.）

鉴别特征：根状茎短而直立，被褐色披针形鳞片。叶簇生；叶片披针形，奇数一回羽状；羽片8～12对，互生，斜展，中部以下各对羽片大小几相等。叶脉多回二歧分叉，直达边缘，两面均明显。叶干后草质，草绿色或棕绿色。孢子囊群每羽片2～6枚；囊群盖线状长圆形，上缘平直或微凹，膜质，褐色或棕绿色，全缘，宿存。

产地与地理分布：产于中国台湾、广东、海南、广西、贵州、四川、云南。群生于较阴湿处或林下酸性土上，海拔240～2000米。也广布于亚洲其他热带及亚热带的越南、缅甸、泰国、马来西亚、印度、印度尼西亚、菲律宾，并达非洲及大洋洲热带地区。

用途：【生态价值】本种生长在pH值4.5～5.0的土壤上，是酸性红黄壤的指示植物。

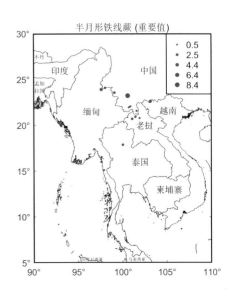

粉叶蕨 [*Pityrogramme calomelanos* (L.) Link]

鉴别特征：根状茎短而直立或斜升。叶簇生；柄，亮紫黑色，下部略被和根茎同样的鳞片，向上光滑，上面有纵沟；叶片狭长圆形或长圆披针形；羽片16～20对，近对生至互生；小羽片16～18对；中部羽片向上逐渐缩短，向顶部为羽裂渐尖。叶脉在小羽片上羽状，单一或分叉。

产地与地理分布：产于中国海南、台湾及云南。生于林缘或溪旁，海拔达560米。也广布于亚洲、非洲、南美洲热带地区。

用途：【观赏价值】常栽培供观赏。

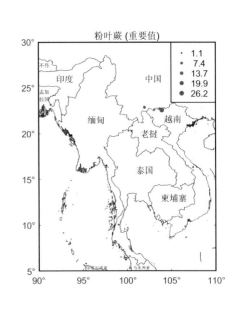

书带蕨（*Vittaria flexuosa* Fee）

鉴别特征：根状茎横走，密被鳞片；鳞片黄褐色，具光泽，钻状披针形；叶近生，常密集成丛。叶片线形，叶薄草质。孢子囊群线形，生于叶缘内侧，位于浅沟槽中；叶片下部和先端不育；隔丝多数，先端倒圆锥形，长宽近相等，亮褐色。孢子长椭圆形，无色透明，单裂缝，表面具模糊的颗粒状纹饰。

产地与地理分布：分布于中国江苏、安徽、浙江、江西、福建、台湾、湖北、湖南、广东、广西、海南、四川、贵州、云南、西藏。附生于林中树干上或岩石上，海拔100~3200米。也分布于越南、老挝、柬埔寨、泰国、缅甸、印度、不丹、尼泊尔、日本、朝鲜、韩国。

用途：【药用价值】治小儿急惊风，治妇女干血痨。

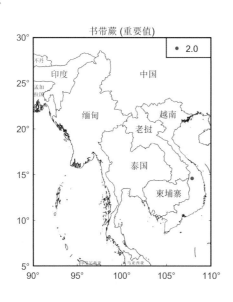

菜蕨 [*Callipteris esculenta* (Retz.) J. Sm. ex Moore et Houlst.]

鉴别特征：根状茎直立，密被鳞片；鳞片狭披针形，褐色，边缘有细齿；叶族生。能育叶长60~120厘米；叶片三角形或阔披针形，顶部羽裂渐尖，下部一回或二回羽状；羽片12~16对，互生；小羽片8~10对，互生；叶脉在裂片上羽状，小脉8~10对。孢子囊群多数，线形；囊群盖线形，膜质，黄褐色，全缘。

产地与地理分布：分布于中国江西、安徽、浙江、福建、台湾、广东、海南、香港、湖南（武岗）、广西、四川、贵州、云南东南部、南部至西南部热带地区。亚洲热带和亚热带及波利尼西亚也有分布。生于山谷林下湿地及河沟边，海拔100~1200米。

用途：【食用价值】嫩叶可作为野菜。

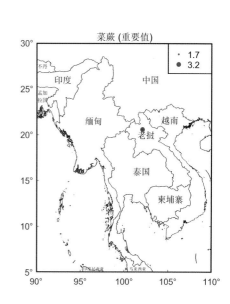

双盖蕨 [*Diplazium donianum* (Mett.) Tard. -Blot]

鉴别特征: 根状茎长而横走或横卧至斜升,黑色,密生肉质粗根;鳞片披针形,质厚,褐色至黑褐色,边缘有细齿;叶近生或簇生。叶片椭圆形或卵状椭圆形;侧生羽片通常2~5对。叶近革质或厚纸质,干后灰绿色或褐绿色。孢子囊群及囊群盖长线形,达离叶边不远处,少有与小脉等长。

产地与地理分布: 分布于中国安徽、福建、台湾、广东、香港、海南、广西、云南东南部至西南部。生于常绿阔叶林下溪旁,海拔350~1600米。尼泊尔、不丹、印度东北部、缅甸、越南及日本南部也有分布。

用途: 【药用价值】全草微苦、寒,具有清热利湿、凉血解毒等功效,用于黄疸、妇女痛经及腰痛、外伤出血、蛇咬伤。

蹄盖蕨科·双盖蕨属

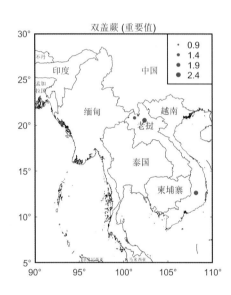

齿牙毛蕨 [*Cyclosorus dentatus* (Forssk.) Ching]

鉴别特征: 根状茎短而直立,先端及叶柄基部密被披针形鳞片及锈棕色短毛。叶簇生;叶柄,褐色,有短毛密生;叶片,披针形,二回羽裂;羽片11~13对,近开展;裂片13~15对,斜展,全缘。叶干后草质或纸质,淡褐绿色,上面密生短刚毛,沿叶脉有一二针状毛,下面密被短柔毛。孢子囊群小,生于侧脉中部以上,每裂片2~5对。

产地与地理分布: 产于中国福建、台湾、广东、海南、云南东部、江西、广西。生于山谷疏林下或路旁水池边,海拔1250~2850米。印度、缅甸、越南、泰国、印度尼西亚、马达加斯加,以及阿拉伯、非洲、大西洋沿岸岛屿及美洲热带地区均有分布。

金星蕨科·毛蕨属

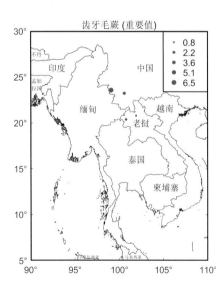

华南毛蕨 [*Cyclosorus parasiticus* (L.) Farwell.]

鉴别特征:根状茎横走,粗约4毫米,连同叶柄基部有深棕色披针形鳞片。叶近生;叶柄,深禾秆色;叶片长圆披针形;羽片12~16对,无柄,顶部略向上弯弓或斜展;裂片20~25对,斜展,彼此接近,全缘。叶脉两面可见,侧脉斜上,单一,每裂片6~8对。叶草质,干后褐绿色。孢子囊群圆形,生于侧脉中部以上,每裂片(1~2)4~6对。

产地与地理分布:产于中国浙江南部及东南部、福建、台湾、广东、海南、湖南、江西、重庆、广西、云南东南部。生于山谷密林下或溪边湿地,海拔90~1900米。日本、韩国、印度东北部、尼泊尔、缅甸、印度南部、斯里兰卡、越南、泰国、印度尼西亚、菲律宾均有分布。

用途:【药用价值】用于治疗风湿筋骨痛、风寒感冒、痢疾发热诸症。

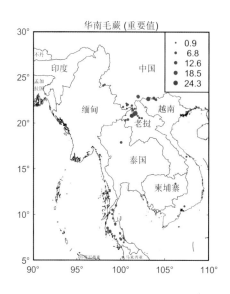

新月蕨 [*Pronephrium gymnopteridifrons* (Hay.) Holtt.]

鉴别特征:根状茎长而横走,密被棕色的披针形鳞片;叶远生;侧生羽片通常3~8对,无柄,斜向上;中部羽片长圆披针形,全缘或有粗钝锯齿,上部羽片略小,顶生羽片和中部的同形。叶脉上面可见,下面明显隆起。叶干后淡绿色,纸质,上面除沿主脉纵沟有伏贴的短毛外,其余均光滑无毛,下面叶脉仅被稀疏短毛,脉间偶有一二短毛和少量泡状突起。

产地与地理分布:产于中国台湾、海南、广东、广西、贵州、云南。生于山谷沟边密林下或山坡疏林下,海拔100~500米。菲律宾也产之。

用途:【观赏价值】适宜盆栽观赏,景观配植。

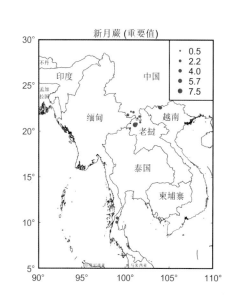

披针新月蕨

[Pronephrium penangianum (Hook.) Holtt.]

鉴别特征: 根状茎长而横走, 褐棕色。叶远生; 叶柄, 褐棕色, 向上渐变为淡红棕色, 光滑; 叶片长圆披针形; 侧生羽片10~15对, 互生。叶干后纸质, 褐色或红褐色, 遍体光滑。

产地与地理分布: 产于中国河南、湖北、江西、浙江、广东、广西、湖南、四川中部及西南部、贵州、云南。群生疏林下或阴地水沟边, 海拔900~3600米。印度、尼泊尔也有分布。

用途: 【药用价值】根状茎治崩症, 叶治经血不调。

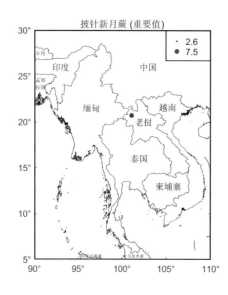

披针新月蕨 (重要值)

· 2.6
● 7.5

单叶新月蕨 *[Pronephrium simplex (Hook.) Holtt.]*

鉴别特征: 根状茎细长横走, 先端疏被深棕色的披针形鳞片和钩状短毛。叶远生, 单叶, 二型; 不育叶的柄长14~18厘米, 间有针状长毛; 叶片长15~20厘米, 椭圆状披针形, 长渐尖头, 基部对称, 深心脏形, 两侧呈圆耳状, 边缘全缘或浅波状。叶脉上面可见, 斜向上, 并行。叶干后厚纸质。能育叶远高过不育叶, 披针形。

产地与地理分布: 产于中国台湾、福建、广东、香港、海南、云南东南部。生于溪边林下或山谷林下, 海拔20~1500米。越南和日本也有分布。

用途: 【药用价值】用于蛇咬伤、咽喉肿痛、湿热泻痢、肛门灼热肿痛、食积不化、脘腹胀满。

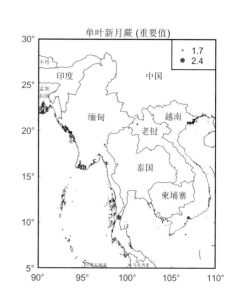

单叶新月蕨 (重要值)

· 1.7
● 2.4

西南假毛蕨 [*Pseudocyclosorus esquirolii* (Christ.) Ching]

鉴别特征：根状茎横走。叶远生；深禾秆色，基部以上光滑。叶片长1.3米，阔长圆披针形，先端羽裂渐尖；羽片多对，下部9~11对互生；裂片30~35对，披针形。叶脉可见，主脉两面隆起，每裂片8~12对。叶干后厚纸质、褐绿色，两面脉间均光滑无毛，下面沿叶轴和羽轴有针状毛，上面沿羽轴纵沟密被伏贴的刚毛，叶脉及叶缘有一二刚毛。

产地与地理分布：产于中国台湾、福建、广西、湖南、四川、重庆、云南、贵州。生于山谷溪边石上或箐沟边，海拔450~2100米。在西南各省极为常见。缅甸、东喜马拉雅也有分布。

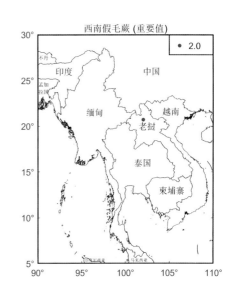

金星蕨科·假毛蕨属

巢蕨 [*Neottopteris nidus* (L.) J. Sm.]

鉴别特征：根状茎直立，深棕色，先端密被鳞片；鳞片蓬松，线形，先端纤维状并卷曲，边缘有几条卷曲的长纤毛，膜质，深棕色，有光泽。叶簇生；柄，浅禾秆色，木质；叶片阔披针形，渐尖头或尖头，向下逐渐变狭而长下延，叶边全缘并有软骨质的狭边，干后反卷。叶厚纸质或薄革质，干后灰绿色，两面均无毛。

产地与地理分布：产于中国台湾、广东、海南、广西、贵州、云南、西藏。成大丛附生于雨林中树干上或岩石上，海拔100~1900米。也分布于斯里兰卡、印度、缅甸、柬埔寨、越南、日本、菲律宾、马来西亚、印度尼西亚、大洋洲热带地区及东非洲。

用途：【药用价值】巢蕨全草具有强壮筋骨、活血化瘀、消热解毒、利尿消肿、通络止痛之功效。临床多用于治疗跌打损伤、骨折、血瘀。【食用价值】可食用。【观赏价值】可作为观赏植物。

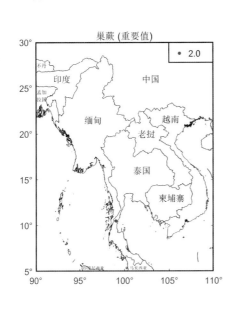

铁角蕨科·巢蕨属

乌毛蕨 (*Blechnum orientale* L.)

鉴别特征: 根状茎直立, 木质, 黑褐色, 先端及叶柄下部密被鳞片; 鳞片狭披针形, 全缘, 中部深棕色或褐棕色, 边缘棕色, 有光泽。叶簇生于根状茎顶端; 叶片卵状披针形; 羽片多数, 二形, 互生, 无柄。叶脉上面明显, 主脉两面均隆起, 上面有纵沟, 小脉分离, 单一或二叉, 斜展或近平展, 平行, 密接。叶近革质, 干后棕色, 无毛。

产地与地理分布: 产于中国广东、广西、海南、台湾、福建、西藏、四川、重庆、云南、贵州、湖南、江西、浙江。生长于较阴湿的水沟旁及坑穴边缘, 也生长于山坡灌丛中或疏林下, 海拔300~800米。也分布于印度、斯里兰卡、东南亚、日本至波利尼西亚。

用途: 【药用价值】根状茎可药用, 有清热解毒、活血散瘀除湿健脾胃之功效, 嫩芽捣烂外敷可消炎, 因此具有保健作用, 可治疗高血压、肥胖症; 有去油腻、助消化等独特作用, 能降气化痰、提神醒脑, 常食可软化血管、降低胆固醇、预防心脏病。【食用价值】幼叶可食。【生态价值】酸性土指示植物, 其生长地土壤的pH值为4.5~5.0。

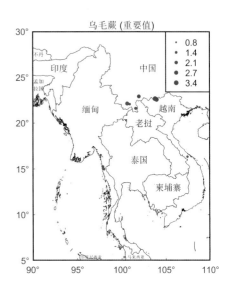

乌毛蕨 (重要值)

条裂叉蕨 [*Tectaria phaeocaulis* (Ros.) C. Chr.]

鉴别特征: 根状茎直立, 顶端及叶柄基部密被鳞片; 鳞片披针形, 先端长渐尖, 边缘有疏睫毛, 膜质, 褐棕色。叶簇生; 叶片椭圆形; 羽片5~7对, 下部的对生, 向上部的互生; 叶脉联结成近六角形网眼, 有分叉的内藏小脉。叶纸质, 干后暗绿色至褐绿色, 两面均光滑。

产地与地理分布: 产于中国台湾、福建、广东、海南、广西。生于山谷或河边密林下阴湿处, 海拔400~500米。越南北部及日本也有分布。

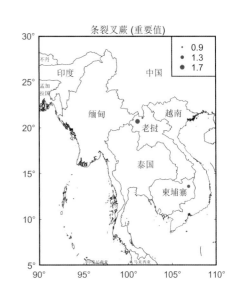

条裂叉蕨 (重要值)

三叉蕨 [*Tectaria subtriphylla* (Hook. et Arn.) Cop.]

鉴别特征：植株高50~70厘米。根状茎长而横走，顶部及叶柄基部均密被鳞片；鳞片线状披针形，先端长渐尖，全缘，膜质，褐棕色。叶近生；叶二型：不育叶三角状五角形；顶生羽片三角形。叶脉联结成近六角形网眼；叶纸质，干后褐绿色，上面光滑，下面疏被有关节的淡棕色短毛。

产地与地理分布：产于中国台湾、福建、广东、海南、广西、贵州、云南。生于山地或河边密林下阴湿处或岩石上，海拔100~450米。印度、斯里兰卡、缅甸、越南、印度尼西亚、波利尼西亚亦产之。

用途：【药用价值】全株均入药，驱风湿、利尿、解热，又可作驱虫剂。【食用价值】嫩叶可食。【经济价值】根状茎的纤维可制绳缆。

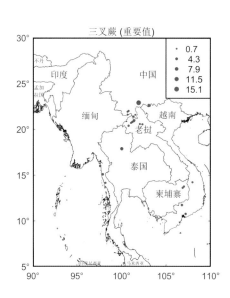

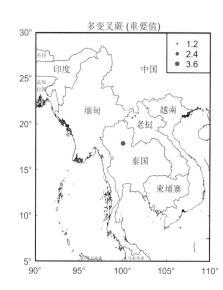

多变叉蕨（*Tectaria variabilis* Tard.-Blot et Ching）

鉴别特征：植株高50~60厘米。根状茎长，横走，顶部及叶柄基部均密被鳞片；鳞片线状披针形，膜质，淡棕色。叶近生；叶片三角形；顶生羽片披针形；侧生羽片1~2对，对生，斜向上。叶纸质，干后灰褐色，两面均光滑。孢子囊群圆形，着生于网眼交结处，在侧脉间有不整齐的2~3行。

产地与地理分布：产于中国海南。生于山谷林下岩石上，海拔300米。越南也产之。

叉蕨科·叉蕨属

叉蕨科·叉蕨属

疣状叉蕨 [*Tectaria variolosa* (Wall. ex Hook.) C. Chr.]

鉴别特征: 植株高40~70厘米。根状茎短横走或近直立,顶端及叶柄基部均密被鳞片;鳞片线状披针形,膜质,棕色。叶簇生;叶二型:不育叶五角形;羽片1~4对,对生。叶近革质,干后淡褐色,两面均光滑。

产地与地理分布: 产于中国台湾、海南、广西、贵州、云南。生于山谷或河边密林下阴湿处,海拔150~500米。印度、尼泊尔、越南、老挝、泰国及印度尼西亚也产之。

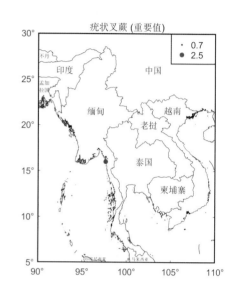

肾蕨 [*Nephrolepis auriculata* (L.) Trimen]

鉴别特征: 附生或土生。根状茎直立,被蓬松的淡棕色长钻形鳞片,横展,匍匐茎棕褐色,不分枝,疏被鳞片,有纤细的褐棕色须根。叶簇生于上面有纵沟,下面圆形,密被淡棕色线形鳞片;叶片线状披针形或狭披针形。孢子囊群成1行位于主脉两侧,肾形,生于每组侧脉的上侧小脉顶端,位于从叶边至主脉的1/3处。

产地与地理分布: 产于中国浙江、福建、台湾、湖南南部、广东、海南、广西、贵州、云南和西藏。生于溪边林下,海拔30~1500米。广布于全世界热带及亚热带地区。

用途:【药用价值】肾蕨是传统的中药材,以全草和块茎入药,全年均可采收,主治清热利湿、宁肺止咳、软坚消积,常用于治疗感冒发热、咳嗽、肺结核咯血、痢疾、急性肠炎等。【食用价值】可食。【观赏价值】观赏蕨类。【生态价值】可吸附砷、铅等重金属。

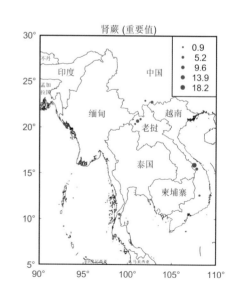

长叶肾蕨 [*Nephrolepis biserrata* (Sw.) Schott]

鉴别特征：根状茎短而直立，伏生披针形鳞片，鳞片红棕色。叶簇生，叶片椭圆形，一回羽状，互生；下部羽片披针形，较短，先端短尖。叶薄纸质或纸质，干后褐绿色，两面均无毛。孢子囊群圆形，宽1.5～2毫米，相距1～2毫米，成整齐的1行生于自叶缘至主脉的1/3处。

产地与地理分布：产于中国台湾、广东、海南、云南。生于林中，海拔30～750米。在亚洲广布于日本、印度、中南半岛、马来西亚等地。

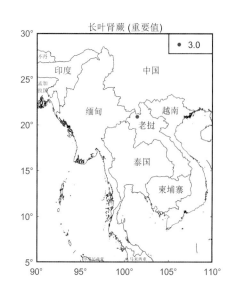

镰叶肾蕨 [*Nephrolepis falcata* (Cav.) C. Chr.]

鉴别特征：根状茎短而直立，密被暗棕色披针形鳞片，具横走的匍匐茎，疏被开展的鳞片；鳞片披针形。叶簇生；叶片阔披针形。主脉隆起，侧脉纤细，两面均明显，斜向上。叶薄草质，干后淡绿色，两面光滑无毛。孢子囊群圆形，靠近叶边，生于每组侧脉的上侧小脉顶端。

产地与地理分布：产于中国云南南部。生于棕榈树干上，叶下垂，海拔600～800米。越南、缅甸、马来西亚及菲律宾也有分布。

用途：【观赏价值】适于庭园栽培。

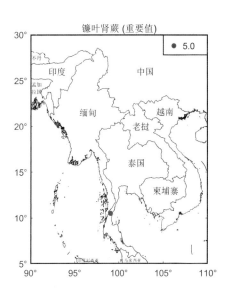

肾蕨科·肾蕨属

骨碎补（*Davallia mariesii* Moore ex Bak.）

鉴别特征：植株高15~40厘米。根状茎长而横走，密被蓬松的灰棕色鳞片；鳞片阔披针形或披针形。叶远生；叶片五角形；羽片6~12对，下部1~2对对生或近对生；一回小羽片6~10对，互生；二回小羽片5~8对；裂片椭圆形；向上的羽片逐渐缩小并为椭圆形。叶坚草质，干后棕褐色至褐绿色。

产地与地理分布：产于中国辽宁、山东、江苏及台湾。生于山地林中树干上或岩石上，海拔500~700米。朝鲜南部及日本也有分布。

用途：【药用价值】根状茎入药，富含黄酮、生物碱、酚类等有效成分，具有散瘀止痛、接骨续筋、治牙疼、腰疼、久泻等功效。

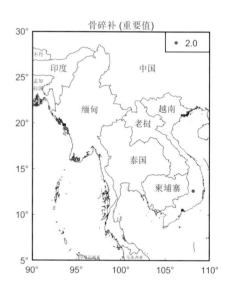

抱树莲 [*Drymoglossum piloselloides* (L.) C. Presl]

鉴别特征：根状茎细长横走，密被鳞片；鳞片卵圆形，中部深棕色，边缘淡棕色并具有长睫毛，盾状着生。叶远生或略近生；无柄或能育叶具短柄。不育叶近圆形，或为椭圆形，顶端阔圆形，基部渐狭；能育叶线形或长舌状。主脉仅下部可见，小脉不显。孢子囊群线形，贴近叶缘成带状分布，连续，偶有断开，上至叶的顶端均有分布，近基部不育。

产地与地理分布：产于中国海南、云南。附生和攀缘林下树干上，海拔100~500米。印度东北部、中南半岛和马来群岛也有分布。

用途：【药用价值】治湿热黄疸、目赤肿痛、化脓性中耳炎、腮腺炎、淋巴结炎、疥癣、跌打损伤。

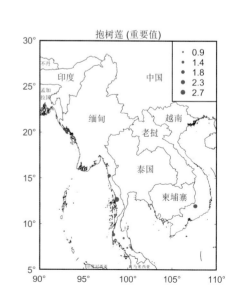

伏石蕨（*Lemmaphyllum microphyllum* C. Presl ）

鉴别特征：小型附生蕨类。根状茎细长横走，淡绿色，疏生鳞片；鳞片粗筛孔，顶端钻状，下部略近圆形，两侧不规则分叉。叶远生，二型；不育叶近无柄，或仅有2~4毫米的短柄，近球圆形或卵圆形；能育叶柄长3~8毫米，狭缩成舌状或狭披针形，干后边缘反卷。叶脉网状，内藏小脉单一。孢子囊群线形，位于主脉与叶边之间，幼时被隔丝覆盖。

产地与地理分布：产于中国台湾、浙江、福建、江西、安徽、江苏、湖北、广东、广西和云南。附生林中树干上或岩石上，海拔95~1500米。越南、朝鲜南部和日本也产之。

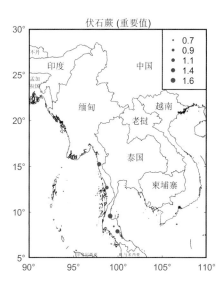

攀援星蕨 [*Microsorum buergerianum* (Miq.)Ching]

鉴别特征：略皱缩。完整叶片呈条状披针形，顶端渐尖，基部渐狭而下延成狭翅，边呈波状，浅棕色；两面均无毛，中脉在两面均凸起，侧脉细而曲折，明显，小脉分叉。叶柄长3~7cm。孢子囊群圆形而小，无盖，棕色，散生在叶片下面，在中脉和叶缘之间有不整齐的2~3行。纸质。

产地与地理分布：分布于中国浙江、江西、福建、台湾、湖北、湖南、广东、广西、四川、贵州等地。

用途：【药用价值】全草入药，具有清热利湿、舒筋活络等功效，可治湿热内壅肝胆、胆液外泛三身黄、目黄、尿黄三阳黄症、或湿热结于膀胱、小便不利、涩滞尿赤者、风湿热痹、肢节屈伸不利、疼痛挛急等症。

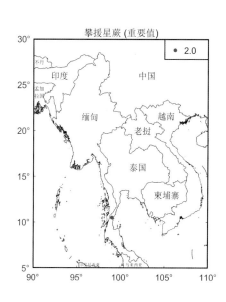

水龙骨科·伏石蕨属

水龙骨科·星蕨属

星蕨 [*Microsorum punctatum* (L.) Copel.]

鉴别特征: 附生,植株高40~60厘米。根状茎短而横走,密生须根,疏被鳞片;鳞片阔卵形,边缘稍具齿。叶近簇生;叶片阔线状披针形;叶纸质,淡绿色。孢子囊群橙黄色,通常只叶片上部能育,不规则散生或有时密集为不规则汇合,一般生于内藏小脉的顶端。孢子豆形,周壁平坦至浅瘤状。

产地与地理分布: 产于中国甘肃、台湾、湖南、广东、广西、海南、香港、四川、贵州和云南等省区。生长在平原地区疏荫处的树干上或墙垣上。越南、马来群岛、波利尼西亚、印度以及非洲也有分布。

用途: 【药用价值】具有清热利湿、解毒之功效,常用于淋症、小便不利、跌打损伤、痢疾。

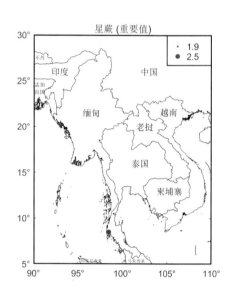

卵叶盾蕨 (*Neolepisorus ovatus* Ching)

鉴别特征: 根茎横走。叶疏生,叶柄密被鳞片;叶片卵形至宽卵状三角形,基部圆,全缘或不规则分裂,或基部二回深羽裂,裂片披针形或窄披针形,基部具宽翅或窄翅相连,叶干后厚纸质。孢子囊群圆形,沿主脉两侧成不规则多行,或在侧脉间成不整齐1行,幼时被盾状隔丝覆盖。

产地与地理分布: 产于中国华东南部、湖南、湖北、河南南部、广东、广西及西南东部地区。

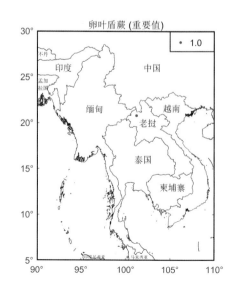

贴生石韦 [*Pyrrosia adnascens* (Sw.) Ching]

鉴别特征: 植株高5～12厘米。根状茎细长, 攀缘附生于树干和岩石上, 密生鳞片。鳞片披针形。叶远生, 二型; 不育叶淡黄色, 关节连接处被鳞片; 叶片小, 倒卵状椭圆形, 或椭圆形, 干后厚革质, 黄色; 能育叶条状至狭被针形, 全缘。主脉下面隆起, 上面下凹, 小脉网状。孢子囊群着生于内藏小脉顶端, 无囊群盖, 幼时被星状毛覆盖。

产地与地理分布: 产于中国台湾、福建、广东、海南、广西和云南。附生树干或岩石上, 海拔100～1300米。亚洲热带其他地区也有分布。

用途: 【药用价值】全草有清热解毒作用, 治腮腺炎、瘰疬。

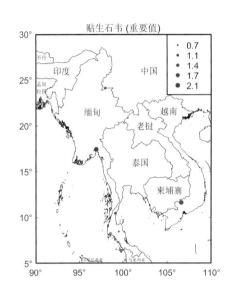

中越石韦 [*Pyrrosia tonkinensis* (Gies.) Ching]

鉴别特征: 植株高10～40厘米。根状茎粗短而横卧, 或略向前延伸, 密被棕色披针形鳞片; 鳞片基部近圆形, 长尾状尖头, 边缘有锯齿, 棕色, 着生处为黑色。叶近生, 一型; 几无柄; 叶片线状, 长渐尖头。主脉下面隆起, 上面凹陷, 侧脉与小脉不显。孢子囊群通常聚生于叶片上半部, 在主脉两侧成多行排列, 无盖, 幼时被厚层的星状毛覆盖。

产地与地理分布: 产于中国海南、广东、广西、贵州、云南。附生于林下树干上或岩石上, 海拔80～1600米。越南和泰国也有分布。

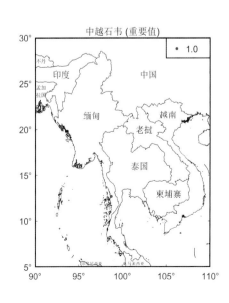

水龙骨科·石韦属

水龙骨科·石韦属

团叶槲蕨 (*Drynaria bonii* Christ)

鉴别特征: 附生树上、岩石上或土生。根状茎横走，肉质，顶端密被鳞片。基生不育叶无柄，心脏形、圆形、肾形至卵形；叶脉两面均明显，侧脉下面隆起，上部的向上、中部的平展、下部的向下反折成弧形，小脉下面明显而隆起。孢子囊群细小、圆形、散生，在中肋两侧不规则地排成2行，在相邻两对侧脉间有2~4行。

产地与地理分布: 产于广东、广西、贵州、云南。附生于林下树干或岩石上，海拔100~1300(~1700)米。泰国、柬埔寨、越南、马来西亚、印度也有分布。

用途:【药用价值】具有舒筋活络、补肾益精、补虚消疳功效等，用于跌打损伤、骨折、肾虚耳鸣、小儿疳积。

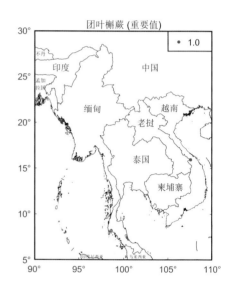

栎叶槲蕨 [*Drynaria quercifolia* (L.) J. Sm.]

鉴别特征: 根状茎横走，分枝，肉质；鳞片披针形，深棕色，有光泽。叶厚革质，坚硬，棕色，两面均无毛；正常能育叶的叶柄长约30厘米或过之，棕色，无毛，具狭翅直达基部，基部被鳞片；能育叶叶片革质，长圆形，长达40~100厘米或更长。

产地与地理分布: 产于海南。在村边、路旁的老树干上不时可见，也生长在季雨林的树干上或林下岩石上。也分布于斯里兰卡、印度、尼泊尔、不丹、孟加拉国、缅甸、中南半岛、马来群岛至斐济群岛及大洋洲热带地区。

用途:【观赏价值】可作庭园及假山布景、水池畔点缀、裸石点缀的植物材料。

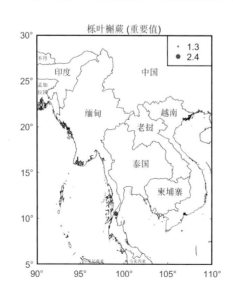

槲蕨 (*Drynaria roosii* Nakaike)

鉴别特征: 通常附生岩石上, 匍匐生长。根状茎密被鳞片; 鳞片斜升, 盾状着生, 边缘有齿。叶二型, 基生不育叶圆形, 基部心形。正常能育叶叶柄长4~7 (~13)厘米, 具明显的狭翅; 叶片长20~45厘米, 宽10~15 (~20)厘米, 裂片7~13对, 互生, 稍斜向上, 披针形; 叶脉两面均明显; 叶干后纸质, 仅上面中肋略有短毛。

产地与地理分布: 产于中国江苏、安徽、江西、浙江、福建、台湾、海南、湖北、湖南、广东、广西、四川、重庆、贵州、云南。附生于树干或石上, 偶生于墙缝, 海拔100~1800米。越南、老挝、柬埔寨、泰国北部、印度也有分布。

用途:【药用价值】具有补肾坚骨、活血止痛等功效, 治跌打损伤、腰膝酸痛。

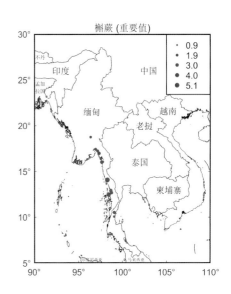

崖姜 [*Pseudodrynaria coronans* (Wall. ex Mett.) Ching]

鉴别特征: 根状茎横卧, 肉质, 密被蓬松的长鳞片, 有被毛茸的线状根混生于鳞片间, 弯曲的根状茎盘结成为大块的垫状物; 鳞片钻状长线形, 深锈色, 边缘有睫毛。叶一型, 长圆状倒披针形; 裂片多数, 斜展或略斜向上, 被圆形的缺刻所分开, 披针形; 叶脉粗而很明显, 侧脉斜展, 隆起, 通直; 叶硬革质。孢子囊群位于小脉交叉处, 叶片下半部通常不育。

产地与地理分布: 产于中国福建、台湾、广东、广西、海南、贵州、云南。附生于雨林或季雨林中生树干上或石上, 海拔100~1900米。越南、缅甸、印度、尼泊尔、马来西亚也有分布。

用途:【药用价值】具有祛风除湿、舒筋活络等功效, 用于风湿疼痛、跌打损伤、骨折、中耳炎。【观赏价值】极富观赏价值。

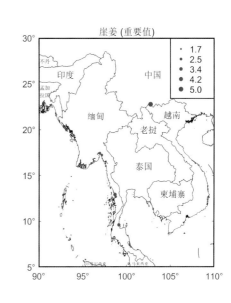

鹿角蕨（*Platycerium wallichii* Hook.）

鉴别特征：附生于植物。根状茎肉质，短而横卧，密被鳞片；鳞片淡棕色或灰白色，中间深褐色，坚硬，线形。叶2列，二型；基生不育叶（腐殖叶）宿存，厚革质，下部肉质，厚达1厘米，上部薄，直立，无柄，贴生于树干上。正常能育叶常成对生长，下垂，灰绿色，长25～70厘米。分裂成不等大的3枚主裂片，基部楔形，下延，近无柄。孢子囊散生于主裂片第一次分叉的凹缺处以下，不到基部，初时绿色，后变黄色。

产地与地理分布：产于中国云南西南部盈江县那邦镇，海拔210～950米山地雨林中。缅甸、印度东北部、泰国也有分布。

用途：【观赏价值】珍奇的观赏蕨类。

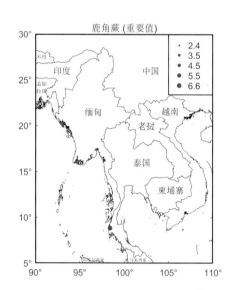

鹿角蕨科·鹿角蕨属

第二章　裸子植物

木贼麻黄（*Ephedra equisetina* Bge.）

鉴别特征：直立小灌木，木质茎粗长，直立，稀部分匍匐状；小枝细，径约1毫米，节间短。叶2裂，褐色，大部合生，裂片短三角形，先端钝。雄球花单生或3~4个集生于节上，无梗或开花时有短梗，卵圆形或窄卵圆形；雌球花常2个对生于节上，窄卵圆形或窄菱形，苞片3对，菱形或卵状菱形。雌球花成熟时肉质红色，长卵圆形或卵圆形；种子通常1粒，窄长卵圆形，顶端窄缩成颈柱状。花期6~7月，种子8—9月成熟。

产地与地理分布：产于中国河北、山西、内蒙古、陕西西部、甘肃及新疆等省区。生于干旱地区的山脊、山顶及岩壁等处。蒙古国、苏联也有分布。

用途：【药用价值】为重要的药用植物，生物碱的含量较其他种类为高，为提制麻黄碱的重要原料，有镇咳、止喘及发汗等药效，其毒性为全草有小毒。【生态价值】可作干旱地绿化植物。

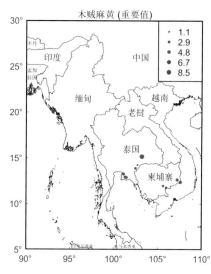

木贼麻黄（重要值）

买麻藤（*Gnetum montanum* Markgr.）

鉴别特征：大藤本，小枝圆或扁圆，光滑，稀具细纵皱纹。叶形大小多变，通常呈矩圆形，稀矩圆状披针形或椭圆形，革质或半革质。雄球花序1~2回三出分枝，排列疏松；雌球花序侧生老枝上，单生或数序丛生，总梗长2~3厘米，主轴细长，有3~4对分枝，雌球花穗长2~3厘米。种子矩圆状卵圆形或矩圆形，长1.5~2厘米，径1~1.2厘米，熟时黄褐色或红褐色，光滑，有时被亮银色鳞斑，种子柄长2~5毫米。花期6—7月，种子8—9月成熟。

产地与地理分布：产于中国云南南部北纬25°以南及广西、广东海拔1600~2000米地带的森林中，缠绕于树上。印度、缅甸、泰国、老挝及越南也有分布。

用途：【药用价值】具有祛风除湿、活血散瘀等功效，茎叶：治跌打损伤、风湿骨痛；根：治鹤膝风。【食用价值】种子可炒食或榨油，也可酿酒，树液为清凉饮料。【经济价值】可织麻袋、渔网、绳索等，也可供制人造棉原料。

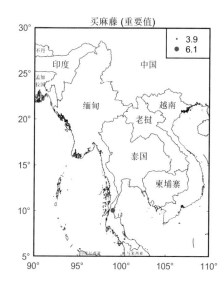

买麻藤（重要值）

麻黄科·麻黄属

买麻藤科·买麻藤属

第三章　被子植物

木麻黄（*Casuarina equisetifolia* Forst.）

　　鉴别特征：乔木，高可达30米，大树根部无萌蘖；树干通直；树冠狭长圆锥形；鳞片状叶每轮通常7枚，少为6或8枚，披针形或三角形。花雌雄同株或异株；雌花序通常顶生于近枝顶的侧生短枝上。花期4—5月，果期7—10月。

　　产地与地理分布：在中国广西、广东、福建、台湾沿海地区普遍栽植，已渐驯化。原产于澳大利亚和太平洋岛屿，现美洲热带地区和亚洲东南部沿海地区广泛栽植。

　　用途：【药用价值】树皮含单宁11%～18%，为栲胶原料和医药上收敛剂；枝叶药用，治疝气、阿米巴痢疾及慢性支气管炎。【经济价值】可作为枕木、船底板及建筑用材；又为优良薪炭材。【饲料价值】牲畜饲料。【生态价值】热带海岸防风固沙的优良先锋树种。

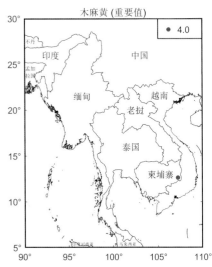

木麻黄 (重要值)

大叶栎（*Quercus griffithii* Hook. f. et Thoms ex Miq.）

　　鉴别特征：落叶乔木，高达25米。小枝初被灰黄色疏毛或茸毛，后渐脱落。叶片倒卵形或倒卵状椭圆形，叶缘具尖锯齿，叶背密生灰白色星状毛；叶柄被灰褐色长茸毛。壳斗杯形，包着坚果1/3～1/2，小苞片长卵状三角形。坚果椭圆形或卵状椭圆形。

　　产地与地理分布：产于中国四川、贵州、云南、西藏等省区。生于海拔700～2800米的森林中，常与峨眉栲、高山栲、光皮桦等混生。印度、缅甸、斯里兰卡均有分布。

　　用途：【经济价值】可作为矿柱、车辆、地板等用材；可提取栲胶。

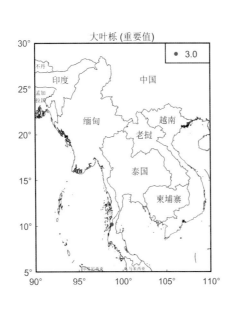

大叶栎 (重要值)

糙叶树 [*Aphananthe aspera* (Thunb.) Planch.]

鉴别特征：落叶乔木，高达25米，稀灌木状；树皮带褐色或灰褐色，有灰色斑纹，纵裂，粗糙。叶纸质，卵形或卵状椭圆形，基部三出脉；叶柄被细伏毛；托叶膜质，条形。雄聚伞花序生于新枝的下部叶腋，雄花被裂片倒卵状圆形；雌花单生于新枝的上部叶腋，花被裂片条状披针形。核果近球形、椭圆形或卵状球形。花期3—5月，果期8—10月。

产地与地理分布：产于中国山西、山东、江苏、安徽、浙江、江西、福建、台湾、湖南、湖北、广东、广西、四川东南部、贵州和云南东南部。在华东和华北地区生于海拔150~600米，在西南和中南地区生于海拔500~1000米的山谷、溪边林中。朝鲜、日本和越南也有分布。

用途：【药用价值】主治腰肌劳损疼痛、舒筋活络、止痛，用于腰部损伤酸痛。【经济价值】供制人造棉、绳索、家具、农具、建筑等用。【饲料价值】马饲料。

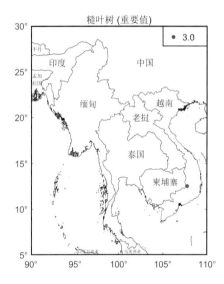

糙叶树 (重要值)

大叶朴 (*Celtis koraiensis* Nakai)

鉴别特征：落叶乔木，高达15米；树皮灰色或暗灰色，浅微裂；当年生小枝老后褐色至深褐色，散生小而微凸、椭圆形的皮孔；冬芽深褐色，内部鳞片具棕色柔毛。叶椭圆形至倒卵状椭圆形。果单生叶腋，果近球形至球状椭圆形，成熟时橙黄色至深褐色；核球状椭圆形，灰褐色。花期4—5月，果期9—10月。

产地与地理分布：产于中国辽宁、河北、山东、安徽北部、山西南部、河南西部、陕西南部和甘肃东部。多生于山坡、沟谷林中，海拔100~1500米。朝鲜也有分布。

用途：【药用价值】全株叶均可入药，有解毒清热、消肿止痛功效。【经济价值】造纸和人造棉等纤维编织植物的原料。【观赏价值】可以作为庭荫树、庭园风景树、观赏树、行道树。

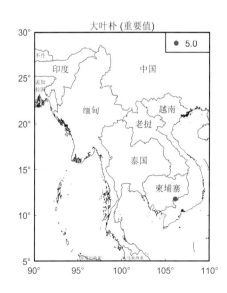

大叶朴 (重要值)

光叶山黄麻（*Trema cannabina* Lour.）

鉴别特征：灌木或小乔木；小枝纤细，黄绿色，被贴生的短柔毛，后渐脱落。叶近膜质，卵形或卵状矩圆形；叶柄纤细，被贴生短柔毛。花单性，雌雄同株，雌花序常生于花枝的上部叶腋，雄花序常生于花枝的下部叶脉；雄花具梗，花被片5，倒卵形，外面无毛或疏生微柔毛。核果近球形或阔卵圆形。花期3—6月，果期9—10月。

产地与地理分布：产于中国浙江南部、江西南部、福建、台湾、湖南东南部、贵州、广东、海南、广西和四川。生于低海拔100～600米的河边、旷野或山坡疏林、灌丛较向阳湿润土地。也分布于印度、缅甸、中南半岛、马来半岛、印度尼西亚、日本和大洋洲。

用途：【经济价值】韧皮纤维供制麻绳、纺织和造纸用，种子油供制皂和作润滑油用。

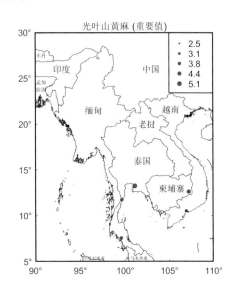

见血封喉（*Antiaris toxicaria* Lesch.）

鉴别特征：乔木，高25～40米；树皮灰色，略粗糙。叶椭圆形至倒卵形；托叶披针形，早落。雄花序托盘状，苞片顶部内卷，外面被毛；雄花花被裂片4，稀为3；雌花单生，无花被。核果梨形，具宿存苞片，成熟的核果；种子无胚乳。花期3—4月，果期5—6月。

产地与地理分布：产于广东、海南、广西、云南南部。多生于海拔1500米以下雨林中。斯里兰卡、印度、缅甸、泰国、中南半岛、马来西亚、印度尼西亚也有分布。变种分布于大洋洲和非洲。

用途：【经济价值】有剧毒，可用来做绳索。

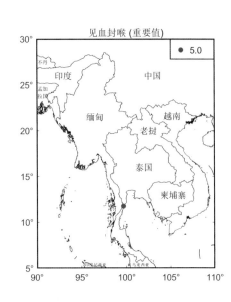

波罗蜜（*Artocarpus heterophyllus* Lam.）

鉴别特征：常绿乔木，高10～20米。老树常有板状根。托叶抱茎环状，遗痕明显。叶革质，螺旋状排列，椭圆形或倒卵形；托叶抱茎，卵形。花雌雄同株，花序生老茎或短枝上，雄花序有时着生于枝端叶腋或短枝叶腋；雄花花被管状；雌花花被管状、顶部齿裂。聚花果椭圆形至球形；核果长椭圆形。花期2—3月。

产地与地理分布：可能原产于印度西高止山。中国广东、海南、广西、云南常有栽培。尼泊尔、印度东北部、不丹、马来西亚也有栽培。

用途：【食用价值】核果可煮食，富含淀粉。【经济价值】可提取桑色素。

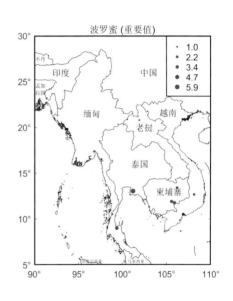

面包树 [*Artocarpus incisa* (Thunb.) L.]

鉴别特征：常绿乔木，高10～15米；树皮灰褐色，粗厚。叶大，互生，厚革质，卵形至卵状椭圆形，侧脉约10对；托叶大，披针形或宽披针形。花序单生叶腋，雄花序长圆筒形至长椭圆形或棒状；雄花花被管状；核果椭圆形至圆锥形。栽培的很少核果或无核果。

产地与地理分布：原产于太平洋群岛及印度、菲律宾，为马来群岛一带热带著名林木之一。中国台湾、海南也有栽培。

用途：【食用价值】可食用。【经济价值】可作为建筑用材。

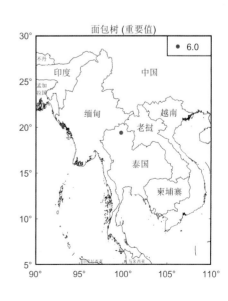

野波罗蜜（*Artocarpus lacucha* Buch.-Ham.ex D.Don）

鉴别特征：乔木，高10～15米。小枝幼时密被淡褐色粗硬毛，后变无毛。叶互生，宽椭圆形或椭圆形，有时羽状分裂；托叶卵状披针形，表面密被柔毛。花雌雄同株，雄花序卵形至椭圆形，具总梗，苞片盾形，雄蕊1枚。聚花果近球形，直径约7厘米，干后红褐色，表面被硬化的平伏刚毛。

产地与地理分布：产于云南，通常生于海拔130～650米的石灰岩山地林中。越南、老挝、尼泊尔、印度东北部、不丹、印度、缅甸有分布，其中一变种见于印度尼西亚的北加里曼丹岛。

用途：【经济价值】可作为建筑用材。

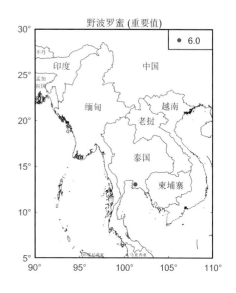

野波罗蜜 (重要值)

桑科·波罗蜜属

构树 [*Broussonetia papyrifera* (L.) L'Hér. ex Vent.]

鉴别特征：乔木，高10～20米；树皮暗灰色；小枝密生柔毛。叶螺旋状排列，广卵形至长椭圆状卵形。花雌雄异株；雄花序为柔荑花序，粗壮；雌花序球形头状，苞片棍棒状，顶端被毛，花被管状，顶端与花柱紧贴，子房卵圆形，柱头线形，被毛。聚花果成熟时橙红色，肉质。花期4—5月，果期6—7月。

产地与地理分布：产于中国南北各地。印度东北部、缅甸、泰国、越南、马来西亚、日本、朝鲜也有分布，野生或栽培。

用途：【药用价值】可供药用。【经济价值】可作为造纸材料。

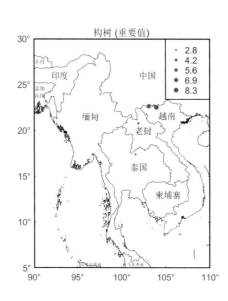

构树 (重要值)

桑科·构属

大果榕（*Ficus auriculata* Lour.）

鉴别特征：乔木或小乔木，高4~10米，榕冠广展。树皮灰褐色，粗糙。叶互生，厚纸质，广卵状心形；托叶三角状卵形，紫红色，外面被短柔毛。榕果簇生于树干基部或老茎短枝上；瘿花花被片下部合生，上部3裂；雌花，生于另一植株榕果内。瘦果有黏液。花期8月至翌年3月，果期5—8月。

产地与地理分布：产于中国海南、广西、云南、贵州、四川等。喜生于低山沟谷潮湿雨林中。印度、越南、巴基斯坦也有分布。

用途：【食用价值】可食。

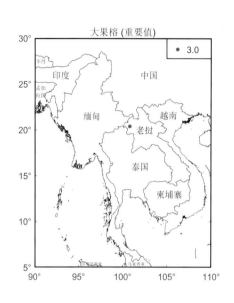

大果榕 (重要值)

雅榕 [*Ficus concinna* (Miq.) Miq.]

鉴别特征：乔木，高15~20米；树皮深灰色，有皮孔。叶狭椭圆形，全缘；叶柄短；托叶披针形，无毛。榕果成对腋生或3~4个簇生于无叶小枝叶腋，球形；雄花、瘿花、雌花同生于一榕果内壁；雄花极少数，生于榕果内壁近口部；榕果无总梗或不超过0.5毫米。花果期3—6月。

产地与地理分布：产于中国广东、广西、贵州、云南。通常生于海拔900~1600米密林中或村寨附近。不丹、印度、中南半岛各国，马来西亚、菲律宾、北加里曼丹岛也有分布。

用途：【药用价值】具有祛风除湿、行气活血等功效，主风湿痹痛、胃痛、子宫下垂、跌打损伤。

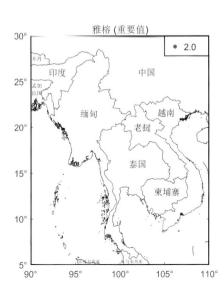

雅榕 (重要值)

桑科·榕属

桑科·榕属

印度榕（*Ficus elastica* Roxb. ex Hornem.）

鉴别特征：乔木，高达20~30米；树皮灰白色，平滑。叶厚革质，长圆形至椭圆形；叶柄粗壮；托叶膜质，深红色，脱落后有明显环状疤痕。榕果成对生于已落叶枝的叶腋，卵状长椭圆形，脱落后基部有一环状痕迹。花期冬季。

产地与地理分布：原产于不丹、尼泊尔、印度东北部、缅甸、马来西亚、印度尼西亚。中国云南在800~1500米处有野生。

用途：【观赏价值】盆栽作观赏。

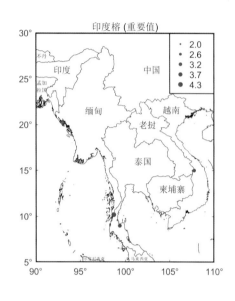

水同木（*Ficus fistulosa* Reinw. ex Bl.）

鉴别特征：常绿小乔木，树皮黑褐色。叶互生，纸质，倒卵形至长圆形。榕果簇生于老干发出的瘤状枝上，近球形。花期5—7月。

产地与地理分布：产于中国广东、香港、广西、云南等地。生于溪边岩石上或森林中。印度东北部、孟加拉国、缅甸、泰国、越南、马来西亚西部、印度尼西亚、菲律宾、加里曼丹岛也有分布。

用途：【饲料价值】可作为猪饲料。【观赏价值】可以作为园林景观树，孤植作为庭荫树观赏。

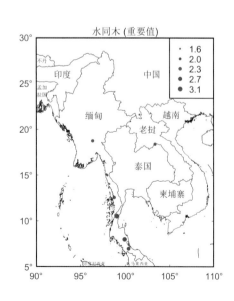

粗叶榕（*Ficus hirta* Vahl）

鉴别特征：灌木或小乔木，嫩枝中空，小枝、叶和榕果均被金黄色开展的长硬毛。叶互生，纸质。榕果成对腋生或生于已落叶枝上，球形或椭圆球形，无梗或近无梗。

产地与地理分布：产于中国云南、贵州、广西、广东、海南、湖南、福建、江西。常见于村寨附近旷地或山坡林边，或附生于其他树干。尼泊尔、不丹、印度东北部、越南、缅甸、泰国、马来西亚、印度尼西亚也有分布。

用途：【药用价值】治风气，去红肿。【经济价值】茎皮纤维制麻绳、麻袋。

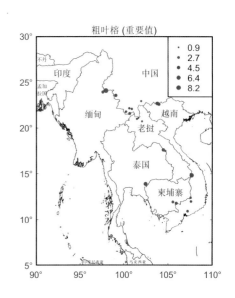

桑科·榕属

薄毛粗叶榕（*Ficus hirta* Vahl var. *imberbis* Gagn.）

鉴别特征：灌木或小乔木，嫩枝中空，小枝、叶和榕果均被金黄色开展的长硬毛。叶互生，纸质，多型，叶长圆状椭圆形，叶缘具细齿，有时全缘或3～5深裂。榕果成对腋生或生于已落叶枝上，球形或椭圆球形。

产地与地理分布：产于中国云南、贵州、广东、海南。越南、老挝及泰国北部也有分布。

用途：【药用价值】治风气，去红肿。

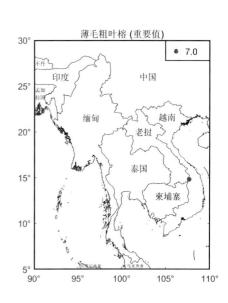

桑科·榕属

对叶榕（*Ficus hispida* L.）

鉴别特征：灌木或小乔木，被糙毛，叶通常对生，厚纸质，卵状长椭圆形或倒卵状矩圆形，侧脉6～9对；叶柄长1～4厘米，被短粗毛；托叶2，卵状披针形，生于无叶的果枝上，常4枚交互对生，榕果腋生或生于落叶枝上，雄花生于其内壁口部，多数，花被片3，薄膜状，雄蕊1；瘿花无花被，花柱近顶生，粗短；雌花无花被，柱头侧生，被毛。花果期6—7月。

产地与地理分布：产于中国广东、海南、广西、云南、贵州。尼泊尔、不丹、印度、泰国、越南、马来西亚及澳大利亚也有分布。喜生于沟谷潮湿地带。

用途：【药用价值】具有疏风解热、消积化痰、行气散瘀的功效，可治疗感冒发热、支气管炎、消化不良、痢疾、跌打肿痛，果实可治脓疮。

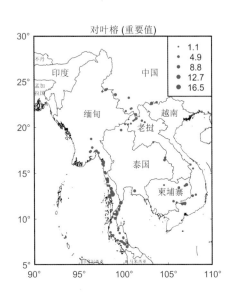

青藤公（*Ficus langkokensis* Drake）

鉴别特征：乔木，高6～15米，树皮红褐色或灰黄色，小枝细，黄褐色，被锈色糠屑状毛。叶互生，纸质，椭圆状披针形至椭圆形，侧脉2～4对；叶柄长1～4厘米，无毛或疏被柔毛；托叶披针形。榕果成对或单生于叶腋，球形，阔卵形，总梗较细，被锈色糠屑状毛。雄花具柄，被片3～4枚，卵形，雄蕊1～2个，花丝短；雌花花被片4枚，倒卵形，暗红色，花柱侧生。

产地与地理分布：产于中国福建、广东、广西、海南、四川和云南。生于海拔150～2000米山谷林中或沟边。印度东北部、老挝、越南也有分布。

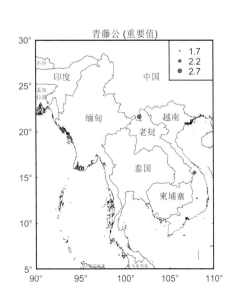

琴叶榕 (*Ficus pandurata* Hance)

鉴别特征: 小灌木,高1~2米;小枝。嫩叶幼时被白色柔毛。叶纸质,提琴形或倒卵形,基生侧脉2,侧脉3~5对;叶柄疏被糙毛;托叶披针形,迟落。榕果单生叶腋,鲜红色,椭圆形或球形。花期6—8月。

产地与地理分布: 产于中国广东、海南、广西、福建、湖南、湖北、江西、安徽、浙江。生于山地,旷野或灌丛林下。越南也有分布。

用途:【药用价值】具有祛风除湿、解毒消肿、活血通经等功效,主风湿痹痛、黄疸、疟疾、百日咳、乳汁不通、乳痈、痛经、闭经、痈疖肿痛、跌打损伤、毒蛇咬伤。【观赏价值】具较高的观赏价值。

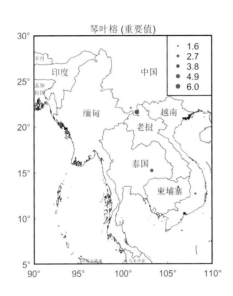

菩提树 (*Ficus religiosa* L.)

鉴别特征: 大乔木,幼时附生于其他树上,高达15~25米;树皮灰色;小枝灰褐色,幼时被微柔毛。叶革质,榕果球形至扁球形。花期3—4月,果期5—6月。

产地与地理分布: 中国广东、广西、云南多为栽培。日本、马来西亚、泰国、越南、不丹、尼泊尔、巴基斯坦及印度也有分布。

用途:【药用价值】治疗哮喘、糖尿病、腹泻、癫痫、胃部疾病等的传统中医药,另外对抗癌症、心血管疾病、神经炎性疾病、神经精神疾病、寄生虫感染等都有显著效果;花供药用,可发汗镇痉,并有解热之效。【经济价值】可提出硬性橡胶,适宜作砧板、包装箱板和纤维板原料。【观赏价值】优良的观赏树种。【生态价值】对氢氟酸抗性强,宜作污染区的绿化树种。

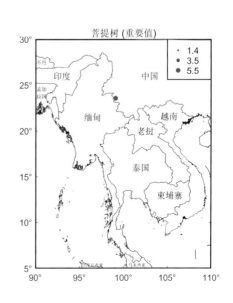

桑科·榕属

鹊肾树 (*Streblus asper* Lour.)

鉴别特征: 乔木或灌木;树皮深灰色,粗糙;小枝被短硬毛,幼时皮孔明显。叶革质,椭圆状倒卵形或椭圆形,侧脉4~7对;叶柄短或近无柄;托叶小,早落。花雌雄异株或同株;雄花序头状,表面被细柔毛;苞片长椭圆形;雄花近无梗;雌花具梗;子房球形,花柱在中部以上分枝。核果近球形,成熟时黄色,不开裂。花期2—4月,果期5—6月。

产地与地理分布: 产于中国广东、海南、广西、云南南部,常生于海拔200~950米林内或村寨附近。斯里兰卡、印度、尼泊尔、不丹、越南、泰国、马来西亚、印度尼西亚、菲律宾也有分布。

用途: 【药用价值】树皮和根药用,具有强心、抗丝虫、抗癌、抗菌、抗过敏和抗疟疾等多种药理活性;叶捣汁服、根煮水喝,都可治疗腹痛。【经济价值】可用于作梁、柱、家具、农具、把柄及室内装饰和板材等用材。【饲料价值】牛羊饲料。

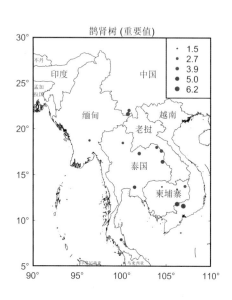

刺桑 [*Streblus ilicifolius* (Vidal) Corner]

鉴别特征: 有刺乔木或灌木,树皮灰白色,平滑;小枝具棱,直。叶厚革质,菱状至圆状倒卵形,中脉两面明显,背面凸起,侧脉羽状;叶柄短,长约0.4厘米;托叶锥形,长约0.5厘米。雄花序腋生,穗状;雄花花被片4,近圆形,边缘内曲,有缘毛;雌花序短穗状,有花2~6朵,花被片4;小核果生于具有宿存苞片的短枝上,扁球形,直径约1厘米。花期4月,果期5—6月。

产地与地理分布: 产于中国海南、广西、云南东南至西南部,常生于低海拔石灰岩山地。孟加拉国、缅甸、越南、泰国、马来西亚、菲律宾、印度尼西亚等地也有分布。

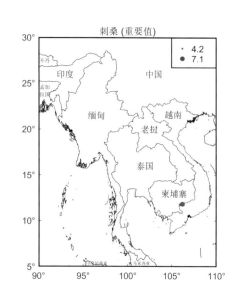

叶被木 [*Streblus taxoides* (Heyne) Kurz]

鉴别特征: 有刺灌木,高2~3米,刺粗壮,刺长1~1.5厘米;小枝常弯曲,一边被锈色短毛。叶互生,排为两列,近革质,椭圆形或长圆状披针形,侧脉1~7对;叶柄短,长2~3毫米;托叶披针形,背面有1纵肋。核果球形,顶部有小瘤体,藏于增大宿存的叶状花被内。花期4~5月。

产地与地理分布: 产于中国海南。生于低海拔干旱、阳光充足的山坡灌木丛中。斯里兰卡、印度、越南、泰国、马来西亚、印度尼西亚、菲律宾也有分布。

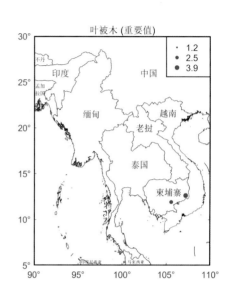

叶被木 (重要值)

桑科 · 鹊肾树属

舌柱麻 [*Archiboehmeria atrata* (Gagnep.) C. J. Chen]

鉴别特征: 灌木或半灌木,高0.6~4米;小枝上部被近贴生的短柔毛,以后渐脱落。叶膜质或近膜质,卵形至披针形,具基出3脉,其侧出的一对达中上部,侧脉2~4对;叶柄纤细,疏生短毛;托叶2裂至中部,披针形,在背面脉上和边缘有毛。雄花序生下部叶腋。花期5~8月,果期8~10月。

产地与地理分布: 产于中国广西、海南、广东和湖南南部。生于海拔300~1500米的山谷半阴坡疏林中较潮湿肥沃土上或石缝内。越南北部也有分布。

用途:【经济价值】人造棉。

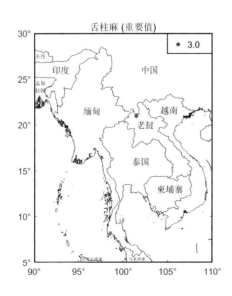

舌柱麻 (重要值)

荨麻科 · 舌柱麻属

89

苎麻 [*Boehmeria nivea* (L.) Gaudich.]

鉴别特征：亚灌木或灌木，高0.5~1.5米；茎上部与叶柄均密被开展的长硬毛和近开展和贴伏的短糙毛。叶互生；叶片草质，通常圆卵形或宽卵形，侧脉约3对；叶柄长2.5~9.5厘米；托叶分生，钻状披针形，背面被毛。圆锥花序腋生，或植株上部的为雌性，其下的为雄性。雄花：花被片4，狭椭圆形，顶端急尖，外面有疏柔毛；雄蕊4。雌花：花被椭圆形，外面有短柔毛，果期菱状倒披针形。花期8—10月。

产地与地理分布：产于中国云南、贵州、广西、广东、福建、江西、台湾、浙江、湖北、四川，以及甘肃、陕西、河南的南部广泛栽培。越南、老挝等地也有分布。生于山谷林边或草坡，海拔200~1700米。

用途：【药用价值】根为利尿解热药，并有安胎作用；叶为止血剂，治创伤出血；根、叶并用治急性淋浊、尿道炎出血等症。【食用价值】可榨油和食用。【经济价值】可织成夏布、飞机的翼布，橡胶工业的衬布、电线包被、白热灯纱、渔网、制人造丝、人造棉等，与羊毛、棉花混纺可制高级衣料；短纤维可为高级纸张、火药、人造丝等的原料，又可织地毯、麻袋等。【饲料价值】养蚕饲料。

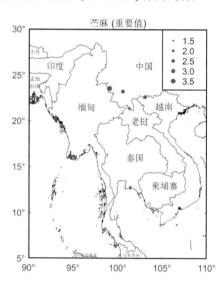

苎麻 (重要值)

水麻（*Debregeasia orientalis* C. J. Chen）

鉴别特征：灌木，高达1~4米，小枝纤细，暗红色，常被贴生的白色短柔毛，以后渐变无毛。叶纸质或薄纸质，干时硬膜质，长圆状狭披针形或条状披针形，基出脉3条，其侧出2条达中部边缘；叶柄短，毛被同幼枝；托叶披针形。花序雌雄异株，稀同株；苞片宽倒卵形，约2毫米。花被片4；雄蕊4。花期3—4月，果期5—7月。

产地与地理分布：产于中国西藏东南部、云南、广西、贵州、四川、甘肃南部、陕西南部、湖北、湖南、台湾。常生于溪谷河流两岸潮湿地区，海拔300~2800米。日本也有分布。

用途：【食用价值】果可食。【饲料价值】叶可作为饲料。

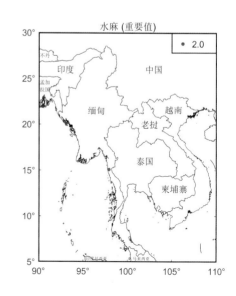

水麻 (重要值)

荨麻科·苎麻属

荨麻科·水麻属

紫麻 [*Oreocnide frutescens* (Thunb.) Miq.]

鉴别特征：灌木稀小乔木，高1~3米；小枝褐紫色或淡褐色，上部常有粗毛或近贴生的柔毛，稀被灰白色毡毛，以后渐脱落。叶常生于枝的上部，草质，基出脉3，侧脉2~3对，在近边缘处彼此环结；叶柄长1~7厘米，被粗毛；托叶条状披针形。花序生于上年生枝和老枝上，几无梗。花被片3，在下部合生；雄蕊3；退化雌蕊棒状，被白色绵毛。雌花无梗。花期3—5月，果期6—10月。

产地与地理分布：产于中国浙江、安徽南部、江西、福建、广东、广西、湖南、湖北、陕西南部、甘肃东南部、四川和云南。生于海拔300~1500米的山谷和林缘半阴湿处或石缝。中南半岛和日本也有分布。

用途：【药用价值】具有行气活血等功效。【经济价值】可供制绳索、麻袋和人造棉；茎皮经提取纤维后，还可提取单宁。

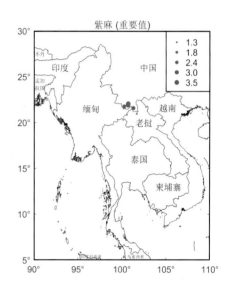

荨麻科 · 紫麻属

火炭母 (*Polygonum chinense* L.)

鉴别特征：多年生草本，基部近木质。根状茎粗壮。茎直立，通常无毛，具纵棱，多分枝，斜上。叶卵形或长卵形，边缘全缘，两面无毛，有时下面沿叶脉疏生短柔毛，下部叶具叶柄；托叶鞘膜质，无毛。花序头状，通常数个排成圆锥状，顶生或腋生；苞片宽卵形，每苞内具1~3花；花被5深裂，白色或淡红色；雄蕊8，比花被短；花柱3，中下部合生。花期7—9月，果期8—10月。

产地与地理分布：产于中国陕西南部、甘肃南部、华东、华中、华南和西南。生于山谷湿地、山坡草地，海拔30~2400米。日本、菲律宾、马来西亚、印度也有分布。

用途：【药用价值】根状茎供药用，清热解毒、散瘀消肿。

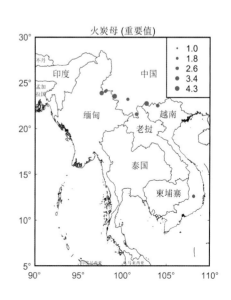

蓼科 · 蓼属

商陆 (*Phytolacca acinosa* Roxb.)

鉴别特征: 多年生草本,高0.5~1.5米,全株无毛。根肥大,肉质,倒圆锥形,外皮淡黄色或灰褐色,内面黄白色。茎直立,圆柱形,有纵沟,肉质,绿色或红紫色,多分枝。叶片薄纸质,椭圆形、长椭圆形或披针状椭圆形。总状花序顶生或与叶对生;花序梗长1~4厘米;花两性。果序直立;浆果扁球形,直径约7毫米,熟时黑色;种子肾形,黑色。花期5—8月,果期6—10月。

产地与地理分布: 中国除东北、内蒙古、青海、新疆外,普遍野生于海拔500~3400米的沟谷、山坡林下、林缘路旁。也栽植于房前屋后及园地中,多生于湿润肥沃地,喜生垃圾堆上。朝鲜、日本及印度也有分布。

用途:【药用价值】根入药,以白色肥大者为佳,红根有剧毒,仅供外用;通二便、逐水、散结,治水肿、胀满、脚气、喉痹,外敷治痈肿疮毒;也可作兽药及农药。【食用价值】嫩茎叶可供蔬食。【经济价值】可提制栲胶。

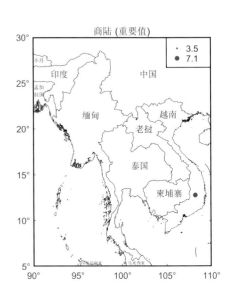

垂序商陆 (*Phytolacca americana* L.)

鉴别特征: 多年生草本,高1~2米。根粗壮,肥大,倒圆锥形。茎直立,圆柱形,有时带紫红色。叶片椭圆状卵形或卵状披针形,顶端急尖,基部楔形;叶柄长1~4厘米。总状花序顶生或侧生。果序下垂;浆果扁球形,熟时紫黑色;种子肾圆形,直径约3毫米。花期6—8月,果期8—10月。

产地与地理分布: 原产于北美,引入栽培,1960年以后遍及中国河北、陕西、山东、江苏、浙江、江西、福建、河南、湖北、广东、四川、云南。

用途:【药用价值】根供药用,治水肿、白带、风湿,并有催吐作用;种子利尿;叶有解热作用,并治脚气;外用可治无名肿毒及皮肤寄生虫病。

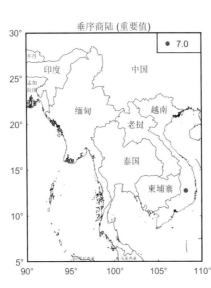

紫茉莉（ *Mirabilis jalapa* L.）

鉴别特征：一年生草本，高可达1米。根肥粗，倒圆锥形，黑色或黑褐色。茎直立，圆柱形，多分枝，无毛或疏生细柔毛，节稍膨大。叶片卵形或卵状三角形，全缘，两面均无毛，脉隆起；叶柄长1~4厘米，上部叶几无柄。花常数朵簇生枝端；总苞钟形5裂，无毛，具脉纹；花期6—10月，果期8—11月。

产地与地理分布：原产于美洲热带地区。中国南北各地常栽培，为观赏花卉，有时为野生。

用途：【药用价值】根、叶可供药用，有清热解毒、活血调经和滋补的功效；种子白粉可去面部斑痣粉刺。【观赏价值】为观赏花卉。

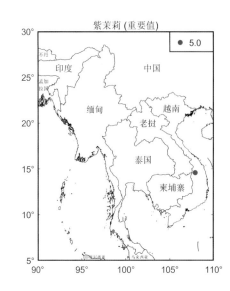

紫茉莉（重要值）

紫茉莉科 · 紫茉莉属

阔叶半枝莲（ *Portulaca oleracea* L. var. *granatus* ）

鉴别特征：植株矮小，具匍匐性；叶、茎多肉质，叶长椭圆形、互生。花开于枝条顶端；单瓣大轮，有红、橙、桃红、黄、白等花色。

产地与地理分布：性喜肥沃土壤，耐旱亦耐涝，生命力强，生于菜园、农田、路旁，为田间常见杂草。广布全世界温带和热带地区，中国南北各地均产。

用途：【药用价值】有清热利湿、解毒消肿、消炎、止渴、利尿作用。

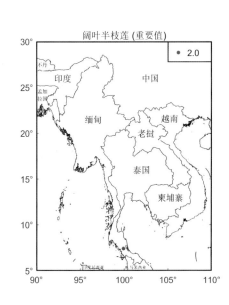

阔叶半枝莲（重要值）

马齿苋科 · 马齿苋属

土人参 [*Talinum paniculatum* (Jacq.) Gaertn.]

鉴别特征: 一年生或多年生草本,全株无毛,高30~100厘米。主根粗壮,圆锥形,断面乳白色。茎直立,肉质,基部近木质。叶互生或近对生。圆锥花序顶生或腋生;苞片2,膜质,披针形;花瓣粉红色或淡紫红色;种子多数,黑褐色或黑色,有光泽。花期6—8月,果期9—11月。

产地与地理分布: 原产于美洲热带地区。中国中部和南部均有栽植,有的逸为野生,生于阴湿地。

用途:【药用价值】根为滋补强壮药,补中益气、润肺生津;叶消肿解毒,治疗疮疖肿。

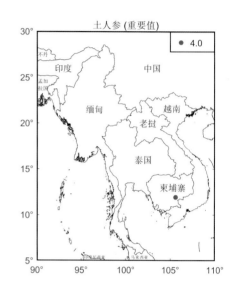

落葵 (*Basella alba* L.)

鉴别特征: 一年生缠绕草本,茎长可达数米,无毛,肉质,绿色或略带紫红色。叶片卵形或近圆形;叶柄长1~3厘米,上有凹槽。穗状花序腋生。果实球形,红色至深红色或黑色,多汁液,外包宿存小苞片及花被。花期5—9月,果期7—10月。

产地与地理分布: 原产于亚洲热带地区。中国南北各地多有种植,南方有野生的。

用途:【药用价值】全草供药用,为缓泻剂,有滑肠、散热、利大小便的功效;花汁有清血解毒作用,能解痘毒,外敷治痈毒及乳头破裂。【食用价值】栽培作蔬菜;果汁可作食品着色剂。【观赏价值】可观赏。

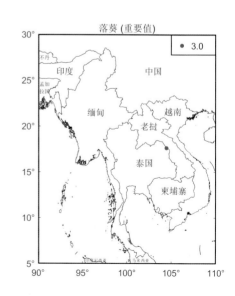

荷莲豆草（*Drymaria diandra*）

鉴别特征：一年生草本，长60～90厘米。根纤细。茎匍匐，丛生，纤细，无毛，基部分枝，节常生不定根。叶片卵状心形，具3～5基出脉。聚伞花序顶生；萼片披针状卵形，具3条脉，被腺柔毛；花瓣白色；雄蕊稍短于萼片。种子近圆形，表面具小疣。花期4—10月，果期6—12月。

产地与地理分布：产于中国浙江、福建、台湾、广东、海南、广西、贵州、四川、湖南、云南、西藏。生于海拔200～1900（～2400）米的山谷、杂木林缘。日本、印度、斯里兰卡、阿富汗、非洲南部也有分布。

用途：【药用价值】全草入药，有消炎、清热、解毒之效。

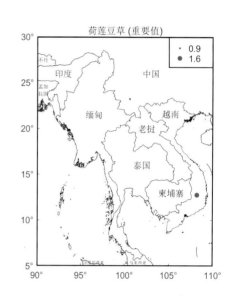

荷莲豆草（重要值）

土牛膝（*Achyranthes aspera* L.）

鉴别特征：多年生草本，高20～120厘米；根细长，土黄色；茎四棱形，有柔毛，节部稍膨大，分枝对生。叶片纸质；穗状花序顶生，直立；总花梗具棱角，密生白色伏贴或开展柔毛；苞片披针形，小苞片刺状，常带紫色；花被片披针形，具1脉；种子卵形，不扁压，棕色。花期6—8月，果期10月。

产地与地理分布：产于中国湖南、江西、福建、台湾、广东、广西、四川、云南、贵州。生于山坡疏林或村庄附近空旷地，海拔800～2300米。印度、越南、菲律宾、马来西亚等地有分布。

用途：【药用价值】根药用，有清热解毒、利尿功效，主治感冒发热、扁桃体炎、白喉、流行性腮腺炎、泌尿系统结石、肾炎水肿等症。

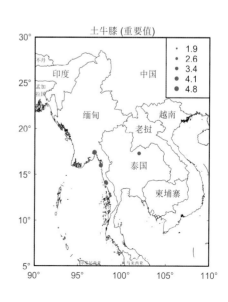

土牛膝（重要值）

白花苋 [*Aerva sanguinolenta* (L.) Blume]

鉴别特征: 本种和少毛白花苋相近,区别为:叶片卵状椭圆形、矩圆形或披针形,长1.5~8厘米,宽5~35毫米;花序有白色或带紫色绢毛;苞片、小苞片及花被片外面有白色绵毛,毛较多;花被片白色或粉红色。花期4—6月,果期8—10月。

产地与地理分布: 产于中国四川、云南、贵州、海南。生于山坡灌丛,海拔1100~2300米。越南、印度、菲律宾、马来西亚有分布。

用途:【药用价值】根及花供药用,生用可破血、利湿,炒用补肝肾、强筋骨,治红崩、跌打损伤、老年咳嗽、痢疾。

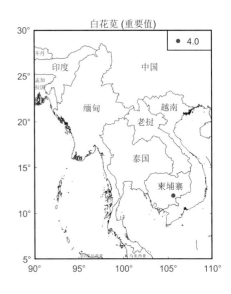

白花苋 (重要值)

锦绣苋 [*Alternanthera bettzickiana* (Regel) Nichols.]

鉴别特征: 多年生草本,高20~50厘米;茎直立或基部匍匐,多分枝,在顶端及节部有贴生柔毛。叶片矩圆形、矩圆倒卵形或匙形;叶柄长1~4厘米,稍有柔毛。头状花序顶生及腋生,无总花梗;花被片卵状矩圆形,白色,疏生柔毛或无毛;雄蕊5,花丝长1~2毫米,花药条形;子房无毛,花柱长约0.5毫米。果实不发育。花期8—9月。

产地与地理分布: 原产于巴西,现中国各大城市栽培。

用途:【药用价值】全植物入药,有清热解毒、凉血止血、清积逐瘀功效。【观赏价值】可用作布置花坛。

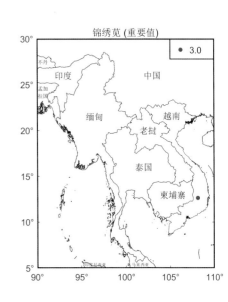

锦绣苋 (重要值)

红龙草（*Alternanthera dentata* 'Rubiginosa'）

鉴别特征：多年生草本，高15～20厘米，叶对生，叶色紫红至紫黑色，极为雅致。头状花序密聚成粉色小球，无花瓣。高度（30～60）厘米×（30～50）厘米，质感中至细，茎叶铜红色，冬季开花，花乳白色，小球形，酷似千日红。光照中性植物，日照60%～100%均能生长。

产地与地理分布：原种产于南美，在世界热带、亚热带各地多有栽培。性喜高温高湿环境，可扦插种植。

用途：【观赏价值】最适合庭园植为地被。

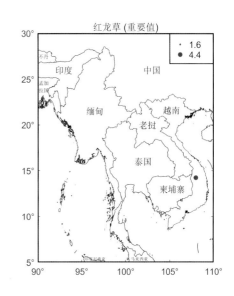

红龙草 (重要值)

苋科·莲子草属

老鸦谷（*Amaranthus cruentus*）

鉴别特征：一年生草本，高达1.5米；茎直立。叶片菱状卵形或菱状披针形；叶柄长1～15厘米，绿色或粉红色，疏生柔毛。圆锥花序直立或以后下垂，花穗顶端尖，苞片及小苞片披针形，苞片及花被片顶端芒刺显明；花被片和胞果等长，有1中脉。种子近球形，直径1毫米，淡棕黄色，有厚的环。花期6—7月，果期9—10月。

产地与地理分布：中国各地栽培或野生。生长在平地至海拔2150米的地区。全世界广泛分布。

用途：【食用价值】茎叶可作蔬菜；种子为粮食作物。【观赏价值】栽培供观赏。

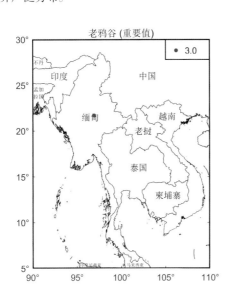

老鸦谷 (重要值)

苋科·苋属

凹头苋（*Amaranthus lividus*）

鉴别特征：一年生草本，高10～30厘米，全体无毛；茎伏卧而上升，从基部分枝，淡绿色或紫红色。叶片卵形或菱状卵形，全缘或稍呈波状；叶柄长1～3.5厘米。花成腋生花簇，直至下部叶的腋部；苞片及小苞片矩圆形；花被片矩圆形或披针形。胞果扁卵形，不裂，微皱缩而近平滑。种子环形，黑色至黑褐色，边缘具环状边。花期7—8月，果期8—9月。

产地与地理分布：除内蒙古、宁夏、青海、西藏外，全国广泛分布。生在田野、人家附近的杂草地上。分布于日本、欧洲、非洲北部及南美。

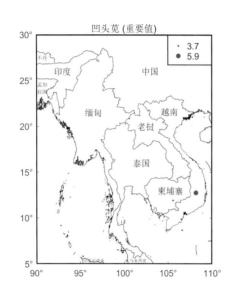

用途：【药用价值】全草入药，用作缓和止痛、收敛、利尿、解热剂；种子有明目、利大小便、去寒热的功效；鲜根有清热解毒作用。【饲料价值】可作为猪饲料。

皱果苋（*Amaranthus viridis*）

鉴别特征：一年生草本，高40～80厘米，全体无毛；茎直立，有不显明棱角，稍有分枝，绿色或带紫色。叶片卵形、卵状矩圆形或卵状椭圆形；叶柄长3～6厘米，绿色或带紫红色。圆锥花序顶生，顶生花穗比侧生者长；苞片及小苞片披针形；花被片矩圆形或宽倒披针形，背部有1绿色隆起中脉；雄蕊比花被片短；柱头3或2。种子近球形，黑色或黑褐色，具薄且锐的环状边缘。花期6—8月，果期8—10月。

产地与地理分布：产于中国东北、华北、陕西、华东、江西、华南、云南。生在人家附近的杂草地上或田野间。原产于热带非洲，广泛分布在两半球的温带、亚热带和热带地区。

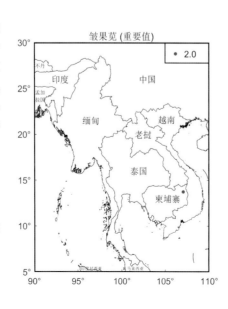

用途：【药用价值】全草入药，有清热解毒、利尿止痛的功效。【食用价值】可作野菜食用。【饲料价值】可作为饲料。

青葙 (*Celosia argentea* L.)

鉴别特征: 一年生草本, 高0.3~1米, 全体无毛; 茎直立, 有分枝, 绿色或红色, 具显明条纹。叶片矩圆披针形、披针形或披针状条形; 叶柄长2~15毫米, 或无叶柄。花多数, 密生, 在茎端或枝端成单一、无分枝的塔状或圆柱状穗状花序, 具1中脉, 在背部隆起; 花被片矩圆状披针形, 具1中脉, 在背面凸起; 花丝长5~6毫米, 花药紫色; 子房有短柄, 花柱紫色。种子凸透镜状肾形, 直径约1.5毫米。花期5—8月, 果期6—10月。产地与地理分布: 分布几遍全国。野生或栽培, 生于平原、田边、丘陵、山坡, 高达海拔1100米。朝鲜、日本、苏联、印度、越南、缅甸、泰国、菲律宾、马来西亚及非洲热带地区均有分布。

用途:【药用价值】具有清热明目等功效。【食用价值】嫩茎叶可作为野菜食用。【饲料价值】可作为饲料。【观赏价值】可供观赏。

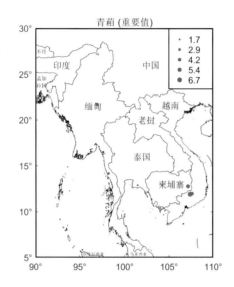

杯苋 [*Cyathula prostrata* (L.) Blume]

鉴别特征: 多年生草本, 高30~50厘米; 根细长; 茎上升或直立, 有灰色长柔毛, 节部带红色。叶片菱状倒卵形或菱状矩圆形, 基部圆形, 上面绿色, 下面苍白色, 具缘毛; 叶柄长1~7毫米, 有长柔毛。种子卵状矩圆形, 褐色。花果期6—11月。

产地与地理分布: 产于中国台湾、广东、广西、云南。生于山坡灌丛或小河边。越南、印度、泰国、缅甸、马来西亚、菲律宾、非洲、大洋洲均有分布。

用途:【药用价值】全草治跌打、驳骨。

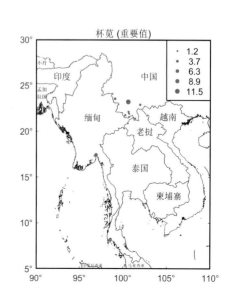

银花苋（*Gomphrena celosioides* Mart.）

鉴别特征：一年生直立草本，高20～60厘米；茎粗壮，有贴生白色长柔毛。叶片纸质，长椭圆形或矩圆状倒卵形，两面有小斑点、白色长柔毛及缘毛，叶柄长1～1.5厘米，有灰色长柔毛。花多数，密生，成顶生球形或矩圆形头状花序；总苞为2绿色对生叶状苞片而成，卵形或心形，两面有灰色长柔毛；苞片卵形，顶端紫红色。种子肾形，棕色，光亮。花果期2—6月。

产地与地理分布：产于中国广东（海南岛、西沙群岛）、台湾。生在路旁草地。原产于美洲热带，现分布世界各热带地区。

用途：【药用价值】花序入药，有止咳定喘、平肝明目功效，主治支气管哮喘、急/慢性支气管炎、百日咳、肺结核咯血等症。【观赏价值】供观赏。

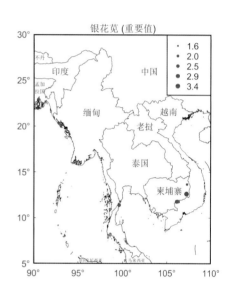

刺果番荔枝（*Annona muricata*）

鉴别特征：常绿乔木，高达8米；树皮粗糙。叶纸质，倒卵状长圆形至椭圆形，叶背浅绿色，两面无毛；侧脉每边8～13条，两面略为凸起，在叶缘前网结。花蕾卵圆形；花淡黄色；萼片卵状椭圆形。果卵圆状，深绿色，果肉微酸多汁，白色；种子多颗，肾形，棕黄色。花期4—7月，果期7月至翌年3月。

产地与地理分布：中国台湾、广东、广西和云南等省区栽培。原产于美洲热带地区；现亚洲热带地区也有栽培。

用途：【食用价值】可食用。【经济价值】可作为造船用材。

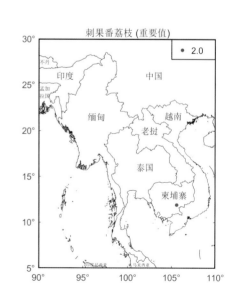

番荔枝（*Annona squamosa*）

鉴别特征：落叶小乔木，高3~5米；树皮薄，灰白色，多分枝。叶薄纸质，排成两列，椭圆状披针形，或长圆形，初时被微毛，后变无毛；侧脉每边8~15条，上面扁平，下面凸起。花单生或2~4朵聚生于枝顶或与叶对生；花蕾披针形；萼片三角形，被微毛。果实，黄绿色，外面被白色粉霜。花期5~6月，果期6—11月。

产地与地理分布：中国浙江、台湾、福建、广东、广西和云南等省区均有栽培。原产于美洲热带地区；现全球热带地区有栽培。

用途：【药用价值】治急性赤痢、精神抑郁、脊髓骨病、恶疮肿痛、补脾。【食用价值】果食用。【经济价值】树皮纤维可造纸。

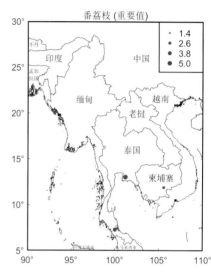

假鹰爪（*Desmos chinensis*）

鉴别特征：直立或攀缘灌木，有时上枝蔓延，除花外，全株无毛；枝皮有灰白色凸起的皮孔。叶薄纸质或膜质，长圆形或椭圆形。花黄白色，单朵与叶对生或互生；花梗长2~5.5厘米，无毛；萼片卵圆形，外面被微柔毛；外轮花瓣比内轮花瓣大，长圆形或长圆状披针形；花托凸起。花期夏至冬季，果期6月至翌年春季。

产地与地理分布：产于中国广东、广西、云南和贵州。生于丘陵山坡、林缘灌木丛中或低海拔旷地、荒野及山谷等地。印度、老挝、柬埔寨、越南、马来西亚、新加坡、菲律宾和印度尼西亚也有分布。

用途：【药用价值】根、叶可药用，主治风湿骨痛、产后腹痛、跌打、皮癣等；兽医用作治牛瘤胃臌气、肠胃积气、牛伤食宿草不转等。【食用价值】用其叶制酒饼。【经济价值】茎皮纤维可作为人造棉和造纸原料。

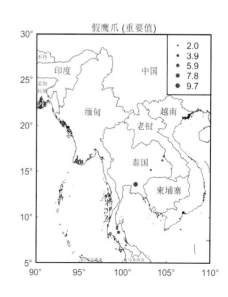

番荔枝科·番荔枝属

番荔枝科·假鹰爪属

瓜馥木 (*Fissistigma oldhamii*)

鉴别特征：攀缘灌木，长约8米；小枝被黄褐色柔毛。叶革质；侧脉每边16~20条，上面扁平，下面凸起；叶柄长约1厘米，被短柔毛。花长约1.5厘米。果圆球状，密被黄棕色茸毛；种子圆形；果柄长不及2.5厘米。花期4—9月，果期7月至翌年2月。

产地与地理分布：产于中国浙江、江西、福建、台湾、湖南、广东、广西、云南。生于低海拔山谷水旁灌木丛中。越南也有分布。

用途：【药用价值】根可药用，治跌打损伤和关节炎。【食用价值】果去皮可吃。【经济价值】茎皮纤维可编麻绳、麻袋和造纸；花用于调制化妆品、皂用香精的原料；种子油供工业用油和调制化妆品。

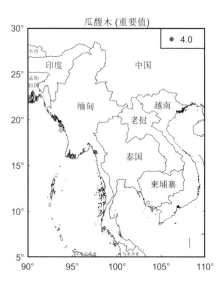

暗罗 (*Polyalthia suberosa*)

鉴别特征：小乔木，高达5米；树皮老时栓皮状，灰色，有极明显的深纵裂；枝常有白色凸起的皮孔，小枝纤细，被微柔毛。叶纸质，椭圆状长圆形，或倒披针状长圆形；侧脉每边8~10条。花淡黄色，1~2朵与叶对生。果近圆球状；果柄长5毫米，被短柔毛。花期几乎全年，果期6月至翌年春季。

产地与地理分布：产于中国广东南部和广西南部。生于低海拔山地疏林中。印度、斯里兰卡、缅甸、泰国、越南、老挝、马来西亚、新加坡和菲律宾等也有分布。

用途：【药用价值】主治气滞腹痛、胃疼、痛经、梅核气。【经济价值】包装箱、家具框架、胶合板、火柴杆、线（脚）条、室内装饰等。

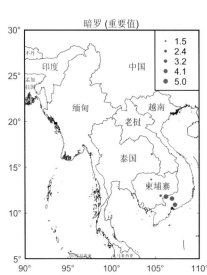

光叶紫玉盘（*Uvaria boniana*）

鉴别特征：攀缘灌木，除花外全株无毛。叶纸质，长圆形至长圆状卵圆形；侧脉每边8～10条，纤细；叶柄长2～8毫米。花紫红色，1～2朵与叶对生或腋外生；花梗柔弱；萼片卵圆形，被缘毛；花瓣革质，两面顶端被微毛；药隔顶端截形，有小乳头状凸起；心皮长圆形，内弯，密被黄色柔毛。果球形或椭圆状卵圆形，成熟时紫红色，无毛。花期5～10月，果期6月至翌年4月。

产地与地理分布：产于中国江西、广东和广西。生于丘陵山地疏密林中较湿润的地方。越南也有分布。本种模式标本采自越南河内。

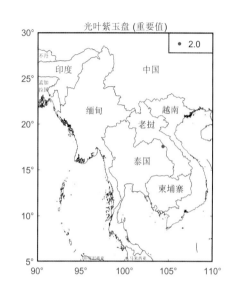

紫玉盘（*Uvaria microcarpa*）

鉴别特征：直立灌木，高约2米，枝条蔓延性；幼枝、幼叶、叶柄、花梗、苞片、萼片、花瓣、心皮和果均被黄色星状柔毛，老渐无毛或几无毛。叶革质，长倒卵形或长椭圆形；侧脉每边约13条。花1～2朵，与叶对生，暗紫红色或淡红褐色。果卵圆形或短圆柱形；种子圆球形。花期3—8月，果期7月至翌年3月。

产地与地理分布：产于中国广西、广东和台湾。生于低海拔灌木丛中或丘陵山地疏林中。越南和老挝也有分布。

用途：【药用价值】根可药用，治风湿、跌打损伤、腰腿痛等；叶可止痛消肿；兽医用作治牛瘤胃膨气、可健胃、促进反刍和跌打肿痛。【经济价值】可编织绳索或麻袋。

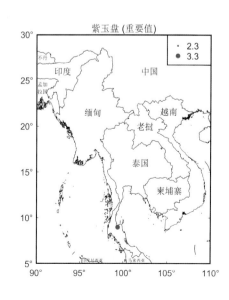

红光树 [*Knema furfuracea* (Hook. f. et Thoms.) Warb.]

鉴别特征: 常绿乔木,高10~25米;树皮灰白色;分枝下垂,幼枝密被锈色糠秕状微柔毛。叶近革质,宽披针形或长圆状披针形或倒披针形;侧脉24~35对,两面隆起;叶柄通常密被锈色微柔毛,老时稀无毛。果序短,通常着果1~2个;果具短梗;果椭圆形或卵球形;种子椭圆形或卵状椭圆形。花期11月至翌年2月,果期7—9月。

产地与地理分布: 产于中国云南西双版纳、盈江、金平等地。生于海拔500~1000米山坡或沟谷阴湿的密林中。分布于中南半岛、马来半岛、印度尼西亚等地。

用途: 【经济价值】种子可用来做重要的工业用油。

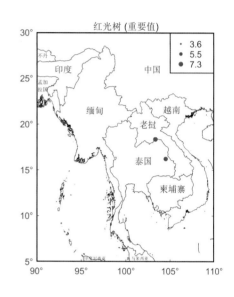

毛黄肉楠 [*Actinodaphne pilosa* (Lour.) Merr.]

鉴别特征: 乔木或灌木,高4~12米;树皮灰色或灰白色。小枝粗壮,幼时密被锈色茸毛。鳞片外面密被锈色茸毛。叶互生或3~5片聚生成轮生状,倒卵形或有时椭圆形,侧脉每边5~7(~10)条;叶柄粗壮,有锈色茸毛。花序腋生或枝侧生。果球形,生于近于扁平的盘状果托上;果梗长3~4毫米,被柔毛。花期8—12月,果期翌年2—3月。

产地与地理分布: 产于中国广东、广西的南部。常生于海拔500米以下的旷野丛林或混交林中。越南、老挝也有分布。

用途: 【药用价值】树皮与叶供药用,有祛风、消肿、散瘀、解毒、止咳之效,并能治疮疖,对跌打也有效。【经济价值】可供粘布、粘渔网、作造纸胶和发胶用。

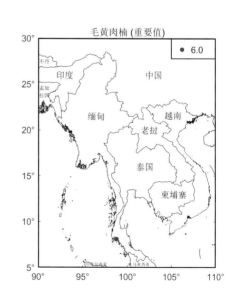

潺槁木姜子 [*Litsea glutinosa* (Lour.) C. B. Rob.]

鉴别特征:常绿小乔木或乔木,高3~15米;树皮灰色或灰褐色,内皮有黏质。小枝灰褐色,幼时有灰黄色茸毛。叶互生,倒卵形、倒卵状长圆形或椭圆状披针形,羽状脉,侧脉每边8~12条。伞形花序生于小枝上部叶腋;花被不完全或缺;能育雄蕊通常15或更多。果球形,果梗长5~6毫米,先端略增大。花期5—6月,果期9—10月。

产地与地理分布:产于中国广东、广西、福建及云南南部。生于山地林缘、溪旁、疏林或灌丛中,海拔500~1900米。越南、菲律宾、印度也有分布。

用途:【药用价值】根皮和叶,民间入药,清湿热、消肿毒、治腹泻,外敷治疮痈。【经济价值】可供家具用材、黏合剂;种仁供制皂及作硬化油。

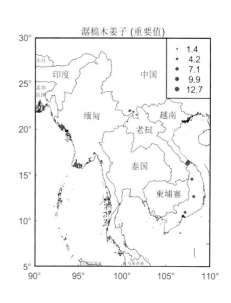

潺槁木姜子 (重要值)

· 1.4
· 4.2
· 7.1
● 9.9
● 12.7

假柿木姜子 [*Litsea monopetala* (Roxb.) Pers.]

鉴别特征:常绿乔木,高达18米;树皮灰色或灰褐色。小枝淡绿色,密被锈色短柔毛。叶互生,宽卵形、倒卵形至卵状长圆形,羽状,侧脉每边8~12条;叶柄长1~3厘米,密被锈色短柔毛。伞形花序簇生叶腋,总梗极短;每一花序有花4~6朵或更多;苞片膜质。花期11月至翌年5—6月,果期6—7月。

产地与地理分布:产于中国广东、广西、贵州西南部、云南南部。生于阳坡灌丛或疏林中,海拔可至1500米,但多见于低海拔的丘陵地区。东南亚各国及印度、巴基斯坦也有分布。

用途:【药用价值】叶民间用来外敷治关节脱臼。【经济价值】可作家具和工业用。

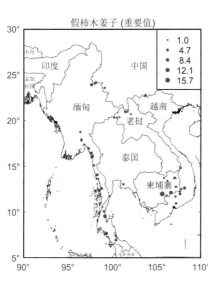

假柿木姜子 (重要值)

· 1.0
· 4.7
· 8.4
● 12.1
● 15.7

越南木姜子（*Litsea pierrei* Lec.）

鉴别特征：常绿乔木，高6~25米。小枝褐色，无毛。顶芽裸露，外被灰黄色短柔毛。叶互生，叶椭圆形或倒卵形，羽状脉，侧脉每边7~9条，网脉在叶下面稍明显；叶柄长2~3厘米，稍粗壮，无毛。伞形花序3~5个生于短枝上呈总状花序；苞片4，外面具微柔毛；果近圆或扁球形；果托杯状，先端平截，质薄；果梗长约1厘米，无毛。花期6—7月，果期10—11月。

产地与地理分布：产于越南。中国不产。

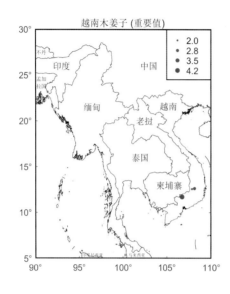

木姜子（*Litsea pungens* Hemsl.）

鉴别特征：落叶小乔木，高3~10米；树皮灰白色。幼枝黄绿色，被柔毛，老枝黑褐色，无毛。顶芽圆锥形，鳞片无毛。叶互生，常聚生于枝顶。果球形，成熟时蓝黑色；果梗长1~2.5厘米，先端略增粗。花期3—5月，果期7—9月。

产地与地理分布：产于中国湖北、湖南、广东北部、广西、四川、贵州、云南、西藏、甘肃、陕西、河南、山西南部、浙江南部。生于溪旁和山地阳坡杂木林中或林缘，海拔800~2300米。

用途：【食用价值】可用来做食用香精。【经济价值】可用来做化妆香精、皂和工业用。

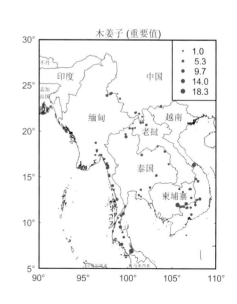

润楠（*Machilus pingii* Cheng ex Yang）

鉴别特征：乔木，高40米或更高。当年生小枝黄褐色，一年生枝灰褐色，均无毛，干时通常蓝紫黑色。顶芽卵形，鳞片近圆形，外面密被灰黄色绢毛，近边缘无毛，浅棕色。叶椭圆形或椭圆状倒披针形，侧脉每边8~10条；叶柄稍细弱，无毛，上面有浅沟。圆锥花序生于嫩枝基部，4~7个；花小带绿色。果扁球形，黑色，直径7~8毫米。花期4—6月，果期7—8月。

产地与地理分布：产于中国四川。孤立木或生于林中，海拔1000米或以下。

用途：【经济价值】用于做梁、柱、制家具。

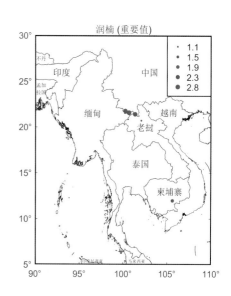

润楠 (重要值)

芳槁润楠（*Machilus suaveolens* S. Lee）

鉴别特征：乔木，高7米。小枝圆柱形，稍细弱。顶芽细小、卵形，有棕色茸毛；腋芽微小、短圆锥形，深褐色。叶长椭圆形、倒卵形至倒披针形，侧脉每边7~8条，纤细；叶柄长1~2厘米，有绢毛。圆锥花序生在嫩枝的下部。果序长6.5~13厘米，稍纤细，有绢毛；果球形，黑色。

产地与地理分布：产于中国广东、广西。生长在低海拔的阔叶混交疏林或密林中。

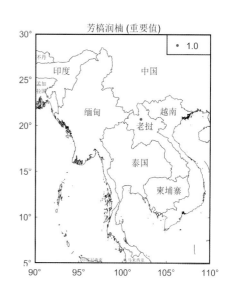

芳槁润楠 (重要值)

鳄梨 (*Persea americana* Mill.)

鉴别特征: 常绿乔木, 高约10米; 树皮灰绿色, 纵裂。叶互生, 长椭圆形、椭圆形; 叶柄长2~5厘米, 腹面略具沟槽。聚伞状圆锥花序长8~14厘米。花淡绿带黄色, 密被黄褐色短柔毛。花被两面密被黄褐色短柔毛, 花被筒倒锥形。果大, 通常梨形, 有时卵形或球形, 黄绿色或红棕色。花期2~3月, 果期8—9月。

产地与地理分布: 原产于美洲热带地区; 中国广东、福建、台湾、云南及四川等地都有少量栽培。菲律宾和苏联南部、欧洲中部等地亦有栽培。

用途: 【食用价值】果实生果食用外, 也可作菜肴和罐头。【经济价值】果仁供食用、医药和化妆工业用。

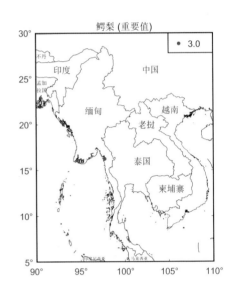

鳄梨 (重要值)

大血藤 [*Sargentodoxa cuneata* (Oliv.) Rehd. et Wils.]

鉴别特征: 落叶木质藤本, 长达到10余米。藤径粗达9厘米, 全株无毛; 当年枝条暗红色, 老树皮有时纵裂。三出复叶, 或兼具单叶; 叶柄长3~12厘米; 小叶革质。总状花序长6~12厘米。种子卵球形, 基部截形; 种皮, 黑色, 光亮, 平滑; 种脐显著。花期4—5月, 果期6—9月。

产地与地理分布: 产于中国陕西、四川、贵州、湖北、湖南、云南、广西、广东、海南、江西、浙江、安徽。常见于山坡灌丛、疏林和林缘等, 海拔常为数百米。中南半岛北部有分布。

用途: 【药用价值】根及茎均可供药用, 有通经活络、散瘀痛、理气行血、杀虫等功效。【经济价值】茎可制绳索; 枝条可为藤条代用品。

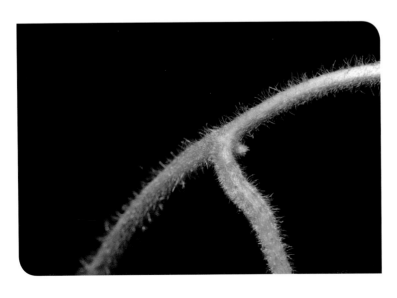
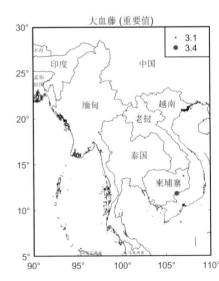

大血藤 (重要值)

崖藤（*Albertisia laurifolia* Yamamoto）

鉴别特征: 木质大藤本；嫩枝被茸毛，老枝无毛，灰色。叶近革质，椭圆形至卵状椭圆形；侧脉每边3~5条，中脉和侧脉在下面显著凸起；叶柄长1.5~3.5厘米，无毛。雄花序为聚伞花序，有花3~5朵；花瓣6，排成2轮。雌花未见。核果椭圆形，被茸毛；果核稍木质，椭圆形，长1.5~2.5厘米，表面微有皱纹，胎座迹不明显。花期夏初，果期秋季。

产地与地理分布: 产于中国海南南部、广西南部和云南南部。生于林中。分布于越南北部。

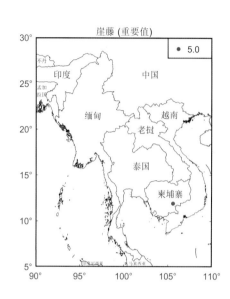

木防己 [*Cocculus orbiculatus* (L.) DC.]

鉴别特征: 木质藤本；小枝被茸毛至疏柔毛，或有时近无毛，有条纹。叶片纸质至近革质，形状变异极大；掌状脉3条，很少5条，在下面微凸起；叶柄长1~3厘米，被稍密的白色柔毛。聚伞花序少花，腋生，或排成多花，被柔毛。核果近球形，红色至紫红色；果核骨质，背部有小横肋状雕纹。

产地与地理分布: 中国大部分地区都有分布（西北部和西藏尚未见过），以长江流域中下游及其以南各省区常见。生于灌丛、村边、林缘等处。广布于亚洲东南部和东部以及夏威夷群岛。

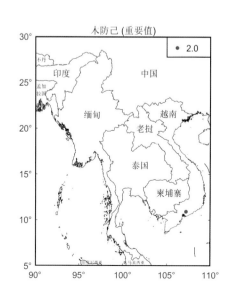

连蕊藤（*Parabaena sagittata* Miers）

鉴别特征：草质藤本。茎、枝均具条纹，通常被糙毛状柔毛，有时近无毛。叶纸质或干后膜质，阔卵形或长圆状卵形；掌状脉5~7条，在下面稍凸起；叶柄通常与叶片近等长或较短，很少比叶片长。花序伞房状，单生或有时双生。核果近球形而稍扁；果核卵状半球形，背肋隆起呈鸡冠状，两侧各有2行小刺。花期4—5月，果期8—9月。

产地与地理分布：产于中国云南西南部至东南部、广西南部和西北部、贵州南部和西藏南部。生于林缘或灌丛中。分布于尼泊尔、印度东北部、孟加拉国和中南半岛北部以及安达曼群岛。

用途：【食用价值】野生蔬菜。

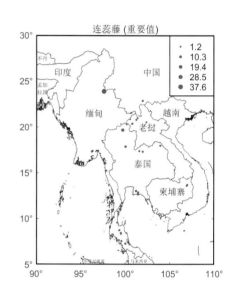

细圆藤 [*Pericampylus glaucus* (Lam.) Merr.]

鉴别特征：木质藤本，长达10余米或更长，小枝通常被灰黄色茸毛，有条纹，常长而下垂，老枝无毛。叶纸质至薄革质，三角状卵形至三角状近圆形；掌状脉5条，很少3条，网状小脉稍明显。聚伞花序伞房状，被茸毛；花瓣6片，楔形或有时匙形；雄蕊6个，花丝分离，聚合上升；雌花萼片和花瓣与雄花相似。核果红色或紫色。花期4—6月，果期9—10月。

产地与地理分布：广布于长江流域以南各地，东至中国台湾省，尤以广东、广西和云南三省区之南部常见。生于林中、林缘和灌丛中。广布亚洲东南部。

用途：【经济价值】编织藤器的重要原料。

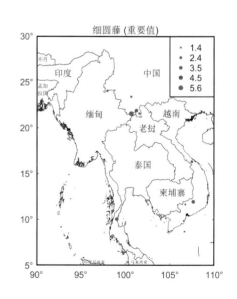

防己科·连蕊藤属

防己科·细圆藤属

血散薯（*Stephania dielsiana* Y. C. Wu）

鉴别特征：草质、落叶藤本，长2～3米，枝、叶含红色液汁；块根硕大，露于地面，褐色，表面有凸起的皮孔。叶纸质，三角状近圆形，两面无毛；掌状脉8～10条，向上和平伸的5～6条，网脉纤细，均紫色；叶柄与叶片近等长或稍过之。复伞形聚伞花序腋生或生于腋生。核果红色，倒卵圆形。花期夏初。

产地与地理分布：产于中国广东、广西、贵州南部和湖南南部。常生于林中、林缘或溪边多石砾的地方。

用途：【药用价值】味苦性寒，功能消肿解毒、健胃止痛。

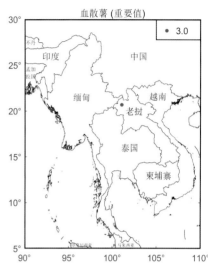

血散薯 (重要值)

・　3.0

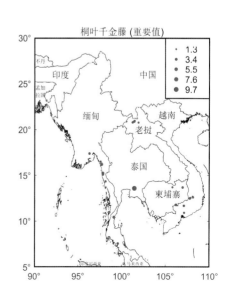

桐叶千金藤 [*Stephania hernandifolia* (Willd.) Walp.]

鉴别特征：藤本；根条状，木质；老茎稍木质，枝很长，卧地时在节上生不定根，被柔毛。叶纸质，三角状近圆形或近三角形；掌状脉9～12条；叶柄长3～7厘米或稍过之，明显盾状着生。复伞形聚伞花序通常单生叶腋；萼片6或8枚，排成2轮，倒披针形至匙形；花瓣3～4片，阔倒卵形至近圆形。核果倒卵状近球形，红色。花期夏季，果期秋冬。

产地与地理分布：产于中国云南西南部至东南部和东北部、贵州南部、广西西部和四川东部至西南部。生于疏林或灌丛和石山等处。亚洲南部和东南部，南至澳大利亚东部也有分布。

用途：【药用价值】具有清热解毒、祛风除湿、通经活络等功效，主治疮、疖、疔、痈、风湿痹痛、小儿麻痹。

桐叶千金藤 (重要值)

・　1.3
・　3.4
・　5.5
・　7.6
・　9.7

防己科·千金藤属

防己科·千金藤属

中华青牛胆 [*Tinospora sinensis* (Lour.) Merr.]

鉴别特征：藤本，长可达20米以上；枝梢肉质，嫩枝绿色，有条纹，被柔毛，老枝肥壮，具褐色、膜质、通常无毛的表皮；掌状脉5条，最外侧的一对近基部二叉分枝；叶柄被短柔毛。总状花序先叶抽出，雄花序长1~4厘米或更长，单生或有时几个簇生。核果红色，近球形，果核半卵球形，背面有棱脊和许多小疣状凸起。花期4月，果期5—6月。

产地与地理分布：产于中国广东、广西和云南三省区之南部。生于林中，也常见栽培。分布于斯里兰卡、印度和中南半岛北部。

用途：【药用价值】茎藤为常用中草药，有舒筋活络的功效，通称宽筋藤。

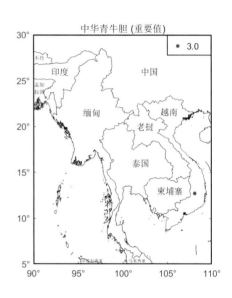

中华青牛胆 (重要值)

蕺菜 (*Houttuynia cordata* Thunb)

鉴别特征：腥臭草本，高30~60厘米；茎下部伏地，节上轮生小根，上部直立，无毛或节上被毛，有时带紫红色。叶薄纸质，有腺点；叶脉5~7条，全部基出或最内1对离基约5毫米从中脉发出；叶柄长1~3.5厘米，无毛；托叶膜质。花序长约2厘米，宽5~6毫米；总花梗长1.5~3厘米，无毛。花期4—7月。

产地与地理分布：产于中国中部、东南至西南部各省区，东起中国台湾，西南至云南、西藏，北达陕西、甘肃。生于沟边、溪边或林下湿地上。亚洲东部和东南部广布。

用途：【药用价值】全株入药，有清热、解毒、利水之效，治肠炎、痢疾、肾炎水肿及乳腺炎、中耳炎等。【食用价值】嫩根茎可食。

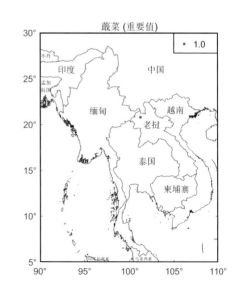

蕺菜 (重要值)

风藤 [*Piper kadsura* (Choisy) Ohwi]

鉴别特征:木质藤本;茎有纵棱,幼时被疏毛,节上生根。叶近革质,具白色腺点,卵形或长卵形;叶脉5条,基出或近基部发出,最外1对细弱;叶柄长1~1.5厘米,有时被毛;叶鞘仅限于基部具有。花单性,雌雄异株,聚集成与叶对生的穗状花序。花期5—8月。

产地与地理分布:产于中国台湾沿海地区及福建、浙江等省。生于低海拔林中,攀缘于树上或石上。日本、朝鲜也有分布。

用途:【药用价值】具有祛风湿、通经络、止痹痛等功效,用于风湿痹痛、筋脉拘挛、屈伸不利。

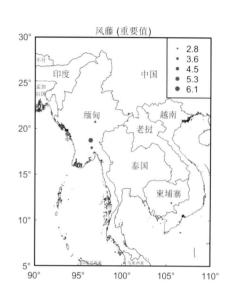

假蒟 (*Piper sarmentosum* Roxb.)

鉴别特征:多年生、匍匐、逐节生根草本,长10余米;小枝近直立,无毛或幼时被极细的粉状短柔毛。叶近膜质,有细腺点。苞片扁圆形。浆果近球形,具4角棱,无毛,基部嵌生于花序轴中并与其合生。花期4—11月。

产地与地理分布:产于中国福建、广东、广西、云南、贵州及西藏各省区。生于林下或村旁湿地上。印度、越南、马来西亚、菲律宾、印度尼西亚、巴布亚新几内亚也有分布。

用途:【药用价值】药用,根治风湿骨痛、跌打损伤、风寒咳嗽、妊娠和产后水肿;果序治牙痛、胃痛、腹胀、食欲缺乏等。

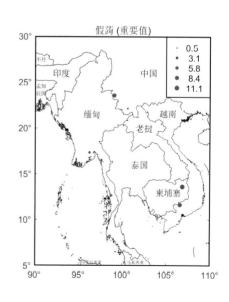

广防己 (*Aristolochia fangchi* Y. C. Wu ex L. D. Chow et S. M. Hwang)

鉴别特征: 木质藤本, 长达4米; 块根条状, 长圆柱形; 嫩枝平滑或具纵棱, 密被褐色长柔毛。叶薄革质或纸质, 长圆形或卵状长圆形, 稀卵状披针形, 侧脉每边4~6条, 网脉两面均凸起。种子卵状三角形, 褐色。花期3—5月, 果期7—9月。

产地与地理分布: 产于中国广东、广西、贵州和云南。生于海拔500~1000米山坡密林或灌木丛中。

用途: 【药用价值】块根药用, 性寒、味苦涩, 有祛风、行水之功效, 主治小便不利、关节肿痛、高血压、蛇咬伤等。

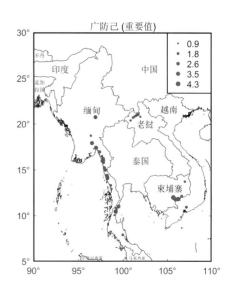

红金耳环 (*Asarum petelotii* O. C. Schmidt)

鉴别特征: 多年生草本, 植株粗壮; 根状茎横走, 长达20厘米以上。叶大, 叶片长卵形、三角状卵形或窄卵形, 网脉明显; 叶柄长8~23厘米。花期2—5月。

产地与地理分布: 产于中国云南南部。生于海拔1100~1700米林下阴湿地。越南也有分布。

用途: 【药用价值】本种全草入药。

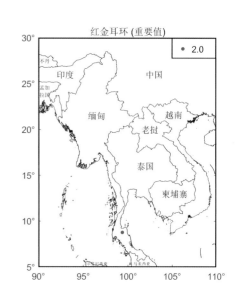

五桠果（*Dillenia indica* L.）

鉴别特征：常绿乔木高25米，胸径宽约1米，树皮红褐色；嫩枝粗壮，有褐色柔毛。叶薄革质。花单生于枝顶叶腋内，花梗粗壮，被毛；萼片5枚，肥厚肉质，近于圆形。果实圆球形，直径10～15厘米，不裂开，宿存萼片肥厚，稍增大；种子压扁，边缘有毛。

产地与地理分布：分布于中国云南省南部。也见于印度、斯里兰卡、中南半岛、马来西亚及印度尼西亚等地。喜生于山谷溪旁水湿地带。

用途：【食用价值】果实可食。

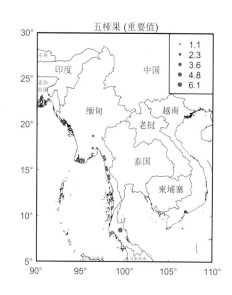

小花五桠果（*Dillenia pentagyna* Roxb.）

鉴别特征：落叶乔木，高15米或更高，树皮平滑，灰色，薄片状脱落。叶薄革质，长椭圆形或倒卵状长椭圆形；边缘有浅波状齿，齿尖明显突出，侧脉32～60对，或更多，末端突出，叶柄长2～5厘米，无毛，基部扩大，两侧有窄翅。花小，数朵簇生于老枝的短侧枝上；花瓣黄色，长倒卵形。果实近球形；种子卵圆形，黑色，无假种皮。花期4—5月。

产地与地理分布：分布于中国广东及云南。常生于低海拔的次生灌丛及草地上。也见于中南半岛、泰国、缅甸、马来西亚及印度。

用途：【药用价值】供药用，能止咳。【食用价值】果能食。【经济价值】供建筑及制作家具和工艺用。

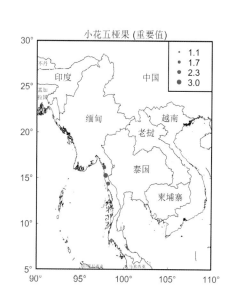

锡叶藤 [*Tetracera asiatica* (Lour.) Hoogland]

鉴别特征：常绿木质藤本，长达20米或更长。叶革质，全缘或上半部有小钝齿。圆锥花序顶生或生于侧枝顶。果实长约1厘米，成熟时黄红色；种子1个，黑色，基部有黄色流苏状的假种皮。花期4—5月。

产地与地理分布：分布于中国广东及广西。同时见于中南半岛、泰国、印度、斯里兰卡、马来西亚及印度尼西亚等地。

用途：【药用价值**】**治肠炎、痢疾、脱肛、遗精、跌打。

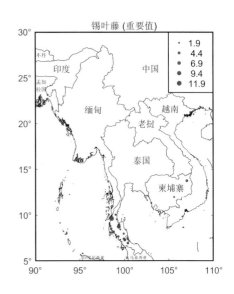

水东哥（*Saurauia tristyla* DC.）

鉴别特征：灌木或小乔木，高3~6米，稀达12米；小枝无毛或被茸毛，被爪甲状鳞片或钻状刺毛。叶纸质或薄革质，倒卵状椭圆形、倒卵形、长卵形、稀阔椭圆形，侧脉8~20对；叶柄具钻状刺毛，有茸毛或否。花序聚伞式，1~4枚簇生于叶腋或老枝落叶叶腋。果球形，白色，绿色或淡黄色，直径6~10毫米。

产地与地理分布：产于中国广东、广西、云南、贵州。生于丘陵、低山山地林下和灌丛中。印度、马来西亚也有分布。

用途：【药用价值**】**广西玉林地区民间用根、叶入药，有清热解毒、凉血作用，治无名肿毒、眼翳；根皮煲瘦猪肉内服治遗精。【饲料价值】叶可作为猪饲料。

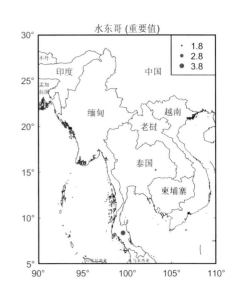

金莲木 [*Ochna integerrima* (Lour.) Merr.]

鉴别特征：落叶灌木或小乔木，高2~7米；小枝灰褐色，无毛，常有明显的环纹。叶纸质，椭圆形、倒卵状长圆形或倒卵状披针形，边缘有小锯齿，无毛，中脉两面均隆起；叶柄长2~5毫米。花序近伞房状，生于短枝的顶部。花期3—4月，果期5—6月。

产地与地理分布：产于中国广东西南部和广西西南部。生于山谷石旁和溪边较湿润的空旷地方，海拔300~1400米。印度东北部、巴基斯坦东部、缅甸、泰国、马来西亚北部、柬埔寨和越南南部也有分布。

用途：【观赏价值】有较高的观赏价值。

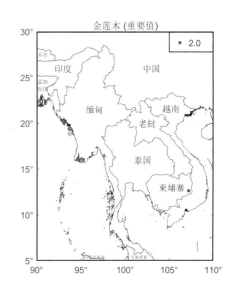

金莲木 (重要值)

茶 [*Camellia sinensis* (L.) O. Ktze.]

鉴别特征：灌木或小乔木，嫩枝无毛。叶革质，长圆形或椭圆形，侧脉5~7对，边缘有锯齿，叶柄长3~8毫米，无毛。花1~3朵腋生，白色；苞片2片，早落；萼片5片，阔卵形至圆形，无毛；花瓣5~6片，阔卵形，有时有短柔毛。蒴果3球形或1~2球形，高1.1~1.5厘米，每球有种子1~2粒。花期10月至翌年2月。

产地与地理分布：野生种遍见于长江以南各省的山区，为小乔木状，叶片较大，常超过10厘米长，长期以来，经广泛栽培，毛被及叶形变化很大。

用途：【药用价值】可药用。【食用价值】可食用。

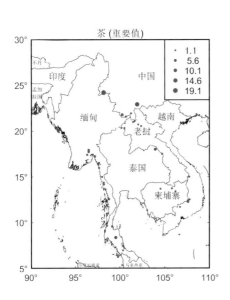

茶 (重要值)

黄牛木 [*Cratoxylum cochinchinense* (Lour.) Bl.]

鉴别特征: 落叶灌木或乔木,高1.5~18 (~25) 米,全体无毛,树干下部有簇生的长枝刺;树皮灰黄色或灰褐色,平滑或有细条纹。枝条对生,幼枝略扁,无毛,淡红色。叶片椭圆形至长椭圆形或披针形。蒴果椭圆形,棕色,倒卵形,不对称,一侧具翅。花期4—5月,果期6月以后。

产地与地理分布: 产于中国广东、广西及云南南部。生于丘陵或山地的干燥阳坡上的次生林或灌丛中,海拔1240米以下,能耐干旱,萌发力强。缅甸、泰国、越南、马来西亚、印度尼西亚至菲律宾也有分布。

用途:【药用价值】根、树皮及嫩叶入药,治感冒、腹泻。【食用价值】幼果供作烹调香料;嫩叶尚可作茶叶代用品。【经济价值】供雕刻用。

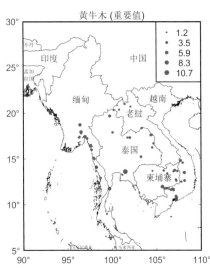

大叶藤黄 (*Garcinia xanthochymus* Hook. f. ex T. Anders.)

鉴别特征: 乔木,高8~20米,胸径15~45厘米,树皮灰褐色,分枝细长,多而密集。叶两行排列,厚革质,具光泽,椭圆形、长圆形或长方状披针形,侧脉密集,多达35~40对,网脉明显;叶柄粗壮,基部马蹄形,微抱茎。伞房状聚伞花序。种子1~4,外面具多汁的瓢状假种皮,棕褐色。花期3—5月,果期8—11月。

产地与地理分布: 产于中国云南南部和西南部至西部及广西西南部(零星分布),广东有引种栽培。生于沟谷和丘陵地潮湿的密林中,海拔(100~)600~1000(~1400)米。喜马拉雅山东部,孟加拉国东部经缅甸、泰国至中南半岛及安达曼岛也有分布,日本有引种栽培。

用途:【药用价值】黄色树脂滴入鼻腔,可驱使蚂蟥自行退出(《西双版纳傣药志》)。【食用价值】果成熟后可食用。【经济价值】种子可作工业用油。

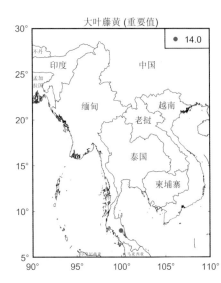

钩枝藤 [*Ancistrocladus tectorius* (Lour.) Merr.]

鉴别特征: 攀缘灌木,长达4~10米,幼时常呈直立灌木状;枝具环形内弯的钩,无毛。叶常聚集于茎顶;叶片革质、长圆形、倒卵长圆形至倒披针形。种子近球形。花期4—6月,果期6月开始。

产地与地理分布: 仅产于中国海南各地。生于山坡、山谷密林中或山地森林中,海拔500~700米。分布于中南半岛至印度。

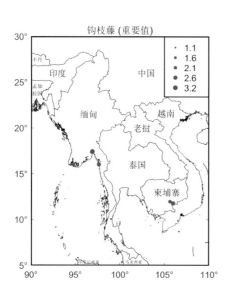

独行千里 (*Capparis acutifolia* Sweet)

鉴别特征: 藤本或灌木,无毛,或小枝、叶柄及花梗有时被污黄色短茸毛,早或迟变无毛。小枝圆柱形,干后浅黄绿色,无刺。叶硬草质或亚革质,顶端锥尖或渐尖,侧脉8~10对,网状脉两面明显;叶柄长5~7毫米。果成熟后(鲜)红色,近球形或椭圆形。种子1至数粒,种皮平滑,黑褐色。花期4—5月,果期全年都有记载。

产地与地理分布: 产于中国江西、福建、台湾、湖南、广东等省,生于低海拔的旷野、山坡路旁或石山上,也常见于灌丛或林中。越南中部沿海也有分布。

用途:【药用价值】根供药用,性味苦寒,有毒,有消炎解毒、镇痛、疗肺止咳的功效,江西大余民间以根入药治蛇伤。

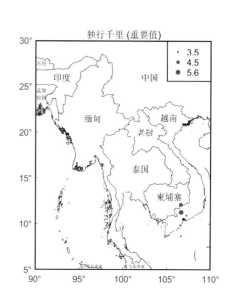

屈头鸡 (*Capparis versicolor* Griff.)

鉴别特征: 灌木或藤本植物, 高2~10米, 胸径4~6厘米。新生枝被褐色短柔毛, 后变无毛, 但在叶柄及节上始终可见残存被毛; 刺粗壮, 平展或稍外弯, 尖端黑色, 有时只有乳头状突起或无刺。叶亚革质, 椭圆形或长圆状椭圆形。花期4—7月, 果期8月到翌年2月。

产地与地理分布: 产于中国广东、广西, 喜生于海拔200~2000米稍干燥沙质土壤的疏林或灌丛中。印度东北部(阿萨姆为原产地)、缅甸、中南半岛也有分布。

用途:【药用价值】果入药, 性味甘、凉, 有疗肺止咳、生津利喉、解毒清肝之效; 根亦入药, 敷跌打损伤; 广东有的药店收购, 药名屈头鸡。

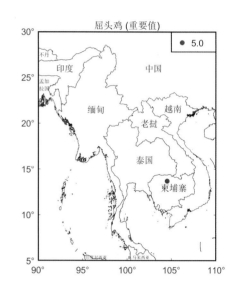

白花菜 (*Cleome gynandra* L.)

鉴别特征: 一年生直立分枝草本, 高1米, 常被腺毛, 有时茎上变无毛。无刺。叶为3~7小叶的掌状复叶; 无托叶。

产地与地理分布: 广域分布种, 在中国自海南岛一直分布到北京附近, 从云南一直到台湾, 可能原产于古热带地区, 现在全球热带地区与亚热带地区都有分布。

用途:【药用价值】种子碾粉功似芥末, 含油约25%, 供药用, 有杀头虱、家畜及植物寄生虫之效; 种子煎剂内服可驱肠道寄生虫, 煎剂外用能疗创伤脓肿。全草入药, 味苦辛微毒, 主治下气, 煎水洗痔。【食用价值】亦可脆食。

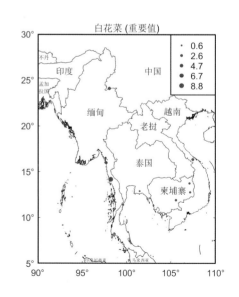

皱子白花菜 (*Cleome rutidosperma* DC.)

鉴别特征：一年生草本，茎直立、开展或平卧，分枝疏散，高达90厘米，无刺，茎、叶柄及叶背脉上疏被无腺疏长柔毛，有时近无毛。叶具3小叶；小叶椭圆状披针形。花果期6—9月。

产地与地理分布：产于中国云南西部（潞西）、台湾（台北、屏东），生于路旁草地、荒地、苗圃、农场，常为田间杂草。

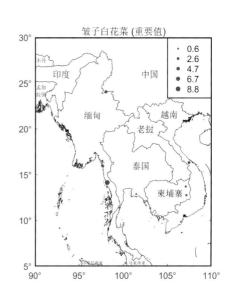

皱子白花菜 (重要值)

- · 0.6
- • 2.6
- ● 4.7
- ● 6.7
- ● 8.8

黄花草 (*Cleome viscosa* L.)

鉴别特征：一年生直立草本，高0.3~1米，茎基部常木质化，干后黄绿色，有纵细槽纹，全株密被黏质腺毛与淡黄色柔毛，无刺，有恶臭气味。叶为具3~5（~7）小叶的掌状复叶；小叶薄草质。无明显的花果期，通常3月出苗，7月果熟。

产地与地理分布：产于中国安徽、浙江、江西、福建、台湾、湖南、广东、广西、海南及云南等省区，生态环境差异较大，多见于干燥气候条件下的荒地、路旁及田野间。原产于古热带地区，现在是全球热带地区与亚热带地区都产的药用植物及杂草。

用途：【药用价值】种子含油约36%，还可供药用；广东、海南有用鲜叶捣汁加水（或加乳汁）以点眼病。

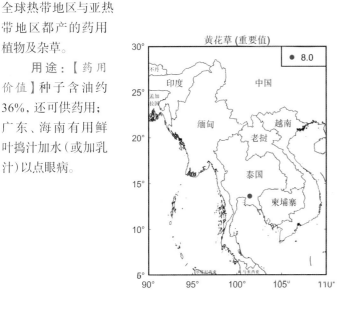

黄花草 (重要值)

- ● 8.0

白花菜科·白花菜属

白花菜科·白花菜属

121

斑果藤 [*Stixis suaveolens* (Roxb.) Pierre]

鉴别特征: 木质大藤本。小枝粗壮,圆柱形,干后淡红或淡黄褐色,被短柔毛,立即变无毛;节间不等长,长数毫米至5厘米或更长。叶革质。花期4—5月,果期8—10月。

产地与地理分布: 产于中国广东、海南、云南南部与东南部,为亚热带与热带海拔1500米以下灌丛或疏林中常见的藤本植物。尼泊尔、印度东北部、不丹、孟加拉国、缅甸、泰国北部、老挝、越南及柬埔寨都有分布。

用途:【食用价值】果可食。【经济价值】嫩叶可为茶的代用品。【观赏价值】栽培供观赏。

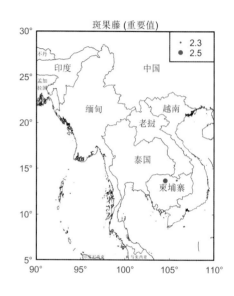

斑果藤 (重要值)

辣木 (*Moringa oleifera*)

鉴别特征: 乔木,高3~12米;树皮软木质;枝有明显的皮孔及叶痕,小枝有短柔毛;根有辛辣味。叶通常为三回羽状复叶;羽片4~6对;小叶3~9片,薄纸质,卵形。花期全年,果期6—12月。

产地与地理分布: 中国广东、台湾等地有栽培,常种植在村旁、园地;亦有逸为野生的,生于杂林中。原产于印度,现广植于各热带地区。

用途:【食用价值】根、叶和嫩果有时也作食用;种子可榨油。【经济价值】为一种清澈透明的高级钟表润滑油,可用作定香剂。【观赏价值】栽培供观赏。

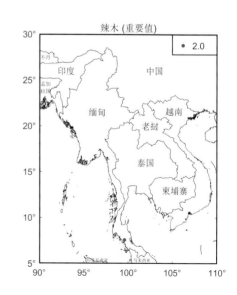

辣木 (重要值)

木瓜 [*Chaenomeles sinensis* (Thouin) Koehne]

鉴别特征：灌木或小乔木，高达5～10米，树皮成片状脱落；小枝无刺，圆柱形，幼时被柔毛，不久即脱落，紫红色，二年生枝无毛，紫褐色。叶片椭圆卵形或椭圆长圆形。花期4月，果期9—10月。

产地与地理分布：产于中国山东、陕西、湖北、江西、安徽、江苏、浙江、广东、广西。

用途：【药用价值】入药有解酒、去痰、顺气、止痢之效。【食用价值】供食用。【经济价值】可作床柱用。【观赏价值】栽培供观赏。

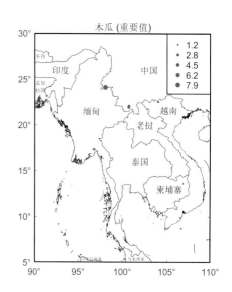

粗叶悬钩子 (*Rubus alceaefolius* Poir.)

鉴别特征：攀缘灌木，高达5米。枝被黄灰色至锈色茸毛状长柔毛，有稀疏皮刺。单叶，近圆形或宽卵形。花期7—9月，果期10—11月。

产地与地理分布：产于中国江西、湖南、江苏、福建、台湾、广东、广西、贵州、云南。生于海拔500～2000米的向阴山坡、山谷杂木林内或沼泽灌丛中以及路旁岩石间。缅甸、印度尼西亚、菲律宾、日本也有分布。

用途：【药用价值】根和叶入药，有活血去瘀、清热止血之效。

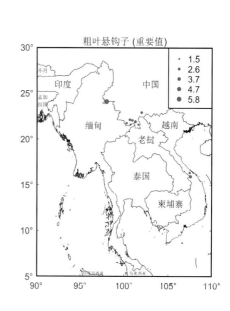

越南悬钩子（*Rubus cochinchinensis* Tratt.）

鉴别特征：攀缘灌木；枝、叶柄、花序和叶片下面中脉上疏生弯曲小皮刺；枝幼时有黄色茸毛，逐渐脱落。掌状复叶常具5小叶，上部有时具3小叶。花期3—5月，果期7—8月。

产地与地理分布：产于中国广东、广西。在低海拔至中海拔灌木林中常见。泰国、越南、老挝、柬埔寨也有分布。

用途：【药用价值】根有散瘀活血、祛风湿之效。

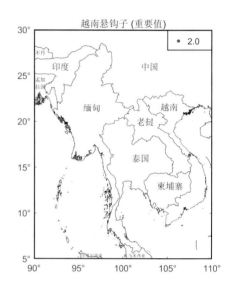

越南悬钩子（重要值）

红毛悬钩子（*Rubus pinfaensis* Levl. et Vant.）

鉴别特征：攀缘灌木，高1~2米；小枝粗壮，红褐色，有棱。小叶3枚，椭圆形、卵形。花期3—4月，果期5—6月。

产地与地理分布：产于中国湖北、湖南、台湾、广西、四川、云南、贵州。生于山坡灌丛、杂木林内或林缘，也见于山谷或山沟边，海拔500~2200米。

用途：【药用价值】根和叶供药用，有祛风除湿、散瘀伤之效。

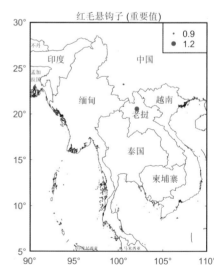

红毛悬钩子（重要值）

锈毛莓（*Rubus reflexus* Ker.）

鉴别特征：攀缘灌木，高达2米。枝被锈色茸毛状毛，有稀疏小皮刺。单叶，心状长卵形。花期6—7月，果期8—9月。

产地与地理分布：产于中国江西、湖南、浙江、福建、台湾、广东、广西。生于山坡、山谷灌丛或疏林中，海拔300～1000米。

用途：【药用价值】根入药，有祛风湿、强筋骨之效。【食用价值】果可食。

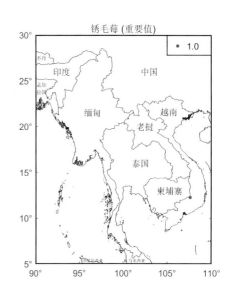

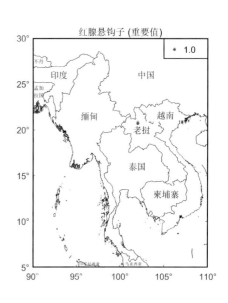

红腺悬钩子（*Rubus sumatranus* Miq.）

鉴别特征：直立或攀缘灌木；小枝、叶轴、叶柄、花梗和花序均被紫红色腺毛、柔毛和皮刺。小叶5～7枚。花期4—6月，果期7—8月。

产地与地理分布：产于中国湖北、湖南、江西、安徽、浙江、福建、台湾、广东、广西、四川、贵州、云南、西藏。生于山地、山谷疏密林内、林缘、灌丛内、竹林下及草丛中，海拔达2000米。朝鲜、日本、尼泊尔、印度、越南、泰国、老挝、柬埔寨、印度尼西亚也有分布。

用途：【药用价值】根入药，有清热、解毒、利尿之效。

蔷薇科 · 悬钩子属

蔷薇科 · 悬钩子属

牛栓藤 (*Connarus paniculatus* Roxb.)

鉴别特征: 藤本或攀缘灌木。奇数羽状复叶，小叶3~7片。圆锥花序顶生或腋生，长10~40厘米，总轴被锈色短茸毛，苞片鳞片状。

产地与地理分布: 产于中国广东、海南。生于山坡疏林或密林中。越南、柬埔寨、马来西亚、印度均有分布。

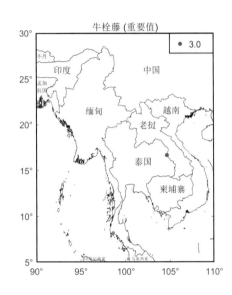

小叶红叶藤 [*Rourea microphylla* (Hook. et Arn.) Planch.]

鉴别特征: 攀缘灌木，多分枝，枝褐色。奇数羽状复叶，小叶通常7~17片，有时多至27片，小叶片坚纸质至近革质。花期3—9月，果期5月至翌年3月。

产地与地理分布: 产于中国福建、广东、广西、云南等省区。生于海拔100~600米的山坡或疏林中。越南、斯里兰卡、印度、印度尼西亚也有分布。

用途:【药用价值】可作外敷药用。【经济价值】可提取栲胶。

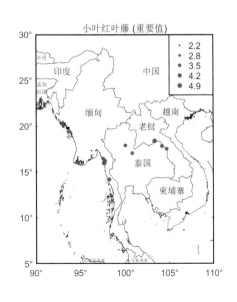

大叶相思（*Acacia auriculiformis* A. Cunn. ex Benth.）

鉴别特征：常绿乔木，枝条下垂，树皮平滑，灰白色；小枝无毛，皮孔显著。叶状柄镰状长圆形，长10～20厘米，宽1.5～4(～6)厘米，两端渐狭，比较显著的主脉有3～7条。穗状花序簇生于叶腋或枝顶；花橙黄色；花瓣长圆形，长1.5～2毫米；种子黑色，围以折叠的珠柄。

产地与地理分布：中国广东、广西、福建有引种。原产于澳大利亚北部及新西兰。

用途：【观赏价值】材用或绿化树种。

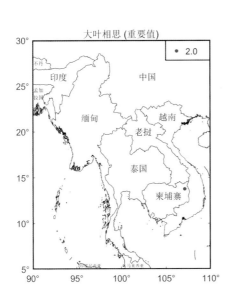

儿茶 [*Acacia catechu* (L. f.) Willd.]

鉴别特征：落叶小乔木，高6～10多米；树皮棕色，常呈条状薄片开裂，但不脱落；小枝被短柔毛。二回羽状复叶，羽片10～30对；小叶20～50对。荚果带状，长5～12厘米，宽1～1.8厘米，棕色。花期4—8月；果期9月至翌年1月。

产地与地理分布：产于中国云南、广西、广东、浙江南部及台湾，其中除云南有野生外，余均为引种。印度、缅甸和非洲东部亦有分布。

用途：【药用价值】心材碎片煎汁，经浓缩干燥即为儿茶浸膏或儿茶末，有清热、生津、化痰、止血、敛疮、生肌、定痛等功能。【经济价值】工业上鞣革、染料用的优良原料，可供枕木、建筑、农具、车厢等用。

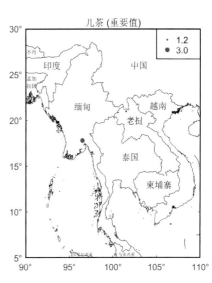

台湾相思 (*Acacia confusa* Merr.)

鉴别特征: 常绿乔木, 高6~15米, 无毛。苗期第一片真叶为羽状复叶, 长大后小叶退化, 叶柄变为叶状柄, 叶状柄革质, 披针形。头状花序球形, 单生或2~3个簇生于叶腋; 种子2~8颗, 椭圆形, 压扁, 长5~7毫米。花期3—10月; 果期8—12月。

产地与地理分布: 产于中国台湾、福建、广东、广西、云南; 野生或栽培。菲律宾、印度尼西亚、斐济亦有分布。

用途:【经济价值】材质坚硬, 可为车轮, 桨橹及农具等用; 树皮含单宁; 花含芳香油, 可作调香原料。【生态价值】为华南地区荒山造林、水土保持和沿海防护林的重要树种。

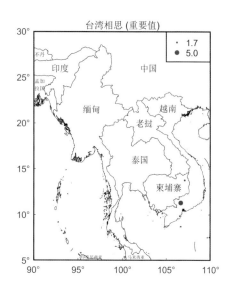

台湾相思 (重要值)

金合欢 [*Acacia farnesiana* (L.) Willd.]

鉴别特征: 灌木或小乔木, 高2~4米; 树皮粗糙, 褐色, 多分枝, 小枝常呈"之"字形弯曲, 有小皮孔。托叶针刺状, 刺长1~2厘米, 生于小枝上的较短。二回羽状复叶长2~7厘米; 羽片4~8对; 小叶通常10~20对。花期3—6月; 果期7—11月。

产地与地理分布: 产于中国浙江、台湾、福建、广东、广西、云南、四川。多生于阳光充足, 土壤较肥沃、疏松的地方。原产于美洲热带地区, 现广布于热带地区。

用途:【药用价值】根及荚果含丹宁, 可为黑色染料, 入药能收敛、清热。【经济价值】可为贵重器材、提香精、美工用及药用。【观赏价值】可植作绿篱。

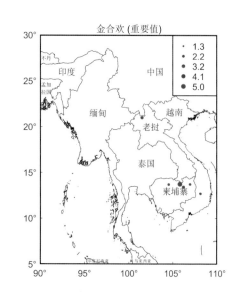

金合欢 (重要值)

藤金合欢 [*Acacia sinuata* (Lour.) Merr.]

鉴别特征：攀缘藤本；小枝、叶轴被灰色短茸毛，有散生、多而小的倒刺。托叶卵状心形，早落，二回羽状复叶。花期4—6月；果期7—12月。

产地与地理分布：产于中国江西、湖南、广东、广西、贵州、云南。生于疏林或灌丛中。亚洲热带地区广布。

用途：【药用价值】树皮含单宁，入药有解热、散血之效。

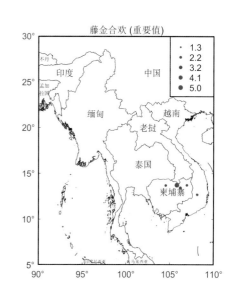

含羞草科·金合欢属

天香藤 [*Albizia corniculata* (Lour.) Druce]

鉴别特征：攀缘灌木或藤本，长20余米；幼枝稍被柔毛，在叶柄下常有1枚下弯的粗短刺。托叶小，脱落。二回羽状复叶，羽片2~6对；总叶柄近基部有压扁的腺体1枚；小叶4~10对，长圆形或倒卵形，长12~25毫米，宽7~15毫米，顶端极钝或有时微缺，或具硬细尖，基部偏斜，上面无毛，下面疏被微柔毛；中脉居中。花期4—7月；果期8—11月。

产地与地理分布：产于中国广东、广西、福建。生于旷野或山地疏林中，常攀附于树上。越南、老挝、柬埔寨也有分布。

用途：【药用价值】具有行气散瘀、止血等功效，单味煎服，主治跌打损伤、创伤出血。

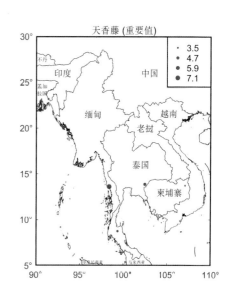

含羞草科·合欢属

南洋楹 [*Albizia falcataria* (L.) Fosberg]

鉴别特征: 常绿大乔木,树干通直,高可达45米;嫩枝圆柱状或微有棱,被柔毛。托叶锥形,早落。羽片6~20对,上部的通常对生,下部的有时互生;总叶柄基部及叶轴中部以上羽片着生处有腺体;小叶6~26对。穗状花序腋生,单生或数个组成圆锥花序。花期4—7月。

产地与地理分布: 中国福建、广东、广西有栽培。原产于马六甲及印度尼西亚马鲁古群岛,现广植于各热带地区。

用途: 【观赏价值】多植为庭园树和行道树。

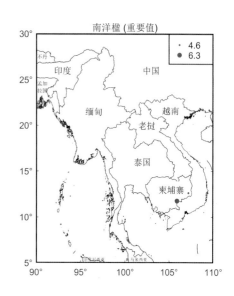

南洋楹 (重要值)

阔荚合欢 [*Albizia lebbeck* (L.) Benth.]

鉴别特征: 落叶乔木,高8~12米;树皮粗糙。二回羽状复叶;羽片2~4对,长6~15厘米;小叶4~8对。花期5—9月;果期10月至翌年5月。

产地与地理分布: 中国广东、广西、福建、台湾有栽培。原产于非洲热带地区,现广植于两半球热带、亚热带地区。生于海拔高达2100米的潮湿处岩石缝中。

用途: 【经济价值】适为家具、车轮、船艇、支柱、建筑之用。【饲料价值】叶可作为家畜的饲料。【观赏价值】为良好的庭园观赏植物及行道树。

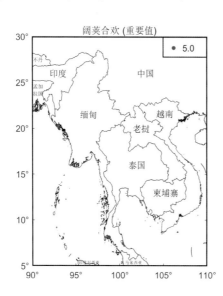

阔荚合欢 (重要值)

银合欢 [*Leucaena leucocephala* (Lam.) de Wit]

鉴别特征：灌木或小乔木，高2~6米；托叶三角形，小。羽片4~8对；小叶5~15对。头状花序通常1~2个腋生，直径2~3厘米；苞片紧贴，被毛，早落。花期4—7月；果期8—10月。

产地与地理分布：产于中国台湾、福建、广东、广西和云南。生于低海拔的荒地或疏林中。原产于美洲热带地区，现广布于各热带地区。

用途：【经济价值】为良好之薪炭材。【饲料价值】叶可作绿肥及家畜饲料。【观赏价值】可作为咖啡或可可的荫蔽树种或植作绿篱。

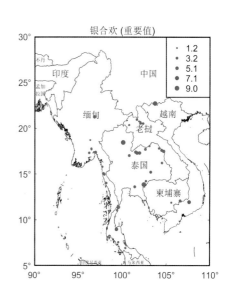

含羞草科·银合欢属

巴西含羞草（ *Mimosa invisa* Mart. ex Colla）

鉴别特征：直立、亚灌木状草本；茎攀缘或平卧，五棱柱状，沿棱上密生钩刺，其余被疏长毛，老时毛脱落。二回羽状复叶，长10~15厘米；总叶柄及叶轴有钩刺4~5列；羽片 (4~) 7~8对；小叶 (12) 20~30对，线状长圆形。头状花序花时连花丝直径约1厘米，1或2个生于叶腋，总花梗长5~10毫米；花紫红色，花萼极小，4齿裂。花果期3~9月。

产地与地理分布：产于中国广东。栽培或逸生于旷野、荒地。原产于巴西。

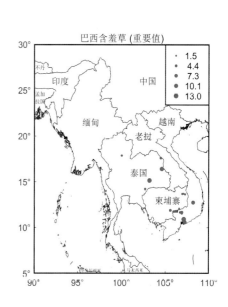

含羞草科·含羞草属

131

无刺含羞草 (*Mimosa invisa* Mart. ex Colla var. *inermis* Adelh.)

鉴别特征: 直立、亚灌木状草本;茎攀缘或平卧,五棱柱状,无钩刺,其余被疏长毛,老时毛脱落。二回羽状复叶,长10~15厘米;总叶柄及叶轴有钩刺4~5列;羽片(4~) 7~8对,长2~4厘米;小叶 (12) 20~30对,线状长圆形,被白色长柔毛。头状花序花时连花丝直径约1厘米,1或2个生于叶腋,总花梗长5~10毫米。花果期3—9月。

产地与地理分布: 中国广东、云南有栽培。原产于爪哇。

用途: 【生态价值】本变种可作为胶园覆盖植物。

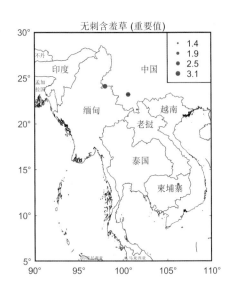

含羞草 (*Mimosa pudica* L.)

鉴别特征: 披散、亚灌木状草本,高可达1米;茎圆柱状,具分枝,有散生、下弯的钩刺及倒生刺毛。托叶披针形,有刚毛。羽片和小叶触之即闭合而下垂;羽片通常2对,指状排列于总叶柄之顶端。头状花序圆球形,直径约1厘米,具长总花梗,单生或2~3个生于叶腋;花小,淡红色,多数。花期3—10月;果期5—11月。

产地与地理分布: 产于中国台湾、福建、广东、广西、云南等地。生于旷野荒地、灌木丛中,长江流域常有栽培供观赏。原产于美洲热带地区,现广布于世界热带地区。

用途: 【药用价值】全草供药用,有安神镇静的功能,鲜叶捣烂外敷治带状疱疹。

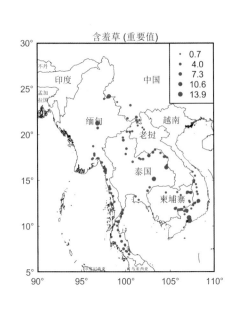

光荚含羞草（*Mimosa sepiaria* Benth.）

鉴别特征：落叶灌木，高3～6米；小枝无刺，密被黄色茸毛。二回羽状复叶，羽片6～7对，长2～6厘米，叶轴无刺，被短柔毛，小叶12～16对，线形，革质，先端具小尖头，除边缘疏具缘毛外，余无毛，中脉略偏上缘。雄蕊8枚，花丝长4～5毫米。荚果带状，劲直，长3.5～4.5厘米，宽约6毫米，无刺毛，褐色，通常有5～7个荚节，成熟时荚节脱落而残留荚缘。

产地与地理分布：产于中国广东南部沿海地区。逸生丁疏林下。原产于美洲热带地区。

用途：【生态价值】可以作为护坡和护岸堤植物；此外，光荚含羞草还可以作薪炭林。

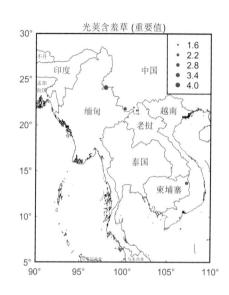

猴耳环 [*Pithecellobium clypearia* (Jack) Benth.]

鉴别特征：乔木，高可达10米；小枝无刺，有明显的棱角，密被黄褐色茸毛。托叶早落；二回羽状复叶；羽片3～8对，通常4～5对；总叶柄具四棱，密被黄褐色柔毛，叶轴上及叶柄近基部处有腺体，最下部的羽片有小叶3～6对，最顶部的羽片有小叶10～12对；小叶革质，斜菱形。花期2—6月；果期4—8月。

产地与地理分布：产于中国浙江、福建、台湾、广东、广西、云南。生于林中。亚洲热带地区广布。

用途：【经济价值】可提制栲胶。

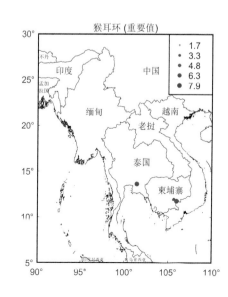

含羞草科·含羞草属

含羞草科·猴耳环属

牛蹄豆 [*Pithecellobium dulce* (Roxb.) Benth.]

鉴别特征: 常绿乔木; 枝条通常下垂, 小枝有由托叶变成的针状刺。羽片1对, 每一羽片只有小叶1对, 羽片和小叶着生处各有凸起的腺体1枚; 羽片柄及总叶柄均被柔毛; 小叶坚纸质, 长倒卵形或椭圆形; 叶脉明显, 中脉偏于内侧。头状花序小, 于叶腋或枝顶排列成狭圆锥花序式。花期3月; 果期7月。

产地与地理分布: 中国台湾、广东、广西、云南有栽培。原产于中美洲, 现广布于热带干旱地区。

用途: 【食用价值】制柠檬水。【经济价值】可为箱板和一般建筑用材。【饲料价值】可作饲料。

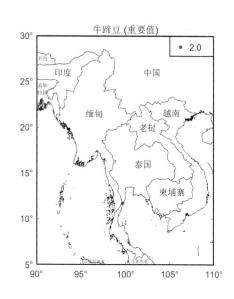

亮叶猴耳环 (*Pithecellobium lucidum* Benth.)

鉴别特征: 乔木, 高2~10米。羽片1~2对; 总叶柄近基部、每对羽片下和小叶片下的叶轴上均有圆形而凹陷的腺体, 下部羽片通常具2~3对小叶, 上部羽片具4~5对小叶; 小叶斜卵形或长圆形。花期4—6月; 果期7—12月。

产地与地理分布: 产于中国浙江、台湾、福建、广东、广西、云南、四川等省区。生于疏或密林中或林缘灌木丛中。印度和越南亦有分布。

用途: 【药用价值】枝叶入药, 能消肿祛湿; 果有毒。【经济价值】用作薪炭。

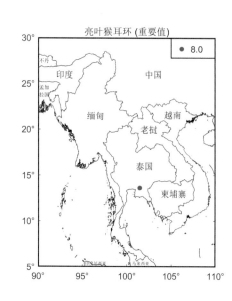

鞍叶羊蹄甲 [Bauhinia brachycarpa Wall.]

鉴别特征：直立或攀缘小灌木。叶纸质或膜质，近圆形，通常宽度大于长度，长3～6厘米，宽4～7厘米，基部近截形、阔圆形或有时浅心形，先端2裂达中部，罅口狭，裂片先端圆钝，上面无毛，下面略被稀疏的微柔毛，多少具松脂质丁字毛；基出脉7～9（～11）条；托叶丝状早落；叶柄纤细，长6～16毫米，具沟，略被微柔毛。花期5—7月；果期8—10月。

产地与地理分布：产于中国四川、云南、甘肃、湖北。生于海拔800～2200米的山地草坡和河溪旁灌丛中。印度、缅甸和泰国有分布。

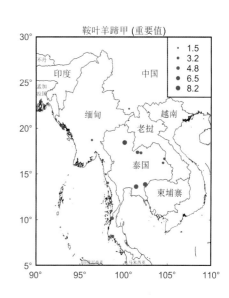

龙须藤 [Bauhinia championii (Benth.) Benth.]

鉴别特征：藤本，有卷须；嫩枝和花序薄被紧贴的小柔毛。叶纸质，卵形或心形，基部截形、微凹或心形，上面无毛，下面被紧贴的短柔毛，渐变无毛或近无毛，干时粉白褐色；基出脉5～7条；叶柄长1～2.5厘米，纤细，略被毛。总状花序狭长，腋生，有时与叶对生或数个聚生于枝顶而成复总状花序，长7～20厘米，被灰褐色小柔毛。花期6—10月；果期7—12月。

产地与地理分布：产于中国浙江、台湾、福建、广东、广西、江西、湖南、湖北和贵州。生于低海拔至中海拔的丘陵灌丛或山地疏林和密林中。印度、越南和印度尼西亚有分布。

用途：【观赏价值】适用于大型棚架、绿廊、墙垣等攀缘绿化。可作为堡坎、陡坡、岩壁等垂直绿化，也可整型成不同形状的景观灌木或用于隐蔽掩体绿化；还可用于高速公路护坡绿化，形成独特的景观。

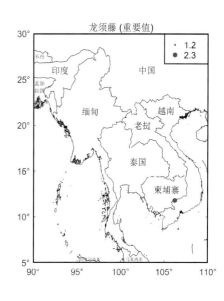

苏木科·羊蹄甲属

苏木科·羊蹄甲属

石山羊蹄甲（*Bauhinia comosa* Craib）

鉴别特征：木质藤本；小枝被褐色长柔毛；卷须单生或成对，被毛。叶硬纸质，阔卵形或近圆形，基部心形，有时近截形；基出脉7~9条；叶柄长2~3厘米，被长柔毛。总状花序狭长，多花，长10~15厘米或更长，先端具密集的苞片呈毛刷状；总轴多少具棱，被长柔毛；苞片与小苞片钻状，长5~8毫米，被毛。花期8—9月；果期12月。

产地与地理分布：产于中国云南、四川。

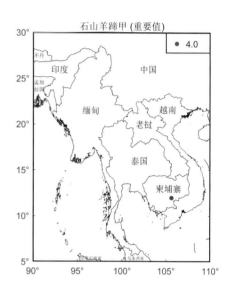

石山羊蹄甲（重要值）

首冠藤（*Bauhinia corymbosa* Roxb. ex DC.）

鉴别特征：木质藤本；嫩枝、花序和卷须的一面被红棕色小粗毛；枝纤细，无毛；卷须单生或成对。叶纸质，近圆形，基部近截平或浅心形，两面无毛或下面基部和脉上被红棕色小粗毛；基出脉7条；叶柄纤细，长1~2厘米。伞房花序式的总状花序顶生于侧枝上，长约5厘米，多花，具短的总花梗。花期4—6月；果期9—12月。

产地与地理分布：产于中国广东、海南。生于山谷疏林中或山坡阳处。世界热带、亚热带地区有栽培供观赏。

用途：【观赏价值】具有较好的观花、观叶、观果的景观价值。

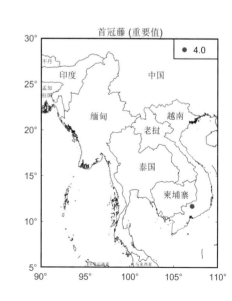

首冠藤（重要值）

锈荚藤（*Bauhinia erythropoda* Hayata）

鉴别特征：木质藤本；嫩枝密被褐色茸毛，枝无毛；卷须初时被长柔毛，渐变秃净。叶纸质，心形或近圆形；基出脉9～11条，侧脉和网脉在叶两面均略凸起。总状花序伞房式，顶生，全部密被锈红色茸毛。花期3—4月；果期6—7月。

产地与地理分布：产于中国海南、广西和云南南部。生于山地疏林中或沟谷旁岩石上。菲律宾也有分布。

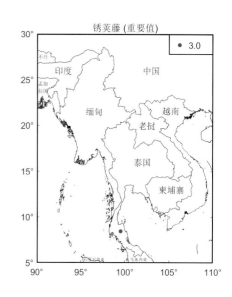

苏木科·羊蹄甲属

羊蹄甲（*Bauhinia purpurea* L.）

鉴别特征：乔木或直立灌木，高7～10米；树皮厚，近光滑，灰色至暗褐色；叶硬纸质，近圆形，基部浅心形；基出脉9～11条，叶柄长3～4厘米。总状花序侧生或顶生，少花，长6～12厘米，有时2～4个生于枝顶而成复总状花序，被褐色绢毛。花期9—11月；果期2—3月。

产地与地理分布：产于中国南部。中南半岛、印度、斯里兰卡有分布。

用途：【药用价值】树皮、花和根供药用，为烫伤及脓疮的洗涤剂，嫩叶汁液或粉末可治咳嗽，但根皮剧毒，忌服。【观赏价值】栽培于庭园供观赏及作行道树。

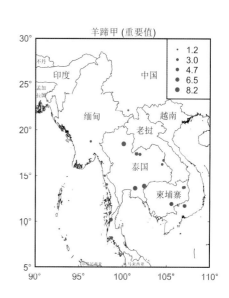

苏木科·羊蹄甲属

苏木（*Caesalpinia sappan* L.）

鉴别特征：小乔木，高达6米，具疏刺，除老枝、叶下面和荚果外，多少被细柔毛；枝上的皮孔密而显著。二回羽状复叶；羽片7～13对，对生，小叶10～17对，小叶片纸质，长圆形至长圆状菱形，长1～2厘米，宽5～7毫米，先端微缺，基部歪斜，以斜角着生于羽轴上；侧脉纤细，在两面明显，至边缘附近相连。花期5—10月；果期7月至翌年3月。

产地与地理分布：中国云南、贵州、四川、广西、广东、福建和台湾有栽培；云南金沙江河谷（元谋、巧家）和红河河谷有野生分布。原产于印度、缅甸、越南、马来半岛及斯里兰卡。

用途：【药用价值】心材入药，为清血剂，有祛痰、止痛、活血、散风之功效。【经济价值】可用于生物制片的染色；为细木工用材。

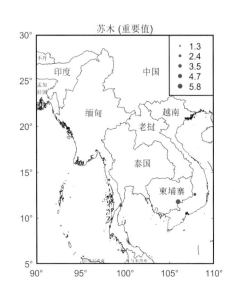

翅荚决明（*Cassia alata* L.）

鉴别特征：直立灌木，高1.5～3米；枝粗壮，绿色。叶长30～60厘米；在靠腹面的叶柄和叶轴上有2条纵棱条，有狭翅，托叶三角形；小叶6～12对，薄革质，倒卵状长圆形或长圆形，长8～15厘米，宽3.5～7.5厘米，顶端圆钝而有小短尖头，基部斜截形，下面叶脉明显凸起；小叶柄极短或近无柄。花序顶生和腋生。花期11至翌年1月；果期12至翌年2月。

产地与地理分布：分布于中国广东和云南南部地区。生于疏林或较干旱的山坡上。原产于美洲热带地区，现广布于全世界热带地区。

用途：【药用价值】本种常被用作缓泻剂，种子有驱蛔虫之效。【观赏价值】有较高的观赏价值。园林绿化可丛植、片植于庭园、林缘、路旁、湖边。

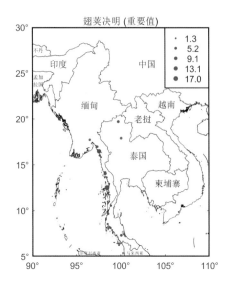

腊肠树（*Cassia fistula* Linn.）

鉴别特征：落叶小乔木或中等乔木，高可达15米。叶长30～40厘米，有小叶3～4对，在叶轴和叶柄上无翅亦无腺体；小叶对生，薄革质，阔卵形、卵形或长圆形，长8～13厘米，宽3.5～7厘米，顶端短渐尖而钝，基部楔形，边全缘，幼嫩时两面被微柔毛，老时无毛；叶脉纤细，两面均明显；叶柄短。花期6—8月；果期10月。

产地与地理分布：中国南部和西南部各省区均有栽培。原产于印度、缅甸和斯里兰卡。

用途：【药用价值】根、树皮、果瓤和种子均可入药作缓泻剂。【经济价值】可作支柱、桥梁、车辆及农具等用材。【观赏价值】庭园观赏树木。

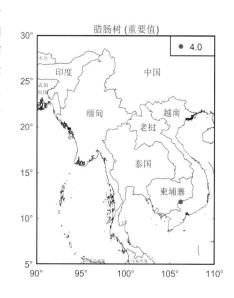

含羞草决明（*Cassia mimosoides* L.）

鉴别特征：一年生或多年生亚灌木状草本；枝条纤细，被微柔毛。叶长4～8厘米，在叶柄的上端、最下一对小叶的下方有圆盘状腺体1枚；小叶20～50对，线状镰形；托叶线状锥形，长4～7毫米，有明显肋条，宿存。荚果镰形，扁平，长2.5～5厘米，宽约4毫米，果柄长1.5～2厘米；种子10～16颗。花果期通常8—10月。

产地与地理分布：分布于中国东南部、南部至西南部。生于坡地或空旷地的灌木丛或草丛中。原产于美洲热带地区，现广布于全世界热带和亚热带地区。

用途：【药用价值】根治痢疾。【食用价值】其幼嫩茎叶可以代茶。【生态价值】良好的覆盖植物和改土植物；同时又是良好的绿肥。

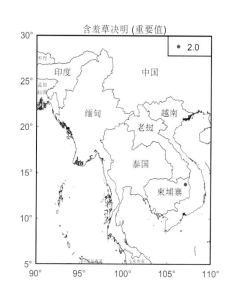

苏木科·决明属

苏木科·决明属

节果决明（*Cassia nodosa* Buch.-Ham. ex Roxb.）

鉴别特征: 乔木; 小枝纤细, 下垂, 薄被灰白色丝状绵毛。叶长15~25厘米, 叶轴和叶柄薄被丝状绵毛, 无腺体, 有小叶6~13对; 小叶长圆状椭圆形, 近革质, 上面被极稀疏短柔毛, 下面疏被柔毛, 边全缘; 小叶柄长2.5~3毫米。伞房状总状花序腋生; 苞片卵状披针形, 长约8毫米, 顶端渐尖, 宿存, 萼片卵形, 长5~10毫米, 宽4~6毫米。花期5~6月。

产地与地理分布: 中国广州等地有栽培。分布于夏威夷群岛。

用途:【经济价值】可作为家具用材。【观赏价值】作为观赏树。

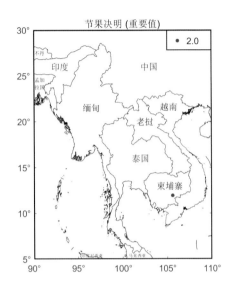

节果决明 (重要值)

望江南（*Cassia occidentalis* L.）

鉴别特征: 直立、少分枝的亚灌木或灌木; 枝带草质, 有棱; 根黑色。叶长约20厘米; 叶柄近基部有大而带褐色、圆锥形的腺体1枚; 小叶4~5对, 膜质; 小叶柄长1~1.5毫米, 揉之有腐败气味; 托叶膜质, 卵状披针形。花数朵组成伞房状总状花序, 腋生和顶生; 苞片线状披针形或长卵形, 早脱。花期4~8月, 果期6—10月。

产地与地理分布: 分布于中国东南部、南部及西南部各省区。常生于河边滩地、旷野或丘陵的灌木林或疏林中, 也是村边荒地习见植物。原产于美洲热带地区, 现广布于全世界热带和亚热带地区。

用途:【药用价值】在医药上常将本植物用作缓泻剂, 种子炒后治疟疾; 根有利尿功效; 鲜叶捣碎治毒蛇毒虫咬伤。但有微毒, 牲畜误食过量可以致死。

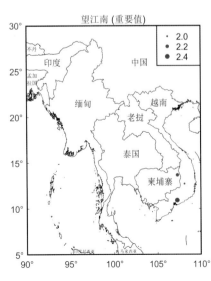

望江南 (重要值)

苏木科·决明属

铁刀木（*Cassia siamea* Lam.）

鉴别特征：乔木，高约10米；树皮灰色，近光滑，稍纵裂；嫩枝有棱条，疏被短柔毛。叶长20~30厘米；叶轴与叶柄无腺体，被微柔毛；小叶对生，6~10对，革质，长圆形或长圆状椭圆形；小叶柄长2~3毫米；托叶线形，早落。总状花序生于枝条顶端的叶腋，并排成伞房花序状。花期10—11月；果期12月至翌年1月。

产地与地理分布：除云南有野生外，南方各省区均有栽培。印度、缅甸、泰国有分布。

用途：【观赏价值】可用作园林、行道树及防护林树种。

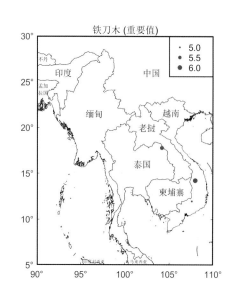

决明（*Cassia tora* L.）

鉴别特征：直立、粗壮、一年生亚灌木状草本，高1~2米。叶长4~8厘米；叶柄上无腺体；叶轴上每对小叶间有棒状的腺体1枚；小叶3对，膜质，倒卵形或倒卵状长椭圆形；小叶柄长1.5~2毫米；托叶线状，被柔毛，早落。花腋生，通常2朵聚生；总花梗长6~10毫米；花梗长1~1.5厘米，丝状。花果期8—11月。

产地与地理分布：中国长江以南各省区普遍分布。生于山坡、旷野及河滩沙地上。原产于美洲热带地区，现全世界热带、亚热带地区广泛分布。

用途：【药用价值】其种子叫决明子，有清肝明目、利尿通便之功效。【食用价值】苗叶和嫩果可食。【经济价值】可提取蓝色染料。

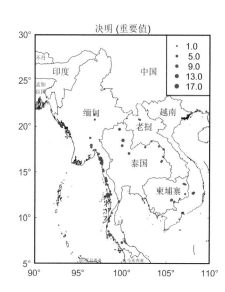

苏木科·酸豆属

酸豆（*Tamarindus indica* L.）

鉴别特征: 乔木,高10～15(～25)米,胸径30～50(～90)厘米;树皮暗灰色,不规则纵裂。小叶小,长圆形。花黄色或杂以紫红色条纹,少数;总花梗和花梗被黄绿色短柔毛;小苞片2枚,长约1厘米,开花前紧包着花蕾;萼管长约7毫米,檐部裂片披针状长圆形,长约1.2厘米,花后反折。花期5—8月;果期12至翌年5月。

产地与地理分布: 原产于非洲,现各热带地均有栽培。中国台湾、福建、广东、广西、云南(南部、中部和北部)常见。栽培或逸为野生。

用途: 【药用价值】果实入药,为清凉缓下剂,有祛风和抗坏血病之功效。【食用价值】可生食或熟食,或作蜜饯或制成各种调味酱及泡菜;果汁加糖水是很好的清凉饮料;种仁榨取的油可供食用。【经济价值】可作染料。

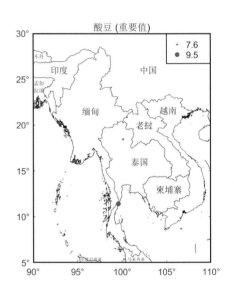

酸豆 (重要值)

广州相思子（*Abrus cantoniensis* Hance）

蝶形花科·相思子属

鉴别特征: 攀缘灌木,高1～2米。枝细直,平滑,被白色柔毛,老时脱落。羽状复叶互生;小叶6～11对,膜质,长圆形或倒卵状长圆形,叶腋两面均隆起;小叶柄短。总状花序腋生;花小,长约6毫米,聚生于花序总轴的短枝上;花梗短;花冠紫红色或淡紫色。花期8月。

产地与地理分布: 产于中国湖南、广东、广西。生于疏林、灌丛或山坡,海拔约200米。泰国也有分布。

用途: 【药用价值】可清热利湿、舒肝止痛,用于急慢性肝炎及乳腺炎。

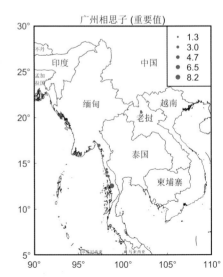

广州相思子 (重要值)

毛相思子（*Abrus mollis*）

鉴别特征：藤本。茎疏被黄色长柔毛。羽状复叶；叶柄和叶轴被黄色长柔毛；托叶钻形；小叶10～16对，膜质。总状花序腋生；总花梗长2～4厘米，被黄色长柔毛，花长3～9毫米，4～6朵聚生于花序轴的节上；花萼钟状，密被灰色长柔毛。花期8月，果期9月。

产地与地理分布：产于中国福建、广东、广西。生于山谷、路旁疏林、灌丛中，海拔200～1700米。中南半岛也有分布。

用途：【药用价值】种子有剧毒，药用全株，有清热解毒、舒肝止痛的功效，主治黄疸、胁肋不舒、胃脘胀痛、急/慢性肝炎、乳腺炎。

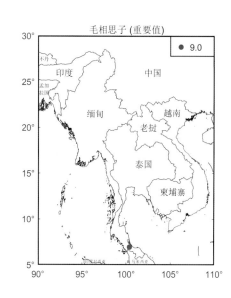

毛相思子 (重要值)

相思子（*Abrus precatorius*）

鉴别特征：藤本。茎细弱，多分枝，被锈疏白色糙伏毛。羽状复叶；小叶8～13对，膜质，对生，近长圆形；小叶柄短。总状花序腋生，长3～8厘米；花序轴粗短；花小，密集成头状；花萼钟状，萼齿4浅裂，被白色糙毛；花冠紫色，旗瓣柄三角形，翼瓣与龙骨瓣较窄狭；雄蕊9；子房被毛。花期3—6月，果期9—10月。

产地与地理分布：产于中国台湾、广东、广西、云南。生于山地疏林中。广布于热带地区。

用途：【药用价值】有剧毒，外用治皮肤病；根、藤入药，可清热解毒和利尿。【经济价值】可用作装饰品。

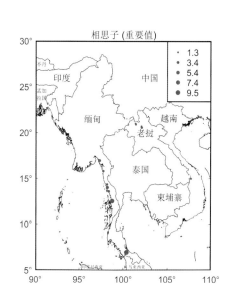

相思子 (重要值)

敏感合萌 (*Aeschynomene americana*)

鉴别特征: 茎直立多分枝的多年草本或亚灌木, 小枝条细长, 斜上升或近似下垂, 有毛茸。叶为基数羽状复叶, 互生; 小叶15~20 对, 线形至椭圆形, 叶尖尖形, 叶缘为全缘; 托叶长 1~1.2 厘米, 披针形。 花黄色或黄绿色, 呈总状花序排列, 常具有分枝, 花萼先端 2 唇裂, 裂片全缘或齿裂。

产地与地理分布: 主要分布于美洲热带地区, 广泛归化于全球热带及亚热带地区。

用途: 【饲料价值】牛、羊、兔、鱼、猪等均喜食。【生态价值】全草可作绿肥及覆盖物用。

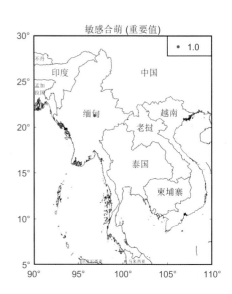

敏感合萌 (重要值)

圆叶链荚豆 [*Alysicarpus ovalifolius* (Schumach.) J. Léonard]

鉴别特征: 多年生草本, 簇生或基部多分枝; 茎平卧或上部直立。叶仅有单小叶; 托叶线状披针形, 干膜质, 具条纹, 无毛, 与叶柄等距或稍长; 小叶形状及大小变化很大, 茎上部小叶通常为卵状长圆形。花期9月, 果期9—11月。

产地与地理分布: 广布于东半球热带地区。

用途: 【药用价值】全草入药, 治刀伤、骨折。【饲料价值】可作为饲料。

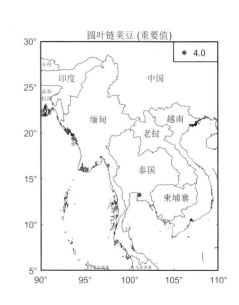

圆叶链荚豆 (重要值)

两型豆 (*Amphicarpaea edgeworthii* Benth.)

鉴别特征: 一年生缠绕草本, 茎纤细, 被淡褐色柔毛。叶具羽状3小叶; 托叶小, 披针形或卵状披针形, 具明显线纹; 小叶薄纸质或近膜质; 小托叶极小, 常早落, 侧生小叶稍小, 常偏斜。

产地与地理分布: 产于中国东北、华北至陕、甘及江南各省。常生于海拔300～1800米的山坡路旁及旷野草地上。苏联、朝鲜、日本、越南、印度也有分布。

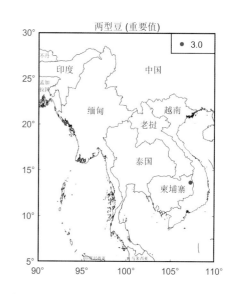

毛蔓豆 [*Calopogonium mucunoides* Desv.]

鉴别特征: 缠绕或平卧草本, 全株被黄褐色长硬毛。羽状复叶具3小叶; 托叶三角状披针形, 长4～5毫米; 小托叶锥状。花序长短不一, 顶端有花5～6朵; 苞片和小苞片线状披针形, 长5毫米; 花簇生于花序轴的节上; 萼管近无毛, 裂片长于管, 线状披针形, 先端长渐尖, 密被长硬毛。

产地与地理分布: 中国云南西双版纳、广东南部、海南和广西南部有栽培。

用途: 【生态价值】为优良的覆盖植物和绿肥。

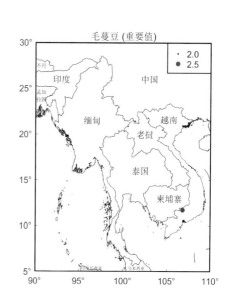

距瓣豆（*Centrosema pubescens* Benth.）

鉴别特征：多年生草质藤本。各部分略被柔毛，茎纤细。叶具羽状3小叶；托叶卵形至卵状披针形，具纵纹，宿存；小叶薄纸质；小托叶小，刚毛状；小叶柄短，长1~2毫米，但顶生1枚较长。总状花序腋生。

产地与地理分布：原产于美洲热带地区。中国广东、海南、台湾、江苏、云南有引种栽培。

用途：【饲料价值】茎叶可作为饲料。【生态价值】本种为优良绿肥和覆盖植物。

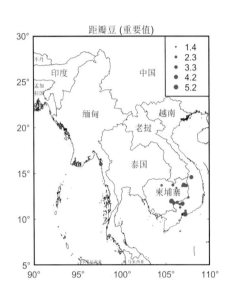

铺地蝙蝠草 [*Christia obcordata* (Poir.) Bahn. f.]

鉴别特征：多年生平卧草本，茎与枝极纤细，被灰色短柔毛。叶通常为三出复叶，稀为单小叶；托叶刺毛状；小叶膜质，顶生小叶多为肾形、圆三角形或倒卵形；小叶柄长1毫米。

产地与地理分布：产于中国福建、广东、海南、广西及台湾南部。生于旷野草地、荒坡及丛林中，海拔500米以下。印度、缅甸、菲律宾、印度尼西亚至澳大利亚北部也有分布。

用途：【药用价值】具有利水通淋、散瘀、解毒等功效，用于小便淋痛、淋证、水肿、吐血、咯血、跌打损伤、疮疡、疥癣、蛇虫咬伤。

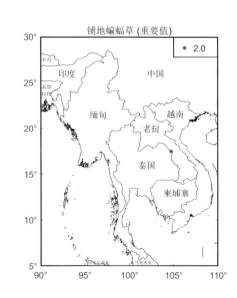

翅荚香槐 [*Cladrastis platycarpa* (Maxim.) Makino]

鉴别特征：大乔木，高30米；树皮暗灰色，多皮孔。一年生枝被褐色柔毛，旋即秃净。奇数羽状复叶；小叶3~4对，互生或近对生；小叶柄长3~5毫米，密被灰褐色柔毛。

产地与地理分布：产于中国江苏、浙江、湖南、广东、广西、贵州、云南。生于山谷疏林中和村庄附近的山坡杂木林中，海拔1000米以下。日本也有分布。

用途：【经济价值】可作建筑用材或提取黄色染色。

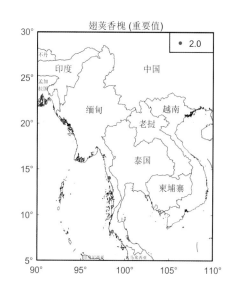

翅荚香槐 (重要值)

蝶形花科·香槐属

蝶豆 (*Clitoria ternatea* L.)

鉴别特征：攀缘状草质藤本。茎、小枝细弱，被脱落性贴伏短柔毛。托叶小，线形；总叶轴上面具细沟纹；小叶5~7，但通常为5，薄纸质或近膜质，宽椭圆形或有时近卵形；小托叶小，刚毛状；小叶柄长1~2毫米，和叶轴均被短柔毛。花、果期7—11月。

产地与地理分布：产于中国广东、海南、广西、云南（西双版纳）、台湾、浙江、福建。本种原产于印度，现世界各热带地区极常栽培。

用途：【观赏价值】可作观赏植物，花大而蓝色，酷似蝴蝶，又名蓝蝴蝶。【生态价值】全株可作为绿肥。

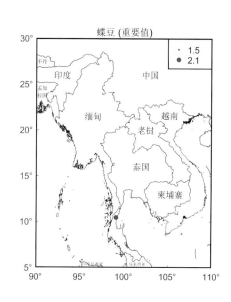

蝶豆 (重要值)

蝶形花科·蝶豆属

147

响铃豆（*Crotalaria albida* Heyne ex Roth）

鉴别特征：多年生直立草本，基部常木质；植株或上部分枝，通常细弱，被紧贴的短柔毛。托叶细小、刚毛状，早落；单叶，叶片倒卵形、长圆状椭圆形或倒披针形；叶柄近无。总状花序顶生或腋生，有花20～30朵，花序长达20厘米，苞片丝状，长约1毫米，小苞片与苞片同形，生萼筒基部。

产地与地理分布：产于中国安徽、江西、福建、湖南、贵州、广东、海南、广西、四川、云南。生于荒地路旁及山坡疏林下。海拔200～2800米。中南半岛、南亚及太平洋诸岛也有分布。

用途：【药用价值】本种可供药用，可清热解毒，消肿止痛，治跌打损伤，关节肿痛等症；近年来试用于抗肿瘤有效，主要对鳞状上皮癌，基底细胞癌疗效较好。

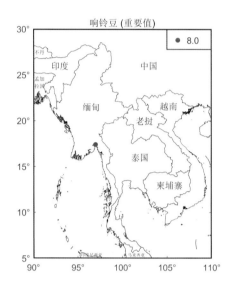

大猪屎豆（*Crotalaria assamica* Benth.）

鉴别特征：直立高大草本；茎枝粗壮，圆柱形，被锈色柔毛。托叶细小，线形，贴伏于叶柄两旁；单叶，叶片质薄，倒披针形或长椭圆形；叶柄长2～3毫米，总状花序顶生或腋生，有花20～30朵；苞片线形，长2～3毫米，小苞片与苞片的形状相似，通常稍短；花萼二唇形，长10～15毫米，萼齿披针状三角形，约与萼筒等长，被短柔毛。

产地与地理分布：产于中国台湾、广东、海南、广西、贵州、云南。生于山坡路边及山谷草丛中。海拔50～3000米。中南半岛、南亚等地区也有分布。

用途：【药用价值】本种可供药用，可祛风除湿、消肿止痛，治风湿麻痹、关节肿痛等症。近年来试用于抗肿瘤有效，主要对鳞状上皮癌，基底细胞癌疗效较好。

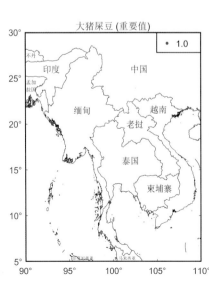

猪屎豆（*Crotalaria pallida* Ait.）

鉴别特征：多年生草本，或呈灌木状；茎枝圆柱形，具小沟纹，密被紧贴的短柔毛。托叶极细小，刚毛状，通常早落；叶三出；小叶长圆形或椭圆形；小叶柄长1~2毫米。总状花序顶生，长达25厘米，有花10~40朵；苞片线形，长约4毫米；早落，小苞片的形状与苞片相似，长约2毫米。

产地与地理分布：产于中国福建、台湾、广东、广西、四川、云南、山东、浙江、湖南亦有栽培。生于荒山草地及沙质土壤之中。海拔100~1000米。分布于美洲、非洲、亚洲热带、亚热带地区。

用途：【药用价值】本种可供药用，全草有散结、清湿热等作用；近年来试用于抗肿瘤效果较好，主要对鳞状上皮癌，基底细胞癌有疗效。

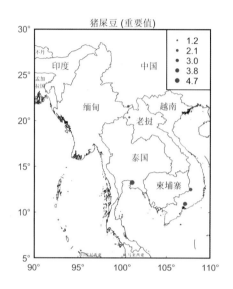

猪屎豆 (重要值)

光萼猪屎豆（*Crotalaria zanzibarica* Benth.）

鉴别特征：草本或亚灌木，体高达2米；茎枝圆柱形，具小沟纹，被短柔毛。托叶极细小，钻状；叶三出，小叶长椭圆形；小叶柄长约2毫米。总状花序顶生，有花10~20朵，花序长达20厘米；苞片线形，长2~3毫米，小苞片与苞片同形，稍短小，生于花梗中部以上。花果期4—12月。

产地与地理分布：原产于南美洲。现栽培或逸生于中国福建、台湾、湖南、广东、海南、广西、四川、云南等省区。生田园路边及荒山草地。海拔100~1000米。分布在非洲、亚洲、大洋洲、美洲热带、亚热带地区。

用途：【药用价值】可供药用，有清热解毒、散结祛瘀等效用，外用治疮痛、跌打损伤等症。【生态价值】中国南方常作为橡胶园的覆盖植物。

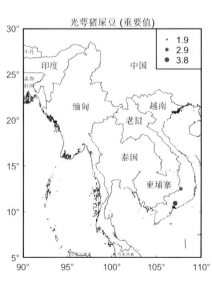

光萼猪屎豆 (重要值)

黑黄檀（*Dalbergia fusca*）

鉴别特征： 高大乔木；木材暗红色。枝纤细，薄被伏贴茸毛，后渐脱落，具皮孔。羽状复叶长10～15厘米；托叶早落；小叶（3～）5～6对，革质，卵形或椭圆形。圆锥花序腋生或腋下生，长4～5厘米；分枝长2～3厘米，被毛；小苞片线形，先端急尖，长约1毫米；花梗长约2毫米，被毛；种子肾形，扁平，长约10毫米，宽约6毫米。

产地与地理分布： 产于中国云南。越南、缅甸也有分布。

用途： 【经济价值】木材红色，坚硬致密，为家具和雕刻原料。

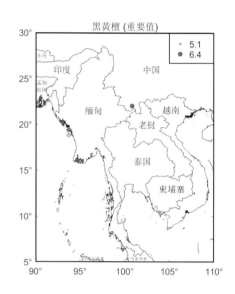

黄檀（*Dalbergia hupeana*）

鉴别特征： 乔木，高10～20米；树皮暗灰色，呈薄片状剥落。幼枝淡绿色，无毛。羽状复叶长15～25厘米；小叶3～5对，近革质，椭圆形至长圆状椭圆形。圆锥花序顶生或生于最上部的叶腋间，连总花梗长15～20厘米，径10～20厘米，疏被锈色短柔毛；花密集，长6～7毫米；花梗长约5毫米，与花萼同疏被锈色柔毛。花期5—7月。

产地与地理分布： 产于中国山东、江苏、安徽、浙江、江西、福建、湖北、湖南、广东、广西、四川、贵州、云南。生于山地林中或灌丛中，山沟溪旁及有小树林的坡地常见，海拔600～1400米。

用途： 【药用价值】根药用，可治疗疮。【经济价值】常用作车轴、榨油机轴心、枪托、各种工具柄等。

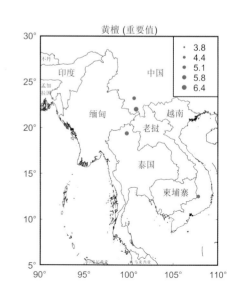

象鼻藤 (*Dalbergia mimosoides*)

鉴别特征:灌木,高4~6米,或为藤本,多分枝。幼枝密被褐色短粗毛。羽状复叶长6~8(~10)厘米;叶轴、叶柄和小叶柄初时密被柔毛,后渐稀疏;托叶膜质,卵形,早落;小叶10~17对,线状长圆形。花期4—5月。

产地与地理分布:产于中国陕西、湖北、四川、云南、西藏。生于山沟疏林或山坡灌丛中,海拔800~2000米。印度也有分布。

用途:【药用价值】叶(麦刺藤叶):消炎、解毒,用于疔疮、痈疽、毒蛇咬伤、蜂窝组织炎。

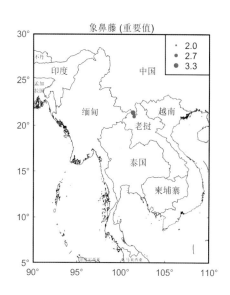

象鼻藤 (重要值)

- 2.0
- 2.7
- 3.3

蝶形花科 · 黄檀属

大叶山蚂蝗 [*Desmodium gangeticum* (L.) DC.]

鉴别特征:直立或近直立亚灌木,高可达1米。茎柔弱,稍具棱,被稀疏柔毛,分枝多。叶具单小叶;托叶狭三角形或狭卵形;小叶纸质,长椭圆状卵形,有时为卵形或披针形,全缘。花期4—8月,果期8—9月。

产地与地理分布:产于中国广东、海南及沿海岛屿、广西、云南南部及东南部、台湾中部和南部。生于荒地草丛中或次生林中,海拔300~900米。斯里兰卡、印度、缅甸、泰国、越南、马来西亚以及非洲和大洋洲热带地区也有分布。

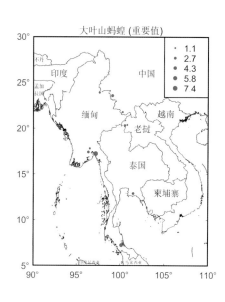

大叶山蚂蝗 (重要值)

- 1.1
- 2.7
- 4.3
- 5.8
- 7.4

蝶形花科 · 山蚂蝗属

假地豆 [*Desmodium heterocarpon* (L.) DC.]

鉴别特征: 小灌木或亚灌木。茎直立或平卧,高30~150厘米,基部多分枝,多少被糙伏毛,后变无毛。叶为羽状三出复叶,小叶3;托叶宿存,狭三角形;小叶纸质,顶生小叶椭圆形、长椭圆形或宽倒卵形,侧生小叶通常较小,先端圆或钝,微凹,具短尖,基部钝,上面无毛,无光泽,下面被贴伏白色短柔毛,全缘,侧脉每边5~10条,不达叶缘。

产地与地理分布: 产于中国长江以南各省区,西至云南,东至中国台湾。生于山坡草地、水旁、灌丛或林中,海拔350~1800米。印度、斯里兰卡、缅甸、泰国、越南、柬埔寨、老挝、马来西亚、日本、太平洋群岛及大洋洲亦有分布。

用途: 【药用价值】全株供药用,能清热,治跌打损伤。

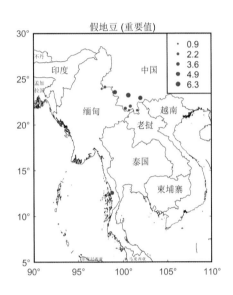

小叶三点金 [*Desmodium microphyllum* (Thunb.) DC.]

鉴别特征: 多年生草本,茎纤细,多分枝,直立或平卧,通常红褐色,近无毛;根粗,木质。叶为羽状三出复叶,或有时仅为单小叶;托叶披针形;小叶薄纸质,较大的为倒卵状长椭圆形或长椭圆形,长10~12毫米,宽4~6毫米;较小的为倒卵形或椭圆形,长只有2~6毫米,宽1.5~4毫米,先端圆形,少有微凹入,基部宽楔形或圆形,全缘。

产地与地理分布: 产于中国长江以南各省区,西至云南、西藏,东至中国台湾。生于荒地草丛中或灌木林中,海拔150~2500米。印度、斯里兰卡、尼泊尔、缅甸、泰国、越南、马来西亚、日本和澳大利亚也有分布。

用途: 【药用价值】根供药用,有清热解毒、止咳、祛痰之效。

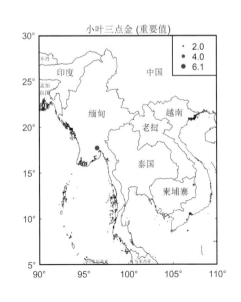

显脉山绿豆（*Desmodium reticulatum* Champ. ex Benth.）

鉴别特征： 直立亚灌木，高30～60厘米，无毛或嫩枝被贴伏疏毛。叶为羽状三出复叶，小叶3；托叶宿存，狭三角形被疏毛；小叶厚纸质，全缘，侧脉每边5～7条，近叶缘处弯曲相连，两面均明显。

产地与地理分布： 产于中国广东、海南、广西、云南南部。生于山地灌丛间或草坡上，海拔250～1300米。缅甸、泰国、越南亦有分布。

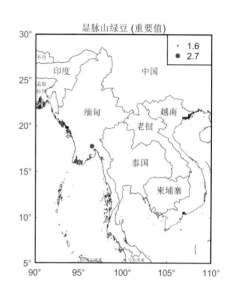

显脉山绿豆 (重要值)

绒毛山蚂蝗 [*Desmodium velutinum* (Willd.) DC.]

鉴别特征： 小灌木或亚灌木。茎高达150厘米，被短柔毛或糙伏毛；枝稍呈之字形曲折，嫩时密被黄褐色茸毛。叶通常具单小叶，少有3小叶；托叶三角形；小叶薄纸质至厚纸质，卵状披针形、三角状卵形或宽卵形，长4～11厘米，宽2.5～8厘米，先端圆钝或渐尖，基部圆钝或截平，两面被黄色茸毛，下面毛密而长，全缘侧脉每边8～10条，直达叶缘。

产地与地理分布： 产于中国广东、海南、广西西南部、贵州、云南南部及台湾南部。生于山地、丘陵向阳的草坡、溪边或灌丛中，海拔100～900米。非洲热带地区至印度、斯里兰卡、缅甸、泰国、越南、马来西亚等国也有分布。

用途：【饲料价值】可供牲畜采食。

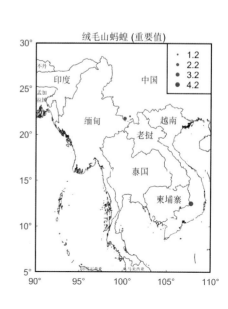

绒毛山蚂蝗 (重要值)

大叶千斤拔 [*Flemingia macrophylla* (Willd.) Prain]

鉴别特征：直立灌木，高0.8~2.5米。幼枝有明显纵棱，密被紧贴丝质柔毛。叶具指状3小叶；托叶大，披针形，常早落；小叶纸质或薄革质，顶生小叶宽披针形至椭圆形，长8~15厘米，宽4~7厘米，先端渐尖，基部楔形；基出脉3，两面除沿脉上被紧贴的柔毛外，通常无毛，下面被黑褐色小腺点，侧生小叶稍小，偏斜，基部一侧圆形，另一侧楔形。

产地与地理分布：产于中国云南、贵州、四川、江西、福建、台湾、广东、海南、广西。常生长于旷野草地上或灌丛中，山谷路旁和疏林阳处亦有生长，海拔200~1500米。印度、孟加拉国、缅甸、老挝、越南、柬埔寨、马来西亚、印度尼西亚也有分布。

用途：【药用价值】根供药用，能祛风活血，强腰壮骨，治风湿骨痛。

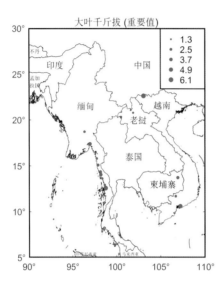

千斤拔（*Flemingia philippinensis* Merr. et Rolfe）

鉴别特征：直立或披散亚灌木。幼枝三棱柱状，密被灰褐色短柔毛。叶具指状3小叶；托叶线状披针形，有纵纹，被毛，先端细尖，宿存；小叶厚纸质，长椭圆形或卵状披针形；基出脉3条，侧脉及网脉在上面多少凹陷，下面凸起，侧生小叶略小；小叶柄极短，密被短柔毛。

产地与地理分布：产于中国云南、四川、贵州、湖北、湖南、广西、广东、海南、江西、福建和台湾。常生于海拔50~300米的平地旷野或山坡路旁草地上。菲律宾也有分布。

用途：【药用价值】根供药用，有祛风除湿、舒筋活络、强筋壮骨、消炎止痛等作用。

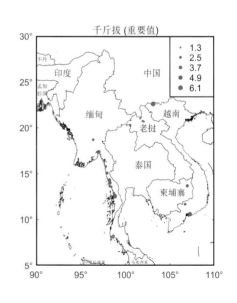

野大豆（*Glycine soja* Sieb. et Zucc.）

鉴别特征：一年生缠绕草本，长1～4米。叶具3小叶；托叶卵状披针形。总状花序通常短，稀长可达13厘米；花小，长约5毫米；花梗密生黄色长硬毛；苞片披针形；花萼钟状，密生长毛，裂片5枚，三角状披针形，先端锐尖。

产地与地理分布：除中国新疆、青海和海南外，遍布全国。生于海拔150～2650米潮湿的田边、园边、沟旁、河岸、湖边、沼泽、草甸、沿海和岛屿向阳的矮灌木丛或芦苇丛中，稀见于沿河岸疏林下。

用途：【药用价值】全草还可药用，有补气血、强壮、利尿等功效，主治盗汗、肝火、目疾、黄疸、小儿疳疾。【食用价值】供食用、制酱、酱油和豆腐等，又可榨油。【经济价值】可织麻袋。【饲料价值】全株为家畜喜食的饲料，油粕是优良饲料和肥料。【生态价值】可栽作牧草、绿肥和水土保持植物。

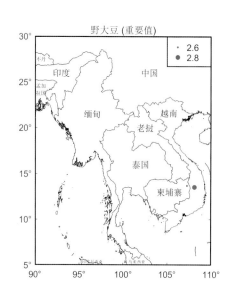

硬毛木蓝（*Indigofera hirsuta* L.）

鉴别特征：平卧或直立亚灌木；多分枝。茎圆柱形，枝、叶柄和花序均被开展长硬毛。羽状复叶长2.5～10厘米；叶柄长约1厘米，叶轴上面有槽，有灰褐色开展毛；小叶3～5对，对生，纸质，倒卵形或长圆形；小叶柄长约2毫米。花期7—9月。果期10—12月。

产地与地理分布：产于中国浙江、福建、台湾、湖南、广东、广西及云南（河口）。生于低海拔的山坡旷野、路旁、河边草地及海滨沙地上。非洲、亚洲、美洲及大洋洲热带地区也有分布。

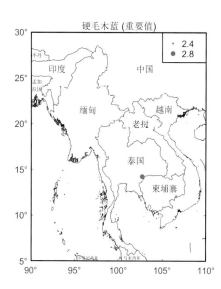

九叶木蓝（*Indigofera linnaei* Ali）

鉴别特征：一年生或多年生草本；多分枝。茎基部木质化，枝纤细平卧，上部有棱，下部圆柱形，被白色平贴"丁"字毛。羽状复叶长1.5~3厘米；叶柄极短；托叶膜质，披针形，长约3毫米；小叶2~5对，互生，近无柄，狭倒卵形或长椭圆状卵形至倒披针形。花期8月，果期11月。

产地与地理分布：产于中国海南、云南。生于海边、干燥的沙土地及松林缘。澳大利亚、印度尼西亚、越南、泰国、缅甸、印度东北部、尼泊尔、斯里兰卡、巴基斯坦及非洲西部也有分布。

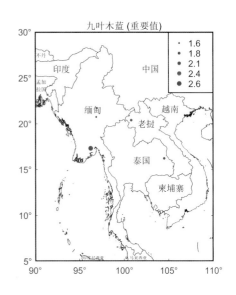

木蓝（*Indigofera tinctoria* L.）

鉴别特征：直立亚灌木，高0.5~1米；分枝少。幼枝有棱，扭曲，被白色丁字毛。羽状复叶；小叶4~6对，对生，倒卵状长圆形或倒卵形，长1.5~3厘米；宽0.5~1.5厘米，先端圆钝或微凹，基部阔楔形或圆形，两面被丁字毛或上面近无毛，中脉上面凹入，侧脉不明显；小叶柄长约2毫米；小托叶钻形。总状花序长2.5~5 (~9)厘米，花疏生，近无总花梗。

产地与地理分布：中国安徽、台湾、海南有栽培。广泛分布亚洲、非洲热带地区，并引进美洲热带地区。

用途：【药用价值】入药，能凉血解毒、泻火散郁；根及茎叶外敷，可治肿毒。【经济价值】叶供提取蓝靛染料。

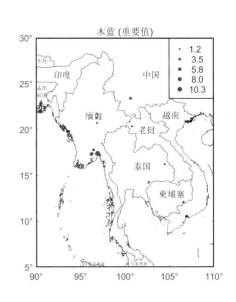

胡枝子（*Lespedeza bicolor* Turcz.）

鉴别特征：直立灌木，高1~3米，多分枝，小枝黄色或暗褐色，有条棱，被疏短毛；芽卵形，具数枚黄褐色鳞片。羽状复叶具3小叶；托叶2枚，线状披针形；小叶质薄，卵形、倒卵形或卵状长圆形。

产地与地理分布：产于中国黑龙江、吉林、辽宁、河北、内蒙古、山西、陕西、甘肃、山东、江苏、安徽、浙江、福建、台湾、河南、湖南、广东、广西等省区。生于海拔150~1000米的山坡、林缘、路旁、灌丛及杂木林间。分布于朝鲜、日本、苏联。

用途：【食用价值】可供食用或作机器润滑油；叶可代茶。【经济价值】枝可编筐。【生态价值】是防风、固沙及水土保持植物，为营造防护林及混交林的伴生树种。

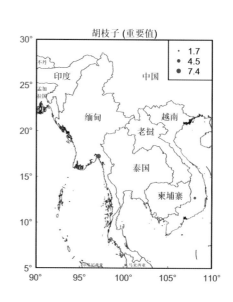

大翼豆 [*Macroptilium lathyroides* (L.) Urban]

鉴别特征：一年生或二年生直立草本，有时蔓生或缠绕，茎密被短柔毛。羽状复叶具3小叶；托叶披针形，脉纹显露；小叶狭椭圆形至卵状披针形。花序长3.5~15厘米，总花梗长15~40厘米；花成对稀疏地生于花序轴的上部；花萼管状钟形。花期7月，果期9—11月。

产地与地理分布：中国广东、福建有栽培。原产于美洲热带地区，现广泛栽培于热带、亚热带地区。

用途：【饲料价值】可作为混合饲料。【生态价值】本种可作覆盖作物，适宜于年雨量750~2000毫米的地区种植，耐瘦瘠的酸性土。

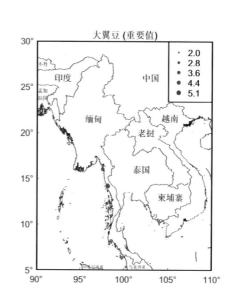

蝶形花科·胡枝子属

蝶形花科·大翼豆属

厚果崖豆藤（*Millettia pachycarpa* Benth.）

鉴别特征：巨大藤本，长达15米。幼年时直立如小乔木状。嫩枝褐色，密被黄色茸毛，后渐秃净，老枝黑色，光滑，散布褐色皮孔，茎中空。羽状复叶长30～50厘米；小叶6～8对，草质，长圆状椭圆形至长圆状披针形。花期4～6月，果期6—11月。

产地与地理分布：产于中国浙江、江西、福建、台湾、湖南、广东、广西、四川、贵州、云南、西藏。生于山坡常绿阔叶林内，海拔2000米以下。缅甸、泰国、越南、老挝、孟加拉国、印度、尼泊尔、不丹也有分布。

用途：【经济价值】茎皮纤维可供利用。【生态价值】能防治多种粮棉害虫。

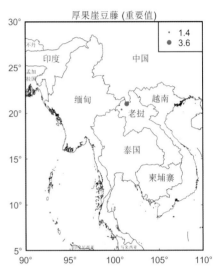

印度崖豆 [*Millettia pulchra* (Benth.) Kurz]

鉴别特征：灌木或小乔木，高3～8米；树皮粗糙，散布小皮孔。枝、叶轴、花序均被灰黄色柔毛，后渐脱落。羽状复叶长8～20厘米；托叶披针形；小叶6～9对，纸质，披针形或披针状椭圆形，长2～6厘米，宽7～15毫米，先端急尖，基部渐狭或钝，上面暗绿色，具稀疏细毛，下面浅绿色，被平伏柔毛，中脉隆起，侧脉4～6对，直达叶缘弧曲，细脉不明显。

产地与地理分布：产于中国海南、广西、贵州、云南。生于山地、旷野或杂木林缘，海拔1400米。印度、缅甸、老挝也有分布。

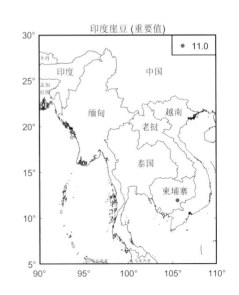

美丽崖豆藤（*Millettia speciosa* Champ.）

鉴别特征：藤本，树皮褐色。小枝圆柱形，初被褐色茸毛，后渐脱落。羽状复叶长15~25厘米；托叶披针形，宿存；小叶通常6对，硬纸质，长圆状披针形或椭圆状披针形。

产地与地理分布：产于中国福建、湖南、广东、海南、广西、贵州、云南。生于灌丛、疏林和旷野，海拔1500米以下。越南也有分布。

用途：【药用价值】根可入药，有通经活络、补虚润肺和健脾的功能。【食用价值】可酿酒。

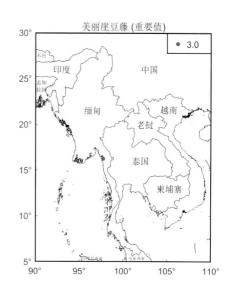

美丽崖豆藤 (重要值)

长叶排钱树 [*Phyllodium longipes* (Craib) Schindl.]

鉴别特征：灌木，高约1米。茎、枝圆柱形，小枝"之"字形弯曲，密被开展、褐色短柔毛。托叶狭三角形；小叶革质，顶生小叶披针形或长圆形。果期10—11月。

产地与地理分布：产于中国广东、广西、云南南部。生于山地灌丛中或密林中，海拔900~1000米。缅甸、泰国、老挝、柬埔寨、越南亦有分布。

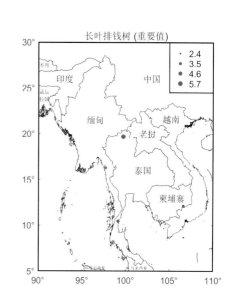

长叶排钱树 (重要值)

排钱树 [*Phyllodium pulchellum* (L.) Desv.]

鉴别特征：灌木。小枝被白色或灰色短柔毛。托叶三角形；小叶革质，顶生小叶卵形，椭圆形或倒卵形；小托叶钻形；小叶柄长1毫米，密被黄色柔毛。

产地与地理分布：产于中国福建、江西南部、广东、海南、广西、云南南部及台湾。生于丘陵荒地、路旁或山坡疏林中，海拔160~2000米。印度、斯里兰卡、缅甸、泰国、越南、老挝、柬埔寨、马来西亚、澳大利亚北部也有分布。

用途：【药用价值】根、叶供药用，有解表清热、活血散瘀之效。

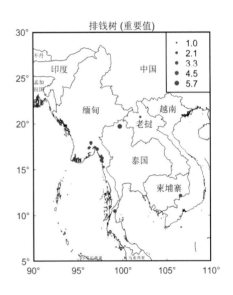

紫檀 (*Pterocarpus indicus*)

鉴别特征：乔木，高15~25米，胸径达40厘米；树皮灰色。羽状复叶长15~30厘米；托叶早落；小叶3~5对，卵形。圆锥花序顶生或腋生，多花，被褐色短柔毛；花萼钟状，微弯；花冠黄色，花瓣有长柄，边缘皱波状。

产地与地理分布：产于中国台湾、广东和云南。生于坡地疏林中或栽培于庭园。印度、菲律宾、印度尼西亚和缅甸也有分布。

用途：【药用价值】可药用。【经济价值】为优良的建筑、乐器及家具用材。

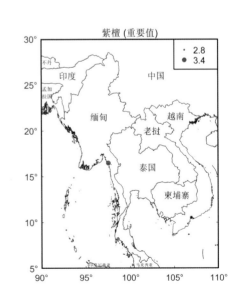

葛 [*Pueraria lobata* (Willd.) Ohwi]

鉴别特征: 粗壮藤本,长可达8米,全体被黄色长硬毛,茎基部木质,有粗厚的块状根。羽状复叶具3小叶;托叶背着,卵状长圆形,具线条;小托叶线状披针形;小叶三裂。花期9~10月,果期11~12月。

产地与地理分布: 产于中国南北各地,除新疆、青海及西藏外,分布几遍全国。生于山地疏或密林中。东南亚至澳大利亚亦有分布。

用途:【药用价值】葛根供药用,有解表退热、生津止渴、止泻的功能,并能改善高血压病人的项强、头晕、头痛、耳鸣等症状。【食用价值】可制成葛粉。【经济价值】供织布和造纸用,葛粉用于解酒。【生态价值】也是一种良好的水土保持植物。

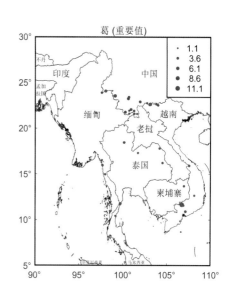

蝶形花科·葛属

葛麻姆 [*Pueraria lobata* (Willd.) Ohwi var. *montana* (Lour.)Vaniot der Maesen]

鉴别特征: 顶生小叶宽卵形,长大于宽,长9~18厘米,宽6~12厘米,先端渐尖,基部近圆形,通常全缘,侧生小叶略小而偏斜,两面均被长柔毛,下面毛较密;花冠长12~15毫米,旗瓣圆形。花期7—9月,果期10—12月。

产地与地理分布: 产于中国云南、四川、贵州、湖北、浙江、江西、湖南、福建、广西、广东、海南和台湾。生于旷野灌丛中或山地疏林下。日本、越南、老挝、泰国和菲律宾有分布。

用途:【药用价值】块根可制葛粉,并和花供药用,能解热透疹、生津止渴、解毒、止泻。【食用价值】可榨油。【经济价值】供织布和造纸原料。【饲料价值】极具开发潜力的绿色饲料植物。

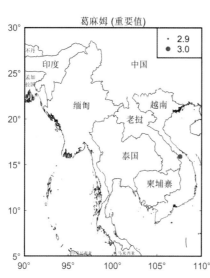

蝶形花科·葛属

蝶形花科·葛属

三裂叶野葛 [*Pueraria phaseoloides* (Roxb.) Benth.]

鉴别特征: 草质藤本。茎纤细, 被褐黄色、开展的长硬毛。羽状复叶具3小叶; 托叶基着, 卵状披针形; 小托叶线形; 小叶宽卵形、菱形或卵状菱形, 全缘或3裂, 上面绿色, 被紧贴的长硬毛, 下面灰绿色, 密被白色长硬毛。总状花序单生, 长8～15厘米或更长, 中部以上有花; 苞片和小苞片线状披针形, 长3～4毫米, 被长硬毛。

产地与地理分布: 产于中国云南、广东、海南、广西和浙江。生于山地、丘陵的灌丛中。印度、中南半岛及马来半岛亦有分布。

用途:【饲料价值】可作饲料。【生态价值】可作覆盖植物和绿肥作物。

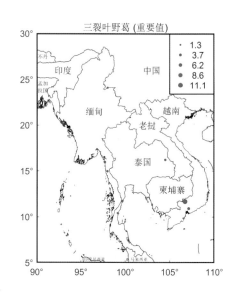

三裂叶野葛 (重要值)

刺槐 (*Robinia pseudoacacia*)

鉴别特征: 落叶乔木, 高10～25米; 树皮灰褐色至黑褐色, 浅裂至深纵裂, 稀光滑。小枝灰褐色, 幼时有棱脊, 微被毛, 后无毛; 具托叶刺; 冬芽小, 被毛。羽状复叶; 叶轴上面具沟槽; 小叶2～12对, 常对生, 椭圆形、长椭圆形或卵形; 小叶柄长1～3毫米。花期4—6月, 果期8—9月。

产地与地理分布: 原产于美国东部, 17世纪传入欧洲及非洲。中国于18世纪末从欧洲引入青岛栽培, 现全国各地广泛栽植。

用途:【经济价值】宜作枕木、车辆、建筑、矿柱等多种用材; 是速生薪炭林树种; 又是优良的蜜源植物。【生态价值】为优良固沙保土树种。

蝶形花科·刺槐属

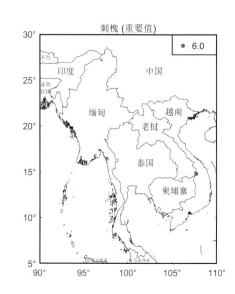

刺槐 (重要值)

田菁 [*Sesbania cannabina* (Retz.) Poir.]

鉴别特征：一年生草本，茎绿色，有时带褐色红色，微被白粉，有不明显淡绿色线纹。平滑，基部有多数不定根，幼枝疏被白色绢毛，后秃净，折断有白色黏液，枝髓粗大充实。羽状复叶；叶轴长15～25厘米，上面具沟槽，幼时疏被绢毛，后几无毛；托叶披针形，早落；小叶20～30 (～40)对，对生或近对生，线状长圆形。

产地与地理分布：产于中国海南、江苏、浙江、江西、福建、广西、云南有栽培或逸为野生。通常生于水田、水沟等潮湿低地。伊拉克、印度、中南半岛、马来西亚、巴布亚新几内亚、新喀里多尼亚、澳大利亚、加纳、毛里塔尼亚也有分布。

用途：【饲料价值】茎、叶可作绿肥及牲畜饲料。

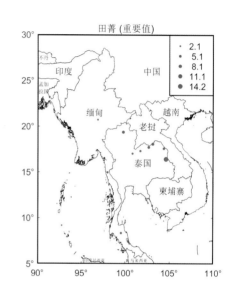

葫芦茶 [*Tadehagi triquetrum* (L.) Ohashi]

鉴别特征：灌木或亚灌木，茎直立。幼枝三棱形，棱上被疏短硬毛，老时渐变无。叶仅具单小叶；托叶披针形；叶柄长1～3厘米，两侧有宽翅，翅宽4～8毫米，与叶同质；小叶纸质，狭披针形至卵状披针形。总状花序顶生和腋生，长15～30厘米。

产地与地理分布：产于中国福建、江西、广东、海南、广西、贵州及云南。生于荒地或山地林缘，路旁，海拔1400米以下。印度、斯里兰卡、缅甸、泰国、越南、老挝、柬埔寨、马来西亚。太平洋群岛、新喀里多尼亚和澳大利亚北部也有分布。

用途：【药用价值】全株供药用，能清热解毒、健脾消食和利尿。

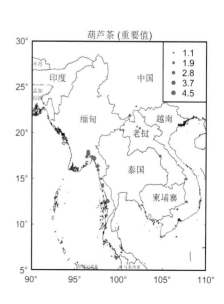

猫尾草 [*Uraria crinita* (L.) Desv. ex DC.]

鉴别特征： 亚灌木；茎直立，高1~1.5米。分枝少，被灰色短毛。叶为奇数羽状复叶，茎下部小叶通常为3，上部为5，少有为7；托叶长三角形；小叶近革质，长椭圆形、卵状披针形或卵形。

产地与地理分布： 产于中国福建、江西、广东、海南、广西、云南及台湾等省区。多生于干燥旷野坡地、路旁或灌丛中，海拔850米以下。印度、斯里兰卡、中南半岛、马来半岛、澳大利亚北部也有分布。

用途： 【药用价值】全草供药用，有散瘀止血、清热止咳之效。

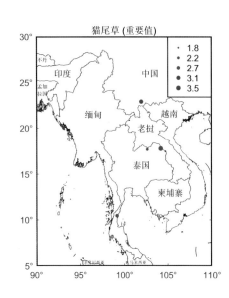

美花狸尾豆 [*Uraria picta* (Jacq.) Desv. ex DC.]

鉴别特征： 亚灌木或灌木，茎直立，较粗壮，高1~2米。分枝少，被灰色短糙毛。叶为奇数羽状复叶，小叶5~7片，极少为9片；托叶卵形，中部以上突然收缩成尾尖，长约1厘米，基部宽4毫米，具条纹，有灰色长缘毛；叶柄长4~7厘米；叶轴长3~7厘米；小叶硬纸质，线状长圆形或狭披针形。

产地与地理分布： 产于中国广西、四川、贵州、云南及台湾。多生于草坡上，海拔400~1500米。印度、越南、泰国、马来西亚、菲律宾、非洲也有分布。

用途： 【药用价值】根供药用，有平肝、宁心、健脾之效。

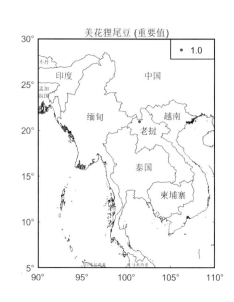

贼小豆 [*Vigna minima* (Roxb.) Ohwi et Ohashi]

鉴别特征：一年生缠绕草本，茎纤细，无毛或被疏毛。羽状复叶具3小叶；托叶披针形，盾状着生、被疏硬毛；小叶的形状和大小变化颇大，卵形、卵状披针形、披针形或线形。总状花序柔弱；总花梗远长于叶柄，通常有花3~4朵；小苞片线形或线状披针形；花萼钟状，长约3毫米，具不等大的5齿，裂齿被硬缘毛。

产地与地理分布：产于中国北部、东南部至南部。生于旷野、草丛或灌丛中。日本、菲律宾也有分布。

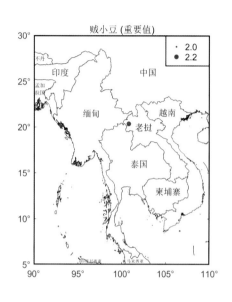

贼小豆 (重要值)

· 2.0　● 2.2

蝶形花科·豇豆属

豇豆 [*Vigna unguiculata* (L.) Walp.]

鉴别特征：一年生缠绕、草质藤本或近直立草本，有时顶端缠绕状。茎近无毛。羽状复叶具3小叶；托叶披针形；小叶卵状菱形。总状花序腋生，具长梗；花2~6朵聚生于花序的顶端，花梗间常有肉质密腺；花萼浅绿色，钟状，长6~10毫米，裂齿披针形；花冠黄白色而略带青紫，长约2厘米，各瓣均具瓣柄。

产地与地理分布：国内主要分布在西北和东北地区，在长江流域主要集中在浙江丽水、武汉新洲和江西丰城，其他地区也有零星分布。

用途：【药用价值】具有理中益气、健胃补肾、和五脏、调颜养身、生精髓、止消渴的功效，主治呕吐、痢疾、尿频等症。【食用价值】可食用。

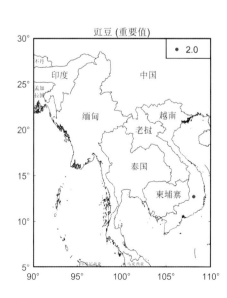

豇豆 (重要值)

· 2.0

蝶形花科·豇豆属

酢浆草 (*Oxalis corniculata* L.)

鉴别特征: 草本,高10~35厘米,全株被柔毛。根茎稍肥厚。茎细弱,多分枝,直立或匍匐,匍匐茎节上生根。叶基生或茎上互生;托叶小,长圆形或卵形;小叶3,无柄,倒心形,长4~16毫米,宽4~22毫米,先端凹入,基部宽楔形,两面被柔毛或表面无毛,沿脉被毛较密,边缘具贴伏缘毛。花单生或数朵集为伞形花序状。

产地与地理分布: 全国广布。生于山坡草地、河谷沿岸、路边、田边、荒地或林下阴湿处等。亚洲温带和亚热带地区、以及欧洲、地中海地区和北美皆有分布。

用途: 【药用价值】全草入药,能解热利尿,消肿散瘀;茎叶含草酸,可用以磨镜或擦铜器,使其具光泽。牛羊食其过多可中毒致死。

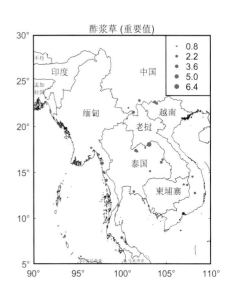

山麻杆 (*Alchornea davidii* Franch.)

鉴别特征: 落叶灌木,高1~4 (~5) 米;嫩枝被灰白色短茸毛,一年生小枝具微柔毛。叶薄纸质,阔卵形或近圆形;基出脉3条;小托叶线状,具短毛;托叶披针形,早落。

产地与地理分布: 产于中国陕西南部、四川东部和中部、云南东北部、贵州、广西北部、河南、湖北、湖南、江西、江苏、福建西部。生于海拔300~700(~1000)米沟谷或溪畔、河边的坡地灌丛中,或栽种于坡地。

用途: 【经济价值】茎皮纤维为制纸原料。【饲料价值】叶可作为饲料。

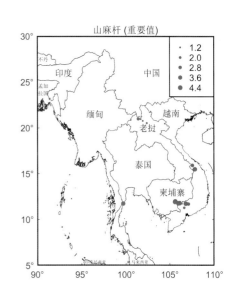

红背山麻杆 [*Alchornea trewioides* (Benth.) Muell. Arg.]

鉴别特征: 灌木; 小枝被灰色微柔毛, 后变无毛。叶薄纸质, 阔卵形; 基出脉3条; 小托叶披针形, 长2~3.5毫米; 叶柄长7~12厘米; 托叶钻状, 具毛, 凋落。雌雄异株, 雄花序穗状, 腋生或生于一年生小枝已落叶腋部, 长7~15厘米, 具微柔毛, 苞片三角形。

产地与地理分布: 产于中国福建南部和西部、江西南部、湖南南部、广东、广西、海南。生于海拔15~400 (~1000)米沿海平原或内陆山地矮灌丛中或疏林下或石灰岩山灌丛中。分布于泰国北部、越南北部、琉球群岛。

用途:【药用价值】枝、叶煎水, 外洗治风疹。

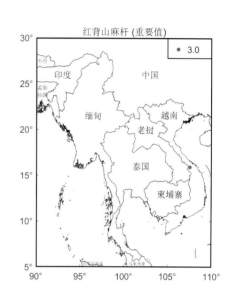

大戟科·山麻杆属

方叶五月茶 (*Antidesma ghaesembilla* Gaertn.)

鉴别特征: 乔木, 高达10米 (外国有达20米); 除叶面外, 全株各部均被柔毛或短柔毛。叶片长圆形、卵形、倒卵形或近圆形; 侧脉每边5~7条; 叶柄长5~20毫米; 托叶线形, 早落。雄花: 黄绿色, 多朵组成分枝的穗状花序; 萼片通常5片, 有时6片或7片, 倒卵形。

产地与地理分布: 产于中国广东、海南、广西、云南, 生于海拔200~1100米山地疏林中。分布于印度、孟加拉国、不丹、缅甸、越南、斯里兰卡、马来西亚、印度尼西亚、巴布亚新几内亚、菲律宾和澳大利亚南部。

用途:【药用价值】供药用: 叶可治小儿头痛; 茎有通经之效; 果可通便、泻泄作用。

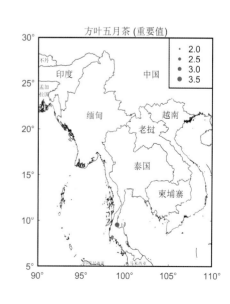

大戟科·五月茶属

山地五月茶（*Antidesma montanum* Bl.）

鉴别特征：乔木，高达15米；幼枝、叶脉、叶柄、花序和花萼的外面及内面基部被短柔毛或疏柔毛外，其余无毛。叶片纸质，椭圆形、长圆形、倒卵状长圆形、披针形或长圆状披针形；托叶线形，长4～10毫米。总状花序顶生或腋生，长5～16厘米，分枝或不分枝。

产地与地理分布：产于中国广东、海南、广西、贵州、云南和西藏等省区，生于海拔700～1500米山地密林中。分布于缅甸、越南、老挝、柬埔寨，马来西亚、印度尼西亚等。

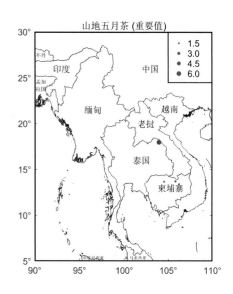

山地五月茶（重要值）

银柴 [*Aporusa dioica* (Roxb.) Muell. Arg.]

鉴别特征：乔木，高达9米，在次生林中常呈灌木状，高约2米；小枝被稀疏粗毛，老渐无毛。叶片革质，椭圆形、长椭圆形、倒卵形或倒披针形；侧脉每边5～7条，未达叶缘而弯拱联结；叶柄长5～12毫米，被稀疏短柔毛，顶端两侧各具1个小腺体；托叶卵状披针形，长4～6毫米。

产地与地理分布：产于中国广东、海南、广西、云南等省区，生于海拔1000米以下山地疏林中和林缘或山坡灌木丛中。分布于印度、缅甸、越南和马来西亚等。

用途：【观赏价值】银柴对大气污染的抗逆性较强，可作为营造景观生态林、公益生态林、城市防护绿（林）带、防火林带的优良树种。

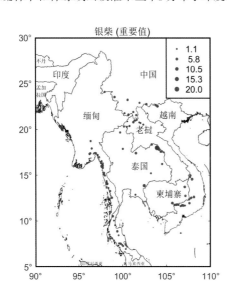

银柴（重要值）

毛银柴 [*Aporusa villosa* (Lindl.) Baill.]

鉴别特征: 灌木或小乔木, 高2~7米; 除老枝条和叶片上面(叶脉除外)无毛外, 全株各部均被锈色短茸毛或短柔毛。叶片革质, 阔椭圆形、长圆形或圆形; 侧脉每边6~8条, 两面均明显; 托叶斜卵形。雄穗状花序长1~2厘米; 苞片半圆形, 长2~3毫米; 雌穗状花序长2~7毫米; 苞片较雄花序的窄。

产地与地理分布: 产于中国广东、海南、广西和云南等省区, 生于海拔130~1500米山地密林中或山坡、山谷灌木丛中。分布于中南半岛至马来西亚。

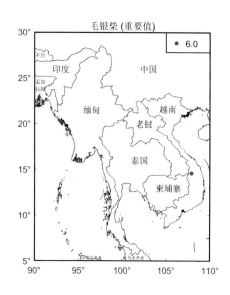

毛银柴(重要值)

木奶果 (*Baccaurea ramiflora* Lour.)

鉴别特征: 常绿乔木; 树皮灰褐色; 小枝被糙硬毛, 后变无毛。叶片纸质, 倒卵状长圆形、倒披针形或长圆形; 侧脉每边5~7条, 上面扁平, 下面凸起; 叶柄长1~4.5厘米。花小, 雌雄异株, 无花瓣; 总状圆锥花序腋生或茎生, 被疏短柔毛, 雄花序长达15厘米, 雌花序长达30厘米。

产地与地理分布: 产于中国广东、海南、广西和云南, 生于海拔100~1300米的山地林中。分布于印度、缅甸、泰国、越南、老挝、柬埔寨和马来西亚等。

用途: 【食用价值】果实味道酸甜, 成熟时可吃。【经济价值】木材可作家具和细木工用料。【观赏价值】树形美观, 可作行道树。

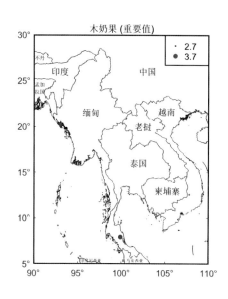

木奶果(重要值)

秋枫（*Bischofia javanica* Bl.）

鉴别特征：常绿或半常绿大乔木，高达40米，胸径可达2.3米；树干圆满通直，但分枝低，主干较短；树皮灰褐色至棕褐色；砍伤树皮后流出汁液红色，干凝后变瘀血状；木材鲜时有酸味，干后无味，表面槽棱凸起；小枝无毛。三出复叶，稀5小叶；小叶片纸质、卵形、椭圆形、倒卵形或椭圆状卵形。

产地与地理分布：产于中国陕西、江苏、安徽、浙江、江西、福建、台湾、河南、湖北、湖南等省区，常生于海拔800米以下山地潮湿沟谷林。分布于印度、缅甸、泰国、老挝、柬埔寨、越南、马来西亚、印度尼西亚、菲律宾、日本、澳大利亚和波利尼西亚等。

用途：【药用价值】也可治无名肿毒；根有祛风消肿作用，主治风湿骨痛、痢疾等。【食用价值】供食用，也可作润滑油。【经济价值】可供建筑、桥梁、车辆、造船、矿柱、枕木等用；树皮可提取红色染料。【生态价值】叶可作为绿肥。

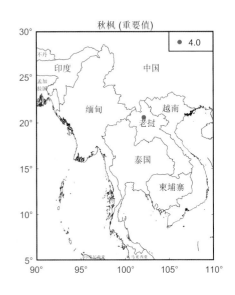

秋枫（重要值）

留萼木 [*Blachia pentzii* (Muell. Arg.) Benth.]

鉴别特征：灌木，高1~4米；枝条常灰白色。密生褐色凸起皮孔，无毛。叶纸质或近膜质，形状、大小变异很大，卵状披针形、倒卵形、长圆形至长圆状披针形，全缘，两面无毛；侧脉6~12对；叶柄长0.5~2（~3）厘米。花序顶生或腋生，雌花序常呈伞形花序状，总花梗长1~2厘米；雄花序总状，总花梗长2~8厘米。花期几全年。

产地与地理分布：产于中国广东南部和海南。生于山谷、河边的林下或灌木丛中。越南也有分布。

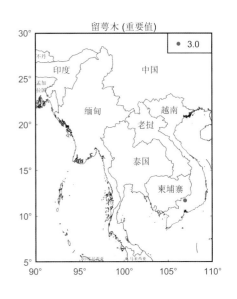

留萼木（重要值）

黑面神 [*Breynia fruticosa* (L.) Hook. f.]

鉴别特征:灌木,高1~3米;茎皮灰褐色;枝条上部常呈扁压状,紫红色;小枝绿色;全株均无毛。叶片革质、卵形、阔卵形或菱状卵形;侧脉每边3~5条;托叶三角状披针形,长约2毫米。花小,单生或2~4朵簇生于叶腋内,雌花位于小枝上部,雄花则位于小枝的下部,有时生于不同的小枝。果期5—12月。

产地与地理分布:产于中国浙江、福建、广东、海南、广西、四川、贵州、云南等省区,散生于山坡、平地旷野灌木丛中或林缘。越南也有分布。

用途:【药用价值】根、叶供药用,可治肠胃炎、咽喉肿痛、风湿骨痛、湿疹、高血脂病等;全株煲水外洗可治疮疖、皮炎等。

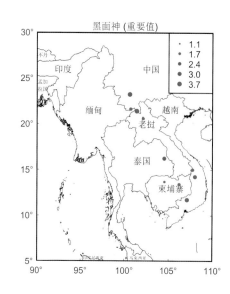

黑面神 (重要值)

喙果黑面神 (*Breynia rostrata* Merr.)

鉴别特征:常绿灌木或乔木;小枝和叶片干后呈黑色;全株均无毛。叶片纸质或近革质,卵状披针形或长圆状披针形;侧脉每边3~5条;叶柄长2~3毫米;托叶三角状披针形,稍短于叶柄。单生或2~3朵雌花与雄花同簇生于叶腋内;雄花:花梗长约3毫米,宽卵形;花萼漏斗状,顶端6细齿裂。

产地与地理分布:产于中国福建、广东、海南、广西和云南等省区,生于海拔150~1500米山地密林中或山坡灌木丛中。越南也有分布。

用途:【药用价值】根、叶可药用,治风湿骨痛、湿疹、皮炎等。

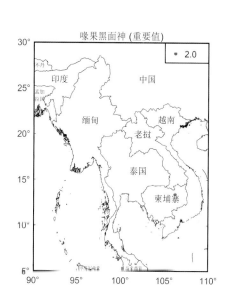

喙果黑面神 (重要值)

禾串树（*Bridelia insulana* Hance）

鉴别特征：乔木，高达17米，树干通直，胸径达30厘米，树皮黄褐色，近平滑，内皮褐红色；小枝具有凸起的皮孔，无毛。叶片近革质，椭圆形或长椭圆形；侧脉每边5~11条；叶柄长4~14毫米；托叶线状披针形，长约3毫米，被黄色柔毛。花雌雄同序，密集成腋生的团伞花序；除萼片及花瓣被黄色柔毛外，其余无。

产地与地理分布：产于中国福建、台湾、广东、海南、广西、四川、贵州、云南等省区，生于海拔300~800米山地疏林或山谷密林中。分布于印度、泰国、越南、印度尼西亚、菲律宾和马来西亚等。

用途：【**经济价值**】可供建筑、家具、车辆、农具、器具等材料；可提取栲胶。

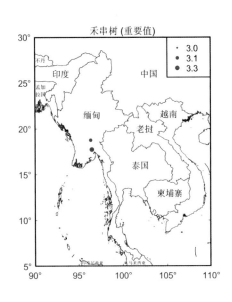

土蜜藤 [*Bridelia stipularis* (L.) Bl.]

鉴别特征：木质藤本，长达15米；小枝蜿蜒状；除枝条下部、花瓣、子房和核果无毛外，其余均被黄褐色柔毛。叶片近革质，椭圆形、宽椭圆形、倒卵形或近圆形；侧脉每边10~14条，在叶面扁平，在叶背凸起；叶柄长5~13毫米；托叶卵状三角形，常早落。花雌雄同株，通常2~3朵着生小枝的叶腋内。

产地与地理分布：产于中国台湾、广东、海南、广西、云南等省区，生于海拔150~1500米山地疏林下或溪边灌丛中。分布于亚洲东南部，经过马来西亚西部至帝汶。

用途：【**药用价值**】药用，果可催吐解毒；根有消炎、止泻效用。

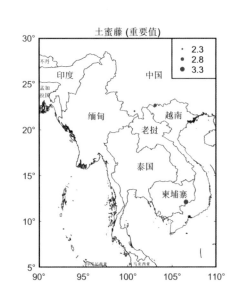

土蜜树（*Bridelia tomentosa* Bl.）

鉴别特征：直立灌木或小乔木，通常高为2～5米，稀达12米；树皮深灰色；枝条细长；除幼枝、叶背、叶柄、托叶和雌花的萼片外面被柔毛或短柔毛外，其余均无毛。叶片纸质，长圆形、长椭圆形或倒卵状长圆形，稀近圆形；托叶线状披针形，长约7毫米，顶端刚毛状渐尖，常早落。

产地与地理分布：产于中国福建、台湾、广东、海南、广西和云南，生于海拔100～1500米山地疏林中或平原灌木林中。分布于亚洲东南部，经印度尼西亚、马来西亚至澳大利亚。

用途：【药用价值】药用，叶治外伤出血、跌打损伤；根治感冒、神经衰弱、月经不调等。【经济价值】树皮可提取栲胶。

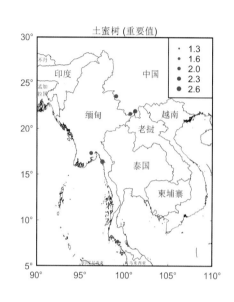

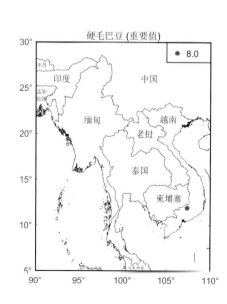

硬毛巴豆（*Croton hirtus*）

鉴别特征：一年生直立草本，高40～80厘米；全株被苍白色的星状硬刺毛。茎圆柱形，被白色至淡黄色硬毛，小枝具条纹，密被白色至淡黄色硬毛。叶互生，常聚生于枝顶或假轮生；托叶线形，脱落；叶片纸质，卵形至三角状卵形，基出脉3（或5）条，侧脉3～5对。

产地与地理分布：广布于全世界的热带和亚热带地区。

大戟科·土蜜树属

大戟科·巴豆属

光叶巴豆（*Croton laevigatus* Vahl）

鉴别特征：灌木至小乔木，高可达15米；嫩枝、叶柄和花序均密生蜡质贴伏星状鳞毛；枝条的毛渐脱落，呈银灰色。叶密生于枝顶，纸质，椭圆形、长圆状椭圆形到倒披针形。花期10—12月。

产地与地理分布：产于中国海南和云南南部。生于海拔50～600米山地密林或疏林中。分布于印度、斯里兰卡和中南半岛各国。

用途：【药用价值】具有通经活血、截疟之功效，用于外伤肿痛、骨折、疟疾。

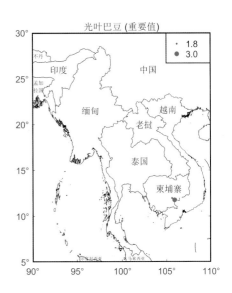

火殃勒（*Euphorbia antiquorum* L.）

鉴别特征：肉质灌木状小乔木，乳汁丰富。茎常三棱状，偶有四棱状并存，直径5～7厘米，上部多分枝；棱脊3条，薄而隆起。叶互生于齿尖，少而稀疏，常生于嫩枝顶部，倒卵形或倒卵状长圆形，顶端圆，基部渐狭，全缘，两面无毛；叶脉不明显，肉质；叶柄极短；托叶刺状，宿存。

产地与地理分布：原产于印度，中国南北方均有栽培，分布于亚洲热带地区。

用途：【药用价值】全株入药，具散瘀消炎、清热解毒之效。**【观赏价值】**中国南方常作绿篱，北方多于温室栽培。

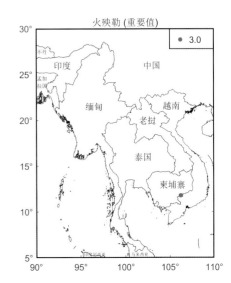

猩猩草（*Euphorbia cyathophora* Murr.）

鉴别特征：一年生或多年生草本，根圆柱状，基部有时木质化。茎直立，上部多分枝，高可达1米。叶互生，卵形、椭圆形或卵状椭圆形，边缘波状分裂或具波状齿或全缘，无毛；叶柄长1~3厘米；总苞叶与茎生叶同形，较小，长2~5厘米，宽1~2厘米，淡红色或仅基部红色。花序单生，数枚聚伞状排列于分枝顶端。花果期5—11月。

产地与地理分布：原产于中南美洲，归化于旧大陆；广泛栽培于中国大部分省区市。

用途：【观赏价值】常见于公园、植物园及温室中，用于观赏。

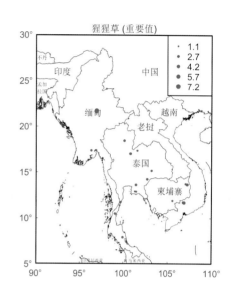

猩猩草 (重要值)

- 1.1
- 2.7
- 4.2
- 5.7
- 7.2

齿裂大戟（*Euphorbia dentata* Michx.）

鉴别特征：一年生草本，根纤细，下部多分枝。茎单一，上部多分枝，高20~50厘米，直径2~5毫米，被柔毛或无毛。叶对生，线形至卵形，多变化；边缘全缘、浅裂至波状齿裂，多变化；叶两面被毛或无毛；叶柄长3~20毫米，被柔毛或无毛；总苞叶2~3枚，与茎生叶相同；伞幅2~3，长2~4厘米；苞叶数枚，与退化叶混生。花果期7—10月。

产地与地理分布：原产于北美，近年发现已归化于中国北京。据现有标本分析，最早于1976年采自东北旺药用植物种植场。

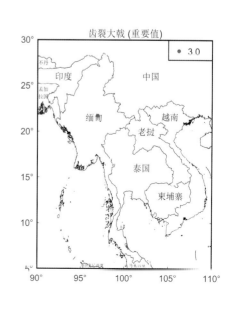

齿裂大戟 (重要值)

- 3.0

大戟科·大戟属

白苞猩猩草（*Euphorbia heterophylla* L.）

　　鉴别特征：多年生草本，茎直立，高达1米，被柔毛。叶互生，卵形至披针形；叶柄长4～12毫米；苞叶与茎生叶同形，绿色或基部白色。花序单生，基部具柄，无毛；总苞钟状；腺体常1枚，偶2枚，杯状。

　　产地与地理分布：原产于北美，栽培并归化于旧大陆；分布于南美洲热带地区。

　　用途：【药用价值】全草味苦、涩、寒，有毒，具有调经、止血、止咳、接骨、消肿等功效，用于月经过多、跌打损伤、骨折、咳嗽。

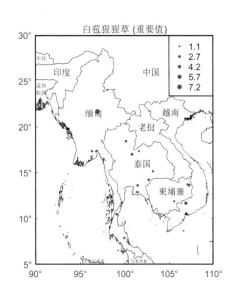

飞扬草（*Euphorbia hirta* L.）

　　鉴别特征：一年生草本，根纤细。茎单一，自中部向上分枝或不分枝。叶对生，披针状长圆形、长椭圆状卵形或卵状披针形；边缘于中部以上有细锯齿，中部以下较少或全缘；叶面绿色，叶背灰绿色，有时具紫色斑，两面均具柔毛，叶背面脉上的毛较密。

　　产地与地理分布：产于中国江西、湖南、福建、台湾、广东、广西、海南、四川、贵州和云南。生于路旁、草丛、灌丛及山坡，多见于沙质土。分布于世界热带和亚热带。

　　用途：【药用价值】全草入药，可治痢疾、肠炎、皮肤湿疹、皮炎、疖肿等；鲜汁外用治癣类。

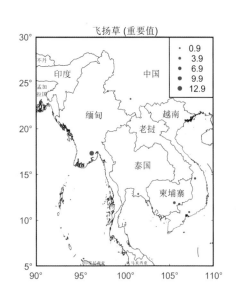

铁海棠（*Euphorbia milii* Ch. des Moulins）

鉴别特征：蔓生灌木。茎多分枝，长60~100厘米，直径5~10毫米，具纵棱，密生硬而尖的锥状刺。叶互生，通常集中于嫩枝上，倒卵形或长圆状匙形，全缘；无柄或近无柄；托叶钻形，长3~4毫米，极细，早落。花序2、4或8个组成二歧状复花序，生于枝上部叶腋；复序具柄。

产地与地理分布：原产于非洲，广泛栽培于旧大陆热带和温带地区；中国南北方均有栽培，常见于公园、植物园和庭园中。

用途：【药用价值】全株入药，外敷可治瘀痛、骨折及恶疮等。

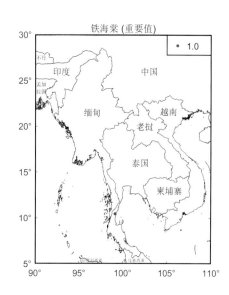

铁海棠 (重要值)

大戟科·大戟属

白饭树 [*Flueggea virosa* (Roxb. ex Willd.) Voigt]

鉴别特征：灌木，高1~6米；小枝具纵棱槽，有皮孔。全株无毛。叶片纸质，椭圆形、长圆形、倒卵形或近圆形，长2~5厘米，宽1~3厘米，顶端圆至急尖，有小尖头，基部钝至楔形，全缘，下面白绿色；侧脉每边5~8条；托叶披针形。花小，淡黄色，雌雄异株，多朵簇生于叶腋；苞片鳞片状；萼片5，卵形。

产地与地理分布：产于中国华东、华南及西南各省区，生于海拔 100~2000米山地灌木丛中。广布于非洲、大洋洲和亚洲的东部及东南部。

用途：【药用价值】全株供药用，用于风湿痹痛、湿疹瘙痒、风湿关节炎，外用于湿疹、脓疱疮、过敏性皮炎、疮疖、烧/烫伤。

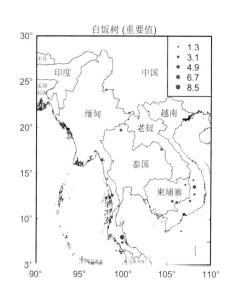

白饭树 (重要值)

大戟科·白饭树属

算盘子 [*Glochidion puberum* (L.) Hutch.]

鉴别特征: 直立灌木,高1~5米,多分枝;小枝灰褐色;小枝、叶片下面、萼片外面、子房和果实均密被短柔毛。叶片纸质或近革质,长圆形、长卵形或倒卵状长圆形,稀披针形;侧脉每边5~7条,网脉明显;托叶三角形,长约1毫米。花小,雌雄同株或异株。

产地与地理分布: 产于中国陕西、甘肃、江苏、安徽、浙江、江西、福建、台湾、河南、湖北、湖南、广东、海南、广西、四川、贵州、云南和西藏等省区,生于海拔300~2200米山坡、溪旁灌木丛中或林缘。

用途:【药用价值】根、茎、叶和果实均可药用,有活血散瘀、消肿解毒之效,治痢疾、腹泻、感冒发热、咳嗽、食滞腹痛、湿热腰痛、跌打损伤、疝气(果)等;也可作农药。【经济价值】供制肥皂或作润滑油;株可提制栲胶。【生态价值】叶可作绿肥,置于粪池可杀蛆;为酸性土壤的指示植物。

大戟科·算盘子属

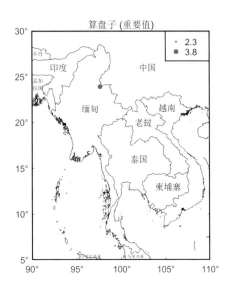

算盘子 (重要值)

麻风树 (*Jatropha curcas*)

鉴别特征: 乔木,高3~15米,树皮灰白色,皮孔椭圆形;小枝浑圆,中空,上部被短茸毛和刺毛,后渐变无毛,叶痕明显,半圆形。叶大,生于枝的顶端,纸质,心形,基出脉3~5条,下面一对较细短,上面一对弧曲。

产地与地理分布: 产于中国云南南部至东南部和广西西南部。生于海拔800~1300米石灰岩山的混交林中。越南有分布。

用途:【药用价值】树皮:有毒,驱蛔虫,用于蛔虫病。

大戟科·麻风树属

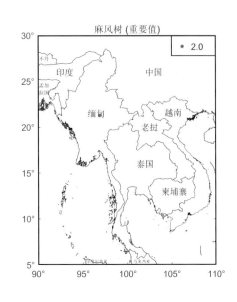

麻风树 (重要值)

轮叶戟 [*Lasiococca comberi* Haines var. *pseudoverticillata* (Merr.) H. S. Kiu]

鉴别特征：小乔木或灌木，高3~10米；嫩枝被灰黄色短柔毛，小枝灰白色，变无毛。叶革质，互生或在枝的顶部近轮生或对生，长圆状倒披针形或长椭圆形；侧脉8~15对，在叶两面均微凸起；托叶长卵形，长1.5毫米，具缘毛，早落。花雌雄同株，雄花序长2~4.5厘米，腋生或生于已落叶腋部。

产地与地理分布：产于中国海南南部、云南（景洪、勐腊和绿春）。生于海拔350~950米沟谷热带雨林或山地湿润常绿林或石灰岩山季雨林中。越南北部也有分布。

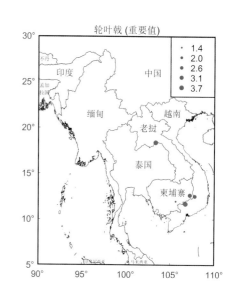

中平树 [*Macaranga denticulata* (Bl.) Muell. Arg.]

鉴别特征：乔木，高3~10（~15）米；嫩枝、叶、花序和花均被锈色或黄褐色茸毛；小枝粗壮，具纵棱，茸毛呈粉状脱落。叶纸质或近革质，三角状卵形或卵圆形，叶缘微波状或近全缘，具疏生腺齿；掌状脉7~9条，侧脉8~9对。

产地与地理分布：产于中国海南、广西南部至西北部、贵州、云南东南部至西双版纳、西藏。生于海拔50~1300米低山次生林或山地常绿阔叶林中。分布于尼泊尔、印度东北部、缅甸、泰国、老挝、越南、马来西亚、印度尼西亚。

用途：【经济价值】树皮纤维可编绳。

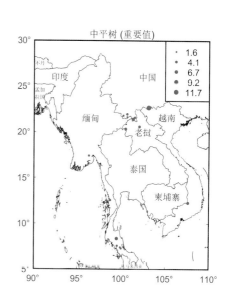

血桐 [*Macaranga tanarius* (L.) Muell. Arg.]

鉴别特征：乔木，高5~10米；嫩枝、嫩叶、托叶均被黄褐色柔毛或有时嫩叶无毛；小枝粗壮，无毛，被白霜。叶纸质或薄纸质，近圆形或卵圆形，全缘或叶缘具浅波状小齿；掌状脉9~11条，侧脉8~9对；托叶膜质，长三角形或阔三角形。花期4~5月，果期6月。

产地与地理分布：产于中国台湾、广东（珠江口岛屿）。生于沿海低山灌木林或次生林中。分布于琉球群岛、越南、泰国、缅甸、马来西亚、印度尼西亚；澳大利亚北部。

用途：【经济价值】可供建筑用材。【观赏价值】作行道树或住宅旁遮阴。

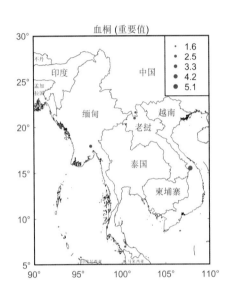

锈毛野桐（*Mallotus anomalus* Merr et Chun）

鉴别特征：灌木，高1~3米；小枝、叶和花序均密被锈色星状短柔毛；树皮灰褐色。叶纸质，对生；羽状脉，侧脉7~9对，近基部有斑状腺体2~4个；托叶卵状披针形，被星状毛或无毛。

产地与地理分布：产于中国广西（金秀）和海南（东方、崖县、保亭、陵水和万宁）。生于海拔100~600米山地灌丛或密林中。

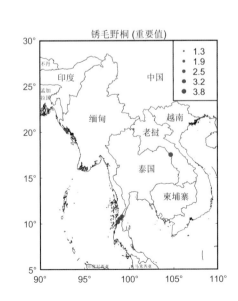

白背叶 [*Mallotus apelta* (Lour.) Muell. Arg.]

鉴别特征：灌木或小乔木，高1～3（～4）米；小枝、叶柄和花序均密被淡黄色星状柔毛和散生橙黄色颗粒状腺体。叶互生，卵形或阔卵形，稀心形；基出脉5条，最下一对常不明显，侧脉6～7对；基部近叶柄处有褐色斑状腺体2个；叶柄长5～15厘米。

产地与地理分布：产于中国热带、亚热带地区。生于30～1000米的山坡或山谷灌木丛中。分布于日本。

用途：【经济价值】茎皮可供编织；可供制油漆，或合成大环香料、杀菌剂、润滑剂等原料。

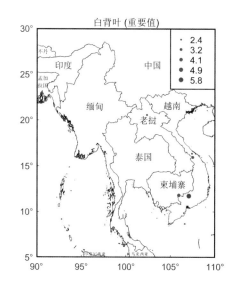

野桐 [*Mallotus japonicus* (Thunb.) Muell. Arg. var. *floccosus* S. M. Hwang]

鉴别特征：小乔木或灌木，高2～4米；树皮褐色。嫩枝具纵棱，枝、叶柄和花序轴均密被褐色星状毛。叶互生，稀小枝上部有时近对生，纸质，形状多变，卵形、卵圆形、卵状三角形、肾形或横长圆形；基出脉3条；侧脉5～7对，近叶柄具黑色圆形腺体2颗。

产地与地理分布：产于中国台湾、浙江和江苏。多生于海拔320～600米林中。分布于日本。

用途：【经济价值】可作为工业原料；可作小器具用材。

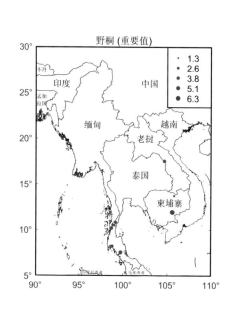

白楸 [*Mallotus paniculatus* (Lam.) Muell. Arg.]

鉴别特征：乔木或灌木，高3~15米；树皮灰褐色，近平滑；小枝被褐色星状茸毛。叶互生，生于花序下部的叶常密生，卵形、卵状三角形或菱形；基出脉5条，基部近叶柄处具斑状腺体2个，叶柄盾状着生，长2~15厘米。花雌雄异株，总状花序或圆锥花序。

产地与地理分布：产于中国云南、贵州、广西、广东、海南、福建和台湾。生于海拔50~1300米林缘或灌丛中。分布于亚洲东南部各国。

用途：【经济价值】种子油可作工业用油。

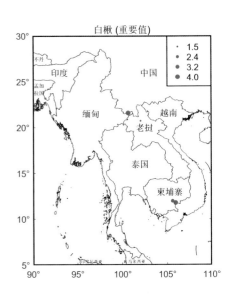

粗糠柴 [*Mallotus philippensis* (Lam.) Muell.~Arg.]

鉴别特征：小乔木或灌木；小枝、嫩叶和花序均密被黄褐色短星状柔毛。叶互生或有时小枝顶部的对生，近革质，卵形、长圆形或卵状披针形，基出脉3条，侧脉4~6对；近基部有褐色斑状腺体2~4个；叶柄长2~5 (~9)厘米，两端稍增粗，被星状毛。

产地与地理分布：产于中国四川、云南、贵州、湖北、江西、安徽、江苏、浙江、福建、台湾、湖南、广东、广西和海南。生于海拔300~1600米山地林中或林缘。分布于亚洲南部和东南部、大洋洲热带地区。

用途：【经济价值】为家具等用材；树皮可提取栲胶；种子的油可作为工业用油。

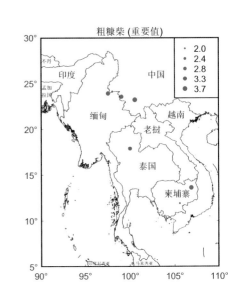

木薯（*Manihot esculenta* Crantz）

鉴别特征： 直立灌木，高1.5～3米；块根圆柱状。叶纸质，轮廓近圆形，长10～20厘米，掌状深裂几达基部，裂片3～7片，倒披针形至狭椭圆形；托叶三角状披针形，全缘或具1～2条刚毛状细裂。圆锥花序顶生或腋生，苞片条状披针形；花萼带紫红色且有白粉霜。花期9—11月。

产地与地理分布： 原产于巴西，现全世界热带地区广泛栽培。中国福建、台湾、广东、海南、广西、贵州及云南等省区有栽培，偶有逸为野生。

用途： 【食用价值】可食用。【经济价值】是工业淀粉原料之一。

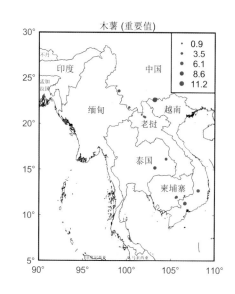

大戟科·木薯属

沙地叶下珠（*Phyllanthus arenarius* Beille）

鉴别特征： 多年生草本，茎直立或稍倾卧而后上升，基部木质化，带紫红色，全株无毛。叶片近革质，椭圆形或倒卵形；侧脉每边约3条；叶柄极短；托叶窄三角形，长不及1毫米，深紫色。花雌雄同株；雄花：双生于小枝顶端，通常只1朵发育；花梗短基部有许多苞片；苞片膜质，卵形，顶端尖，褐色。花期5—7月，果期7—10月。

产地与地理分布： 产于中国广东和海南，生于海边沙地上。越南也有分布。

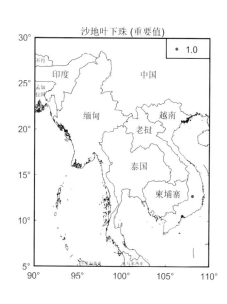

大戟科·叶下珠属

越南叶下珠 [*Phyllanthus cochinchinensis* (Lour.) Spreng.]

鉴别特征: 灌木, 高达3米; 茎皮黄褐色或灰褐色; 小枝具棱。叶互生或3~5枚着生于小枝极短的凸起处, 叶片革质; 叶柄长1~2毫米; 托叶褐红色, 卵状三角形, 长约2毫米, 边缘有睫毛。

产地与地理分布: 产于中国福建、广东、海南、广西、四川、云南、西藏等省区, 生于旷野、山坡灌丛、山谷疏林下或林缘。分布于印度、越南、柬埔寨和老挝等。

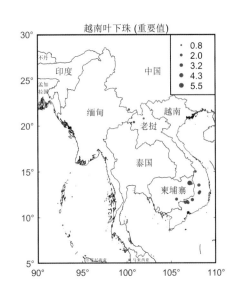

余甘子 (*Phyllanthus emblica* Linn.)

鉴别特征: 乔木; 树皮浅褐色; 枝条具纵细条纹, 被黄褐色短柔毛。叶片纸质至革质, 二列, 线状长圆形; 托叶三角形, 褐红色, 边缘有睫毛。多朵雄花和1朵雌花或全为雄花组成腋生的聚伞花序。

产地与地理分布: 产于中国江西、福建、台湾、广东、海南、广西、四川、贵州和云南等省区, 生于海拔200~2300米山地疏林、灌丛、荒地或山沟向阳处。分布于印度、斯里兰卡、中南半岛、印度尼西亚、马来西亚和菲律宾等, 南美有栽培。

用途: 【药用价值】可生津止渴、润肺化痰, 治咳嗽、喉痛, 解河豚中毒等; 树根和叶供药用, 能解热清毒, 治皮炎、湿疹、风湿痛等。【食用价值】供食用。【经济价值】叶晒干供枕芯用料; 供制肥皂; 树皮、叶、幼果可提制栲胶; 供农具和家具用材, 又为优良的薪炭柴。【观赏价值】可作庭园风景树, 亦可栽培为果树。【生态价值】可作产区荒山荒地酸性土造林的先锋树种。

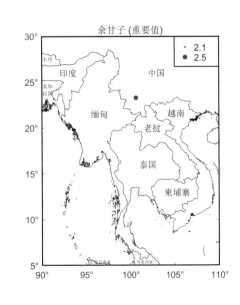

青灰叶下珠（*Phyllanthus glaucus* Wall. ex Muell. Arg.）

鉴别特征：灌木，高达4米；枝条圆柱形，小枝细柔；全株无毛。叶片膜质，椭圆形或长圆形，长2.5~5厘米，宽1.5~2.5厘米，顶端急尖，有小尖头，基部钝至圆，下面稍苍白色；侧脉每边8~10条；叶柄长2~4毫米；托叶卵状披针形，膜质。花直径约3毫米，数朵簇生于叶腋；花梗丝状，顶端稍粗；雄花：花梗长约8毫米；萼片6枚，卵形；花盘腺体6个；雄蕊5个，花丝分离，药室纵裂；花粉粒圆球形，具3孔沟，沟细长，内孔圆形。

产地与地理分布：产于中国江苏、安徽、浙江、江西、湖北、湖南、广东、广西、四川、贵州、云南和西藏等省区，生于海拔200~1000米的山地灌木丛中或稀疏林下。分布于印度、不丹、印度东北部、尼泊尔等。

用途：【药用价值】药用，根可治小儿疳积病。

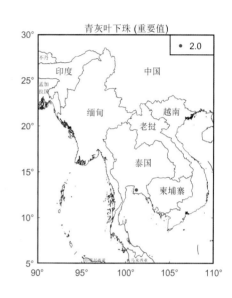

小果叶下珠（*Phyllanthus reticulatus* Poir.）

鉴别特征：灌木，高达4米；枝条淡褐色；幼枝、叶和花梗均被淡黄色短柔毛或微毛。叶片膜质至纸质，椭圆形、卵形至圆形，长1~5厘米，宽0.7~3厘米，顶端急尖、钝至圆，基部钝至圆，下面有时灰白色；叶脉通常两面明显，侧脉每边5~7条；叶柄长2~5毫米；托叶钻状三角形，长达1.7毫米，干后变硬刺状，褐色。通常2~10朵雄花和1朵雌花簇生于叶腋，稀组成聚伞花序；雄花：直径约2毫米；花梗纤细，长5~10毫米。

产地与地理分布：产于中国江西、福建、台湾、湖南、广东、海南、广西、四川、贵州和云南等省区，生于海拔200~800米山地林下或灌木丛中。广布于西非热带地区至印度、斯里兰卡、中南半岛、印度尼西亚、菲律宾、马来西亚和澳大利亚。

用途：【药用价值】根、叶供药用：驳骨、跌打。

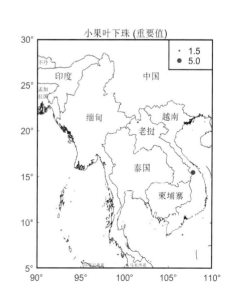

叶下珠（*Phyllanthus urinaria* L.）

鉴别特征：一年生草本，高10～60厘米，茎通常直立，基部多分枝，枝倾卧而后上升；枝具翅状纵棱，上部被一纵列疏短柔毛。叶片纸质，因叶柄扭转而呈羽状排列，长圆形或倒卵形；侧脉每边4～5条，明显；叶柄极短；托叶卵状披针形，长约1.5毫米。花雌雄同株，直径约4毫米；雄花：2～4朵簇生于叶腋，通常仅上面1朵开花，下面的很小。

产地与地理分布：产于中国河北、山西、陕西、华东、华中、华南、西南等省区，通常生于海拔500米以下旷野平地、旱田、山地路旁或林缘，在云南海拔1100米的湿润山坡草地亦见有生长。分布于印度、斯里兰卡、中南半岛、日本、马来西亚、印度尼西亚至南美洲。

用途：【药用价值】药用，全草有解毒、消炎、清热止泻、利尿之效，可治赤目肿痛、肠炎腹泻、痢疾、肝炎、小儿疳积、肾炎水肿、尿路感染等。

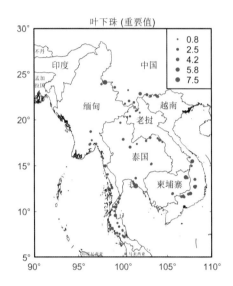

黄珠子草（*Phyllanthus virgatus* Forst. f.）

鉴别特征：一年生草本，通常直立；茎基部具窄棱，或有时主茎不明显；枝条通常自茎基部发出，上部扁平而具棱；全株无毛。叶片近革质，线状披针形、长圆形或狭椭圆形；托叶膜质，卵状三角形，长约1毫米，褐红色。通常2～4朵雄花和1朵雌花同簇生于叶腋；雄花：直径约1毫米；萼片6，宽卵形或近圆形。

产地与地理分布：产于中国河北、山西、陕西、华东、华中、华南和西南等省区，生于平原至海拔1350米山地草坡、沟边草丛或路旁灌丛中。分布于印度、东南亚到昆士兰等地。

用途：【药用价值】全株入药，清热利湿，治小儿疳积等。

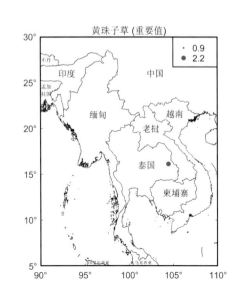

蓖麻（*Ricinus communis* L.）

鉴别特征：一年生粗壮草本或草质灌木；小枝、叶和花序通常被白霜，茎多液汁。叶轮廓近圆形，掌状7～11裂，裂缺几达中部，裂片卵状长圆形或披针形，顶端急尖或渐尖，边缘具锯齿；掌状脉7～11条。网脉明显；叶柄粗壮，中空；托叶长三角形，早落。总状花序或圆锥花序，长15～30厘米或更长；苞片阔三角形，膜质，早落。

产地与地理分布：原产地可能在非洲东北部的肯尼亚或索马里；现广布于全世界热带地区或栽培于热带至温暖带各国。

用途：【药用价值】叶：消肿拔毒、止痒，治疮疡肿毒，鲜品捣烂外敷，治湿疹瘙痒，煎水外洗，并可灭蛆、杀孑孓；根：祛风活血、止痛镇静，用于风湿关节痛、破伤风、癫痫、精神分裂症。【经济价值】蓖麻种子可榨油，为化工、轻工、冶金、机电、纺织、印刷、染料等工业和医药的重要原料。

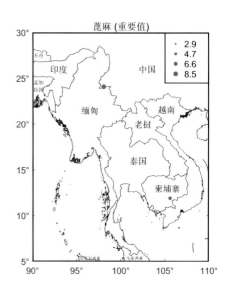

蓖麻 (重要值)

大戟科·蓖麻属

守宫木 [*Sauropus androgynus* (L.) Merr.]

鉴别特征：灌木，高1～3米；小枝绿色，长而细，幼时上部具棱，老渐圆柱状；全株均无毛。叶片近膜质或薄纸质，卵状披针形、长圆状披针形或披针形，顶端渐尖，基部楔形、圆或截形；侧脉每边5～7条，上面扁平，下面凸起，网脉不明显；托叶2片，着生于叶柄基部两侧，长三角形或线状披针形，长1.5～3毫米。雄花：1～2朵腋生，或几朵与雌花簇生于叶腋。

产地与地理分布：海南、广东和云南均有栽培。分布于印度、斯里兰卡、老挝、柬埔寨、越南、菲律宾、印度尼西亚和马来西亚等。

用途：【食用价值】嫩枝和嫩叶可作为蔬菜食用。

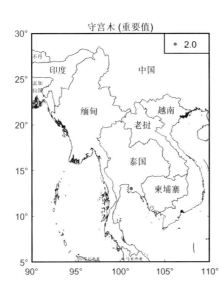

守宫木 (重要值)

大戟科·守宫木属

地杨桃 [*Sebastiania chamaelea* (Linn.) Muell. Arg.]

鉴别特征：多年生草本；主根粗直而长，直径可达5毫米，侧根纤细，丝状；茎基部多少木质化，多分枝，分枝常呈2歧式，纤细，先外倾而后上升，具锐纵棱，无毛或幼嫩部分被柔毛。叶互生，厚纸质，叶片线形或线状披针形。背面尤著，侧脉不明。花期几乎全年。

产地与地理分布：分布于中国广东南部、海南和广西南部。生于旷野草地、溪边或沙滩上。还分布于印度、斯里兰卡、缅甸、泰国、越南、柬埔寨、马来西亚、印度尼西亚和菲律宾。

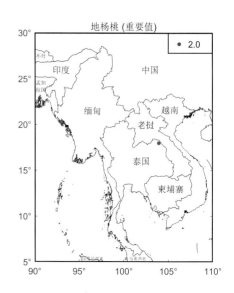

滑桃树（*Trewia nudiflora* L.）

鉴别特征：乔木；嫩枝被灰黄色茸毛或长柔毛。叶纸质，卵形或长圆形，顶端渐尖，基部心形或截平，稀钝圆，边近全缘，嫩叶两面均密生灰黄色长柔毛，成长叶上面沿叶脉被毛，下面被长柔毛；基出脉3～5条，侧脉4～5对，近基部有斑状腺体2～4个。雄花序长6～18厘米，密被浅黄色长柔毛；苞片卵状披针形，长约3毫米，每苞腋内有雄花2～3朵。

产地与地理分布：分布于亚洲南部和东南部热带地区。中国分布于云南、广西和海南。生于海拔100～800米山谷、溪边疏林中。

用途：【药用价值】具有抗肿瘤活性的新美登素类化合物。【经济价值】本种为木材优良的速生树种。

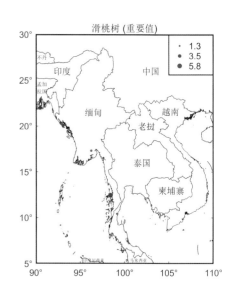

柚 [*Citrus maxima* (Burm.) Merr.]

鉴别特征：乔木。嫩枝、叶背、花梗、花萼及子房均被柔毛，嫩叶通常暗紫红色，嫩枝扁且有棱。叶质颇厚，色浓绿，阔卵形或椭圆形。总状花序，有时兼有腋生单花；花蕾淡紫红色，稀乳白色；花萼不规则5~3浅裂；花瓣长1.5~2厘米；雄蕊25~35枚，有时部分雄蕊不育；花柱粗长，柱头略较子房大。

产地与地理分布：长江以南各地，最北限见于河南省信阳及南阳一带，全为栽培。东南亚各国有栽种。

用途：【食用价值】有消食、解酒毒功效。

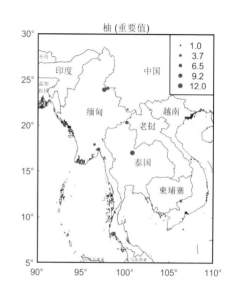

柚（重要值）

芸香科·柑橘属

柑橘（*Citrus reticulata* Blanco）

鉴别特征：小乔木。分枝多，枝扩展或略下垂，刺较少。单身复叶，翼叶通常狭窄，或仅有痕迹，叶片披针形，椭圆形或阔卵形，大小变异较大，顶端常有凹口，中脉由基部至凹口附近成叉状分枝，叶缘至少上半段通常有钝或圆裂齿，很少全缘。花单生或2~3朵簇生；花萼不规则5~3浅裂。果形种种，通常扁圆形至近圆球形，果皮甚薄而光滑，或厚而粗糙，淡黄色，朱红色或深红色。

产地与地理分布：产于中国秦岭南坡以南、伏牛山南坡诸水系及大别山区南部，向东南至台湾，南至海南，西南至西藏东南部海拔较低地区。

用途：【药用价值】柑橘果实具有的药用价值，橘络、枳壳、枳实、青皮、陈皮就是传统的中药材，在中药临床上被广泛应用。【食用价值】可食水果。【观赏价值】是一种很好的庭园观赏植物。【生态价值】吸收二氧化碳，极具"碳汇"价值。

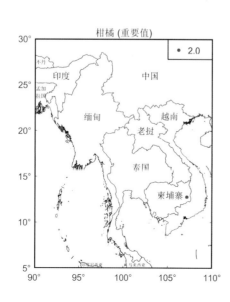

柑橘（重要值）

芸香科·柑橘属

光滑黄皮 (*Clausena lenis* Drake)

鉴别特征: 树高2~3米。小枝的髓部颇大,海绵质,嫩枝及叶轴密被纤细卷曲短毛及干后稍凸起的油点,毛随枝叶的成长逐渐脱落。叶有小叶9~15片,小叶斜卵形、斜卵状披针形,或近于斜的平行四边形。

产地与地理分布: 产于中国海南、广西南部、云南南部。见于海拔500~1300米山地疏或密林。越南东北部。

用途:【食用价值】可食用。

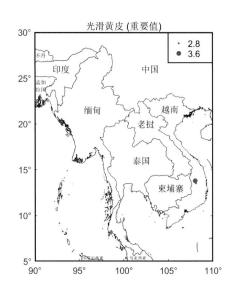

楝叶吴萸 [*Evodia glabrifolia* (Champ. ex Benth.) Huang]

鉴别特征: 树高达20米。树皮灰白色,不开裂,密生圆或扁圆形、略凸起的皮孔。叶有小叶7~11片,小叶斜卵状披针形。花序顶生,花甚多;萼片及花瓣均5片,很少同时有4片的。

产地与地理分布: 产于中国台湾、福建、广东、海南、广西及云南南部,约北纬24°以南地区。生于海拔500~800米或平地常绿阔叶林中,在山谷较湿润地方常成为主要树种。

用途:【药用价值】鲜叶、树皮及果皮均有臭辣气味,以果皮的气味最浓;根及果用作草药,据记载有健胃、驱风、镇痛、消肿之功效。【经济价值】天花板、楼板、门窗、枪托、车、船内装饰及文具等用材。【饲料价值】树叶是蓖麻蚕的良好饲料。

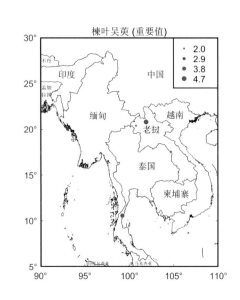

三桠苦（*Evodia lepta*）

鉴别特征：乔木，树皮灰白或灰绿色，光滑，纵向浅裂，嫩枝的节部常呈压扁状，小枝的髓部大，枝叶无毛。3小叶，小叶长椭圆形，两端尖，有时倒卵状椭圆形，全缘，油点多；小叶柄甚短。花序腋生；萼片及花瓣均4片；萼片细小；花瓣淡黄或白色，长1.5～2毫米，常有透明油点，干后油点变暗褐至褐黑色。

产地与地理分布：产于中国台湾、福建、江西、广东、海南、广西、贵州及云南南部，最北限约在北纬25°，西南至云南腾冲县。生于平地至海拔2000米山地，常见于较阴蔽的山谷湿润地方，阳坡灌木丛中偶有生长。越南、老挝、泰国等也有分布。

用途：【药用价值】根、叶、果都用作草药，味苦、性寒，一说其根有小毒；中国及越南、老挝、柬埔寨均用作清热解毒剂；用其根、茎枝，作为消暑清热剂；对于副流感病毒（仙台株）有抑制作用。【经济价值】适作小型家具、文具或箱板材。

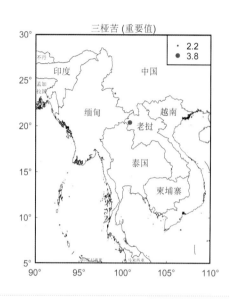

三桠苦 (重要值)

山小橘 [*Glycosmis parviflora* (Sims) Kurz]

鉴别特征：小乔木。叶有小叶5片，有时3片；小叶长圆形，稀卵状椭圆形，硬纸质，叶缘有疏离而裂的锯齿状裂齿。圆锥花序腋生及顶生，位于枝顶部的通常长10厘米以上。花期7—10月，果期翌年1—3月。

产地与地理分布：产于中国云南南部及西南部。生于海拔600～1200米山坡或山沟杂木林中。越南西北部、老挝、缅甸及印度东北部也有分布。

用途：【药用价值】具有祛风解表、化痰止咳、理气消积、散瘀消肿之功效，主治感冒咳嗽、食滞纳呆、食积腹痛、疝气痛、跌打肿痛。

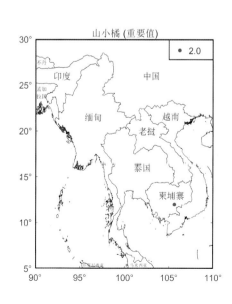

山小橘 (重要值)

芸香科 · 吴茱萸属

芸香科 · 山小橘属

191

箣櫂花椒 [*Zanthoxylum avicennae* (Lam.) DC.]

鉴别特征: 落叶乔木,高稀达15米;树干有鸡爪状刺,刺基部扁圆而增厚,形似鼓钉,并有环纹,幼苗的小叶甚小,但多达31片,幼龄树的枝及叶密生刺,各部无毛。叶有小叶11~21片,稀较少;小叶通常对生或偶有不整齐对生,斜卵形,斜长方形或呈镰刀状,有时倒卵形,幼苗小叶多为阔卵形。

产地与地理分布: 产于中国台湾、福建、广东、海南、广西、云南。见于北纬约25°以南地区。生于低海拔平地、坡地或谷地,多见于次生林中。非律宾、越南北部也有分布。

用途: 【药用价值】民间用作草药,有祛风去湿、行气化痰、止痛等功效,治多类痛症,又作驱蛔虫剂;根的水浸液和酒精提取液对溶血性链球菌及金黄色葡萄球菌均有抑制作用。【食用价值】可食用。

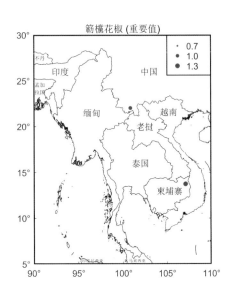

青花椒 (*Zanthoxylum schinifolium* Sieb. et Zucc.)

鉴别特征: 通常高1~2米的灌木;茎枝有短刺,刺基部两侧压扁状,嫩枝暗紫红色。叶有小叶7~19片;小叶纸质,对生,几无柄,位于叶轴基部的常互生。

产地与地理分布: 产于中国五岭以北、辽宁以南大多数省区。见于平原至海拔800米山地疏林或灌木丛中或岩石旁等多类生境。也有栽种。朝鲜、日本也有分布。

用途: 【药用价值】根、叶及果均入药,味辛、性温,有发汗、散寒、止咳、除胀、消食功效。【食用价值】其果可作为花椒代品。

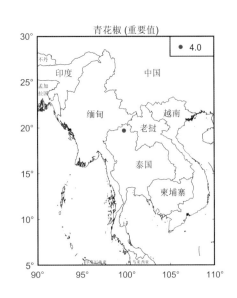

鸦胆子 [*Brucea javanica* (L.) Merr.]

鉴别特征：灌木或小乔木；嫩枝、叶柄和花序均被黄色柔毛。叶长20～40厘米，有小叶3～15；小叶卵形或卵状披针形。花组成圆锥花序，雄花序长15～25（～40）厘米，雌花序长约为雄花序的一半；花细小，暗紫色，直径1.5～2毫米；雄花的花梗细弱，长约3毫米，萼片被微柔毛。

产地与地理分布：产于中国福建、台湾、广东、广西、海南和云南等省区；云南生于海拔950～1000米的旷野或山麓灌丛中或疏林中。亚洲东南部至大洋洲北部也有分布。

用途：【药用价值】本种之种子称鸦胆子，作中药，味苦，性寒，有清热解毒、止痢疾等功效。

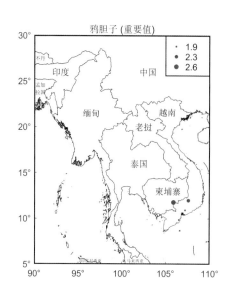

鸦胆子 (重要值)

牛筋果 [*Harrisonia perforata* (Blanco) Merr.]

鉴别特征：近直立或稍攀缘的灌木。叶长8～14厘米，有小叶5～13，叶轴在小叶间有狭翅；小叶纸质，菱状卵形。花数至10余朵组成顶生的总状花序，被毛；萼片卵状三角形，长约1毫米，被短柔毛，花瓣白色，披针形，长5～6毫米。

产地与地理分布：产于中国福建、广东和海南等地；常见于低海拔的灌木林和疏林中。中南半岛、马来半岛、菲律宾、印度尼西亚等也有分布。

用途：【药用价值】根味苦，性凉，有清热解毒作用，对防治疟疾有一定效果。

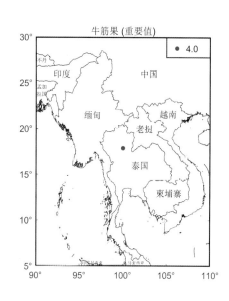

牛筋果 (重要值)

苦木科·鸦胆子属

苦木科·牛筋果属

棟 (*Melia azedarach* L.)

鉴别特征: 落叶乔木; 树皮灰褐色, 纵裂。分枝广展, 小枝有叶痕。叶为2~3回奇数羽状复叶; 小叶对生, 卵形、椭圆形至披针形。圆锥花序约与叶等长, 无毛或幼时被鳞片状短柔毛; 花芳香。花期4—5月, 果期10—12月。

产地与地理分布: 产于中国黄河以南各省区, 较常见; 生于低海拔旷野、路旁或疏林中, 目前已广泛引为栽培。广布于亚洲热带和亚热带地区, 温带地区也有栽培。

用途:【药用价值】用鲜叶可灭钉螺和作农药, 用根皮可驱蛔虫和钩虫, 但有毒, 用时要严遵医嘱, 根皮粉调醋可治疥癣, 用苦楝子做成油膏可治头癣。【经济价值】是家具、建筑、农具、舟车、乐器等良好用材; 果核仁油可供制油漆、润滑油和肥皂。【生态价值】是平原及低海拔丘陵区的良好造林树种。

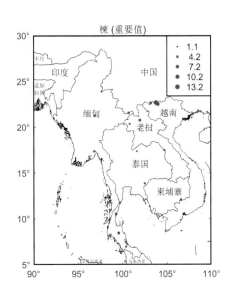

圆锥花远志 (*Polygala paniculata* L.)

鉴别特征: 一年生直立草本; 主根黄色, 茎圆柱形, 细, 上部多分枝, 呈圆锥状, 被微柔毛。叶互生, 或下部4~5枚假轮生, 叶片披针形至线状披针形。总状花序顶生或与叶对生, 长2~15厘米, 花梗长0.5~1毫米, 基部具小苞片, 小苞片披针形, 急尖, 早落; 萼片5, 外面3枚小, 多少椭圆形, 先端钝, 内面2枚花瓣状, 带紫色。

产地与地理分布: 原产于巴西至墨西哥, 中国台湾省引种栽培。

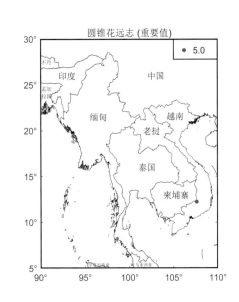

腰果（*Anacardium occidentale* L.）

鉴别特征：灌木或小乔木；小枝黄褐色，无毛或近无毛。叶革质，倒卵形。圆锥花序宽大，多分枝，排成伞房状，多花密集，密被锈色微柔毛；苞片卵状披针形，长5～10毫米，背面被锈色微柔毛；花黄色，杂性，无花梗或具短梗；花萼外面密被锈色微柔毛，裂片卵状披针形。

产地与地理分布：原产于美洲热带地区，现全球热带广为栽培。中国云南、广西、广东、福建、台湾均有引种，适于低海拔的干热地区栽培。

用途：【药用价值】果壳油是优良的防腐剂或防水剂，又可入药，治牛皮癣、铜钱癣及香港脚；树皮用于杀虫、治白蚁。【食用价值】假果可生食或制果汁、果酱、蜜饯、罐头和酿酒。【经济价值】还可提制栲胶；可供造船；和制不褪色墨水。

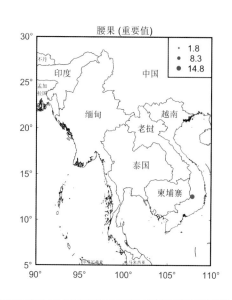

杧果（*Mangifera indica* L.）

鉴别特征：常绿大乔木；树皮灰褐色，小枝褐色，无毛。叶薄革质，常集生枝顶，叶形和大小变化较大，通常为长圆形或长圆状披针形。圆锥花序长20～35厘米，多花密集，被灰黄色微柔毛，分枝开展，最基部分枝长6～15厘米。

产地与地理分布：产于中国云南、广西、广东、福建、台湾，生于海拔200～1350米的山坡，河谷或旷野的林中。分布于印度、孟加拉国、中南半岛和马来西亚。

用途：【药用价值】果皮入药，为利尿峻下剂；果核疏风止咳。【食用价值】热带著名水果，还可制罐头和果酱或盐渍供调味，亦可酿酒。【经济价值】叶和树皮可作为黄色染料；宜作舟车或家具等。【观赏价值】为热带良好的庭园和行道树种。

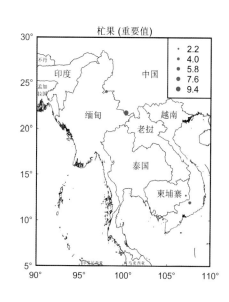

黄连木（*Pistacia chinensis* Bunge）

鉴别特征： 落叶乔木，高达20余米；树干扭曲，树皮暗褐色，呈鳞片状剥落，幼枝灰棕色，具细小皮孔，疏被微柔毛或近无毛。奇数羽状复叶互生，有小叶5~6对，叶轴具条纹，被微柔毛，叶柄上面平，被微柔毛；小叶对生或近对生，纸质，披针形或卵状披针形或线状披针形。

产地与地理分布： 产于中国长江以南各省区及华北、西北；生于海拔140~3550米的石山林中。菲律宾亦有分布。

用途：【食用价值】幼叶可当蔬菜，并可代茶。【经济价值】可供家具和细工用材；种子榨油可作润滑油或制皂。

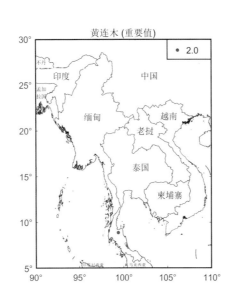

盐肤木（*Rhus chinensis* Mill.）

鉴别特征： 落叶小乔木或灌木，高2~10米；小枝棕褐色，被锈色柔毛，具圆形小皮孔。奇数羽状复叶有小叶(2~) 3~6对，叶轴具宽的叶状翅，小叶自下而上逐渐增大，叶轴和叶柄密被锈色柔毛；小叶多形，卵形或椭圆状卵形或长圆形。花期8—9月，果期10月。

产地与地理分布： 中国除东北、内蒙古和新疆外，其余省区均有，生于海拔170~2700米的向阳山坡、沟谷、溪边的疏林或灌丛中。分布于印度、中南半岛、马来西亚、印度尼西亚、日本和朝鲜。

用途：【药用价值】可供药用。【食用价值】果泡水代醋用，生食酸咸止渴；种子可榨油。【经济价值】可供鞣革、医药、塑料和墨水等工业上用；幼枝和叶可作土农药。

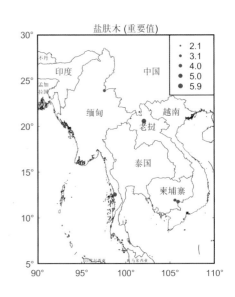

裂果漆 [*Toxicodendron griffithii* (Hook. f.) O. Kuntze]

鉴别特征：小乔木；小枝圆柱形，灰褐色，无毛或近无毛，具突起小皮孔。奇数羽状复叶互生，有小叶3~5对；小叶革质，长圆形或卵状长圆形。

产地与地理分布：产于中国云南、贵州；生于海拔1900~2250米的灌丛中。分布于印度东北部、缅甸、泰国。

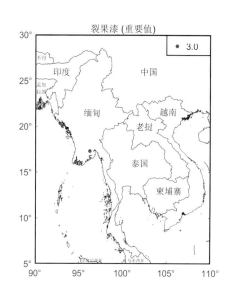

裂果漆 (重要值)

木蜡树 [*Toxicodendron sylvestre* (Sieb. et Zucc.) O. Kuntze]

鉴别特征：落叶乔木或小乔木；幼枝和芽被黄褐色茸毛，树皮灰褐色。奇数羽状复叶互生，有小叶3~6对；小叶对生、纸质、卵形或卵状椭圆形或长圆形。

产地与地理分布：长江以南各省区均产；生于海拔140~800(~2300)米的林中。朝鲜和日本亦有分布。

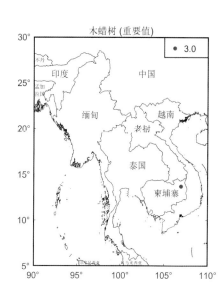

木蜡树 (重要值)

漆树科·漆属

茶条木 (*Delavaya toxocarpa* Franch.)

鉴别特征：灌木或小乔木高3~8米，树皮褐红色；小枝略有沟纹，无毛。小叶薄革质，中间一片椭圆形或卵状椭圆形。花序狭窄，柔弱而疏花；花梗长5~10毫米；萼片近圆形，凹陷，大的长4~5毫米，无毛。

产地与地理分布：产于中国云南大部分地区和广西西部和西南部。生于海拔500~2000米处的密林中，有时也见于灌丛。越南北部也有分布。

用途：【经济价值】可供制肥皂等用。

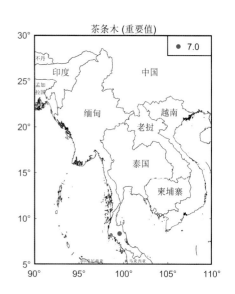

龙眼 (*Dimocarpus longan* Lour.)

鉴别特征：常绿乔木，具板根的大乔木；小枝粗壮，被微柔毛，散生苍白色皮孔。薄革质，长圆状椭圆形至长圆状披针形。

产地与地理分布：中国西南部至东南部栽培很广，以福建最盛，广东次之，云南及广东、广西南部亦见野生或半野生于疏林中。亚洲南部和东南部也常有栽培。

用途：【药用价值】因其假种皮富含维生素和磷质，有益脾、健脑的作用，故亦入药。【食用价值】可酿酒。【经济价值】以作果品为主；是造船、家具、细工等的优良材料。

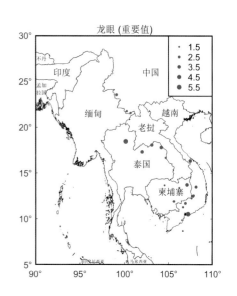

赤才 [*Erioglossum rubiginosum* (Roxb.) Bl.]

鉴别特征:常绿灌木或小乔木,高通常2~3米,有时达7米,树皮暗褐色,不规则纵裂;嫩枝、花序和叶轴均密被锈色茸毛。叶连柄长15~50厘米;小叶2~8对,革质。

产地与地理分布:中国产于中国广东雷州半岛和海南岛以及广西的合浦和南宁地区,云南西双版纳有栽培。生灌丛中或疏林中,很常见。

用途:【药用价值】民间作强壮剂入药。【食用价值】果皮可食。【经济价值】可作农具。

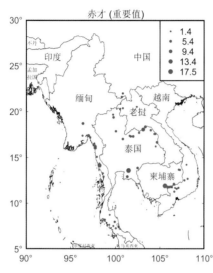

红毛丹 (*Nephelium lappaceum* L.)

鉴别特征:常绿乔木;小枝圆柱形,有皱纹,灰褐色,仅嫩部被锈色微柔毛。叶连柄长15~45厘米,叶轴稍粗壮,干时有皱纹;小叶2或3对,薄革质,椭圆形或倒卵形;侧脉7~9对,干时褐红色,仅在背面凸起,网状小脉略呈蜂巢状,干时两面可见;小叶柄长约5毫米。花序常多分枝,与叶近等长或更长,被锈色短茸毛。

产地与地理分布:中国广东南部(海南和湛江)和台湾有少量栽培。本种为热带果树,原产地在亚洲热带。

用途:【药用价值】红毛丹果壳洗净加水煎炒当茶饮,可改善口角炎与腹泻;红毛丹植株的树根,洗净加水熬煮当日常饮料,能降火解热;其树皮水煮当茶饮,对舌头炎症具有显著的功效。【食用价值】可食用。【经济价值】很有发展前途的热带果树。【观赏价值】果树还可作为园林观赏树木。

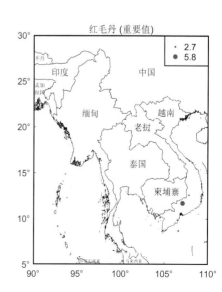

无患子 (*Sapindus mukorossi* Gaertn.)

鉴别特征: 落叶大乔木, 高可达20余米, 树皮灰褐色或黑褐色; 嫩枝绿色, 无毛。叶连柄长25~45厘米或更长, 叶轴稍扁, 上面两侧有直槽, 无毛或被微柔毛; 小叶5~8对, 通常近对生, 叶片薄纸质, 长椭圆状披针形或稍呈镰形; 侧脉纤细而密, 15~17对, 近平行。

产地与地理分布: 中国产于东部、南部至西南部。各地寺庙、庭园和村边常见栽培。日本、朝鲜、中南半岛和印度等地也常栽培。

用途: 【药用价值】根和果入药, 味苦微甘, 有小毒, 功能清热解毒、化痰止咳。【经济价值】可代肥皂; 木可做箱板和木梳等。

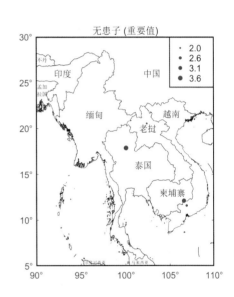

尖叶清风藤 (*Sabia swinhoei* Hemsl. ex Forb. et Hemsl.)

鉴别特征: 常绿攀缘木质藤本; 小枝纤细, 被长而垂直的柔毛。叶纸质, 椭圆形、卵状椭圆形、卵形或宽卵形; 侧脉每边4~6条, 网脉稀疏; 叶柄长3~5毫米。被柔毛。聚伞花序有花2~7朵, 被疏长柔毛; 萼片5, 卵形, 长1~1.5毫米。

产地与地理分布: 产于中国江苏、浙江、台湾、福建、江西、广东、广西、湖南、湖北、四川、贵州等省区。生于海拔400~2300米的山谷林间。

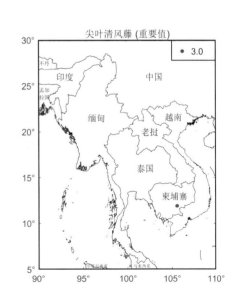

凤仙花（*Impatiens balsamina* L.）

鉴别特征：一年生草本，茎粗壮、肉质、直立，具多数纤维状根，下部节常膨大。叶互生，最下部叶有时对生；叶片披针形、狭椭圆形或倒披针形，侧脉4~7对；叶柄长1~3厘米，上面有浅沟，两侧具数对具柄的腺体。

产地与地理分布：中国各地庭园广泛栽培，为习见的观赏花卉。

用途：【药用价值】有祛风湿、活血、止痛之效，用于治风湿性关节痛、屈伸不利；有软坚、消积之效，用于治噎嗝、骨鲠咽喉、腹部肿块、闭经。

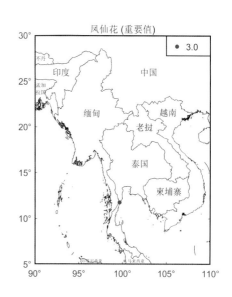

凤仙花（重要值）

苦皮藤（*Celastrus angulatus* Maxim.）

鉴别特征：藤状灌木；小枝常具4~6纵棱，皮孔密生，圆形到椭圆形，白色，腋芽卵圆状。叶大，近革质，长方阔椭圆形、阔卵形、圆形。聚伞圆锥花序顶生，下部分枝长于上部分枝，略呈塔锥形，长10~20厘米，花序轴及小花轴光滑或被锈色短毛。

产地与地理分布：产于中国河北、山东、河南、陕西、甘肃、江苏、安徽、江西、湖北、湖南、四川、贵州、云南及广东、广西。生长于海拔1000~2500米山地丛林及山坡灌丛中。

用途：【药用价值】根皮及茎皮为杀虫剂和灭菌剂。**【经济价值】**可供造纸及人造棉原料。

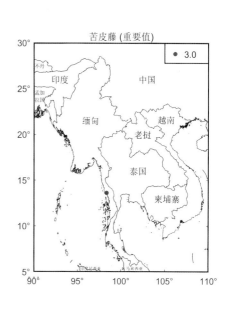

苦皮藤（重要值）

青江藤（*Celastrus hindsii* Benth.）

鉴别特征：常绿藤本；小枝紫色，皮孔较稀少。叶纸质或革质，干后常灰绿色，长方窄椭圆形，或卵窄椭圆形至椭圆倒披针形。顶生聚伞圆锥花序，腋生花序近具1~3花，稀成短小聚伞圆锥状。花淡绿色，小花梗长4~5毫米，关节在中部偏上。

产地与地理分布：产于中国江西、湖北、湖南、贵州、四川、台湾、福建、广东、海南、广西、云南、西藏东部。生长于海拔300~2500米以下的灌丛或山地林中。分布于越南、缅甸、印度东北部、马来西亚。

用途：【药用价值】具有通经、利尿之功效，常用于经闭、小便不利。

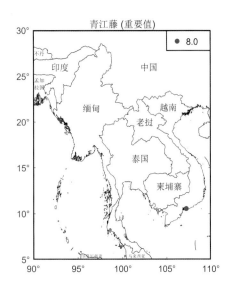

山香圆 [*Turpinia montana* (Bl.) Kurz. var. *montana*]

鉴别特征：小乔木，枝和小枝圆柱形，灰白绿色。叶对生，羽状复叶，纤细，绿色，叶5枚，对生，纸质，长圆形至长圆状椭圆形。

产地与地理分布：产于中国南部和西南部。中南半岛、印度尼西亚的爪哇和苏门答腊也有分布。

用途：【药用价值】具有较好的抗菌消炎作用，用于治疗扁桃体炎、咽喉炎和扁桃体脓肿。

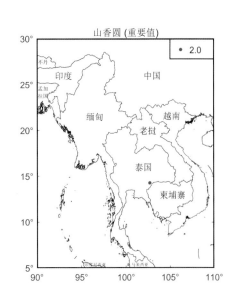

小盘木 (*Microdesmis casseariifolia* Planch.)

鉴别特征：乔木或灌木；树皮粗糙，多分枝；嫩枝密被柔毛；成长枝近无毛。叶片纸质至薄革质，披针形、长圆状披针形至长圆形；侧脉每边4~6条，纤细；叶柄长3~6毫米，被柔毛，后毛被脱落；托叶小，长约1.2毫米。花小，黄色，簇生于叶腋。花期3—9月，果期7—11月。

产地与地理分布：分布于中国广东、海南、广西和云南等省区，生于山谷、山坡密林下或灌木丛中。中南半岛、马来半岛、菲律宾至印度尼西亚也有分布。

用途：【药用价值】具有散瘀消肿、止痛之功效，常用于顽癣、疣赘；树汁治齿痛。

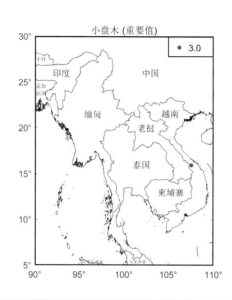

小盘木 (重要值)

微花藤 (*Iodes cirrhosa* Turcz.)

鉴别特征：木质藤本；小枝圆柱形，密被锈色软柔毛，老枝具纵纹，偶有极稀疏的皮孔，具腋生或腋外生卷须，有时与叶对生。叶卵形或宽椭圆形，厚纸质，背面密被黄色、伸展的柔毛，侧脉3~5对，第三次脉近平行，各级脉在表面明显，背面隆起；叶柄长1~2厘米，密被锈色柔毛。花期1—4月，果期5—10月。

产地与地理分布：产于中国广西、云南南部和东南部。生于海拔400~950 (~1300) 米的沟谷疏林中。印度东北部、缅甸南部、泰国、老挝、越南中部至南部、马来半岛、印度尼西亚、菲律宾也有分布。

用途：【药用价值】广西用根治风湿痛。

微花藤 (重要值)

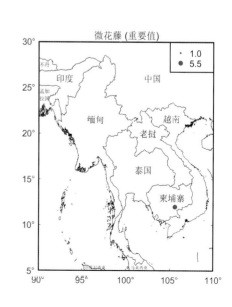

勾儿茶 (*Berchemia sinica* Schneid.)

鉴别特征: 藤状或攀缘灌木, 高达5米; 幼枝无毛, 老枝黄褐色, 平滑无毛。叶纸质至厚纸质, 互生或在短枝顶端簇生, 卵状椭圆形或卵状矩圆形, 上面绿色, 无毛, 下面灰白色, 仅脉腋被疏微毛, 侧脉每边8~10条。花芽卵球形, 顶端短锐尖或钝; 花黄色或淡绿色, 单生或数个簇生, 无或有短总花梗。

产地与地理分布: 产于中国河南、山西、陕西、甘肃、四川、云南、贵州、湖北。常生于山坡、沟谷灌丛或杂木林中, 海拔1000~2500米。

用途:【药用价值】具有祛风湿、活血通络、止咳化痰、健脾益气等功效, 治风湿关节痛、腰痛、痛经、肺结核、瘰疬、小儿疳积、肝炎、胆道蛔虫、毒蛇咬伤、跌打损伤。

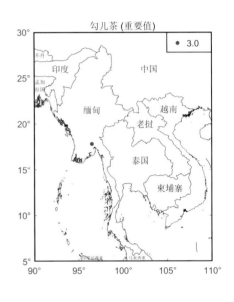

马甲子 [*Paliurus ramosissimus* (Lour.) Poir.]

鉴别特征: 灌木; 小枝褐色或深褐色, 被短柔毛, 稀近无毛。叶互生, 纸质, 宽卵形、卵状椭圆形或近圆形, 顶端钝或圆形, 基部宽楔形、楔形或近圆形, 稍偏斜, 边缘具钝细锯齿或细锯齿, 稀上部近全缘, 上面沿脉被棕褐色短柔毛, 幼叶下面密生棕褐色细柔毛, 后渐脱落仅沿脉被短柔毛或无毛, 基生三出脉; 叶柄长被毛, 基部有2个紫红色斜向直立的针刺。

产地与地理分布: 产于中国江苏、浙江、安徽、江西、湖南、湖北、福建、台湾、广东、广西、云南、贵州、四川。生于海拔2000米以下的山地和平原, 野生或栽培。朝鲜、日本和越南也有分布。

用途:【药用价值】根、枝、叶、花、果均供药用, 有解毒消肿、止痛活血之效, 治痈肿溃脓等症, 根可治喉痛。**【经济价值】**可作农具柄; 常栽培作绿篱; 种子榨油可制烛。

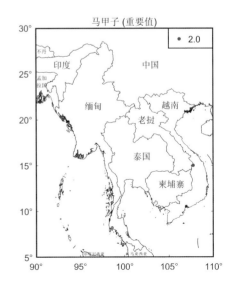

翼核果（*Ventilago leiocarpa* Benth.）

鉴别特征：藤状灌木；幼枝被短柔毛，小枝褐色，有条纹，无毛。叶薄革质，卵状矩圆形或卵状椭圆形。花小、两性、5基数，单生或2至数个簇生于叶腋。

产地与地理分布：产于中国台湾、福建、广东、广西、湖南、云南。生于海拔1500米以下疏林下或灌丛中。印度、缅甸、越南有分布。

用途：【药用价值】根入药，有补气血、舒筋活络的功效，对气血亏损、月经不调、风湿疼痛、四肢麻木、跌打损伤有一定疗效。

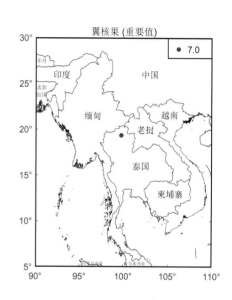

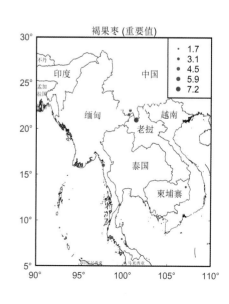

褐果枣（*Ziziphus fungii* Merr.）

鉴别特征：攀缘灌木；幼枝和当年生枝被锈色短柔毛，小枝黑紫色或紫红色，被疏短柔毛，具明显的皮孔，具皮刺。叶纸质，卵状椭圆形、卵形或卵状矩圆形，基部近圆形，不对称，边缘具不明显的细锯齿，基生三出脉，中脉每边有2~3条明显的次生侧脉，叶脉在上面下陷，下面凸起，网脉明显。

产地与地理分布：产于中国海南、云南南部和西南部。生于海拔1600米以下的疏林中。

用途：【药用价值】具有补脾和胃、益气生津、调营卫、解药毒等功效，根能治关节酸痛、胃痛、吐血、血崩、月经不调、风疹，树皮能收敛止泻、祛痰、镇咳、消炎、止血，叶能治小儿时气发热、疮疖，果核能治胫疮、走马牙疳。

鼠李科·翼核果属

鼠李科·枣属

滇刺枣（*Ziziphus mauritiana* Lam.）

鉴别特征：常绿乔木或灌木，高达15米；幼枝被黄灰色密茸毛，小枝被短柔毛，老枝紫红色，有2个托叶刺，1个斜上，另1个钩状下弯。叶纸质至厚纸质，卵形、矩圆状椭圆形，稀近圆形，基生三出脉，叶脉在上面下陷或多少突起，下面有明显的网脉；叶柄长5~13毫米，被灰黄色密茸毛。

产地与地理分布：产于中国云南、四川、广东、广西，在福建和台湾有栽培。生于海拔1800米以下的山坡、丘陵、河边湿润林中或灌丛中斯里兰卡、印度、阿富汗、越南、缅甸、马来西亚、印度尼西亚、澳大利亚及非洲也有分布。

用途：【药用价值】树皮供药用，有消炎、生肌之功效，治烧伤；叶含单宁，可提取栲胶。【食用价值】果实可食。【经济价值】适于制作家具和工业用材。

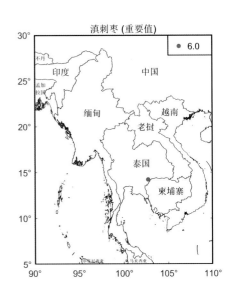

滇刺枣 (重要值)

蓝果蛇葡萄 [*Ampelopsis bodinieri* (Levl. et Vant.) Rehd.]

鉴别特征：木质藤本。小枝圆柱形，有纵棱纹，无毛。卷须2叉分枝，相隔2节间断与叶对生。叶片卵圆形或卵椭圆形，不分裂或上部微3浅裂，基部心形或微心形，边缘每侧有9~19个急尖锯齿，上面绿色，下面浅绿色，两面均无毛；基出脉5条，中脉有侧脉4~6对，网脉两面均不明显突出。花序为复二歧聚伞花序，疏散。

产地与地理分布：产于中国陕西、河南、湖北、湖南、福建、广东、广西、海南、四川、贵州、云南。生于山谷林中或山坡灌丛荫处，海拔200~3000米。

用途：【药用价值】具有消肿解毒、止痛止血、排脓生肌、祛风除湿等功效，用于跌打损伤、骨折、风湿腿痛、便血、崩漏、带下病、慢性胃炎、胃溃疡等。

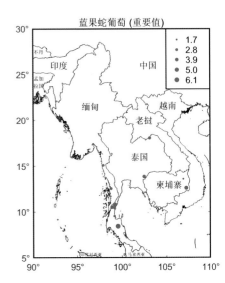

蓝果蛇葡萄 (重要值)

广东蛇葡萄 [*Ampelopsis cantoniensis* (Hook. et Arn.) Planch.]

　　鉴别特征：木质藤本。小枝圆柱形，有纵棱纹，嫩枝或多或少被短柔毛。卷须2叉分枝，相隔2节间断与叶对生。叶为二回羽状复叶或小枝上部着生有一回羽状复叶，二回羽状复叶者基部一对小叶常为3小叶。

　　产地与地理分布：产于中国安徽、浙江、福建、台湾、湖北、湖南、广东、广西、海南、贵州、云南、西藏。生于山谷林中或山坡灌丛，海拔100~850米。

　　用途：【药用价值】全株可入药，称为无莿根，性寒，有利肠通便的功效，主治便秘。【食用价值】果实可酿酒。

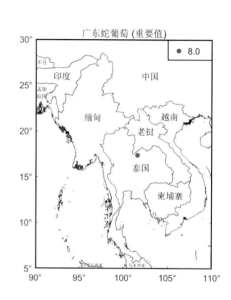

广东蛇葡萄 (重要值)　● 8.0

锈毛蛇葡萄 [*Ampelopsis heterophylla* (Thunb.) Sieb. et Zucc. var. *vestita* Rehd.]

　　鉴别特征：木质藤本。小枝圆柱形，有纵棱纹，被锈色长柔毛。卷须2~3叉分枝，相隔2节间断与叶对生。叶为单叶，心形或卵形，3~5裂中裂，常混生有不分裂者，基出脉5条，中央脉有侧脉4~5对，网脉不明显突出；花序梗长1~2.5厘米，被疏柔毛。

　　产地与地理分布：产于中国安徽、浙江、江西、河北、河南、福建、广东、广西、四川、贵州、云南。生于山谷林中或山坡灌丛荫处，海拔50~2200米。尼泊尔、印度东北部卡西山区和缅甸也有分布。

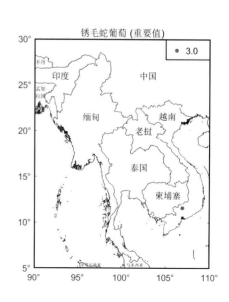

锈毛蛇葡萄 (重要值)　● 3.0

葡萄科·蛇葡萄属

乌蔹莓 [*Cayratia japonica* (Thunb.) Gagnep.]

鉴别特征：草质藤本。小枝圆柱形，有纵棱纹，无毛或微被疏柔毛。卷须2～3叉分枝，相隔2节间断与叶对生。叶为鸟足状5小叶，中央小叶长椭圆形或椭圆披针形；侧脉5～9对，网脉不明显。

产地与地理分布：产于中国陕西、河南、山东、安徽、江苏、浙江、湖北、湖南、福建、台湾、广东、广西、海南、四川、贵州、云南。生于山谷林中或山坡灌丛，海拔300～2500米。日本、菲律宾、越南、缅甸、印度、印度尼西亚和澳大利亚也有分布。

用途：【药用价值】全草入药，有凉血解毒、利尿消肿之功效。

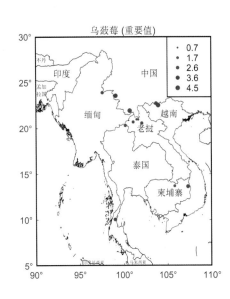

三叶乌蔹莓 [*Cayratia trifolia* (L.) Domin]

鉴别特征：木质藤本。小枝圆柱形，有纵棱纹，疏生短柔毛。卷须3～5分枝，相隔2节间断与叶对生。叶为3小叶，小叶卵圆形；侧脉7～8对，网脉上面不明显突出。

产地与地理分布：产于中国云南。生于山坡、溪边林缘或林中，海拔500～1000米。越南、老挝、柬埔寨、泰国、孟加拉国、印度、马来西亚和印度尼西亚也有分布。

用途：【药用价值】具有活血、止痛、祛风、除湿等功效，用于治跌打损伤、骨折、腰肌劳损等症，用于湿疹、皮肤溃疡等症。

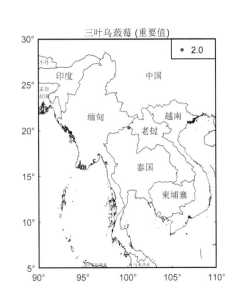

白粉藤（*Cissus repens* Lamk.）

鉴别特征：草质藤本。小枝圆柱形，有纵棱纹，常被白粉，无毛。卷须2叉分枝，相隔2节间断与叶对生。叶心状卵圆形；基出脉3~5条，中脉有侧脉3~4对，网脉不明显；托叶褐色，膜质，肾形。花序顶生或与叶对生，二级分枝4~5集生成伞形。

产地与地理分布：产于中国广东、广西、贵州、云南。生于山谷疏林或山坡灌丛，海拔100~1800米。越南、菲律宾、马来西亚和澳大利亚也有分布。

用途：【药用价值】具有化痰散结、消肿解毒、祛风活络之功效，常用于颈淋巴结结核、扭伤骨折、腰肌劳损、风湿骨痛、坐骨神经痛、疮疡肿毒、毒蛇咬伤、小儿湿疹。

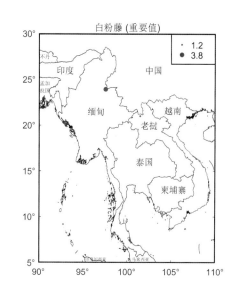

密花火筒树（*Leea compactiflora* Kurz）

鉴别特征：直立灌木。小枝圆柱形，纵棱纹钝，嫩时密被锈色柔毛，以后脱落。叶为1~2回羽状复叶，小叶长椭圆形或椭圆披针形，侧生小叶柄密被锈色柔毛；托叶呈狭翅状。

产地与地理分布：产于中国云南、西藏。生于山坡林中、林缘或河谷灌丛，海拔600~2200米。越南、老挝、缅甸、孟加拉国、印度和不丹也有分布。

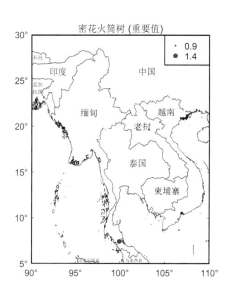

三叶地锦 [*Parthenocissus semicordata* (Wall. ex Roxb.) Planch.]

鉴别特征：木质藤本。小枝圆柱形，嫩时被疏柔毛，以后脱落几无毛。卷须总状4~6分枝，相隔2节间断与叶对生，顶端嫩时尖细卷曲，后遇附着物扩大成吸盘。叶为3小叶，着生在短枝上，中央小叶倒卵椭圆形或倒卵圆形。

产地与地理分布：产于中国甘肃、陕西、湖北、四川、贵州、云南、西藏。生于山坡林中或灌丛，海拔500~3800米。缅甸、泰国和印度也有分布。

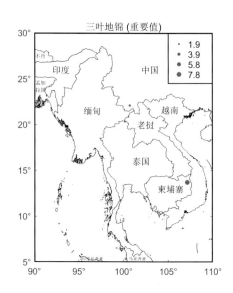

葡萄科·地锦属

三叶崖爬藤 (*Tetrastigma hemsleyanum* Diels et Gilg)

鉴别特征：草质藤本。小枝纤细，有纵棱纹，无毛或被疏柔毛。卷须不分枝，相隔2节间断与叶对生。叶为3小叶，小叶披针形、长椭圆披针形或卵披针形；侧脉5~6对，网脉两面不明显，无毛。

产地与地理分布：产于中国江苏、浙江、江西、福建、台湾、广东、广西、湖北、湖南、四川、贵州、云南、西藏。生于山坡灌丛、山谷、溪边林下岩石缝中，海拔300~1300米。

用途：【药用价值】全株供药用，有活血散瘀、解毒、化痰的作用，临床上用于治疗病毒性脑膜炎、乙型脑炎、病毒性肺炎、黄胆性肝炎等，特别是块茎对小儿高烧有特效。

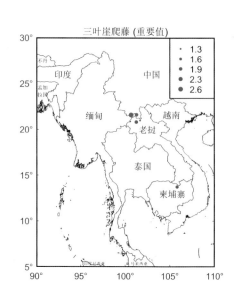

葡萄科·崖爬藤属

扁担藤 [*Tetrastigma planicaule* (Hook.) Gagnep.]

鉴别特征：木质大藤本，茎扁压，深褐色。小枝圆柱形或微扁，有纵棱纹，无毛。卷须不分枝，相隔2节间断与叶对生。叶为掌状5小叶，小叶长圆披针形、披针形、卵披针形，长(6~) 9~16厘米，宽(2.5~) 3~6 (~7)厘米，顶端渐尖或急尖，基部楔形，边缘每侧有5~9个锯齿，锯齿不明显或细小，稀较粗，上面绿色，下面浅绿色，两面无毛；侧脉5~6对，网脉突出；叶柄长3~11厘米，无毛，小叶柄长0.5~3厘米，中央小叶柄比侧生小叶柄长2~4倍，无毛。

产地与地理分布：产于中国福建、广东、广西、贵州、云南、西藏东南部。生于山谷林中或山坡岩石缝中，海拔100~2100米。老挝、越南、印度和斯里兰卡也有分布。

用途：【药用价值】藤茎供药用，有祛风湿之效。用于治疗风湿骨痛，腰肌劳损，跌打损伤，半身不遂。

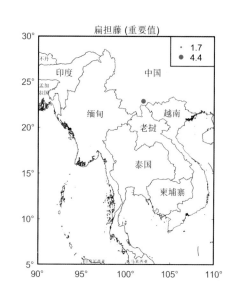

葡萄科·崖爬藤属

葡萄 (*Vitis vinifera* L.)

鉴别特征：木质藤本。小枝圆柱形，有纵棱纹，无毛或被稀疏柔毛。卷须2叉分枝，每隔2节间断与叶对生。叶卵圆形，显著3~5浅裂或中裂，长7~18厘米，宽6~16厘米，中裂片顶端急尖，裂片常靠合，基部常缢缩，裂缺狭窄，间或宽阔，基部深心形，基缺凹成圆形，两侧常靠合，边缘有22~27个锯齿，齿深而粗大，不整齐，齿端急尖，上面绿色，下面浅绿色，无毛或被疏柔毛；基生脉5出，中脉有侧脉4~5对，网脉不明显突出。

产地与地理分布：中国各地栽培，原产于亚洲西部，现世界各地栽培。

用途：【药用价值】根和藤药用能止呕、安胎。【食用价值】为著名水果，生食或制葡萄干，并酿酒，酿酒后的酒料可提酒食酸。

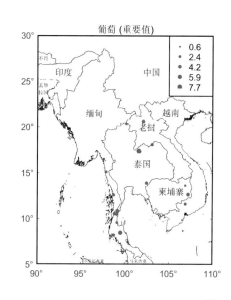

葡萄科·葡萄属

水石榕（*Elaeocarpus hainanensis* Oliver）

鉴别特征：小乔木，具假单轴分枝，树冠宽广；嫩枝无毛。叶革质，狭窄倒披针形。总状花序生当年枝的叶腋内，长5~7厘米，有花2~6朵；花较大，直径3~4厘米；苞片叶状，无柄，卵形，两面有微毛，边缘有齿突。

产地与地理分布：产于中国海南、广西南部及云南东南部。喜生于低湿处及山谷水边。在越南、泰国也有分布。

用途：【观赏价值】适于作庭园风景树，也可盆栽观赏。

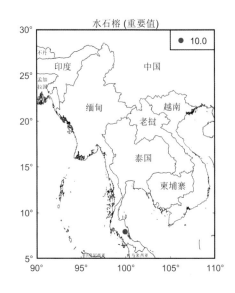

文定果（*Muntingia colabura* L.）

鉴别特征：常绿小乔木，高达5~8m。树皮光滑较薄，灰褐色。小枝及叶被短腺毛，叶片纸质，单叶互生，长圆状卵形。掌状，先端渐尖，基部斜心形，3~5条主脉，叶缘中上部有疏齿，粮棉油星状茸毛。花两性，单生或成对着生于上部小枝的叶腋花萼合生，萼片5枚，分离。花期长，花瓣5枚，白色，倒阔卵形，具有瓣柄，全缘。

产地与地理分布：原产于美洲热带地区、西印度群岛，国内分布于海南、广东、福建等地。

用途：【食用价值】可食用的野果，是一种具有开发前景的热带水果。【观赏价值】具有很高的观赏价值。

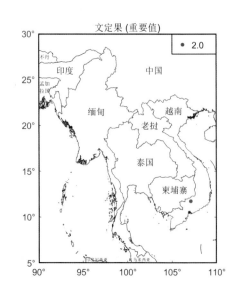

杜英科·杜英属

杜英科·文定果属

黄葵 (*Abelmoschus moschatus* Medicus)

鉴别特征:一年生或二年生草本,高1~2米,被粗毛。叶通常掌状5~7深裂;托叶线形;花单生于叶腋间;小苞片8~10枚,线形,5裂,常早落;花黄色,内面基部暗紫色。

产地与地理分布:中国台湾、广东、广西、江西、湖南和云南等省区栽培或野生。常生于平原、山谷、溪涧旁或山坡灌丛中。分布于越南、老挝、柬埔寨、泰国和印度。现广植于热带地区。

用途:【药用价值】可入药。【经济价值】可提制芳香油;供制棉纸的糊料。【观赏价值】可供园林观赏用。

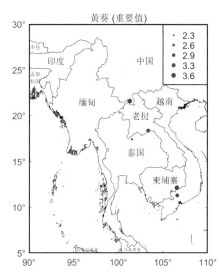

锦葵科·秋葵属

箭叶秋葵 [*Abelmoschus sagittifolius* (Kurz) Merr.]

鉴别特征:多年生草本,具萝卜状肉质根,小枝被糙硬长毛。叶形多样,下部的叶卵形,中部以上的叶卵状戟形、箭形至掌状3~5浅裂或深裂,裂片阔卵形至阔披针形,先端钝,基部心形或戟形,边缘具锯齿或缺刻,上面疏被刺毛,下面被长硬毛;叶柄长4~8厘米,疏被长硬毛。花单生于叶腋,花梗纤细,密被糙硬毛;小苞片6~12枚,线形,疏被长硬毛。

产地与地理分布:产于中国海南、广西、贵州、云南等省区。常见于低丘、草坡、旷地、稀疏松林下或干燥的瘠地。分布于越南、老挝、柬埔寨、泰国、缅甸、印度、马来西亚及澳大利亚等国。

用途:【药用价值】根入药,治胃痛、神经衰弱,外用作祛瘀消肿、跌打扭伤和接骨药;越南北部以根作止痢和滋补剂。

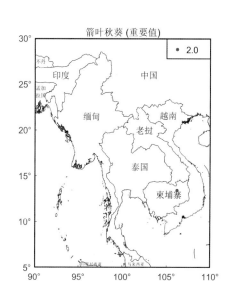

锦葵科·秋葵属

213

磨盘草 [*Abutilon indicum* (L.) Sweet]

鉴别特征：一年生或多年生直立的亚灌木状草本，高达1~2.5米，分枝多，全株均被灰色短柔毛。叶卵圆形或近圆形，基部心形，边缘具不规则锯齿，两面均密被灰色星状柔毛；托叶钻形，外弯。花单生于叶腋；花萼盘状，绿色，密被灰色柔毛，裂片5枚。

产地与地理分布：产于中国台湾、福建、广东、广西、贵州和云南等省区。常生于海拔800米以下的地带，如平原、海边、砂地、旷野、山坡、河谷及路旁等处。分布于越南、老挝、柬埔寨、泰国、斯里兰卡、缅甸、印度和印度尼西亚等热带地区。

用途：【药用价值】全草供药用，有散风、清血热、开窍、活血之功，为治疗耳聋的良药。【经济价值】供织麻布、搓绳索和加工成人造棉供织物和垫充料。

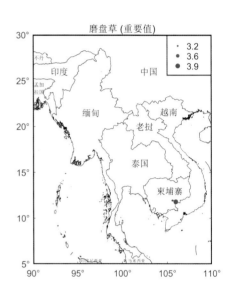

朱槿 (*Hibiscus rosa~sinensis* L.)

鉴别特征：常绿灌木，高1~3米；小枝圆柱形，疏被星状柔毛。叶阔卵形或狭卵形；叶柄上面被长柔毛；托叶线形，被毛。花单生于上部叶腋间，常下垂；小苞片6~7枚，线形，基部合生；萼钟形。

产地与地理分布：中国广东、云南、台湾、福建、广西、四川等省区栽培。

用途：【观赏价值】主供园林观赏用。

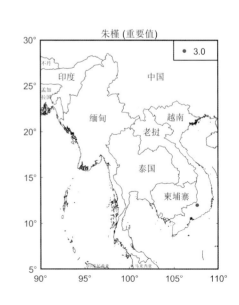

锦葵科·苘麻属

锦葵科·木槿属

玫瑰茄（*Hibiscus sabdariffa* L.）

鉴别特征：一年生直立草本，茎淡紫色，无毛。叶异型，下部的叶卵形，不分裂，上部的叶掌状3深裂，裂片披针形；托叶线形，长约1厘米，疏被长柔毛。花单生于叶腋，近无梗；小苞片8~12枚，红色，肉质，披针形，疏被长硬毛，近顶端具刺状附属。

产地与地理分布：中国台湾、福建、广东和云南南部热带地区引入栽培。原产于东半球热带地区，现全世界热带地区均有栽培。

用途：【食用价值】常用以制果酱。【经济价值】供搓绳索用。

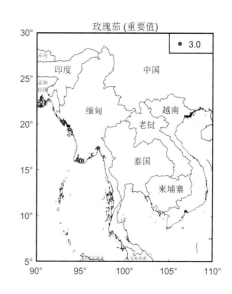

赛葵 [*Malvastrum coromandelianum* (Linn.) Gurcke]

鉴别特征：亚灌木状，直立，疏被单毛和星状粗毛。叶卵状披针形或卵形；叶柄长1~3厘米，密被长毛；托叶披针形，长约5毫米。花单生于叶腋，花梗长约5毫米，被长毛；小苞片线形，长5毫米，宽1毫米，疏被长毛；萼浅杯状，5裂，裂片卵形，渐尖头，长约8毫米，基部合生，疏被单长毛和星状长毛。

产地与地理分布：产于中国台湾、福建、广东、广西和云南等省区，散生于干热草坡。原产于美洲，系中国归化植物。

用途：【药用价值】全草入药，配十大功劳可治疗肝炎病，叶治疮疖。

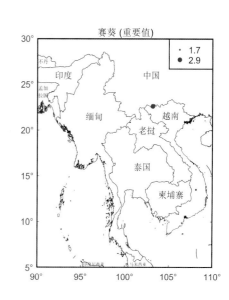

黄花稔 (*Sida acuta* Burm. f.)

鉴别特征: 直立亚灌木状草本; 分枝多, 小枝被柔毛至近无毛。叶披针形; 叶柄疏被柔毛; 托叶线形, 常宿存。花单朵或成对生于叶腋; 萼浅杯状下半部合生, 裂片5枚, 尾状渐尖; 花黄色, 花瓣倒卵形。

产地与地理分布: 产于中国台湾、福建、广东、广西和云南。常生于山坡灌丛间、路旁或荒坡。原产于印度, 分布于越南和老挝。

用途: 【药用价值】有抗菌消炎之功。【经济价值】供绳索料。

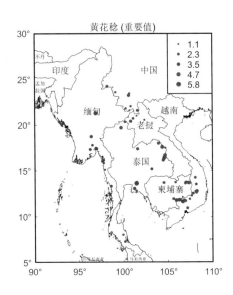

桤叶黄花稔 (*Sida alnifolia* L.)

鉴别特征: 直立亚灌木或灌木, 高1~2米, 小枝细瘦, 被星状柔毛。叶倒卵形、卵形、卵状披针形至近圆形, 基部圆至楔形, 边缘具锯齿, 上面被星状柔毛, 下面密被星状长柔毛; 托叶钻形, 常短于叶柄。花单生于叶腋, 花梗长1~3厘米, 中部以上具节, 密被星状茸毛; 萼杯状, 被星状茸毛, 裂片5枚, 三角形; 花黄色, 直径约1厘米, 花瓣倒卵形。

产地与地理分布: 产于中国云南、广西、广东、江西、福建和台湾等省区。分布于印度和越南。

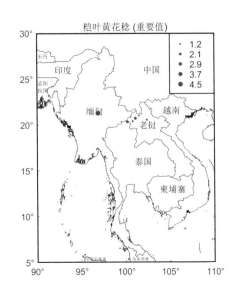

圆叶黄花稔（*Sida alnifolia* L. var. *orbiculata* S. Y. Hu）

鉴别特征：直立亚灌木或灌木。叶圆形，具圆齿；托叶钻形。花单生；萼杯状，裂片5枚，三角形，顶端被纤毛；花黄色，花瓣倒卵形。果近球形，分果爿6～8，长约3毫米。

产地与地理分布：产于中国广东。

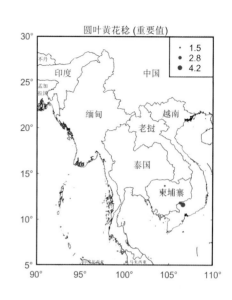

圆叶黄花稔（重要值）

锦葵科·黄花稔属

心叶黄花稔（*Sida cordifolia* L.）

鉴别特征：直立亚灌木；小枝密被星状柔毛并混生长柔毛。叶卵形基部微心形或圆形，边缘具钝齿；托叶线形，密被星状柔毛。花单生或簇生于叶腋或枝端；萼杯状，裂片5枚，三角形。

产地与地理分布：产于中国台湾、福建、广东、广西、四川和云南等省区。生于山坡灌丛间或路旁草丛中。分布于亚洲和非洲热带和亚热带地区。

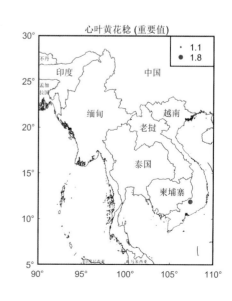

心叶黄花稔（重要值）

锦葵科·黄花稔属

榛叶黄花稔（*Sida subcordata* Span.）

鉴别特征：直立亚灌木。叶长圆形或卵形，基部圆形，边缘具细圆锯齿，两面均疏被星状柔毛；托叶线形，疏被星状柔毛。花序为顶生或腋生的伞房花序或近圆锥花序；花萼长8~11毫米，疏被星状柔毛，裂片5枚，三角形；花黄色。

产地与地理分布：产于中国广东、广西和云南等省区。生于山谷疏林边、草丛或路旁。分布于越南、老挝、缅甸、印度和印度尼西亚等热带地区。

用途：【药用价值】全草入药有抗菌消炎之功用。

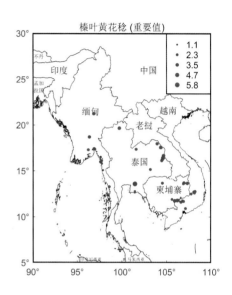

地桃花（*Urena lobata* L.）

鉴别特征：直立亚灌木状草本，茎下部的叶近圆形，先端浅3裂，基部圆形或近心形，边缘具锯齿；中部的叶卵形；上部的叶长圆形至披针形；叶上面被柔毛，下面被灰白色星状茸毛；托叶线形。花腋生，单生或稍丛生，淡红色。

产地与地理分布：产于中国长江以南各省区。分布于越南、柬埔寨、老挝、泰国、缅甸、印度和日本等地区。

用途：【药用价值】根作药用，煎水点酒服可治疗白痢。【经济价值】供纺织和搓绳索，常用为麻类的代用品。

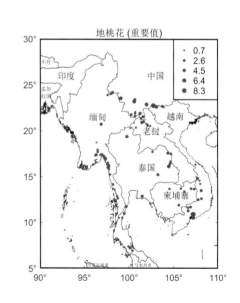

锦葵科·黄花稔属

锦葵科·梵天花属

粗叶地桃花 [*Urena lobata* Linn. var. *scabriuscula* (DC.) Walp.]

鉴别特征：直立亚灌木状草本，高达1米，小枝被星状茸毛。茎下部的叶近圆形，先端浅3裂，基部圆形或近心形，边缘具锯齿；中部的叶卵形；上部的叶长圆形至披针形；叶上面被柔毛，下面被灰白色星状茸毛；托叶线形，早落。花腋生，单生或稍丛生，淡红色。

产地与地理分布：产于中国长江以南各省区。分布于越南、柬埔寨、老挝、泰国、缅甸、印度和日本等地区。

用途：【药用价值】根作药用，煎水点酒服可治疗白痢。【经济价值】供纺织和搓绳索，常用为麻类的代用品。

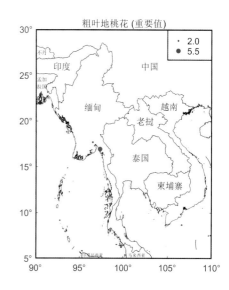

粗叶地桃花 (重要值)

梵天花 (*Urena procumbens* L.)

鉴别特征：小灌木，枝平铺，小枝被星状茸毛。叶下部生的轮廓为掌状3~5深裂，裂口深达中部以下；托叶钻形，早落。花单生或近簇生；小苞片长约7毫米，基部1/3处合生，疏被星状毛；萼短于小苞片或近等长，卵形，尖头，被星状毛。

产地与地理分布：产于中国广东、台湾、福建、广西、江西、湖南、浙江等省区。常生于山坡小灌丛中。

用途：【药用价值】具备祛风解毒、健脾去湿、化瘀活血等功效，治痢疾、疮疡、风毒流注、毒蛇咬伤。

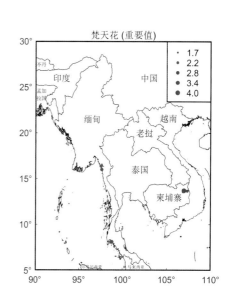

梵天花 (重要值)

甜麻（*Corchorus aestuans* L.）

鉴别特征： 一年生草本，高约1米，茎红褐色，稍被淡黄色柔毛；枝细长，披散。叶卵形或阔卵形，基出脉5~7条。花单独或数朵组成聚伞花序生于叶腋或腋外，花序柄或花柄均极短或近于无；萼片5片，狭窄长圆形，上部半凹陷如舟状，顶端具角。

产地与地理分布： 产于中国长江以南各省区。生长于荒地、旷野、村旁。为南方各地常见的杂草。亚洲、中美洲及非洲的热带地区均有分布。

用途： 【药用价值】入药可作清凉解热剂。【食用价值】嫩叶可供食用。【经济价值】纤维可作为黄麻代用品，用作编织及造纸原料。

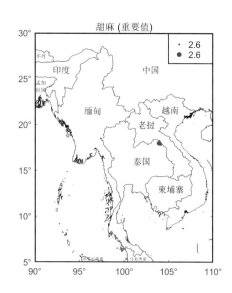

破布叶（*Microcos paniculata* L.）

鉴别特征： 灌木或小乔木，树皮粗糙；嫩枝有毛。叶薄革质，卵状长圆形，先端渐尖，基部圆形，两面初时有极稀疏星状柔毛，以后变秃净，三出脉的两侧脉从基部发出，向上行超过叶片中部，边缘有细钝齿；托叶线状披针形。顶生圆锥花序被星状柔毛；苞片披针形；花柄短小；萼片长圆形外面有毛；花瓣长圆形。

产地与地理分布： 产于中国广东、广西、云南。中南半岛、印度及印度尼西亚也有分布。

用途： 【药用价值】本种叶供药用，味酸，性平无毒，可清热毒、去食积。

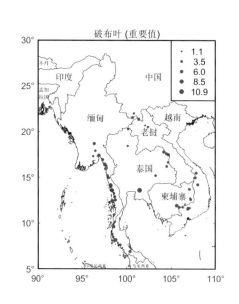

毛刺蒴麻（*Triumfetta cana* Bl.）

鉴别特征： 木质草本，高1.5米；嫩枝被黄褐色星状茸毛。叶卵形或卵状披针形，基出脉3~5条。聚伞花序1至数枝腋生；萼片狭长圆形，被茸毛；花瓣比萼片略短，长圆形，基部有短柄，柄有睫毛；雄蕊8~10枚或稍多；子房有刺毛。

产地与地理分布： 产于中国西藏、云南、贵州、广西、广东、福建。生长于次生林及灌丛中。印度尼西亚、马来西亚、中南半岛、缅甸及印度有分布。

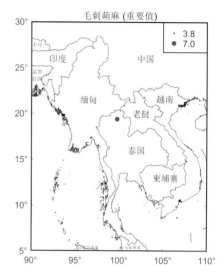

椴树科·刺蒴麻属

刺蒴麻（*Triumfetta rhomboidea* Jack.）

鉴别特征： 亚灌木；嫩枝被灰褐色短茸毛。叶纸质，生于茎下部的阔卵圆形，先端常3裂，基部圆形，基出脉3~5条。聚伞花序数枝腋生，花序柄及花柄均极短；萼片狭长圆形，顶端有角，被长毛；花瓣比萼片略短，黄色，边缘有毛；雄蕊10枚；子房有刺毛。果球形，不开裂，被灰黄色柔毛。

产地与地理分布： 产于中国云南、广西、广东、福建、台湾。亚洲及非洲热带地区均有分布。

用途：【药用价值】全株供药用，辛温，消风散毒，治毒疮及肾结石。

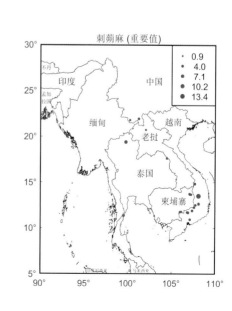

椴树科·刺蒴麻属

木棉 (*Bombax malabaricum* DC.)

鉴别特征: 落叶大乔木, 高可达25米, 树皮灰白色, 幼树的树干通常有圆锥状的粗刺; 分枝平展。掌状复叶, 小叶5~7片, 长圆形至长圆状披针形; 托叶小。花单生枝顶叶腋, 通常红色, 有时橙红色; 萼杯状。

产地与地理分布: 产于中国云南、四川、贵州、广西、江西、广东、福建、台湾等省区亚热带。生于海拔1400 (~1700) 米以下的干热河谷及稀树草原, 也可生长在沟谷季雨林内, 也有栽培作行道树的。印度、斯里兰卡、中南半岛、马来西亚、印度尼西亚至菲律宾及澳大利亚北部都有分布。

用途:【药用价值】入药清热除湿, 能治菌痢、肠炎、胃痛; 根皮祛风湿、治跌打; 树皮为滋补药, 亦用于治痢疾和月经过多。【食用价值】花可供蔬食。【经济价值】果内绵毛可作枕、褥、救生圈等填充材料; 种子油可作润滑油、制肥皂; 可用作蒸笼、箱板、火柴梗、造纸等用。【观赏价值】可植为庭园观赏树, 行道树。

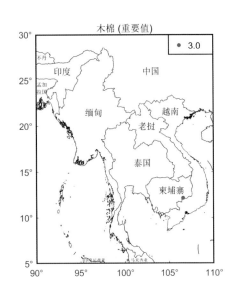

木棉 (重要值)

槭叶瓶干树 (*Brachychiton acerifolius*)

鉴别特征: 常绿乔木 (原产地为落叶乔木), 主干通直, 冠幅较大, 树形有层次感, 株形立体感强。叶片宽大, 开花时间为4—7月, 花色艳红。叶互生, 掌状裂叶7~9裂, 裂片再呈羽状深裂, 先端锐尖, 革质。夏季开花, 圆锥花序。花的形状像小铃钟或小酒瓶, 先叶开放, 量大而红艳, 一般可维持1~1.5个月。蓇葖果。长圆状棱形, 果瓣赤褐色, 近木质。

产地与地理分布: 原产于澳大利亚, 已引进中国种植, 被广泛用于绿化建设。

用途:【观赏价值】适合作为行道树、庭园树等。

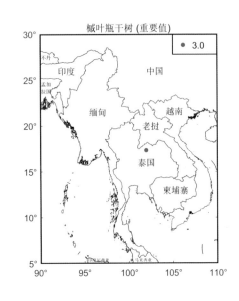

槭叶瓶干树 (重要值)

木棉科·木棉属

梧桐科·瓶树属

刺果藤（*Byttneria aspera* Colebr.）

鉴别特征：木质大藤本，小枝的幼嫩部分略被短柔毛。叶广卵形、心形或近圆形，基部心形，上面几无毛，下面被白色星状短柔毛，基生脉5条。花小，淡黄白色，内面略带紫红色；萼片卵形，被短柔毛，顶端急尖；花瓣与萼片互生，顶端2裂并有长条形的附属体，约与萼片等长；具药的雄蕊5枚，与退化雄蕊互生；子房5室，每室有胚珠两个。

产地与地理分布：产于中国广东、广西、云南三省区的中部和南部。生于疏林中或山谷溪旁。印度、越南、柬埔寨、老挝、泰国等地也有分布。

用途：【经济价值】本种的茎皮纤维可以制绳索。

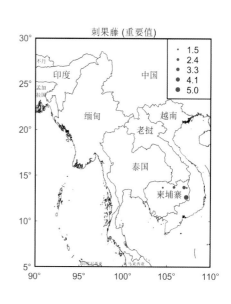

刺果藤 (重要值)

非洲芙蓉（*Dombeya acutangula* Cav.）

鉴别特征：常绿中型灌木或小乔木。树冠圆形，枝叶密集。叶面质感粗糙，单叶互生，具托叶，心形，叶缘钝锯齿，掌状脉7~9条，枝及叶均被柔毛。花从叶腋间伸出，悬吊着一个花苞。花为伞形花序，因此开花时会长出花轴，花轴下辐射出具等长小花梗的小花。一个花球可包含二十多朵粉红色的小花，每朵小花有瓣5片。

产地与地理分布：原产于非洲大陆东部至靠近南部的马达加斯加岛，热带地区的庭园内已广泛栽培。

用途：【观赏价值】适合庭园、公园、校园等丛植及片植。

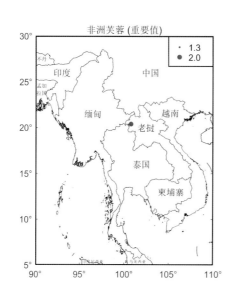

非洲芙蓉 (重要值)

梧桐科·刺果藤属

梧桐科·非洲芙蓉属

山芝麻（*Helicteres angustifolia* L.）

鉴别特征：小灌木，高达1米，小枝被灰绿色短柔毛。叶狭矩圆形或条状披针形。聚伞花序有2至数朵花；花梗通常有锥尖状的小苞片4枚；萼管状5裂，裂片三角形；花瓣5片，不等大，淡红色或紫红色。

产地与地理分布：产于中国湖南、江西南部、广东、广西中部和南部、云南南部、福建南部和台湾。为中国南部山地和丘陵地常见的小灌木，常生于草坡上。印度、缅甸、马来西亚、泰国、越南、老挝、柬埔寨、印度尼西亚、菲律宾等地有分布。

用途：【药用价值】根可药用，叶捣烂敷患处可治疮疖。【经济价值】本种的茎皮纤维可做混纺原料。

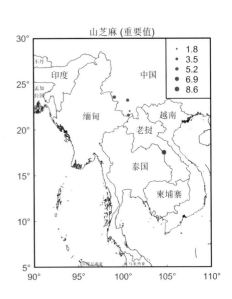

雁婆麻（*Helicteres hirsuta* Lour.）

鉴别特征：灌木，小枝被星状柔毛。叶卵形或卵状矩圆形，基生脉5条；叶柄长约2厘米，密被柔毛。聚伞花序腋生，伸长如穗状，不及叶长之半，通常仅有花数朵；花梗比花短，有关节，基部有早落的小苞片；萼管状；花瓣5片，红色或红紫色。

产地与地理分布：产于中国广东南部、广西南部。生于旷野疏林中和灌丛中。印度、马来西亚、柬埔寨、老挝、越南、泰国、菲律宾等地也有分布。

用途：【经济价值】本种的茎皮纤维可织麻袋和编绳。

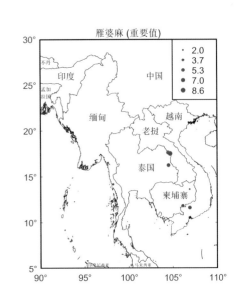

火索麻（*Helicteres isora* L.）

鉴别特征：灌木，高达2米；小枝被星状短柔毛。叶卵形，顶端短渐尖且常具小裂片，基部圆形或斜心形，边缘具锯齿，上面被星状短柔毛，下面密被星状短柔毛，基生脉5条；托叶条形，早落。聚伞花序腋生，常2~3个簇生；花红色或紫红色。

产地与地理分布：产于中国广东、海南岛东南部和云南南部。生于海拔100~580米的草坡和村边的丘陵地上或灌丛中，性耐干旱。印度、越南、斯里兰卡、泰国、马来西亚、印度尼西亚和澳大利亚北部均有分布，为亚洲热带广布种。

用途：【药用价值】根可药用，可治慢性胃炎和胃溃疡。【经济价值】本种的茎皮纤维可织麻袋、编绳和造纸等，也可以做人造棉和棉毛混纺的原料，成品的质量很好。

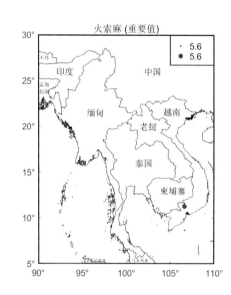

银叶树（*Heritiera littoralis* Dryand.）

鉴别特征：常绿乔木；树皮灰黑色，小枝幼时被白色鳞秕。叶革质，矩圆状披针形、椭圆形或卵形。圆锥花序腋生，密被星状毛和鳞秕；花红褐色；萼钟状。

产地与地理分布：产于中国广东、广西防城和台湾。印度、越南、柬埔寨、斯里兰卡、菲律宾和东南亚各地以及非洲东部、大洋洲均有分布。

用途：【经济价值】木材坚硬，为建筑、造船和制家具的良材；果木质，内有厚的木栓状纤维层，故能漂浮在海面而散布到各地。【观赏价值】本种为热带海岸红树林的树种之一。

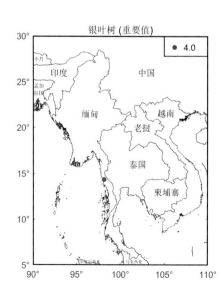

马松子（*Melochia corchorifolia* L.）

鉴别特征：半灌木状草本，高不及1米；枝黄褐色，略被星状短柔毛。叶薄纸质，卵形、矩圆状卵形或披针形，稀有不明显的3浅裂，基生脉5条。花排成顶生或腋生的密聚伞花序或团伞花序；小苞片条形，混生在花序内；萼钟状，5浅裂，外面被长柔毛和刚毛，内面无毛，裂片三角形；花瓣5片，白色，后变为淡红色，矩圆形，基部收缩。

产地与地理分布：本种广泛分布在长江以南各省、中国台湾和四川内江地区。生于田野间或低丘陵地原野间。亚洲热带地区多有分布。

用途：【经济价值】本种的茎皮富于纤维，可与黄麻混纺以制麻袋。

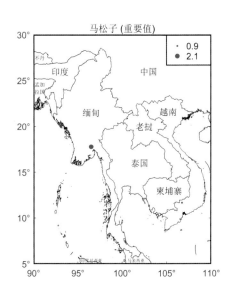

梧桐科·马松子属

翅子树（*Pterospermum acerifolium* Benth.）

鉴别特征：大乔木，树皮光滑，小枝的幼嫩部分密被茸毛。叶大，革质，近圆形或矩圆形，全缘、浅裂或有粗齿，顶端截形或近圆形，并有浅裂或突尖，基部心形，上面被稀疏的毛或几无毛，下面密被淡黄色或带灰色的星状茸毛，基生脉7~12条。花单生，白色，芳香；萼片5枚；花瓣5片。

产地与地理分布：产于中国云南南部勐海、勐仑等地。生于海拔1200~1640米的山坡上。中国福建厦门和台湾台北植物园有栽培。老挝、泰国、印度、缅甸也有分布。

用途：【药用价值】散瘀止血、补益，可治外伤及跌打损伤肿痛。

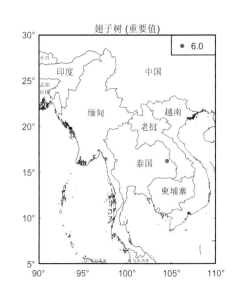

梧桐科·翅子树属

翻白叶树（*Pterospermum heterophyllum* Hance）

鉴别特征：乔木，高达20米；树皮灰色或灰褐色；小枝被黄褐色短柔毛。叶二形，生于幼树或萌蘖枝上的叶盾形，掌状3～5裂；生于成长的树上的叶矩圆形至卵状矩圆形，急尖或渐尖，基部钝、截形或斜心形，下面密被黄褐色短柔毛。花单生或2～4朵组成腋生的聚伞花序。

产地与地理分布：产于中国广东、福建、广西。

用途：【药用价值】根可供药用，为治疗风湿性关节炎的药材，可浸酒或煎汤服用。【经济价值】本种的枝皮可剥取以编绳。

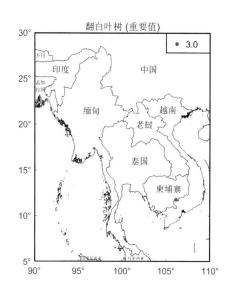

翻白叶树 (重要值)

梧桐科·翅子树属

窄叶半枫荷（*Pterospermum lanceaefolium* Roxb.）

鉴别特征：乔木；树皮黄褐色或灰色，有纵裂纹；小枝幼时被黄褐色茸毛。叶披针形或矩圆状披针形，全缘或在顶端有数个锯齿，上面几无毛，下面密被黄褐色或黄白色茸毛；托叶2～3条裂，被茸毛，比叶柄长。花白色，单生于叶腋；小苞片位于花梗的中部，4～5条裂，或条形；萼片5枚，两面均被柔毛。

产地与地理分布：产于中国广东、广西、云南。生于山谷和海拔850米的山坡密林中或疏林中。印度、越南、缅甸也有分布。

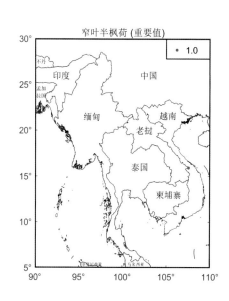

窄叶半枫荷 (重要值)

梧桐科·翅子树属

蛇婆子 (*Waltheria indica* L.)

鉴别特征：略直立或匍匐状半灌木，多分枝，小枝密被短柔毛。叶卵形或长椭圆状卵形，基部圆形或浅心形，边缘有小齿，两面均密被短柔毛。聚伞花序腋生，头状，近于无轴或有长约1.5厘米的花序轴；小苞片狭披针形；萼筒状，5裂，裂片三角形，远比萼筒长；花瓣5片，淡黄色，匙形，顶端截形，比萼略长；雄蕊5枚，花丝合生成筒状，包围着雌蕊。

产地与地理分布：产于中国台湾、福建、广东、广西、云南等省区的南部。喜生于山野间向阳草坡上，一般分布在北回归线以南的海边和丘陵地，而且广泛分布在全世界的热带地区。

用途：【经济价值】本种的茎皮纤维可织麻袋。【生态价值】又因其耐旱耐瘠薄的土壤，在地面匍匐生长，故可作为保土植物。

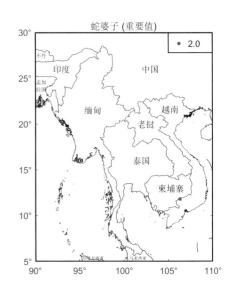

蛇婆子 (重要值)

毒鼠子 [*Dichapetalum gelonioides* (Roxb.) Engl.]

鉴别特征：小乔木或灌木；幼枝被紧贴短柔毛，后变无毛，具散生圆形白色皮孔。叶片纸质或半革质，椭圆形、长椭圆形或长圆状椭圆形；托叶针状，被疏柔毛，早落。花雌雄异株，组成聚伞花序或单生叶腋，稍被柔毛；花瓣宽匙形，先端微裂或近全缘；雌花中子房2室，稀3室，密被黄褐色短柔毛，雄花中的退化子房密被白色绵毛，花柱1，多少深裂。

产地与地理分布：产于中国广东、海南和云南；生于1500米左右的山地密林中。分布于印度、斯里兰卡、菲律宾、马来西亚和印度尼西亚。

用途：【药用价值】具有杀虫灭鼠的功效。

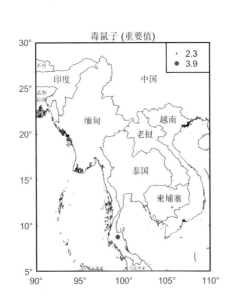

毒鼠子 (重要值)

土沉香 [*Aquilaria sinensis* (Lour.) Spreng.]

鉴别特征: 乔木, 树皮暗灰色, 几平滑, 纤维坚韧; 小枝圆柱形, 具绉纹, 幼时被疏柔毛, 后逐渐脱落, 无毛或近无毛。叶革质, 圆形、椭圆形至长圆形; 叶柄长5~7毫米, 被毛。花芳香, 黄绿色, 多朵, 组成伞形花序; 花梗密被黄灰色短柔毛; 萼筒浅钟状, 长5~6毫米。

产地与地理分布: 产于中国广东、海南、广西、福建。喜生于低海拔的山地、丘陵以及路边阳处疏林中。

用途:【药用价值】为治胃病特效药。【经济价值】老茎受伤后所积得的树脂, 俗称沉香, 可做香料原料; 树皮纤维柔韧, 色白而细致可做高级纸原料及人造棉; 木质部可提取芳香油, 花可制浸膏。

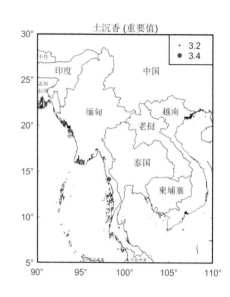

土沉香 (重要值)

细轴荛花 (*Wikstroemia nutans* Champ. ex Benth.)

鉴别特征: 灌木, 树皮暗褐色; 小枝圆柱形, 红褐色, 无毛。叶对生, 膜质至纸质, 卵形、卵状椭圆形至卵状披针形。花黄绿色, 4~8朵组成顶生近头状的总状花序, 花序梗纤细, 俯垂, 无毛, 萼筒长1.3~1.6厘米, 无毛, 4裂, 裂片椭圆形, 长约3毫米; 雄蕊8, 2列, 上列着生在萼筒的喉部, 下列着生在花萼筒中部以上。

产地与地理分布: 产于中国广东、海南、广西、湖南、福建、台湾。常见于海拔300~1650米的常绿阔叶林中。越南也有分布。

用途:【药用价值】药用祛风、散血、止痛。【经济价值】纤维可制高级纸及人造棉。

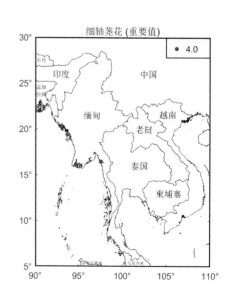

细轴荛花 (重要值)

瑞香科·瑞香科

瑞香科·荛花属

球花脚骨脆（*Casearia glomerata* Roxb.）

鉴别特征: 乔木或灌木; 树皮灰褐色, 不裂; 幼枝有棱和柔毛, 老枝无毛。叶薄革质, 排成二列, 长椭圆形至卵状椭圆形; 叶柄近无毛; 托叶小, 鳞片状, 早落。花两性, 黄绿色, 10~15朵或更多, 形成团伞花序, 腋生。

产地与地理分布: 产于中国海南、广东、广西、云南、西藏等省区。生于海拔低的山地疏林中。印度、越南有分布。

用途: 【经济价值】木材供家具、农具、器具等的用材。【观赏价值】树形优美, 庭园栽培供观赏。

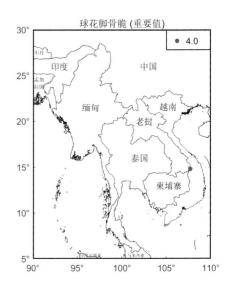

刺篱木 [*Flacourtia indica* (Burm. f.) Merr.]

鉴别特征: 落叶灌木或小乔木; 树皮灰黄色, 稍裂; 树干和大枝条有长刺, 老枝通常无刺; 幼枝有腋生单刺, 在顶端的刺逐渐变小, 有毛或近无毛。叶近革质, 倒卵形至长圆状倒卵形, 稀倒心形。花小, 总状花序短, 顶生或腋生, 被茸毛; 萼片(4~)5~6(~7)。

产地与地理分布: 产于中国福建、广东、海南、广西。生于海拔300~1400米的近海沙地灌丛中。印度、印度尼西亚、菲律宾、柬埔寨、老挝、越南、马来西亚、泰国和非洲等地区也有分布。

用途: 【食用价值】浆果味甜, 可以生食和蜜饯及酿造。【经济价值】木材坚实, 供家具、器具等用。【生态价值】又可作绿篱和沿海地区防护林的优良树种。

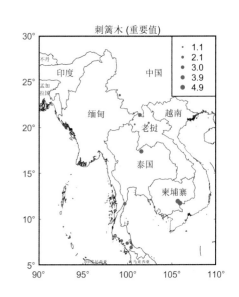

大风子科·脚骨脆属

大风子科·刺篱木属

泰国大风子（*Hydnocarpus anthelminthica*）

鉴别特征：常绿大乔木；树干通直，树皮灰褐色；小枝粗壮，节部稍膨大。叶薄革质，卵状披针形或卵状长圆形，侧脉8～10对，网脉细密，明显。萼片5枚，基部合生，卵形，先端钝，两面被毛；花瓣5片，基部近离生，卵状长圆形；鳞片离生，线形，几与花瓣等长，外面近无毛，边缘具睫毛；雄花：2～3朵，呈假聚伞花序或总状花序。

产地与地理分布：广西药用植物园、西双版纳植物园和海南、中国台湾均有栽培，生长良好。原产于印度、泰国、越南。

用途：【药用价值】种子含油，药用，应为《本草衍义补遗》引用周达《观真腊记》所载大风子正品，《本草品汇精要》作大枫子；为往时治麻风病要药，中国久已引用并进口。【经济价值】木材供建筑、家具等用。

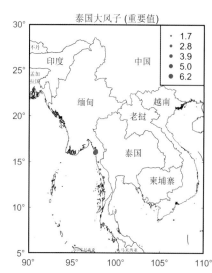

大风子科·大风子属

鳞隔堇（*Scyphellandra pierrei* H. de Boiss.）

鉴别特征：直立灌木，高约1米。幼枝被短柔毛，老枝灰白色，无毛。茎下部的叶常2～3片簇生，上部的互生；叶片卵形或椭圆形，边缘具细锯齿，先端钝或稍尖，叶脉稍凸起，略被柔毛；叶柄短，长约3毫米，被茸毛；托叶小，比叶柄短，披针形或近三角形，背部稍凸起，被短柔毛。花小，单性，辐射对称，腋生、单生或簇生。

产地与地理分布：产于中国海南。生于林缘或灌木林中。越南有分布。

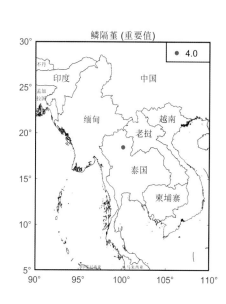

堇菜科·鳞隔堇属

西番莲（*Passiflora coerulea* L.）

鉴别特征：草质藤本；茎圆柱形并微有棱角，无毛，略被白粉；叶纸质，基部心形，掌状5深裂，中间裂片卵状长圆形，两侧裂片略小，无毛、全缘；叶柄中部有2~4（~6)细小腺体；托叶较大，肾形，抱茎，边缘波状，聚伞花序退化仅存1花，与卷须对生；花大、淡绿色；苞片宽卵形，全缘；萼片5枚，外面淡绿色，内面绿白色、外面顶端具1角状附属器。

产地与地理分布：栽培于广西、江西、四川、云南等地，有时逸生。原产于南美洲。热带、亚热带地区常见栽培。

用途：【药用价值】全草可入药，具有祛风消热、风热头昏等。【观赏价值】花大而奇特，可作为庭园观赏植物。

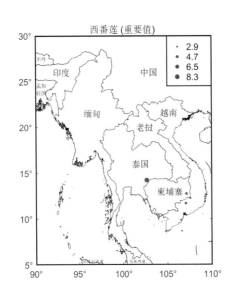

西番莲 (重要值)
· 2.9
· 4.7
· 6.5
· 8.3

鸡蛋果（*Passiflora edulis* Sims）

鉴别特征：草质藤本；茎具细条纹，无毛。叶纸质，基部楔形或心形，掌状3深裂。聚伞花序退化仅存1花，与卷须对生；花芳香；苞片绿色，宽卵形或菱形，边缘有不规则细锯齿；萼片5枚，外面绿色，内面绿白色，外面顶端具1角状附属器。

产地与地理分布：栽培于中国广东、海南、福建、云南、台湾，有时逸生于海拔180~1900米的山谷丛林中。原产于大小安的列斯群岛，现广植于热带和亚热带地区。

用途：【药用价值】入药具有兴奋、强壮之效。【食用价值】果可生食或作蔬菜；果瓤多汁液，加入重碳酸钙和糖，可制成芳香可口的饮料。【经济价值】种子榨油，可供食用和制皂、制油漆等。【饲料价值】可作饲料。【观赏价值】花大而美丽可作庭园观赏植物。

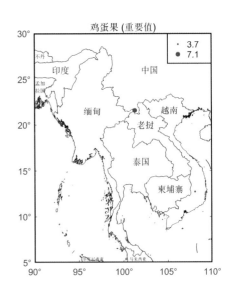

鸡蛋果 (重要值)
· 3.7
· 7.1

西番莲科·西番莲属

西番莲科·西番莲属

龙珠果（*Passiflora foetida* L.）

鉴别特征：草质藤本，有臭味；茎具条纹并被平展柔毛。叶膜质，宽卵形至长圆状卵形，先端3浅裂，基部心形，边缘呈不规则波状，通常具头状缘毛，上面被丝状伏毛，叶脉羽状，侧脉4~5对，网脉横出；托叶半抱茎，深裂，裂片顶端具腺毛。聚伞花序退化仅存1花，与卷须对生。花白色或淡紫色，具白斑；苞片3枚，一至三回羽状分裂，裂片丝状。

产地与地理分布：栽培于中国广西、广东、云南、台湾。常见逸生于海拔120~500米的草坡路边。原产于西印度群岛，现为泛热带杂草。

用途：【药用价值】广东兽医用果治猪、牛肺部疾病；叶外敷痈疮。【食用价值】果味甜可食。

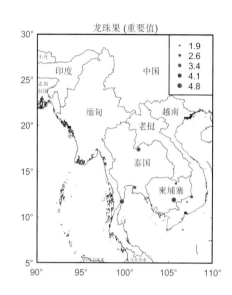

蛇王藤 [*Passiflora moluccana* Reinw. ex Bl. var. *teysmanniana* (Miq.) Wilde]

鉴别特征：草质藤本。茎具条纹并被有散生疏柔毛。叶膜质，披针形、椭圆形至长椭圆形，基部近心形，上面无毛，下面密被短茸毛，具4~6枚腺体，叶脉羽状。聚伞花序近无梗，单生于卷须与叶柄之间，有2~12朵花；苞片线形；花白色；萼片5枚，被柔毛，外面顶端无角状附属器；花瓣5片。

产地与地理分布：产于中国广西、广东、海南。生于海拔100~1000米的山谷灌木丛中。老挝、越南、马来西亚均有分布。

用途：【药用价值】具有清热解毒、消肿止痛之功效，主治毒蛇咬伤、疮肿痈疖、胃和十二指肠溃疡。

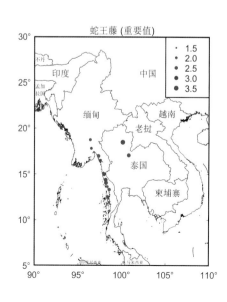

白时钟花（*Turnera ulmifolia*）

鉴别特征: 常绿藤蔓植物, 它的形状很像时钟上的文字盘 , 花萼和花冠结合呈筒状; 果实为蒴果, 种子有网状纹。

产地与地理分布: 分布在非洲南部和南美洲的热带和亚热带地区, 大部分种类生长在美洲。

用途: 【生态价值】有计时作用。

西番莲科·时钟花属

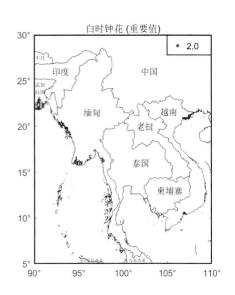

白时钟花 (重要值)

红木（*Bixa orellana* L.）

鉴别特征: 常绿灌木或小乔木, 高2~10米; 枝棕褐色, 密被红棕色短腺毛。叶心状卵形或三角状卵形, 基出脉5条, 掌状, 侧脉在顶端向上弯曲, 上面深绿色, 无毛, 下面淡绿色, 被树脂状腺点。圆锥花序顶生, 长5~10厘米, 序梗粗壮, 密被红棕色的鳞片和腺毛; 花较大, 萼片5枚, 倒卵形, 外面密被红褐色鳞片, 基部有腺体, 花瓣5片, 倒卵形。

产地与地理分布: 中国云南、广东、台湾等省有栽培。

用途: 【药用价值】种子供药用, 为收敛退热剂。【经济价值】种子外皮可做红色染料, 供染果点和纺织物用; 树皮可作绳索。

红木科·红木属

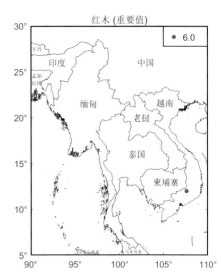

红木 (重要值)

西瓜 [*Citrullus lanatus* (Thunb.) Matsum. et Nakai]

鉴别特征: 一年生蔓生藤本; 茎、枝粗壮, 具明显的棱沟, 被长而密的白色或淡黄褐色长柔毛。卷须较粗壮, 具短柔毛, 2歧; 叶片纸质, 轮廓三角状卵形, 带白绿色。

产地与地理分布: 中国各地栽培, 品种甚多, 外果皮、果肉及种子形式多样, 以新疆、甘肃兰州、山东德州、江苏溧阳等地最为有名。其原种可能来自非洲, 久已广泛栽培于世界热带到温带, 金、元时始传入中国。

用途:【药用价值】果皮药用, 有清热、利尿、降血压之效。【食用价值】本种果实为夏季之水果, 果肉味甜, 能降温去暑; 种子含油, 可作消遣食品。

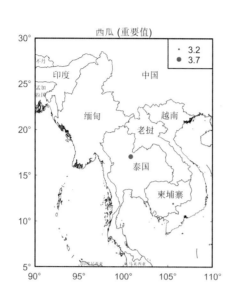

红瓜 (*Coccinia grandis*)

鉴别特征: 攀缘草本; 根粗壮; 茎纤细, 稍带木质, 多分枝, 有棱角, 光滑无毛。叶柄细, 有纵条纹; 叶片阔心形, 常有5个角或稀近5中裂。卷须纤细, 无毛, 不分歧。雌雄异株; 雌花、雄花均单生。雄花花梗细弱, 光滑无毛; 花萼筒宽钟形, 长、宽均4~5毫米, 裂片线状披针形。

产地与地理分布: 产于中国广东、广西(涠洲岛)和云南。常生于海拔100~1100米的山坡灌丛及林中。非洲、亚洲热带地区也有分布。

用途:【食用价值】采摘嫩茎叶作为菜用。【观赏价值】中国云南省南部地区傣族多在庭园内少量种植, 台湾地区用来作观赏植物。

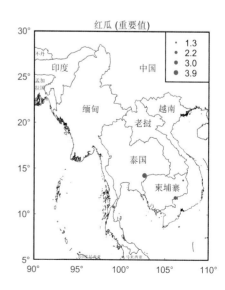

南瓜 [*Cucurbita moschata* (Duch. ex Lam.) Duch. ex Poiret]

鉴别特征：一年生蔓生草本；茎常节部生根，密被白色短刚毛。叶柄粗壮，被短刚毛；叶片宽卵形或卵圆形，质稍柔软，有5角或5浅裂，稀钝。卷须稍粗壮，与叶柄一样被短刚毛和茸毛，3~5歧。

产地与地理分布：原产于墨西哥到中美洲一带，世界各地普遍栽培。明代传入中国，现南北各地广泛种植。

用途：【药用价值】全株各部供药用，种子含南瓜子氨基酸，有清热除湿、驱虫的功效，对血吸虫有控制和杀灭的作用，藤有清热的作用，瓜蒂有安胎的功效，根治牙痛。【食用价值】本种的果实作肴馔，亦可代粮食。

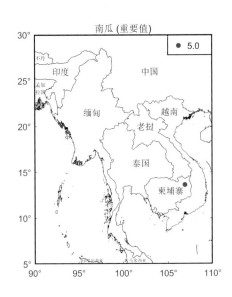

毒瓜 [*Diplocyclos palmatus* (L.) C. Jeffery]

鉴别特征：攀缘草本；根块状；茎纤细，疏散，有明显的棱沟，光滑无毛。卷须纤细，2歧，无毛。叶柄粗糙，有棱沟，被疏散的柔毛；叶片膜质，轮廓宽卵圆形，掌状5深裂，中间的裂片较长，长圆状披针形。

产地与地理分布：产于中国台湾、广东和广西。常生于海拔1000米左右的山坡疏林或灌丛中。越南、印度、马来西亚、澳大利亚和非洲也有分布。

用途：【药用价值】果实和根有剧毒，具有解毒消肿功效，主治无名肿毒。

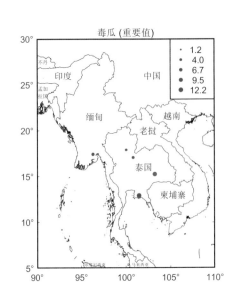

凤瓜 [*Gymnopetalum integrifolium* (Roxb.) Kurz]

鉴别特征：一年生草本，攀缘；茎、枝颇纤细，有沟纹及长柔毛。叶片肾形或卵状心形，厚纸质或薄革质。卷须纤细，被长柔毛，单一或2歧。雌雄同株。雄花单生或生于总状花序。

产地与地理分布：产于中国广东、广西、云南和贵州。常生于海拔400～800米的山坡及草丛中。印度、越南、马来西亚、印度尼西亚也有分布。

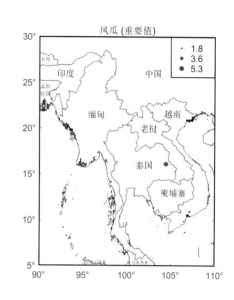

葫芦科·金瓜属

丝瓜 [*Celtis tetrandra* (L.) Roem.]

鉴别特征：一年生攀缘藤本；茎、枝粗糙，有棱沟，被微柔毛。卷须稍粗壮，被短柔毛，通常2～4歧。叶片三角形或近圆形，通常掌状5～7裂。果实圆柱状，直或稍弯，通常有深色纵条纹。种子多数，黑色，卵形，平滑，边缘狭翼状。花果期夏、秋季。

产地与地理分布：中国南北各地普遍栽培。也广泛栽培于世界温带、热带地区。云南南部有野生，但果较短小。

用途：【食用价值】果为夏季蔬菜。【药用价值】还可供药用，有清凉、利尿、活血、通经、解毒之效。

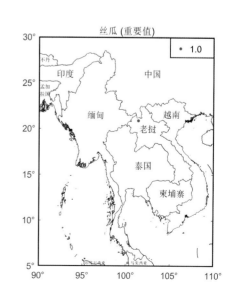

葫芦科·丝瓜属

苦瓜 (*Momordica charantia* L.)

鉴别特征：一年生攀缘状柔弱草本，多分枝；茎、枝被柔毛。卷须纤细不分歧。叶片轮廓卵状肾形或近圆形，膜质，上面绿色，背面淡绿色，脉上密被明显的微柔毛，其余毛较稀疏，5~7深裂，裂片卵状长圆形，边缘具粗齿或有不规则小裂片，先端多半钝圆形稀急尖，基部弯缺半圆形，叶脉掌状。雌雄同株。雄花：单生叶腋；苞片绿色。

产地与地理分布：广泛栽培于世界热带到温带地区。中国南北均普遍栽培。

用途：【药用价值】根、藤及果实入药，有清热解毒的功效。【食用价值】本种果味甘苦，主作蔬菜，也可糖渍；成熟果肉和假种皮也可食用。

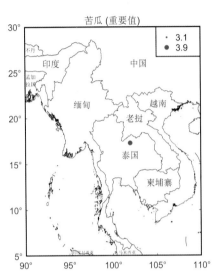

木鳖子 [*Momordica cochinchinensis* (Lour.) Spreng.]

鉴别特征：粗壮大藤本，具块状根；全株近无毛或稍被短柔毛，节间偶有茸毛。叶柄粗壮，初时被稀疏的黄褐色柔毛，后变近无毛，在基部或中部有2~4个腺体；叶片卵状心形或宽卵状圆形，质稍硬。

产地与地理分布：分布于中国江苏、安徽、江西、福建、台湾、广东、广西、湖南、四川、贵州、云南和西藏。常生于海拔450~1100米的山沟、林缘及路旁。中南半岛和印度半岛也有分布。

用途：【药用价值】种子、根和叶入药，有消肿、解毒止痛之效。

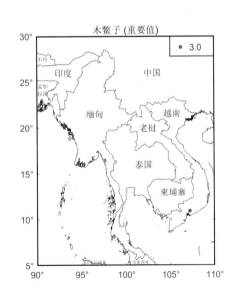

茅瓜 [*Solena amplexicaulis* (Lam.) Gandhi]

鉴别特征：攀缘草本，块根纺锤状。茎、枝柔弱，无毛，具沟纹。叶柄纤细，短，初时被淡黄色短柔毛，后渐脱落；叶片薄革质，多型。卷须纤细，不分歧。雌雄异株。

产地与地理分布：产于中国台湾、福建、江西、广东、广西、云南、贵州、四川和西藏。常生于海拔600～2600米的山坡路旁、林下、杂木林中或灌丛中。越南、印度、印度尼西亚（爪哇）也有分布。

用途：【药用价值】块根药用，能清热解毒、消肿散结。

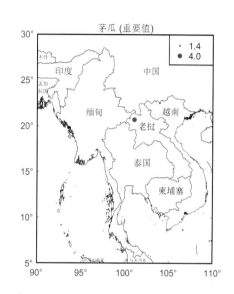

赤瓟（*Thladiantha dubia* Bunge）

鉴别特征：攀缘草质藤本，全株被黄白色的长柔毛状硬毛；根块状；茎稍粗壮，有棱沟。叶片宽卵状心形。卷须纤细，被长柔毛，单一。雌雄异株；雄花单生或聚生于短枝的上端呈假总状花序，有时2～3花生于总梗上，花梗细长，被柔软的长柔毛；花萼筒极短。

产地与地理分布：产于中国黑龙江、吉林、辽宁、河北、山西、山东、陕西、甘肃和宁夏。常生于海拔300～1800米的山坡、河谷及林缘湿处。朝鲜、日本和欧洲有栽培。

用途：【药用价值】果实和根入药，果实能理气、活血、祛痰和利湿，根有活血去瘀、清热解毒、通乳之效。【经济价值】这是本属中分布最北的一个种，也是经济用途较大的种。

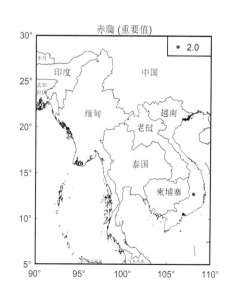

栝楼 (*Trichosanthes kirilowii* Maxim.)

鉴别特征: 攀缘藤本; 块根圆柱状, 粗大肥厚, 富含淀粉, 淡黄褐色。茎较粗, 多分枝。叶片纸质, 轮廓近圆形, 细脉网状。

产地与地理分布: 产于中国辽宁、华北、华东、中南、陕西、甘肃、四川、贵州和云南。生于海拔200~1800米的山坡林下、灌丛中、草地和村旁田边。分布于朝鲜、日本、越南和老挝。

用途: 【药用价值】本种的根、果实、果皮和种子为传统的中药天花粉、栝楼、栝楼皮和栝楼子 (瓜蒌仁); 根有清热生津、解毒消肿的功效, 其根中蛋白称天花粉蛋白, 有引产作用, 是良好的避孕药; 果实、种子和果皮有清热化痰、润肺止咳、滑肠的功效。

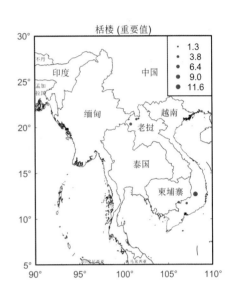

栝楼 (重要值)

长萼栝楼 (*Trichosanthes laceribractea* Hayata)

鉴别特征: 攀缘草本; 茎具纵棱及槽。单叶互生, 叶片纸质, 掌状脉5~7条。卷须2~3歧。花雌雄异株。雄花: 总状花序腋生。

产地与地理分布: 产于中国台湾、江西、湖北、广西、广东和四川。生于海拔200~1020米的山谷密林中或山坡路旁。

用途: 【药用价值】根可以入药, 用于热病、口渴、痈疮肿毒; 果皮入药, 用于痰热咳嗽、咽喉肿痛、便秘、疮肿毒。

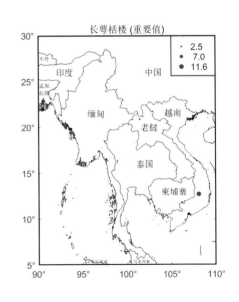

长萼栝楼 (重要值)

钮子瓜 [*Zehneria maysorensis* (Wight et Arn.) Arn.]

鉴别特征：草质藤本；茎、枝细弱，有沟纹，多分枝，无毛或稍被长柔毛。叶片膜质，宽卵形或稀三角状卵形，脉掌状。卷须丝状，单一，无毛。雌雄同株。雄花：常3~9朵生于总梗顶端呈近头状或伞房状花序，花序梗纤细，长1~4厘米，无毛；雄花梗开展，极短，长1~2毫米。

产地与地理分布：产于中国四川、贵州、云南、广西、广东、福建、江西。常生于海拔500~1000米的林边或山坡路旁潮湿处。印度半岛、中南半岛、苏门答腊、菲律宾和日本也有分布。

用途：【药用价值】具有清热、镇痉、解毒、通淋之功效，常用于发热、惊厥、头痛、咽喉肿痛、疮疡肿毒、淋证。

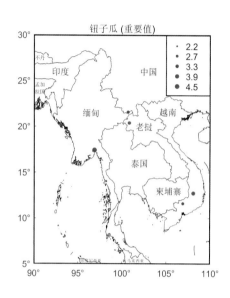

香膏萼距花（*Cuphea alsamona* Cham. et Schlechtend.）

鉴别特征：一年生草本；小枝纤细，幼枝被短硬毛，后变无毛而稍粗糙。叶对生，薄革质，卵状披针形或披针状矩圆形。花细小，单生于枝顶或分枝的叶腋上，呈带叶的总状花序；花萼在纵棱上疏被硬毛；花瓣6片，等大，倒卵状披针形；子房矩圆形，花柱无毛，不突出，胚珠4~8个。

产地与地理分布：原产于巴西、墨西哥等地。

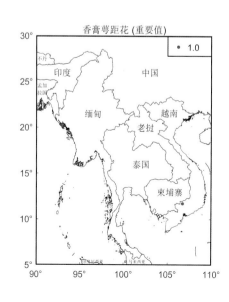

毛萼紫薇 (*Lagerstroemia balansae* Koehne)

鉴别特征: 灌木至小乔木; 树皮浅黄色, 间有绿褐色块状斑纹, 光滑; 幼枝密被黄褐色星状茸毛, 老枝无毛, 灰黑色。叶对生, 生于枝上部的互生, 厚纸质或薄革质, 矩圆状披针形, 侧脉5~8对。圆锥花序顶生。

产地与地理分布: 中国广东、海南、越南、泰国地区。

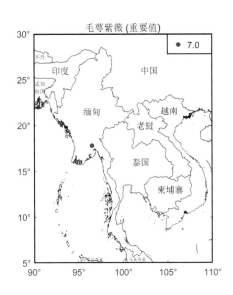

大花紫薇 [*Lagerstroemia speciosa* (L.) Pers.]

鉴别特征: 大乔木; 树皮灰色, 平滑。叶革质, 矩圆状椭圆形或卵状椭圆形, 稀披针形。花淡红色或紫色, 顶生圆锥花序; 花轴、花梗及花萼外面均被黄褐色糠秕状的密毡毛; 花萼有棱12条, 被糠秕状毛, 6裂, 裂片三角形, 反曲, 内面无毛, 附属体鳞片状。

产地与地理分布: 中国广东、广西及福建有栽培。分布于斯里兰卡、印度、马来西亚、越南及菲律宾。

用途: 【药用价值】树皮及叶可作泻药; 种子具有麻醉性; 根含单宁, 可作收敛剂。【经济价值】木材坚硬, 耐腐力强, 色红而亮, 常用于家具、舟车、桥梁、电杆、枕木及建筑等, 也作水中用材, 其木材经济价值据说可与柚木相比。【观赏价值】花大, 美丽, 常栽培庭园供观赏。

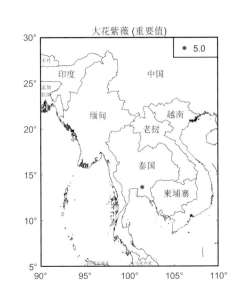

肖蒲桃 [*Acmena acuminatissima* (Blume) Merr. et Perry]

鉴别特征：乔木，高20米；嫩枝圆形或有钝棱。叶片革质，卵状披针形或狭披针形。聚伞花序排成圆锥花序顶生，花序轴有棱；花3朵聚生，有短柄；花蕾倒卵形。浆果球形，成熟时黑紫色；种子1枚。花期7—10月。

产地与地理分布：产于中国广东、广西等省区。生于低海拔至中海拔林中。分布至中南半岛、马来西亚、印度、印度尼西亚、菲律宾等地。

用途：【经济价值】是海南中海拔优良速生树种；适作高档家具，也可作门、窗、梁、柱等，也是造船、桥梁、器具的上等材料。【观赏价值】株型优美，幼叶红褐色，成年树枝叶软垂，姿态优雅，亦是一种很好的观果树种，适宜栽培作为园景树或行道树。

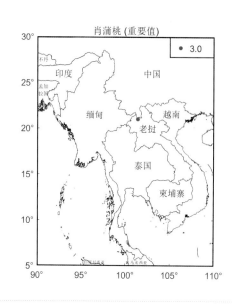

肖蒲桃 (重要值)

水翁 (*Cleistocalyx operculatus*)

鉴别特征：乔木，高15米；树皮灰褐色，颇厚，树干多分枝；嫩枝压扁，有沟。叶片薄革质，长圆形至椭圆形。圆锥花序生于无叶的老枝上；花无梗，2~3朵簇生；花蕾卵形；萼管半球形，先端有短喙；雄蕊长5~8毫米；花柱长3~5毫米。浆果阔卵圆形。

产地与地理分布：产于中国广东、广西及云南等省区。喜生于水边。分布于中南半岛、印度、马来西亚、印度尼西亚及大洋洲等地。

用途：【药用价值】花及叶供药用，含酚类及黄酮甙，治感冒；根可治黄疸性肝炎。

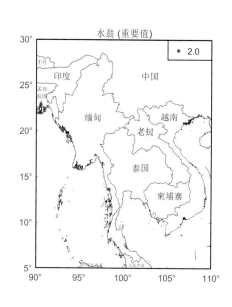

水翁 (重要值)

桃金娘科·桉属

桉（*Eucalyptus robusta* Smith）

鉴别特征: 密荫大乔木,高20米;树皮宿存,深褐色,厚2厘米,稍软松,有不规则斜裂沟;嫩枝有棱。幼态叶对生,叶片厚革质,卵形;成熟叶卵状披针形,厚革质。伞形花序粗大,有花4~8朵,总梗压扁。

产地与地理分布: 在原产地澳大利亚主要分布于沼泽地,靠海的河口的重黏壤地区,也可见于海岸附近的沙壤。在四川、云南个别生境则生长较好。

用途:【药用价值】叶供药用,有祛风镇痛功效。【经济价值】造纸厂用桉树制造生产牛皮纸和打印纸。木材红色,纹理扭曲,不易加工,耐腐性较高。桉树木材大多重且较坚硬,抗腐能力强,可用于建筑、枕木、矿柱、桩木、家具、火柴、农具、电杆、围栏以及炭材等。【生态价值】桉树具有很强的萌芽更新能力,种植一次可砍伐利用2~3次。

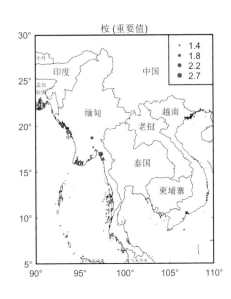

桉（重要值）

桃金娘科·番石榴属

番石榴（*Psidium guajava* L.）

鉴别特征: 乔木;树皮平滑,灰色,片状剥落;嫩枝有棱,被毛。叶片革质,长圆形至椭圆形,网脉明显。花单生或2~3朵排成聚伞花序;萼管钟形,有毛;花瓣白色。

产地与地理分布: 原产于南美洲。华南各地栽培,常见有逸为野生种,北达四川西南部的安宁河谷,生于荒地或低丘陵上。

用途:【药用价值】叶含挥发油及鞣质等,供药用,有止痢、止血、健胃等功效,味甘,有清热作用。【食用价值】果供食用。【经济价值】叶经煮沸去掉鞣质,晒干作茶叶用。

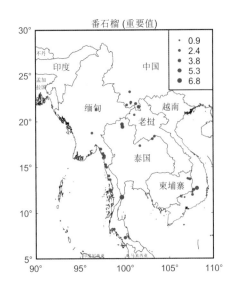

番石榴（重要值）

乌墨 [*Syzygium cumini* (L.) Skeels]

鉴别特征：乔木；嫩枝圆形，干后灰白色。叶片革质，阔椭圆形至狭椭圆形。圆锥花序腋生或生于花枝上，偶有顶生，花白色，3~5朵簇生；萼管倒圆锥形，萼齿很不明显；花瓣4，卵形略圆；花柱与雄蕊等长。

产地与地理分布：产于中国台湾、福建、广东、广西、云南等省区。常见于平地次生林及荒地上。分布于中南半岛、马来西亚、印度、印度尼西亚、澳大利亚等地。用途：【经济价值】因其木材耐腐且不受虫蛀，可用作造船、建筑等。【观赏价值】也可作为园林绿化树种。

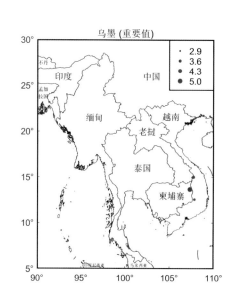

乌墨（重要值）

桃金娘科·蒲桃属

蒲桃 [*Syzygium jambos* (L.) Alston]

鉴别特征：乔木，主干极短，广分枝；小枝圆形。叶片革质，披针形或长圆形。聚伞花序顶生，有花数朵，花白色；萼管倒圆锥形，萼齿4，半圆形；花瓣分离，阔卵形。

产地与地理分布：产于中国台湾、福建、广东、广西、贵州、云南等省区。喜生于河边及河谷湿地。华南常见野生，也有栽培供食用。分布于中南半岛、马来西亚、印度尼西亚等地。

用途：【食用价值】蒲桃可以作为防风植物栽培，果实可以食用。【观赏价值】是湿润热带地区良好的果树、庭园绿化树。

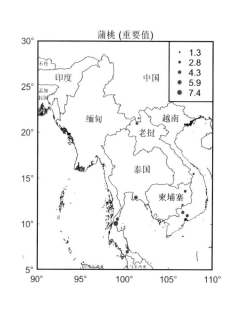

蒲桃（重要值）

桃金娘科·蒲桃属

滨玉蕊 [*Barringtonia asiatica* (L.) Kurz]

鉴别特征: 常绿乔木; 小枝粗壮, 有大的叶痕。叶丛生枝顶, 有短柄, 近革质, 倒卵形或倒卵状矩圆形, 侧脉常10～15对, 两面凸起, 边脉可见, 网脉明显。总状花序直立, 顶生, 稀侧生; 苞片卵形, 无柄; 小苞片三角形。

产地与地理分布: 中国只产于台湾的屏东、台东和兰屿等地; 常生于滨海地区的林中。分布于亚洲、东非和大洋洲各热带、亚热带地区。

用途: 【药用价值】据文献记载本种的果实、种子和树皮捣烂均可毒鱼。

玉蕊科·玉蕊属

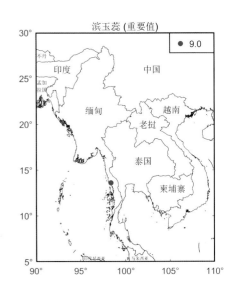

密毛柏拉木 (*Blastus mollissimus* H. L. Li)

鉴别特征: 灌木, 茎圆柱形, 多少被长柔毛, 分枝多, 幼枝、叶背、叶柄、花梗、花萼均密被棕褐色长柔毛。叶片纸质至膜质, 卵形或披针状卵形, 顶端渐尖, 基部钝至圆形, 5基出脉。聚伞花序近簇生, 有花约3朵, 腋生; 花萼漏斗形, 具钝四棱, 裂片线形。

产地与地理分布: 产于中国广西, 见于溪边。

野牡丹科·柏拉木属

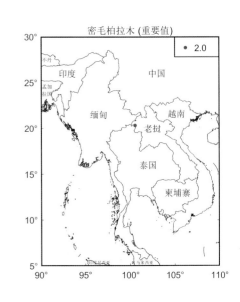

异药花（*Fordiophyton faberi* Stapf）

鉴别特征：草本或亚灌木；茎四棱形，有槽，无毛，不分枝。叶片膜质，通常在一个节上的叶，大小差别较大，广披针形至卵形，稀披针形，顶端渐尖，基部浅心形，稀近楔形，5条基出脉。

产地与地理分布：产于中国四川、贵州、云南。生于海拔600~1100(~1800)米的林下，沟边或路边灌木丛中，岩石上潮湿的地方。

用途：【药用价值】四川宜宾一带有用叶揉搓后擦漆疮。【饲料价值】用作猪饲料。

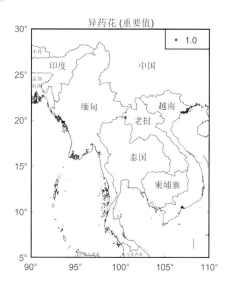

多花野牡丹（*Melastoma affine* D. Don）

鉴别特征：灌木；茎钝四棱形或近圆柱形，分枝多，密被紧贴的鳞片状糙伏毛，毛扁平，边缘流苏状。叶片坚纸质，披针形、卵状披针形或近椭圆形，全缘，5条基出脉。伞房花序生于分枝顶端，近头状，有花10朵以上，基部具叶状总苞。

产地与地理分布：产于中国云南、贵州、广东至台湾以南等地。生于海拔300~1830米的山坡、山谷林下或疏林下，湿润或干燥的地方，或刺竹林下灌草丛中，路边、沟边。中南半岛至澳大利亚，菲律宾以南等地也有分布。

用途：【药用价值】全草消积滞、收敛止血、散瘀消肿，治消化不良、肠炎腹泻、痢疾；捣烂外敷或研粉撒布，治外伤出血、刀枪伤；又用根煮水内服，以胡椒作引子，可催生，故又名催生药。【食用价值】果可食。

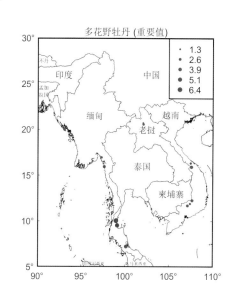

野牡丹科·异药花属

野牡丹科·野牡丹属

野牡丹科·野牡丹属

野牡丹（*Melastoma candidum* D. Don）

鉴别特征：灌木，分枝多；茎钝四棱形或近圆柱形，密被紧贴的鳞片状糙伏毛，毛扁平边缘流苏状。叶片坚纸质，卵形或广卵形，顶端急尖，基部浅心形或近圆形。伞房花序生于分枝顶端，近头状，有花3~5朵，稀单生，基部具叶状总苞2；苞片披针形或狭披针形，密被鳞片状糙伏毛。

产地与地理分布：产于中国云南、广西、广东、福建、台湾。生于海拔约120米以下的山坡松林下或开朗的灌草丛中，是酸性土常见的植物。中南半岛也有分布。

用途：【药用价值】根、叶可消积滞、收敛止血，治消化不良、肠炎腹泻、痢疾便血等症；叶捣烂外敷或用干粉，作外伤止血药。**【观赏价值】**花朵由五片花瓣组成，花色为玫瑰红色或粉红色，花期可达全年，具有很高的观赏价值。

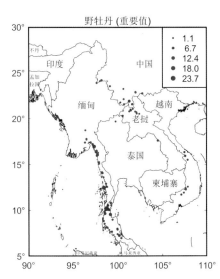

大野牡丹（*Melastoma imbricatum* Wall.）

鉴别特征：大灌木或小乔木；茎四棱形或钝四棱形，通常具槽，分枝多，密被紧贴鳞片状糙伏毛。叶片坚纸质，广卵形至广椭圆形，顶端急尖，基部圆形或钝，7条基出脉，稀5脉。伞房花序生于分枝顶端，具花约12朵，基部具叶状总苞2。

产地与地理分布：产于中国云南东南部、广西西南部。生于海拔140~1420米的密林下湿润的地方。印度、缅甸、中南半岛至印度尼西亚的苏门答腊均有。

用途：【药用价值】果可食。

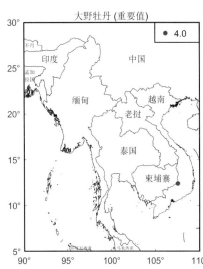

野牡丹科·野牡丹属

毛菍（*Melastoma sanguineum* Sims）

鉴别特征：大灌木；茎、小枝、叶柄、花梗及花萼均被平展的长粗毛，毛基部膨大。叶片坚纸质，卵状披针形至披针形，全缘，基出脉5。伞房花序，顶生，常仅有花1朵，有时3(~5)朵；苞片戟形，膜质，顶端渐尖，背面被短糙伏毛，以脊上为密，具缘毛。

产地与地理分布：产于中国广西、广东。生于海拔400米以下的低海拔地区，常见于坡脚、沟边、湿润的草丛或矮灌丛中。印度、马来西亚至印度尼西亚也有分布。

用途：【药用价值】根、叶可供药用，根有收敛止血、消食止痢的作用，治水泻便血、妇女血崩、止血止痛；叶捣烂外敷有拔毒生肌止血的作用，治刀伤跌打、接骨、疮疖、毛虫毒等。【食用价值】果可食。

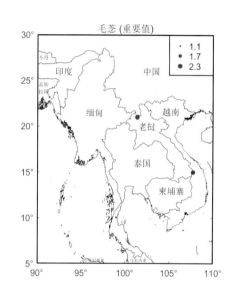

金锦香（*Osbeckia chinensis* L.）

鉴别特征：直立草本或亚灌木；茎四棱形，具紧贴的糙伏毛。叶片坚纸质，线形或线状披针形，极稀卵状披针形，顶端急尖，基部钝或几圆形，全缘，3~5条基出脉。头状花序，顶生，苞片卵形。

产地与地理分布：产于中国广西以东、长江流域以南各省。生于海拔1100米以下的荒山草坡、路旁、田地边或疏林下阳处常见的植物。从越南至澳大利亚、日本均有分布。模式标本采自广东广州市。

用途：【药用价值】全草入药，能清热解毒、收敛止血，治痢疾止泻，又能治蛇咬伤。鲜草捣碎外敷，治痈疮肿毒以及外伤止血。

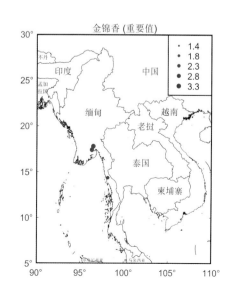

野牡丹科·野牡丹属

野牡丹科·金锦香属

249

蜂斗草（*Sonerila cantonensis* Stapf）

鉴别特征：草本或亚灌木；茎钝四棱形，幼时被平展的长粗毛及微柔毛，以后无毛而常具皮孔，具分枝，有时具匍匐茎。叶片纸质或近膜质，卵形或椭圆状卵形。蝎尾状聚伞花序或二歧聚伞花序，顶生，有花3~7朵。

产地与地理分布：产于中国云南、广西、广东（海南未发现）、福建。生于海拔1000~1500米的山谷、山坡密林下，阴湿的地方或有时见于荒地上。越南也有分布。

用途：【药用价值】全株药用，通经活血，治跌打、瞖膜。

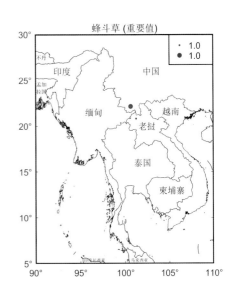

木榄 [*Carallia brachiata* (Lour.) Merr.]

鉴别特征：乔木或灌木；树皮灰黑色，有粗糙裂纹。叶椭圆状矩圆形；托叶淡红色。花单生；萼平滑无棱，暗黄红色，裂片11~13。花果期几乎全年。

产地与地理分布：产于中国广东、广西、福建、台湾及其沿海岛屿；生于浅海盐滩。分布于非洲东南部、印度、斯里兰卡、马来西亚、泰国、越南、澳大利亚北部及波利尼西亚。

用途：【经济价值】材质坚硬，色红，很少作土工木料，多用作燃料，树皮含单宁19%~20%。

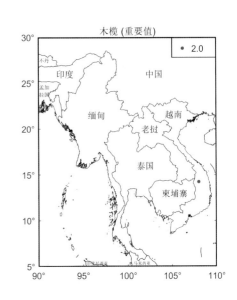

竹节树 [*Carallia brachiata* (Lour.) Merr.]

鉴别特征: 乔木,基部有时具板状支柱根;树皮光滑,很少具裂纹,灰褐色。叶形变化很大,矩圆形、椭圆形至倒披针形或近圆形。花序腋生,有长8~12毫米的总花梗,分枝短;花小,基部有浅碟状的小苞片;花萼6~7裂,稀5或8裂,钟形,裂片三角形、短尖。

产地与地理分布: 产于中国广东、广西及沿海岛屿;生于低海拔至中海拔的丘陵灌丛或山谷杂木林中,有时村落附近也有生长。分布于马达加斯加、斯里兰卡、印度、缅甸、泰国、越南、马来西亚至澳大利亚北部。

用途:【经济价值】木材质硬而重,纹理交错,结构颇粗,心材大,暗红棕色而带黄,边材色淡而带红,有光泽,色调不鲜明,干燥后容易开裂,不甚耐腐,可用于制作乐器、饰木、门窗、器具等。

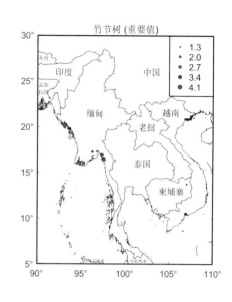

竹节树 (重要值)

风车子 (*Combretum alfredii* Hance)

鉴别特征: 多枝直立或攀缘状灌木;树皮浅灰色,幼嫩部分具鳞片;小枝近方形、灰褐色,有纵槽,密被棕黄色的茸毛和有橙黄色的鳞片,老枝无毛。叶对生或近对生,叶片长椭圆形至阔披针形,稀为椭圆状倒卵形或卵形,侧脉6~10对,稍广展,将达叶缘处弯拱而相连,脉腋内有丛生的粗毛,小脉显著。

产地与地理分布: 产于中国江西、湖南、广东、广西。生于海拔200~800米的河边、谷地。

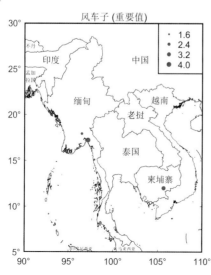

风车子 (重要值)

红树科·竹节树属

使君子科·风车子属

使君子 (*Quisqualis indica* L.)

鉴别特征: 攀缘状灌木; 小枝被棕黄色短柔毛。叶对生或近对生, 叶片膜质, 卵形或椭圆形。顶生穗状花序, 组成伞房花序式; 苞片卵形至线状披针形, 被毛; 萼管长5~9厘米, 被黄色柔毛。

产地与地理分布: 产于中国四川、贵州至南岭以南各处, 长江中下游以北无野生记录。主产于中国福建、台湾(栽培)、江西南部、湖南、广东、广西、四川、云南、贵州。分布于印度、缅甸至菲律宾。

用途:【药用价值】种子为中药中较有效的驱蛔药, 对小儿寄生蛔虫症疗效尤著。

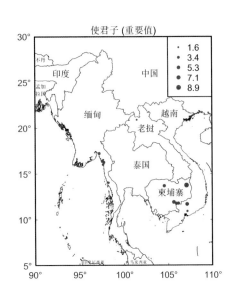

榄仁树 (*Terminalia catappa* L.)

鉴别特征: 大乔木, 树皮褐黑色, 纵裂而剥落状; 枝平展, 近顶部密被棕黄色的茸毛, 具密而明显的叶痕。叶大, 互生, 常密集于枝顶, 叶片倒卵形。

产地与地理分布: 产于中国广东、台湾、云南。常生于气候湿热的海边沙滩上, 多栽培作行道树。马来西亚、越南以及印度、大洋洲均有分布。南美热带海岸也很常见。

用途:【药用价值】供药用。【食用价值】种子油可食。【经济价值】木材可作为舟船、家具等用材; 树皮含单宁, 能生产黑色染料。

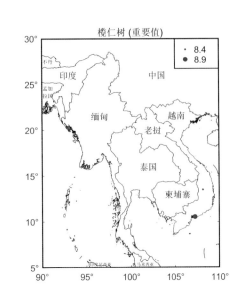

草龙 [*Ludwigia hyssopifolia* (G. Don) Exell]

鉴别特征：一年生直立草本；茎基部常木质化，常3或4棱形，多分枝，幼枝及花序被微柔毛。叶披针形至线形，侧脉每侧9～16，在近边缘不明显环结，下面脉上疏被短毛；托叶三角形。花腋生，萼片4，卵状披针形，常有3纵脉，无毛或被短柔毛；花瓣4片，黄色，倒卵形或近椭圆形，先端钝圆，基部楔形。

产地与地理分布：产于中国台湾、广东、香港、海南、广西、云南南部。生于田边、水沟、河滩、塘边、湿草地等湿润向阳处，海拔50～750米。分布于印度、斯里兰卡、缅甸、中南半岛经马来半岛至菲律宾、密克罗尼西亚与澳大利亚北部，西达非洲热带地区。

用途：【药用价值】全草入药，能清热解毒、去腐生肌之效，可治感冒、咽喉肿痛、疮疖等。

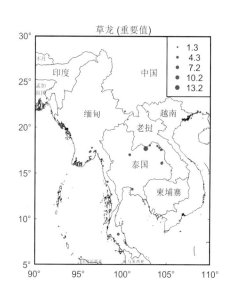

细花丁香蓼（*Ludwigia perennis* L.）

鉴别特征：一年生直立草本；茎常分枝，幼茎枝被微柔毛或近无毛，其余部分无毛或近无毛。叶椭圆状或卵状披针形，稀线形；托叶很小，三角状卵形，或完全退化。萼片4枚，稀5，卵状三角形，无毛或疏被微柔毛。

产地与地理分布：产于中国福建、台湾、海南、广西与云南南部。生于池塘、水田湿地，海拔100～600米。亚洲热带、亚热带地区、非洲、澳大利亚热带地区也有分布。

用途：【药用价值】具有清热解毒、杀虫止痒之功效，用于咽喉肿痛、口舌生疮、乳痈、疮肿、肛门瘙痒。

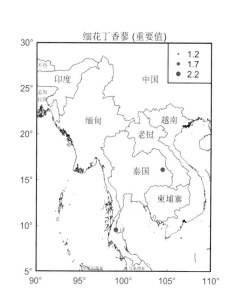

瓜木 [*Alangium platanifolium* (Sieb. et Zucc.) Harms]

鉴别特征: 落叶灌木或小乔木; 树皮平滑, 灰色或深灰色; 小枝纤细, 近圆柱形, 常稍弯曲, 略呈"之"字形, 当年生枝淡黄褐色或灰色, 近无毛; 冬芽圆锥状卵圆形, 鳞片三角状卵形, 覆瓦状排列。叶纸质, 近圆形。

产地与地理分布: 产于中国吉林、辽宁、河北、山西、河南、陕西、甘肃、山东、浙江、台湾、江西、湖北、四川、贵州和云南东北部; 生于海拔2000米以下土质比较疏松而肥沃的向阳山坡或疏林中。朝鲜和日本也有分布。

用途:【药用价值】根叶药用, 治风湿和跌打损伤等病。【经济价值】本种的树皮含鞣质, 纤维可做人造棉。【生态价值】可以作农药用。

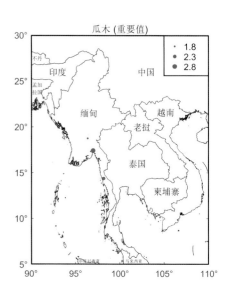

刺五加 [*Acanthopanax senticosus* (Rupr. Maxim.) Harms]

鉴别特征: 灌木; 分枝多, 一、二年生的通常密生刺, 稀仅节上生刺或无刺; 刺直而细长, 针状, 下向, 基部不膨大, 脱落后遗留圆形刺痕, 叶有小叶5, 稀3; 小叶片纸质, 椭圆状倒卵形或长圆形。伞形花序单个顶生, 或2～6个组成稀疏的圆锥花序。

产地与地理分布: 分布于中国黑龙江、吉林、辽宁、河北和山西。生于森林或灌丛中, 海拔数百米至2000米。朝鲜、日本和苏联也有分布。

用途:【药用价值】本种根皮亦可代"五加皮", 供药用, 祛风湿、强筋骨、泡酒制五加皮酒(或制成五加皮散); 种子可榨油, 制肥皂用。

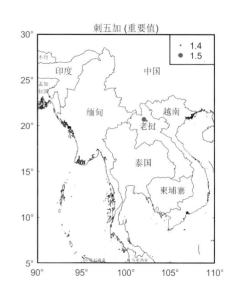

芹叶龙眼独活（*Aralia apioides* Hand.-Mazz.）

鉴别特征：多年生草本，地下有匍匐的厚根茎；地上茎粗壮，有纵沟纹，基部直径达1厘米以上。叶大，茎上部者为一回或二回羽状复叶，其羽片有小叶3～9，下部者为二回或三回羽状复叶，其羽片有小叶5～9；托叶和叶柄基部合生，先端离生部分披针形；小叶片膜质，阔卵形至长卵形。

产地与地理分布：分布于中国云南和四川。生于丛林中，海拔可达3600米。

用途：【药用价值】具有祛风除湿、消肿止痛等功效，用于治风湿痹痛、跌打损伤、筋伤骨断、瘀血肿痛、腰肌劳损、胃寒疼痛、淋巴结炎等。

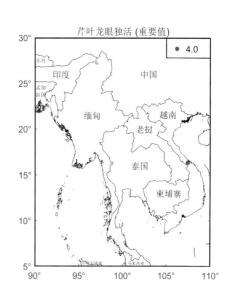

芹叶龙眼独活 (重要值)

五加科·楤木属

虎刺楤木 [*Aralia armata* (Wall.) Seem.]

鉴别特征：多刺灌木；刺短，基部宽扁，先端通常弯曲。叶为三回羽状复叶；托叶和叶柄基部合生。圆锥花序大，主轴和分枝有短柔毛或无毛，疏生钩曲短刺。

产地与地理分布：分布于中国云南、贵州、广西、广东和江西。生于林中和林缘，垂直分布海拔可达1400米。印度、缅甸、马来西亚和越南也有分布。

用途：【药用价值】根皮为民间草药，有消肿散瘀、除风祛湿之效，治肝炎、肾炎、前列腺炎等症。

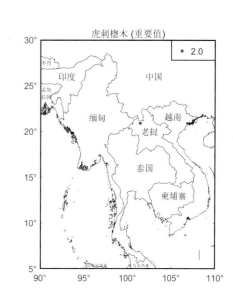

虎刺楤木 (重要值)

五加科·■木属

鹅掌柴 [*Schefflera octophylla* (Lour.) Harms]

鉴别特征: 乔木或灌木; 小枝粗壮, 干时有皱纹, 幼时密生星状短柔毛, 不久毛渐脱稀。叶有小叶6~9, 最多至11; 小叶片纸质至革质, 椭圆形、长圆状椭圆形或倒卵状椭圆形, 稀椭圆状披针形。

产地与地理分布: 广布于中国西藏、云南、广西、广东、浙江、福建和台湾, 为热带、亚热带地区常绿阔叶林常见的植物, 有时也生于阳坡上, 海拔100~2100米。日本、越南和印度也有分布。

用途: 【经济价值】本种是南方冬季的蜜源植物; 木材质软, 为火柴杆及制作蒸笼原料。【药用价值】叶及根皮民间供药用, 治疗流感、跌打损伤等症。

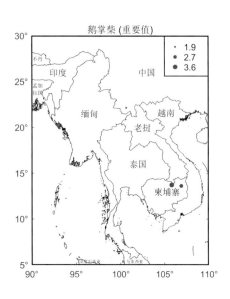

鹅掌柴 (重要值)
· 1.9
· 2.7
· 3.6

五加科 · 鹅掌柴属

积雪草 [*Centella asiatica* (L.) Urban]

鉴别特征: 多年生草本, 茎匍匐, 细长, 节上生根。叶片膜质至草质, 圆形、肾形或马蹄形, 边缘有钝锯齿, 基部阔心形, 两面无毛或在背面脉上疏生柔毛; 掌状脉5~7。伞形花序梗2~4个, 聚生于叶腋; 苞片通常2, 很少3, 卵形, 膜质; 每一伞形花序有花3~4, 聚集呈头状。

产地与地理分布: 分布于陕西、江苏、安徽、浙江、江西、湖南、湖北等省区。喜生于阴湿的草地或水沟边。印度、斯里兰卡、马来西亚、印度尼西亚、大洋洲群岛、日本、澳大利亚及中非、南非也有分布。

用途: 【药用价值】全草入药, 清热利湿、消肿解毒, 治痧氙腹痛、暑泻、痢疾、湿热黄疸、砂淋、血淋、吐血、咯血、目赤、喉肿、风疹、疥癣、疔痈肿毒、跌打损伤等。

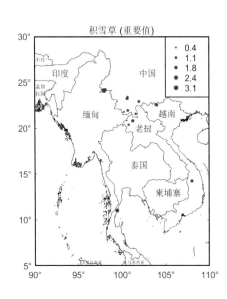

积雪草 (重要值)
· 0.4
· 1.1
· 1.8
· 2.4
· 3.1

伞形科 · 积雪草属

刺芹 (*Eryngium foetidum* L.)

鉴别特征: 二年生或多年生草本, 主根纺锤形。茎绿色直立, 粗壮, 无毛, 有数条槽纹, 上部有3~5歧聚伞式的分枝。基生叶披针形或倒披针形不分裂, 革质; 茎生叶着生在每一叉状分枝的基部, 对生, 无柄, 边缘有深锯齿, 齿尖刺状, 顶端不分裂或3~5深裂。

产地与地理分布: 产于中国广东、广西、贵州、云南等省区。通常生长在海拔100~1540米的丘陵、山地林下、路旁、沟边等湿润处。南美东部、中美、安的列斯群岛以至亚洲、非洲的热带地区也有分布。

用途: 【药用价值】用于利尿、治水肿病与蛇咬伤有良效。【食用价值】又可作食用香料气味同芫荽。

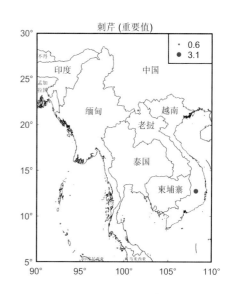

红马蹄草 (*Hydrocotyle nepalensis* Hook.)

鉴别特征: 多年生草本, 茎匍匐, 有斜上分枝, 节上生根。叶片膜, 质至硬膜质, 圆形或肾形掌状脉7~9, 疏生短硬毛; 托叶膜质, 顶端钝圆或有浅裂。伞形花序数个簇生于茎端叶腋, 花序梗短于叶柄, 有柔毛; 小伞形花序有花20~60, 常密集成球形的头状花序。

产地与地理分布: 产于中国陕西、安徽、浙江、江西、湖南、湖北、广东、广西等省区。生长于山坡、路旁、阴湿地、水沟和溪边草丛中; 海拔350~2080米。印度、马来西亚、印度尼西亚也有分布。

用途: 【药用价值】全草入药, 治跌打损伤、感冒、咳嗽痰血。

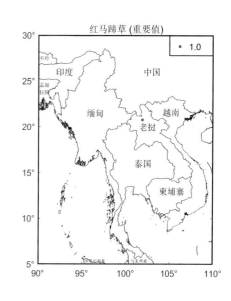

伞形科·刺芹属

伞形科·天胡荽属

257

灯笼树（*Enkianthus chinensis* Franch.）

鉴别特征：落叶灌木或小乔木；幼枝灰绿色，无毛，老枝深灰色；芽圆柱状，芽鳞宽披针形，微红色。叶常聚生枝顶，纸质，长圆形至长圆状椭圆形。花多数组成伞形花序状总状花序。

产地与地理分布：产于中国安徽、浙江、江西、福建、湖北、湖南、广西、四川、贵州、云南。生于海拔900～3600米的山坡疏林中。

用途：【观赏价值】花形奇特，花色鲜艳，株形健美，是园林绿化、庭园美化最佳观赏树种。

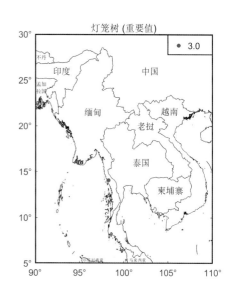

凹脉紫金牛（*Ardisia brunnescens* Walker）

鉴别特征：灌木；小枝灰褐色，略肉质，具皱纹。叶片坚纸质，椭圆状卵形或椭圆形，顶端急尖或广渐尖，基部楔形。复伞形花序或圆锥状聚伞花序，着生于侧生特殊花枝顶端。

产地与地理分布：产于中国广西、广东，见于山谷疏、密林下或灌木丛中，或石灰岩山坡的林下。

用途：【药用价值】根药用，妇女产后炖肉吃，可增强体质。

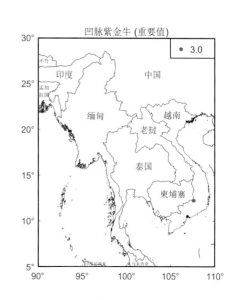

东方紫金牛（*Ardisia squamulosa* Presl.）

鉴别特征：灌木；叶厚，新鲜时略肉质，倒披针形或倒卵形，顶端钝和有时短渐尖，基部楔形。花序具梗，亚伞形花序或复伞房花序，近顶生或腋生于特殊花枝的叶状苞片上，花枝基部膨大或具关节；花粉红色至白色；萼片圆形，花蕾时呈覆瓦状排列，边缘干膜质和具细缘毛，具厚且黑色的腺点。

产地与地理分布：产于中国台湾。琉球群岛有栽培，马来西亚至菲律宾亦有。

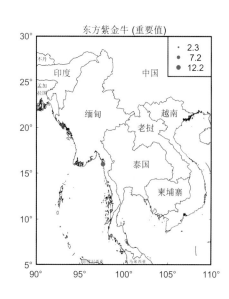

紫金牛科·紫金牛科

酸藤子 [*Embelia laeta* (L.) Mez]

鉴别特征：攀缘灌木或藤本；幼枝无毛，老枝具皮孔。叶片坚纸质，倒卵形或长圆状倒卵形，顶端圆形、钝或微凹，基部楔形。总状花序，腋生或侧生，生于前年无叶枝上，长3~8毫米，被细微柔毛，有花3~8朵，基部具1~2轮苞片，小苞片钻形或长圆形，具缘毛，通常无腺点。

产地与地理分布：产于中国云南、广西、广东、江西、福建、台湾，海拔100~1500 (~1850) 米的山坡疏、密林下或疏林缘或开阔的草坡、灌木丛中。越南、老挝、泰国、柬埔寨均有分布。

用途：【药用价值】根、叶可散瘀止痛、收敛止泻，治跌打肿痛、肠炎腹泻、咽喉炎、胃酸少、痛经闭经等症；叶煎水亦作外科洗药；果有强壮补血的功效；兽用根、叶治牛伤食腹胀、热病口渴。【食用价值】嫩尖和叶可生食，味酸；果亦可食。

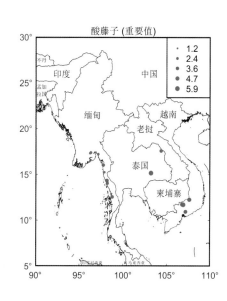

紫金牛科·酸藤子属

白花酸藤果（*Embelia ribes* Burm. f.）

鉴别特征：攀缘灌木或藤本；枝条无毛，老枝有明显的皮孔。叶片坚纸质，倒卵状椭圆形或长圆状椭圆形，顶端钝渐尖，基部楔形或圆形，全缘，两面无毛，背面有时被薄粉，腺点不明显，中脉隆起，侧脉不明显；叶柄长5～10毫米，两侧具狭翅。圆锥花序，顶生；小苞片钻形或三角形。

产地与地理分布：产于中国贵州、云南、广西、广东、福建，海拔50～2000米的林内、林缘灌木丛中，或路边、坡边灌木丛中。印度以东至印度尼西亚均有。

用途：【药用价值】根可药用，治急性肠胃炎、赤白痢、腹泻、刀枪伤、外伤出血等，亦有用于蛇咬伤；叶煎水可作外科洗药。【食用价值】果可食，味甜；嫩尖可生吃或做蔬菜，味酸。

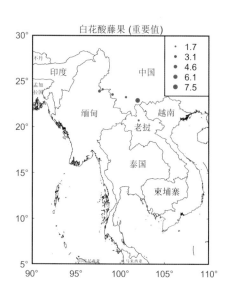

密齿酸藤子（*Embelia vestita* Roxb.）

鉴别特征：攀缘灌木或小乔木；小枝无毛或嫩枝被极细的微柔毛，具皮孔。叶片坚纸质，卵形至卵状长圆形，稀椭圆状披针形，顶端急尖、渐尖或钝，基部楔形或圆形。总状花序，腋生，长2～4（～6）厘米，被细茸毛；花梗长2～5毫米，与轴几成直角，被疏乳头状凸起；小苞片钻形，长约1.5毫米，具缘毛，两面被微柔毛。

产地与地理分布：产于中国云南，海拔200～1700米的石灰岩山坡林下。尼泊尔、缅甸、印度也有分布。

用途：【药用价值】有驱蛔虫的作用。【食用价值】果可生食，味酸甜，与红糖或酸果拌食。

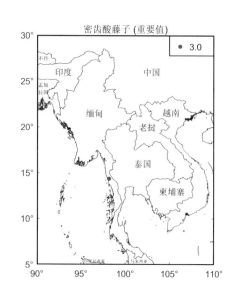

鲫鱼胆 [*Maesa perlarius* (Lour.) Merr.]

鉴别特征：小灌木；分枝多，小枝被长硬毛或短柔毛，有时无毛。叶片纸质或近坚纸质，广椭圆状卵形至椭圆形。总状花序或圆锥花序，腋生，长2～4厘米，具2～3分枝（为圆锥花序时），被长硬毛和短柔毛；苞片小，披针形或钻形，较花梗短，花梗长约2毫米。

产地与地理分布：产于中国四川、贵州至台湾以南沿海各省、区，海拔150～1350米的山坡、路边的疏林或灌丛中湿润的地方。越南、泰国亦有。

用途：【药用价值】全株供药用，有消肿去腐、生肌接骨的功效，用于跌打刀伤，亦用于疔疮、肺病。

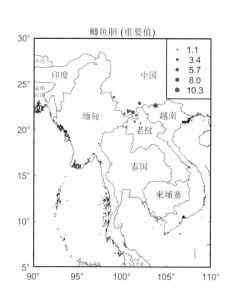

蛋黄果（*Lucuma nervosa* A. DC.）

鉴别特征：小乔木；小枝圆柱形，灰褐色，嫩枝被褐色短茸毛。叶坚纸质，狭椭圆形。花1（2）朵生于叶腋，花梗圆柱形，长1.2～1.7厘米，被褐色细茸毛；花萼裂片通常5，稀6～7，卵形或阔卵形，长约7毫米，宽约5毫米，内面的略长，外面被黄白色细茸毛，内面无毛。

产地与地理分布：中国广东、广西、云南西双版纳有少量栽培。

用途：【食用价值】果实除生食外，可制果酱、冰奶油、饮料或果酒。【观赏价值】蛋黄果树姿美丽，适合作庭园栽培。

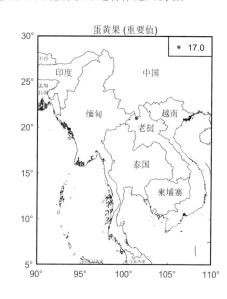

山柿 (*Diospyros montana* Roxb.)

鉴别特征: 乔木; 树皮带灰色, 后变褐色, 树干和老枝常散生分枝的刺; 嫩枝稍被柔毛。叶近纸质或薄革质, 形状变异多, 通常倒卵形、卵形、椭圆形或长圆状披针形。雄花小, 生聚伞花序上; 雌花单生, 花萼绿色, 花冠淡黄色, 子房无毛, 8室, 花柱4。果球形, 红色或褐色, 8室, 宿存萼革质, 裂片叶状, 多少反曲, 钝头。

产地与地理分布: 中国台湾有栽培。分布于印度、斯里兰卡、印度尼西亚、马来西亚、澳大利亚、菲律宾、缅甸、老挝、柬埔寨和越南。

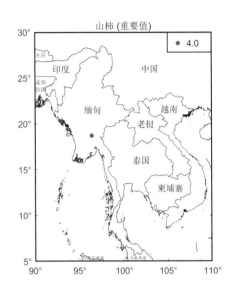

赤杨叶 [*Alniphyllum fortunei* (Hemsl.) Makino]

鉴别特征: 乔木, 高15~20米, 胸径达60厘米, 树干通直, 树皮灰褐色, 有不规则细纵皱纹。不开裂; 小枝初时被褐色短柔毛, 成长后无毛, 暗褐色。叶嫩时膜质, 干后纸质, 椭圆形、宽椭圆形或倒卵状椭圆形。

产地与地理分布: 产于中国安徽、江苏、浙江、湖南、湖北、江西、福建、台湾等。本种分布较广, 适应性较强, 生长迅速, 阳性树种, 常与山毛榉科和茶科植物混生; 生于海拔200~2200米的常绿阔叶林中。印度、越南和缅甸也有分布。

用途: 【经济价值】该种木材纹理通直, 辐射孔材, 木材洁白, 结构中等, 质轻软, 易加工, 但切削面不够光滑, 易干燥, 不耐腐, 是火柴杆、造纸的好原料。

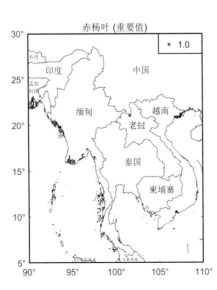

越南山矾 [*Symplocos cochinchinensis* (Lour.) S. Moore]

鉴别特征: 乔木; 小枝粗壮, 芽、嫩枝、叶柄、叶背中脉均被红褐色茸毛。叶纸质, 椭圆形、倒卵状椭圆形或狭椭圆形。穗状花序长6~11厘米, 近基部3~5分枝, 花序轴、苞片、萼均被红褐色茸毛; 苞片卵形, 小苞片三角状卵形, 背面中肋凸起; 花萼长2~3毫米, 5裂, 裂片卵形, 与萼筒等长。

产地与地理分布: 产于中国西藏、云南、广西、广东、福建南部、台湾。生于海拔1500米以下的溪边、路旁和热带阔叶林中。中南半岛、印度尼西亚爪哇、印度也有分布。

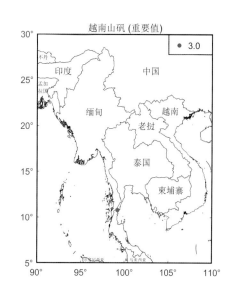

山矾科·山矾属

扭肚藤 [*Jasminum elongatum* (Bergius) Willd.]

鉴别特征: 攀缘灌木。小枝圆柱形, 疏被短柔毛至密被黄褐色茸毛。叶对生, 单叶, 叶片纸质, 卵形、狭卵形或卵状披针形。聚伞花序密集, 顶生或腋生, 通常着生于侧枝顶端, 有花多朵; 苞片线形或卵状披针形; 花梗短, 密被黄色茸毛或疏被短柔毛, 有时近无毛; 花微香; 花萼密被柔毛或近无毛, 内面近边缘处被长柔毛。

产地与地理分布: 产于中国广东、海南、广西、云南。生于海拔850米以下的灌木丛、混交林及沙地。越南、缅甸至喜马拉雅山一带也有分布。

用途: 【药用价值】叶在民间用来治疗外伤出血、骨折。

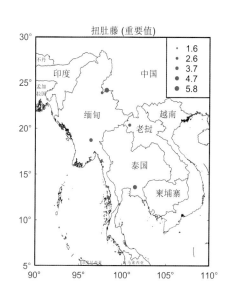

木犀科·素馨属

桂叶素馨（*Jasminum laurifolium* Roxb.）

鉴别特征：常绿缠绕藤本。小枝圆柱形。叶对生，单叶，叶片革质，线形、披针形、狭椭圆形或长卵形。聚伞花序顶生或腋生，有花1~8朵，通常花单生；花序梗长0.3~2.5厘米；花梗细长；小苞片线形；花芳香；萼管长2~3毫米，裂片4~12枚，线形。

产地与地理分布：产于中国海南、广西、云南、西藏。生于山谷、丛林或岩石坡灌丛中，海拔1200米以下。缅甸及印度也有分布。

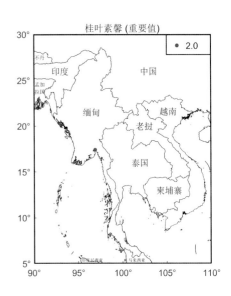

桂叶素馨 (重要值)

用途：【药用价值】植株药用可治刀伤、蛇伤、痈疮肿毒等。

锈鳞木犀榄（*Olea ferruginea* Royle）

鉴别特征：灌木或小乔木。枝灰褐色，圆柱形，粗糙，小枝褐色或灰色，近四棱形，无毛，密被细小鳞片。叶片革质，狭披针形至长圆状椭圆形。圆锥花序腋生，长1~4厘米，宽1~2厘米；花序梗长4~11毫米，具棱，稍被锈色鳞片：苞片线形或鳞片状。

产地与地理分布：产于中国云南。生于林中或河畔灌丛，海拔600~2800米。印度、巴基斯坦、阿富汗等地也有分布。

用途：【药用价值】根或叶可以入药，味平，苦；具有利尿、通淋、止血等功效，主治小便不利、血淋、血尿。【观赏价值】一种很好的庭园造型绿化树种，可作盆景材料。

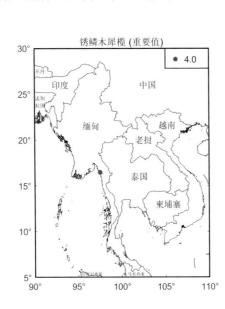

锈鳞木犀榄 (重要值)

蓬莱葛 (*Gardneria multiflora*)

鉴别特征: 木质藤本。枝条圆柱形, 有明显的叶痕; 除花萼裂片边缘有睫毛外, 全株均无毛。叶片纸质至薄革质, 椭圆形、长椭圆形或卵形, 少数披针形。花很多而组成腋生的二至三歧聚伞花序, 花序长2~4厘米; 花序梗基部有2枚三角形苞片; 花梗长约5毫米, 基部具小苞片; 花5数。

产地与地理分布: 产于秦岭淮河以南, 南岭以北。生于海拔300~2100米山地密林下或山坡灌木丛中。日本和朝鲜也有分布。

用途:【药用价值】根、叶可供药用, 有祛风活血之效, 主治关节炎、坐骨神经痛等。

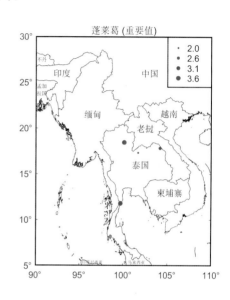

蓬莱葛 (重要值)

马钱科·蓬莱葛属

双蝴蝶 [*Tripterospermum chinense* (Migo) H. Smith]

鉴别特征: 多年生缠绕草本, 具短根茎, 根黄褐色或深褐色, 细圆柱形。茎绿色或紫红色, 近圆形具细条棱, 上部螺旋扭转。基生叶通常2对, 着生于茎基部, 紧贴地面, 密集呈双蝴蝶状, 卵形、倒卵形或椭圆形; 茎生叶通常卵状披针形, 少为卵形, 向上部变小呈披针形, 先端渐尖或呈尾状, 基部心形或近圆形, 叶脉3条, 全缘。

产地与地理分布: 产于中国江苏、浙江、安徽、江西、福建、广西。生于山坡林下、林缘、灌木丛或草丛中, 海拔300~1100米。

用途:【药用价值】具有清热解毒、止咳止血等功效, 用于支气管炎、肺结核咯血、肺炎、肺脓肿、肾炎、泌尿系感染; 外用治疗疮疖肿、乳腺炎、外伤出血。

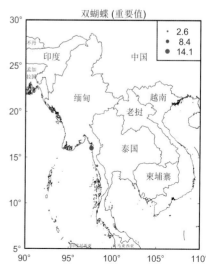

双蝴蝶 (重要值)

龙胆科·双蝴蝶属

糖胶树 [*Alstonia scholaris* (L.) R. Br.]

鉴别特征: 乔木; 枝轮生, 具乳汁, 无毛。叶3~8片轮生, 倒卵状长圆形、倒披针形或匙形, 稀椭圆形或长圆形。花白色, 多朵组成稠密的聚伞花序, 顶生, 被柔毛。

产地与地理分布: 中国广西南部、西部和云南南部野生。尼泊尔、印度、斯里兰卡、缅甸、泰国、越南、柬埔寨、马来西亚、印度尼西亚、菲律宾和澳大利亚热带地区也有分布。

用途: 【药用价值】治头痛、伤风、痧气、肺炎、百日咳、慢性支气管炎; 外用可治外伤止血、接骨、消肿、疮节及配制杀虫剂等。【经济价值】乳汁丰富, 可提制口香糖原料, 故有称 "糖胶树"。【观赏价值】树形美观, 中国广东和台湾等省常作行道树或公园栽培观赏。

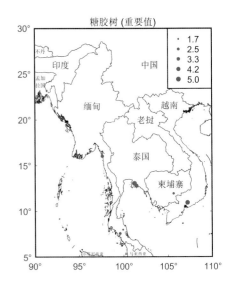

毛车藤 (*Amalocalyx yunnanensis* Tsiang)

鉴别特征: 木质藤本; 枝、叶柄、叶、总花梗、小苞片、花萼外面和外果皮都密被锈色的长柔毛, 老时无毛; 枝棕色, 圆筒状, 有不等长的条纹; 节间长3~18厘米; 腺间及腋内腺体不多, 易落, 深紫色, 线状钻形。叶纸质, 宽倒卵形或椭圆状长圆形, 近对生, 或互生, 弧形上升。聚伞花序腋生, 二叉, 近伞房状。

产地与地理分布: 产于中国云南南部。生于海拔800~1000米的山地疏林中。老挝、缅甸也有分布。

用途: 【药用价值】具有下乳之功效, 主治产后乳汁不下, 乳汁稀少。

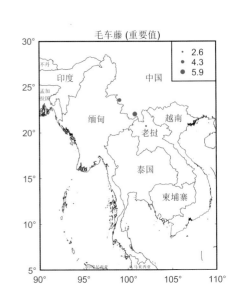

鸭蛋花 (*Cameraria latifolia*)

鉴别特征: 乔木, 具有乳汁, 单叶对生, 全缘, 羽状脉; 无托叶, 聚伞花序顶生或腋生, 具小苞片。花两性, 辐射对称, 花萼(4) 5裂, 双盖覆瓦状排列, 基部常具腺体; 花冠(4) 5裂, 裂片向右或向左覆盖; 雄蕊(4) 5, 花丝短, 花药箭头形; 子房上位, 1~2室; 花柱1。

产地与地理分布: 栽培于中国广东。

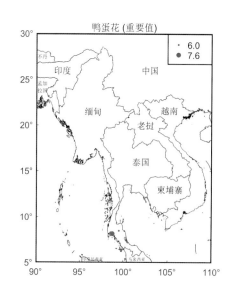

鸭蛋花 (重要值)

单瓣狗牙花 [*Ervatamia divaricata* (L.) Burk.]

鉴别特征: 灌木, 除萼片有缘毛外, 其余无毛; 枝和小枝灰绿色, 有皮孔, 干时有纵裂条纹; 节间长1.5~8厘米。腋内假托叶卵圆形, 基部扩大而合生, 长约2毫米。叶坚纸质, 椭圆形或椭圆状长圆形。聚伞花序腋生, 通常双生, 近小枝端部集成假二歧状, 着花6~10朵; 苞片和小苞片卵状披针形。

产地与地理分布: 云南南部野生; 中国广西、广东和台湾等省区栽培。印度也有分布, 现广泛栽培于亚洲热带和亚热带地区。

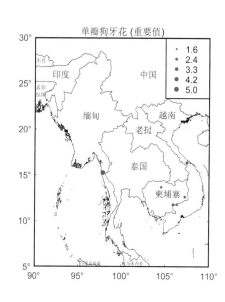

单瓣狗牙花 (重要值)

狗牙花 [*Ervatamia divaricata* (L.) Burk. 'Gouyahua']

鉴别特征: 灌木; 枝和小枝灰绿色, 有皮孔, 干时有纵裂条纹。腋内假托叶卵圆形, 基部扩大而合生。叶坚纸质, 椭圆形或椭圆状长圆形, 短渐尖, 基部楔形。聚伞花序腋生, 通常双生, 近小枝端部集成假二歧状, 着花6~10朵; 总花梗长2.5~6厘米; 苞片和小苞片卵状披针形, 长2毫米, 宽1毫米; 花蕾端部长圆状急尖。

产地与地理分布: 栽培于中国南部各省区。

用途: 【药用价值】叶可药用, 有降低血压效能, 民间称可清凉解热利水消肿, 治眼病、疮疥、乳疮、癫狗咬伤等症; 根可治头痛和骨折等。

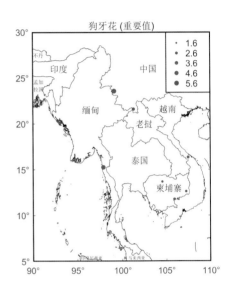

鸡蛋花 (*Plumeria rubra* L. 'Acutifolia')

鉴别特征: 小乔木; 枝条粗壮, 带肉质, 无毛, 具丰富乳汁。叶厚纸质, 长圆状倒披针形, 顶端急尖, 基部狭楔形。聚伞花序顶生, 总花梗三歧, 肉质, 被老时逐渐脱落的短柔毛; 花梗被短柔毛或毛脱落; 花萼裂片小, 阔卵形, 顶端圆, 不张开而压紧花冠筒。

产地与地理分布: 原产于南美洲, 现广植于亚洲热带和亚热带地区。

用途: 【观赏价值】花鲜红色, 枝叶青绿色, 树形美观, 为一种很好的观赏植物。

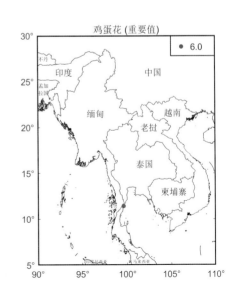

络石 [*Trachelospermum jasminoides* (Lindl.) Lem.]

鉴别特征: 常绿木质藤本,具乳汁;茎赤褐色,圆柱形,有皮孔;小枝被黄色柔毛,老时渐无毛。叶革质或近革质,椭圆形至卵状椭圆形或宽倒卵形。二歧聚伞花序腋生或顶生,花多朵组成圆锥状,与叶等长或较长;花白色,芳香。

产地与地理分布: 本种分布很广,中国山东、安徽、江苏、浙江等省区都有分布。生于山野、溪边、路旁、林缘或杂木林中。日本、朝鲜和越南也有分布。

用途: 【药用价值】有祛风活络、利关节、止血、止痛消肿、清热解毒之效能,中国民间有用来治关节炎、肌肉痹痛等;安徽地区有用作治血吸虫腹水病;乳汁有毒。【经济价值】茎皮纤维拉力强,可制绳索、造纸及人造棉。

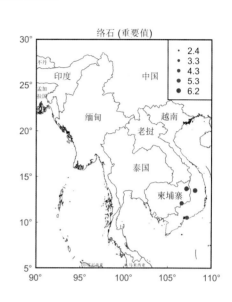

络石(重要值)

夹竹桃科·络石属

盆架树 (*Winchia calophylla* A. DC.)

鉴别特征: 常绿乔木;枝轮生,树皮淡黄色至灰黄色,具纵裂条纹,内皮黄白色,受伤后流出大量白色乳汁,有浓烈的腥甜味;小枝绿色,嫩时棱柱形,具纵沟,老时呈圆筒形,落叶痕明显。叶3~4片轮生,间有对生,薄草质,长圆状椭圆形。花多朵集成顶生聚伞花序,长约4厘米;总花梗长1.5~3厘米。

产地与地理分布: 产于中国云南及广东、海南。生于热带和亚热带山地常绿林中或山谷热带雨林中,常以海拔500~800米的山谷和山腰静风湿度大缓坡地环境为多。分布于印度、缅甸、印度尼西亚。

用途: 【经济价值】木材淡黄色、纹理通直,结构细致,质软而轻,适于文具、小家具、木展等用材。【观赏价值】树形美观,公园及路旁有栽培供观赏。

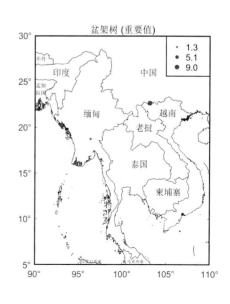

盆架树(重要值)

夹竹桃科·盆架树属

倒吊笔 (*Wrightia pubescens* R. Br.)

鉴别特征: 乔木含乳汁; 树皮黄灰褐色, 浅裂; 枝圆柱状, 小枝被黄色柔毛, 老时毛渐脱落, 密生皮孔。叶坚纸质, 每小枝有叶片3~6对, 长圆状披针形、卵圆形或卵状长圆形。聚伞花序长约5厘米; 总花梗长0.5~1.5厘米; 花梗长约1厘米; 萼片阔卵形或卵形, 顶端钝, 比花冠筒短, 被微柔毛, 内面基部有腺体。

产地与地理分布: 产于中国广东、广西、贵州和云南等省区。分布于印度、泰国、越南、柬埔寨、马来西亚、印度尼西亚、菲律宾和澳大利亚。

用途:【药用价值】根和茎皮可药用, 治颈淋巴结、风湿性关节炎。【经济价值】木材纹理通直, 结构细致, 材质稍软而轻, 加工容易, 适于作轻巧的上等家具、铅笔杆、雕刻图章、乐器用材; 树皮纤维可制人造棉及造纸。【观赏价值】树形美观, 庭园中有栽培供观赏。

夹竹桃科·倒吊笔属

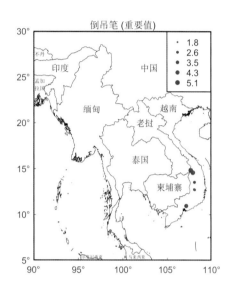

倒吊笔 (重要值)

牛角瓜 [*Calotropis gigantea* (L.) Dry.ex Ait.f.]

鉴别特征: 直立灌木, 全株具乳汁; 茎黄白色, 枝粗壮, 幼枝部分被灰白色茸毛。叶倒卵状长圆形或椭圆状长圆形。聚伞花序伞形状, 腋生和顶生; 花序梗和花梗被灰白色茸毛; 花萼裂片卵圆形; 花冠紫蓝色, 辐状, 裂片卵圆形。

产地与地理分布: 产于中国云南、四川、广西和广东等省区。生长于低海拔向阳山坡、旷野地及海边。分布于印度、斯里兰卡、缅甸、越南和马来西亚等。

用途:【药用价值】茎叶的乳汁有毒, 含多种强心甙, 供药用, 治皮肤病、痢疾、风湿、支气管炎。【经济价值】茎皮纤维可供造纸、制绳索及人造棉, 织麻布、麻袋; 种毛可作丝绒原料及填充物; 乳汁干燥后可用作树胶原料, 还可制鞣料及黄色染料。【生态价值】全株可作绿肥。

萝藦科·牛角瓜属

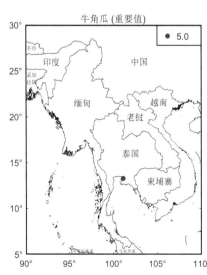

牛角瓜 (重要值)

南山藤

[*Dregea volubilis* (L. f.) Benth. ex Hook. f.]

鉴别特征：木质大藤本；茎具皮孔，枝条灰褐色，具小瘤状凸起。叶宽卵形或近圆形。花多朵，组成伞形状聚伞花序，腋生，倒垂；花冠黄绿色，夜吐清香。

产地与地理分布：产于中国贵州、云南、广西、广东及台湾等省区。生长于海拔500米以下山地林中，常攀缘于大树上。分布于印度、孟加拉国、泰国、越南、印度尼西亚和菲律宾。

用途：【药用价值】根可药用，作催吐药；茎利尿，止肚痛，除郁湿；全株可治胃热和胃痛；果皮的白霜可作兽医药。【食用价值】嫩叶可食。【经济价值】茎皮纤维可做人造棉、绳索；种毛作为填充物。

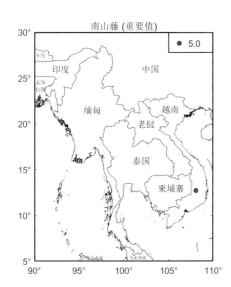

萝藦科·南山藤属

铰剪藤 [*Holostemma annulare* (Roxb.) K. Schum.]

鉴别特征：藤状灌木，具乳汁；茎被微毛。叶卵状心脏形，两面均被微毛；叶柄顶端具有几个丛生小腺体。聚伞花序伞形状或不规则总状，腋生；花冠辐状，黄白色，内面带紫红色，裂片卵状长圆形，顶端钝，向右覆盖；副花冠环状，10裂，肉质，着生于合蕊冠基部，比花药为短；花药较大，长圆形角状，发亮。

产地与地理分布：产于中国云南、贵州、广东和广西等省区。生长于丘陵棘丛荒坡上。印度也有分布。

用途：【药用价值】全株可药用，可用于治产后虚弱、催奶等。

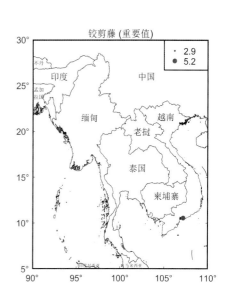

萝藦科·铰剪藤属

暗消藤 [*Streptocaulon juventas* (Lour.) Merr.]

鉴别特征: 常绿木质藤本, 具乳汁, 除花冠外, 全株密被茸毛, 茎和老叶面被毛渐脱落。叶厚纸质, 宽卵形或近圆形, 中部较宽。聚伞花序宽圆锥状, 二至三歧, 腋生; 花小, 黄褐色; 花萼内面有5个小腺体; 花冠辐状, 无毛, 花冠筒短, 裂片卵圆形, 长3毫米, 宽1.5毫米; 副花冠裂片丝状, 长过花药顶, 顶端内弯, 基部着生在花冠基部。

产地与地理分布: 产于中国广西和云南。生于海拔300~1000米山地疏林中或丘陵、山谷密林中, 攀缘树上。印度、缅甸、越南、老挝、柬埔寨和马来西亚等有分布。

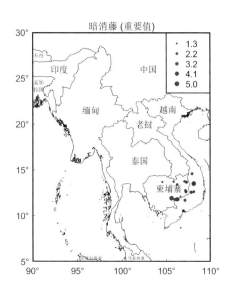

弓果藤 (*Toxocarpus wightianus* Hook. et Arn.)

鉴别特征: 柔弱攀缘灌木; 小枝被毛。叶对生, 除叶柄有黄锈色茸毛外, 其余无毛, 近革质, 椭圆形或椭圆状长圆形。两歧聚伞花序腋生, 具短花序梗, 较叶为短; 花萼外面有锈色茸毛, 裂片内面的腺体或有或无; 花冠淡黄色, 无毛, 裂片狭披针形; 花粉块每室2个, 直立; 柱头粗纺锤形, 高出花药。

产地与地理分布: 产于中国贵州、广西、广东及沿海各岛屿。生长于低丘陵山地、平原灌木丛中。分布于印度、越南。

用途: 【药用价值】药用全株, 华南地区民间做兽医药, 有化气祛风, 治牛食欲缺乏、宿草不转、去瘀止痛, 外敷跌打、消肿解毒、疮痈肿毒等。

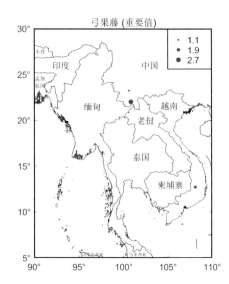

阔叶丰花草 [*Borreria latifolia* (Aubl.) K. Schum.]

鉴别特征：披散、粗壮草本，被毛；茎和枝均为明显的四棱柱形，棱上具狭翅。叶椭圆形或卵状长圆形，长度变化大。花数朵丛生于托叶鞘内，无梗；小苞片略长于花萼；萼管圆筒形，长约1毫米，被粗毛，萼檐4裂，裂片长2毫米；花冠漏斗形，浅紫色，罕有白色，长3～6毫米，里面被疏散柔毛。

产地与地理分布：原产于南美洲。约1937年引进广东等地繁殖作军马饲料。本种生长快，现已逸为野生，多见于废墟和荒地上。

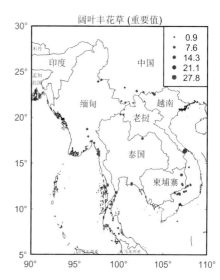

阔叶丰花草 (重要值)

丰花草 [*Borreria stricta* (L. f.) G. Mey.]

鉴别特征：直立、纤细草本；茎单生，很少分枝，四棱柱形，粗糙，节间延长。叶近无柄，革质，线状长圆形。花多朵丛生成球状生于托叶鞘内，无梗；小苞片线形，透明，长于花萼；萼管长约1毫米，基部无毛，上部被毛，萼檐4裂，裂片线状披针形，顶端急尖；花冠近漏斗形，白色，顶端略红，冠管极狭，柔弱，长约1毫米，无毛，顶部4裂。

产地与地理分布：产于中国安徽、浙江、江西、台湾、广东、香港、海南、广西、四川、贵州、云南。生于低海拔的草地和草坡。分布于非洲和亚洲热带地区。

用途：【药用价值】主治跌打损伤、骨折、痈疽肿毒、毒蛇咬伤。

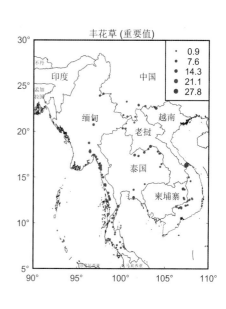

丰花草 (重要值)

猪肚木（*Canthium horridum* Blume）

鉴别特征：灌木，具刺；小枝纤细，圆柱形，被紧贴土黄色柔毛；刺长3～30毫米，对生，劲直，锐尖。叶纸质，卵形、椭圆形或长卵形。花小，具短梗或无花梗，单生或数朵簇生于叶腋内；小苞片杯形，生于花梗顶部；萼管倒圆锥形，长1～1.5毫米，萼檐顶部有不明显波状小齿；花冠白色，近瓮形，冠管短。

产地与地理分布：产于中国广东、香港、海南、广西、云南。生于低海拔的灌丛。分布于印度、中南半岛、马来西亚、印度尼西亚、菲律宾等地。

用途：【药用价值】根可作利尿药用。【食用价值】成熟果实可食。【经济价值】本种木材适作雕刻。

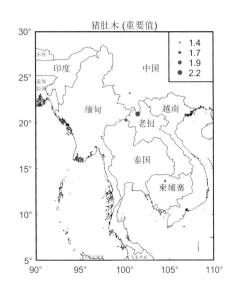

弯管花（*Chassalia curviflora* Thwaites）

鉴别特征：直立小灌木，通常全株被毛。叶膜质，长圆状椭圆形或倒披针形；托叶宿存，阔卵形或三角形。聚伞花序多花，顶生，总轴和分枝稍压扁，带紫红色；苞片小，披针形；花近无梗，3型：花药伸出而柱头内藏，柱头伸出而花药内藏，或柱头和花药均伸出；萼倒卵形，檐部5浅裂。

产地与地理分布：产于中国广东、海南、广西和云南、西藏。常见于低海拔林中湿地上。分布于中南半岛、印度东北部、不丹、斯里兰卡、孟加拉国、马来西亚等地。

用途：【药用价值】具有祛风湿、清热解毒之功效，主治风湿痹痛、筋骨、关节疼痛、咳嗽、咳痰黄、发热、咽喉肿痛。

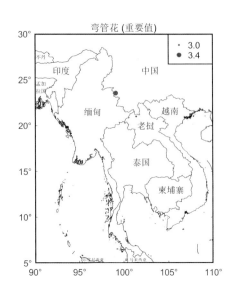

香果树（*Emmenopterys henryi* Oliv.）

鉴别特征：落叶大乔木；树皮灰褐色，鳞片状；小枝有皮孔，粗壮，扩展。叶纸质或革质，阔椭圆形、阔卵形或卵状椭圆形；托叶大，三角状卵形，早落。圆锥状聚伞花序顶生；花芳香，花梗长约4毫米；萼管长约4毫米，裂片近圆形，具缘毛，脱落。

产地与地理分布：产于中国陕西、甘肃、江苏、安徽、浙江、江西等地；生于海拔430～1630米处的山谷林中，喜湿润而肥沃的土壤。

用途：【经济价值】树皮纤维柔细，是制蜡纸及人造棉的原料；木材无边材和心材的明显区别，纹理直，结构细，供制家具和建筑用。【观赏价值】树干高耸，花美丽，可作庭园观赏树。【生态价值】耐涝，可作固堤植物。

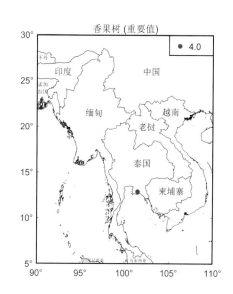

香果树 (重要值)

爱地草 [*Geophila herbacea* (Jacq.) K. Schum.]

鉴别特征：多年生、纤弱、匍匐草本；茎下部的节上常生不定根。叶膜质，心状圆形至近圆形；叶脉掌状，5～8条；托叶阔卵形。花单生或2～3朵排成通常顶生的伞形花序，总花梗长1～4厘米，无毛或被短柔毛；苞片线形或线状钻形；萼管长2～3毫米，檐部4裂，裂片线状披针形；花冠管狭圆筒状，外面被短柔毛。

产地与地理分布：产于中国台湾、广东、香港、海南、广西和云南。生于林缘、路旁、溪边等较潮湿地方。广布全世界的热带地区。

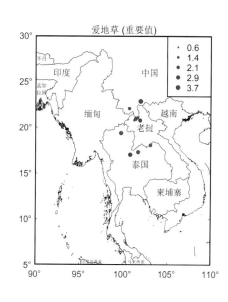

爱地草 (重要值)

耳草（*Hedyotis auricularia* L.）

鉴别特征：多年生、近直立或平卧的粗壮草本；小枝被短硬毛，罕无毛，幼时近方柱形，老时呈圆柱形，通常节上生根。叶对生、近革质，披针形或椭圆形；托叶膜质，被毛，合生成一短鞘，顶部5~7裂，裂片线形或刚毛状。聚伞花序腋生，密集成头状，无总花梗；苞片披针形，微小；花无梗或具长1毫米的花梗。

产地与地理分布：产于中国南部和西南部各省区；生于林缘和灌丛中，有时亦见于草地上，颇常见。分布于印度、斯里兰卡、尼泊尔、越南、缅甸、泰国、马来西亚、菲律宾和澳大利亚。

用途：【药用价值】入药有清热、解毒、散瘀消肿之效，对感冒发热、咽喉痛、咳嗽、肠炎、痢疾、疮疖和蛇咬伤均有较好的疗效。

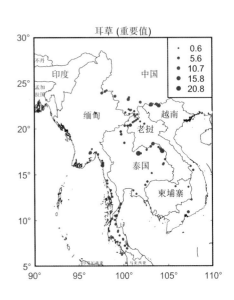

脉耳草 [*Hedyotis costata* (Roxb.) Kurz]

鉴别特征：多年生披散草本，除花和果被短毛外，全部被干后变金黄色疏毛；嫩枝方柱形，老时近圆柱形。叶对生，膜质，披针形或椭圆状披针形；托叶膜质，基部合生。聚伞花序密集呈头状，单个腋生或数个排成总状花序式，有钻形、长达1毫米的苞片；花4数，罕有5数，芳香，无梗或具极短的梗。

产地与地理分布：产于中国广东、广西、海南和云南等省区；生于低海拔的山谷林缘或草坡旷地上。国外分布于中南半岛、马来西亚、印度尼西亚、菲律宾和印度。

用途：【药用价值】具有清热除湿、活血消肿之功效，常用于疟疾、肝炎、眼结膜炎、风湿骨痛、骨折肿痛、外伤出血。

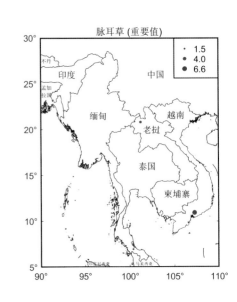

阔托叶耳草 (*Hedyotis platystipula* Merr.)

鉴别特征: 直立无毛亚灌木状草本;茎略粗,干后有槽纹,少分枝。叶对生,膜质,长圆状卵形或长圆状披针形。花序腋生,无总花梗,稠密,团聚,宽约2厘米,部分为托叶覆盖;花无梗;萼管陀螺形,长1.2~1.5毫米,萼檐裂片4。

产地与地理分布: 产于中国广东和广西;生于山谷两旁的密林下或溪旁岩石上。

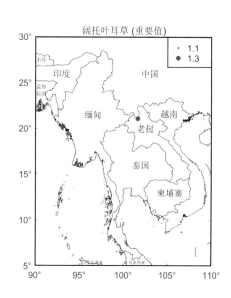

长节耳草 (*Hedyotis uncinella* Hook. et Arn.)

鉴别特征: 直立多年生草本,除花冠喉部和萼檐裂片外,全部无毛;茎通常单生,粗壮,四棱柱形;节间距离长。叶对生,纸质,具柄或近无柄,卵状长圆形或长圆状披针形,托叶三角形,基部合生,边缘有疏离长齿或深裂。花序顶生和腋生,密集成头状,无总花梗;花4数;萼管近球形;花冠白色或紫色。

产地与地理分布: 产于中国广东、海南、湖南、贵州、台湾和香港等地;生于干旱旷地上,少见。国外分布于印度。

用途: 【药用价值】具有祛风、散寒除湿等功效,主治风湿关节疼痛。

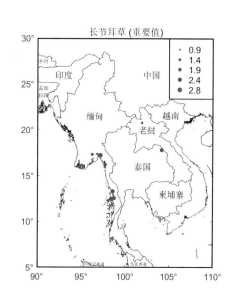

粗叶耳草 [*Hedyotis verticillata* (L.) Lam.]

鉴别特征: 一年生披散草本;枝常平卧,上部方柱形,下部近圆柱形,密被或疏被短硬毛。叶对生,具短柄或无柄,纸质或薄革质,椭圆形或披针形。团伞花序腋生,无总花梗,有披针形;花无花梗;萼管倒圆锥形,被硬毛,萼檐裂片4,披针形。

产地与地理分布: 产于中国海南、广西、广东、云南、贵州、浙江和香港等省区;生于低海拔至中海拔的丘陵地带的草丛或路旁和疏林下。国外分布于印度、尼泊尔、越南、马来西亚和印度尼西亚。

用途:【药用价值】全草清热解毒、消肿止痛。

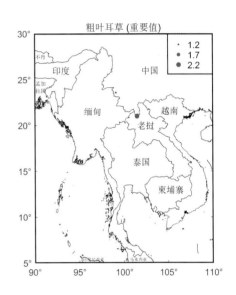

龙船花 (*Ixora chinensis* Lam.)

鉴别特征: 灌木;小枝初时深褐色,有光泽,老时呈灰色,具线条。叶对生,有时由于节间距离极短几成4枚轮生,披针形、长圆状披针形至长圆状倒披针形。花序顶生,多花,具短总花梗;总花梗与分枝均呈红色,罕有被粉状柔毛,基部常有小型叶2枚承托;苞片和小苞片微小,生于花托基部的成对。

产地与地理分布: 产于中国福建、广东、香港、广西。生于海拔200~800米山地灌丛中和疏林下,有时村落附近的山坡和旷野路旁亦有生长。分布于越南、菲律宾、马来西亚、印度尼西亚等热带地区。

用途:【药用价值】根、茎:清热凉血、活血止痛,主治咳嗽、咯血、风湿关节痛、胃痛、妇女闭经、疮疡肿痛、跌打损伤;花:月经不调、闭经、高血压。【观赏价值】龙船花在中国南部颇普遍,现广植于热带城市作庭园观赏。

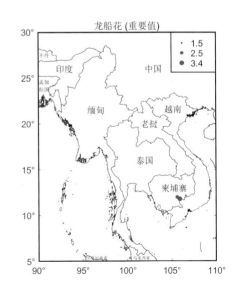

粗叶木 [*Lasianthus chinensis* (Champ.) Benth.]

鉴别特征: 灌木; 枝和小枝均粗壮, 被褐色短柔毛。叶薄革质或厚纸质, 通常为长圆形或长圆状披针形, 很少椭圆形; 中脉粗大, 上面近平坦, 下面凸起, 侧脉每边9~14条, 以大于45°自中脉开出, 斜上升, 三级小脉分枝联结成网状, 通常两面均微凸起或上面近平坦; 叶柄粗壮, 被黄色茸毛。

产地与地理分布: 产于中国福建中部和南部、台湾、广东中部和南部、香港、广西东部和南部、云南南部。常生于林缘, 亦见于林下。分布于越南、泰国和马来半岛。

用途:【药用价值】清热除湿, 可用于瘀热与湿相搏, 所致的发热、目黄、皮肤黄、小便黄等黄疸病。

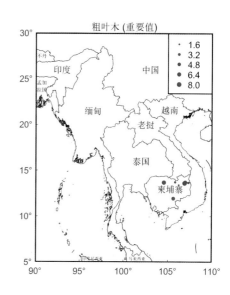

盖裂果 [*Mitracarpus villosus* (Sw.) DC. Prodr.]

鉴别特征: 直立、分枝、被毛草本; 茎下部近圆柱形, 上部微具棱, 被疏粗毛。叶无柄, 长圆形或披针形。花细小, 簇生于叶腋内, 有线形与萼近等长的小苞片; 萼管近球形, 具缘毛; 花冠漏斗形管内和喉部均无毛, 裂片三角形, 长为冠管长的1/3毫米, 顶端钝尖; 子房2室, 花柱异形, 不明显。

产地与地理分布: 产于中国海南万宁。生于公路荒地上, 极少见。分布于印度及南美洲、非洲热带地区。

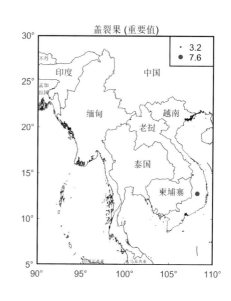

楠藤（ *Mussaenda erosa* Champ. ）

鉴别特征：攀缘灌木；小枝无毛。叶对生，纸质，长圆形、卵形至长圆状椭圆形。伞房状多歧聚伞花序顶生，花序梗较长，花疏生；苞片线状披针形，几无毛；花梗短；花萼管椭圆形，无毛，萼裂片线状披针形，基部被稀疏的短硬毛；花叶阔椭圆形。

产地与地理分布：产于中国广东、香港、广西、云南、四川、贵州、福建、海南和台湾；常攀缘于疏林乔木树冠上。分布于中南半岛和琉球群岛。

用途：【药用价值】茎、叶和果均入药，有清热消炎功效，可治疥疮积热；海南民间常用于治猪的各种炎症。

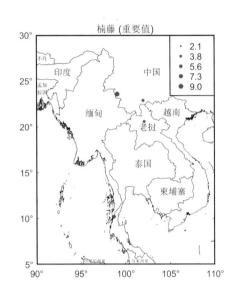

糯花（ *Mussaenda esquirolii* Levl. ）

鉴别特征：直立或攀缘灌木；嫩枝密被短柔毛。叶对生，薄纸质，广卵形或广椭圆形；托叶卵状披针形，常2深裂或浅裂。聚伞花序顶生，有花序梗，花疏散；苞片托叶状，较小，小苞片线状披针形，渐尖；花萼管陀螺形。

产地与地理分布：中国特有，产于中国广东、广西、江西、贵州、湖南、湖北、四川、安徽、福建和浙江；生于海拔约400米的山地疏林下或路边。

用途：【药用价值】根：祛风、降气、化痰、消炎、止痛，用于风湿关节痛、腰痛、咳嗽、毒蛇咬伤；茎、叶：甘、苦、凉，具有清热解毒、消肿排脓等功效，用于感冒、小儿高热、小便不利、痢疾、无名肿毒。

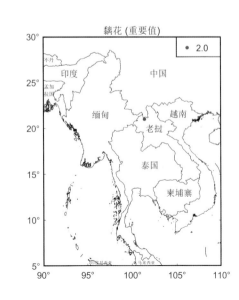

玉叶金花 （*Mussaenda pubescens* Ait. f.）

鉴别特征：攀缘灌木，嫩枝被贴伏短柔毛。叶对生或轮生，膜质或薄纸质，卵状长圆形或卵状披针形；托叶三角形。聚伞花序顶生，密花；苞片线形，有硬毛；花梗极短或无梗；花萼管陀螺形，被柔毛，萼裂片线形，通常比花萼管长2倍以上，基部密被柔毛，向上毛渐稀疏；花叶阔椭圆形，有纵脉5~7条。

产地与地理分布：产于中国广东、香港、海南、广西、福建、湖南、江西、浙江和台湾。生于灌丛、溪谷、山坡或村旁。

用途：【药用价值】茎叶味甘、性凉，有清凉消暑、清热疏风的功效，供药用。【食用价值】晒干代茶叶饮用。

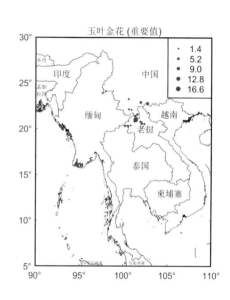

茜草科·玉叶金花属

日本蛇根草（*Ophiorrhiza japonica* Bl.）

鉴别特征：草本；茎下部匍匐生根，上部直立，近圆柱状，上部干时稍压扁，有二列柔毛。叶片纸质，卵形、椭圆状卵形或披针形。

产地与地理分布：产于中国陕西（南部）、四川、湖北、湖南、安徽、江西、浙江、福建、台湾、贵州、云南、广西和广东；生于常绿阔叶林下的沟谷沃土上。国外分布于日本，越南北部亦有记载。

用途：【药用价值】具有活血散瘀、祛痰、调经、止血等功效，用于支气管炎、劳伤咳嗽、月经不调、跌打损伤、风湿筋骨疼痛、肺结核咯血、扭伤、脱臼；常用量15~30克，外用鲜品适量，捣烂敷患处。

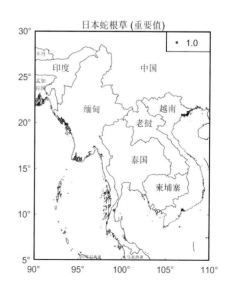

茜草科·蛇根草属

短小蛇根草 (*Ophiorrhiza pumila* Champ. ex Benth.)

鉴别特征：矮小草本；茎和分枝均稍肉质，干时灰色或灰黄色，微有纵皱纹，多少被柔毛。叶纸质、卵形、披针形、椭圆形或长圆形。花序顶生，多花。

产地与地理分布：产于中国广西、广东、香港、江西、福建和台湾；生于林下沟溪边或湿地上阴处。国外分布于越南北部。

用途：【药用价值】具有清热解毒之功效，常用于感冒发热、咳嗽、痈疽肿毒、毒蛇咬伤。

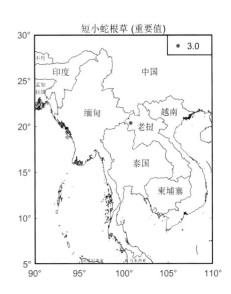

九节 [*Psychotria rubra* (Lour.) Poir.]

鉴别特征：灌木或小乔木。叶对生，纸质或革质，长圆形、椭圆状长圆形或倒披针状长圆形，稀长圆状倒卵形，有时稍歪斜；托叶膜质，短鞘状，顶部不裂，脱落。

产地与地理分布：产于中国浙江、福建、台湾、湖南、广东、香港、海南等。生于平地、丘陵、山坡、山谷溪边的灌丛或林中，海拔20~1500米。分布于日本、越南、老挝、柬埔寨、马来西亚、印度等地。

用途：【药用价值】嫩枝、叶、根可作药用，功能清热解毒、消肿拔毒、祛风除湿；治扁桃体炎、白喉、疮疡肿毒、风湿疼痛、跌打损伤、感冒发热、咽喉肿痛、胃痛、痢疾、痔疮等。

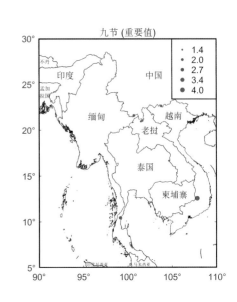

平滑钩藤（*Uncaria laevigata* Wall. ex G. Don）

鉴别特征：藤本；嫩枝较纤细，略有四棱角或方柱形，微被短柔毛。叶近革质，椭圆形或椭圆状长圆形；托叶狭三角形。头状花序不计花冠直径5～10毫米，单生叶腋，花序梗具一节，或成单聚伞状排列，总花梗腋生。

产地与地理分布：产于中国云南和广西；生于林中。国外分布于印度、孟加拉国、缅甸、泰国、老挝及越南南部。

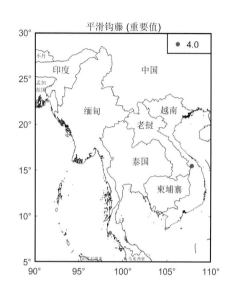

平滑钩藤（重要值）

大叶钩藤（*Uncaria macrophylla* Wall.）

鉴别特征：大藤本，嫩枝方柱形或略有棱角，疏被硬毛。叶对生，近革质，卵形或阔椭圆形。头状花序单生叶腋，总花梗具一节，节上苞片长6毫米，或成简单聚伞状排列，总花梗腋生。

产地与地理分布：产于中国云南、广西、广东、海南；生于次生林中，常攀缘于林冠之上。国外分布于印度、不丹、孟加拉国、缅甸、泰国北部、老挝、越南。

用途：【药用价值】具有清火解毒、消肿止痛、祛风、通气血等功效。

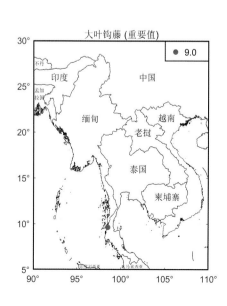

大叶钩藤（重要值）

茜草科·钩藤属

钩藤 [*Uncaria rhynchophylla* (Miq.) Miq. ex Havil.]

鉴别特征：藤本；嫩枝较纤细，方柱形或略有四棱角，无毛。叶纸质，椭圆形或椭圆状长圆形。头状花序不计花冠直径5～8毫米，单生叶腋，总花梗具一节，苞片微小，或成单聚伞状排列，总花梗腋生；小苞片线形或线状匙形。

产地与地理分布：产于中国广东、广西、云南、贵州、福建、湖南、湖北及江西；常生于山谷溪边的疏林或灌丛中。国外分布于日本。

用途：【药用价值】本种带钩藤茎为著名中药，功能清血平肝、息风定惊，用于风热头痛、感冒夹惊、惊痛抽搐等症，所含钩藤碱有降血压作用。

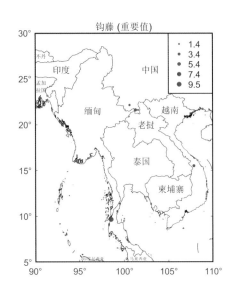

钩藤 (重要值)

白钩藤 (*Uncaria sessilifructus* Roxb.)

鉴别特征：大藤本；嫩枝较纤细，略有四棱角或方柱形，微被短柔毛。叶近革质，卵形、椭圆形或椭圆状长圆形。头状花序不计花冠直径5～10毫米，单生叶腋，总花梗具一节，或呈单聚伞状排列，总花梗腋生，长达15厘米。

产地与地理分布：产于中国广西和云南；生于密林下或林谷灌丛中。国外分布于印度、孟加拉国、不丹、缅甸、尼泊尔、越南北部及老挝。

用途：【药用价值】具有清热平肝、活血通经之功效。

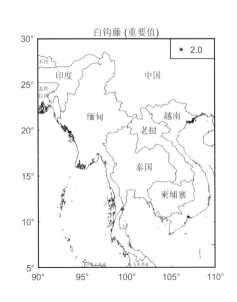

白钩藤 (重要值)

茜草科·钩藤属

白鹤藤（*Argyreia acuta* Lour.）

鉴别特征：攀缘灌木，小枝通常圆柱形，被银白色绢毛，老枝黄褐色，无毛。叶椭圆形或卵形。聚伞花序腋生或顶生，总花梗长达3.5~7（8）厘米，被银色绢毛，有棱角或侧扁，次级及三级总梗长5~8毫米，具棱，被银色绢毛，花梗长5毫米，被银色绢毛；苞片椭圆形或卵圆形。

产地与地理分布：广东、广西有分布，生于疏林下，或路边灌丛，河边。印度东部，越南，老挝亦有。

用途：【药用价值】全藤药用，有化痰止咳、润肺、止血、拔毒之功，治急慢性支气管炎、肺痨、肝硬化、肾炎水肿、疮疖、乳痈、皮肤湿疹、脚癣感染、水火烫伤、血崩、外伤止血以及治猪瘟等（广东、广西）。

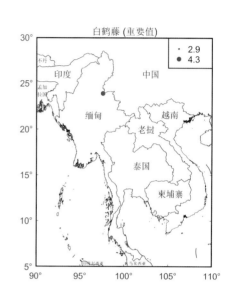

白花银背藤 [*Argyreia seguinii* (Levl.) Van. ex Levl.]

鉴别特征：藤本，高达3米，茎圆柱形、被短茸毛。叶互生，宽卵形。聚伞花序腋生，总花梗短；苞片明显、卵圆形、紫色；萼片狭长圆形，外面密被灰白色长柔毛；花冠管状漏斗形，白色，冠檐浅裂。

产地与地理分布：产于中国贵州、广西及云南东南部。生于海拔1000~1300米的路边灌丛。

用途：【药用价值】广西以全株入药，有驳骨、止血生肌、收敛、清心润肺、止咳、治内伤的功效。【食用价值】每年2—5月采嫩茎、嫩叶炒食或做汤吃。晚秋到早春期间采挖块根，洗去泥土，舂碎，在冷水中揉洗，除去渣滓后可沉淀淀粉，煮吃或制作凉粉。根块用水浸泡后也可蒸食。【饲料价值】以马较为喜吃；舍饲时，用葛叶与其他粗料混合，有增进食欲之效。作为冬季饲料，猪很喜吃。福建曾推荐葛叶作为兔的饲料。

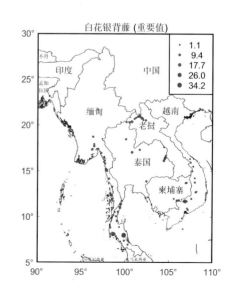

旋花科·银背藤属

旋花科·菟丝子属

菟丝子 (*Cuscuta chinensis* Lam.)

鉴别特征：一年生寄生草本，茎缠绕，黄色，纤细。花序侧生，少花或多花簇生成小伞形或小团伞花序，近于无总花序梗；苞片及小苞片小，鳞片状；花萼杯状，中部以下连合，裂片三角状；花冠白色，壶形。蒴果球形，几乎全为宿存的花冠所包围，成熟时整齐的周裂。

产地与地理分布：产于中国黑龙江、吉林、辽宁、河北、山西、陕西等省。生于海拔200~3000米的田边、山坡阳处、路边灌丛或海边沙丘，通常寄生于豆科、菊科、蒺藜科等多种植物上。分布于伊朗，阿富汗东至日本、朝鲜，南至斯里兰卡、马达加斯加、澳大利亚。

用途：【药用价值】种子药用，有补肝肾、益精壮阳、止泻的功能。

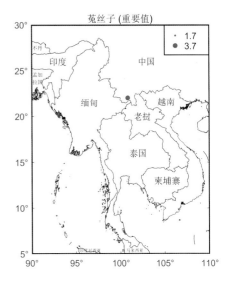

旋花科·土丁桂属

短梗土丁桂 (*Evolvulus nummularius*)

鉴别特征：多年生匍匐草本，茎纤细，多节，节上生根。叶两列互生，近圆形，全缘，基部心形或圆形，先端圆或微凹，侧脉2~3对。花生叶腋，花梗极短，单出或2朵并生。花冠白色，漏斗状；蒴果卵球形。

产地与地理分布：东半球热带及亚热带。

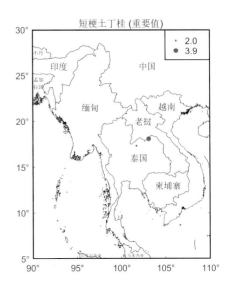

五爪金龙 [*Ipomoea cairica* (L.) Sweet]

鉴别特征：多年生缠绕草本，全体无毛，老时根上具块根。茎细长，有细棱，有时有小疣状凸起。叶掌状5深裂或全裂，裂片卵状披针形、卵形或椭圆形，中裂片较大。聚伞花序腋生；苞片及小苞片均小，鳞片状，早落。

产地与地理分布：产于中国台湾、福建、广东及其沿海岛屿、广西、云南。生于海拔90～610米的平地或山地路边灌丛，生长于向阳处。通常作观赏植物栽培。本种原产于亚洲热带地区或非洲，现已广泛栽培或归化于全热带。

用途：【药用价值】块根供药用，外敷热毒疮，有清热解毒之效；广西用叶治痈疮，果治跌打。

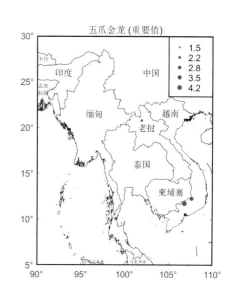

小心叶薯 [*Ipomoea obscura* (L.) Ker-Gawl.]

鉴别特征：缠绕草本，茎纤细，圆柱形，有细棱，被柔毛或绵毛或有时近无毛。叶心状圆形或心状卵形，有时肾形。聚伞花序腋生，通常有1～3朵花，花序梗纤细，无毛或散生柔毛；苞片小，钻状。

产地与地理分布：产于中国台湾、广东及其沿海岛屿、云南。生于海拔100～580米的旷野沙地、海边、疏林或灌丛。分布马斯克林群岛、及非洲、亚洲热带地区，经菲律宾，马来西亚至大洋洲北部及斐济岛。

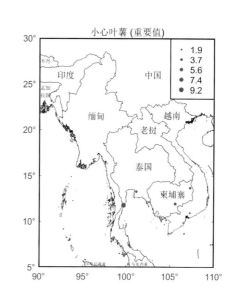

旋花科·番薯属

旋花科·番薯属

虎掌藤（*Ipomoea pes-tigridis* Linn.）

鉴别特征：一年生缠绕草本或有时平卧，茎具细棱，被开展的灰白色硬毛。叶片轮廓近圆形或横向椭圆形，裂片椭圆形或长椭圆形，顶端钝圆，锐尖至渐尖，有小短尖头，基部收缩，两面被疏长微硬毛。聚伞花序有数朵花，密集呈头状，腋生。

产地与地理分布：产于中国台湾、广东、广西南部、云南南部。生于海拔100~400米的河谷灌丛、路旁或海边沙地。分布于亚洲热带地区，非洲及中南太平洋的波利尼西亚。

用途：【药用价值】具有泻下通便功效，治疗肠道积滞、大便秘结。

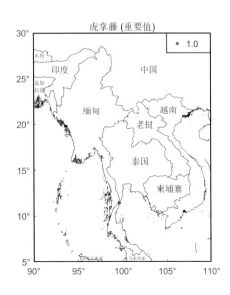

三裂叶薯（*Ipomoea triloba* L.）

鉴别特征：草本；茎缠绕或有时平卧，无毛或散生毛，且主要在节上。叶宽卵形至圆形，全缘或有粗齿或深3裂，基部心形，两面无毛或散生疏柔毛。花序腋生，花序梗短于或长于叶柄。

产地与地理分布：产于中国广东及其沿海岛屿、台湾高雄，生于丘陵路旁、荒草地或田野。

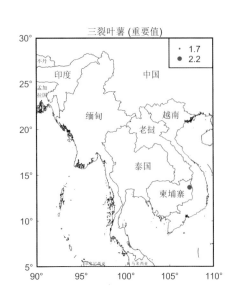

尖萼鱼黄草 [*Merremia tridentata* (L.) Hall. subsp. *hastata* (Desr.) v. Ooststr.]

鉴别特征: 平卧或攀缘草本,茎细长,具细棱以至近于具狭翅,近无毛或幼枝被短柔毛。叶线形、线状披针形、长圆状披针形或狭圆形。聚伞花序腋生,有1~3朵花;花序,纤细,基部被短柔毛,向上渐无毛;苞片小;钻状;萼片卵状披针形,顶端渐尖成一锐尖的细长尖头。

产地与地理分布: 产于中国台湾、广东、广西、云南。生于海拔40~260米的旷野沙地、路旁或疏林中。分布于非洲、亚洲热带地区自印度、斯里兰卡,经马来半岛至大洋洲热带地区。

用途: 【药用价值】全草:外用于关节痛。

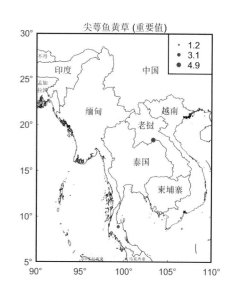

旋花科·鱼黄草属

山猪菜 [*Merremia umbellata* (L.) Hall. f. subsp. *orientalis* (Hall. f.) v. Ooststr.]

鉴别特征: 缠绕或平卧草本,平卧者下部节上生须根。茎圆柱形,有细条纹,密被或疏被短柔毛,有时无毛。叶形及大小有变化,卵形、卵状长圆形或长圆状披针形,侧脉6~7(~9)对,第三次脉近于平行。

产地与地理分布: 产于中国广东、广西、云南。生于路旁、山谷疏林或杂草灌丛中。分布于东非热带地区,以及塞舌耳群岛、印度、斯里兰卡、泰国、老挝、柬埔寨、越南,经马来西亚至澳大利亚东北的昆士兰。

用途: 【药用价值】广西民间以根入药敷疮毒。

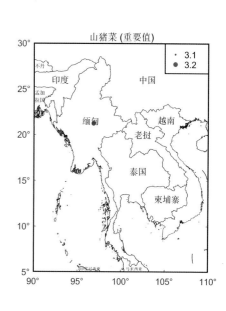

旋花科·鱼黄草属

掌叶鱼黄草 [*Merremia vitifolia* (Burm. f.) Hall. f.]

鉴别特征：缠绕或平卧草本，茎带紫色，圆柱形，老时具条纹，被疏或密的平展的黄白色微硬毛，有时无毛。叶片轮廓近圆形，基部心形，通常掌状5裂，有时3裂或7裂。聚伞花序腋生，有1~3朵至数朵花，花序比叶长或与叶近等长，连同花梗、外萼片被黄白色开展的微硬毛。

产地与地理分布：产于中国广东、广西、云南。海拔（90~）400~1600米的路旁、灌丛或林中。分布于印度、斯里兰卡、缅甸、越南，经马来西亚至印度尼西亚。

用途：【药用价值】主要用于淋证和胃脘痛。

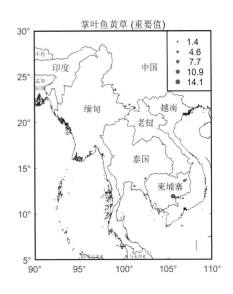

牵牛 [*Pharbitis nil* (L.) Choisy]

鉴别特征：一年生缠绕草本，茎上被倒向的短柔毛及杂有倒向或开展的长硬毛。叶宽卵形或近圆形，深或浅的3裂，偶5裂。花腋生，单一或通常2朵着生于花序梗顶；苞片线形或叶状，被开展的微硬毛；小苞片线形；萼片近等长，披针状线形。

产地与地理分布：中国除西北和东北的一些省外，大部分地区都有分布。生于海拔100~200（~1600）米的山坡灌丛、干燥河谷路边、园边宅旁、山地路边，或为栽培。本种原产于美洲热带地区，现已广植于热带和亚热带地区。

用途：【药用价值】除栽培供观赏外，种子为常用中药，名丑牛子、黑丑、白丑、二丑，入药多用黑丑，白丑较少用；有泻水利尿，逐痰，杀虫的功效。

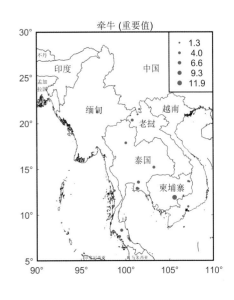

旋花科·鱼黄草属

旋花科·牵牛属

圆叶牵牛 [*Pharbitis purpurea* (L.) Voisgt]

鉴别特征：一年生缠绕草本，茎上被倒向的短柔毛杂有倒向或开展的长硬毛。叶圆心形或宽卵状心形。花腋生，单一或2~5朵着生于花序梗顶端成伞形聚伞花序；苞片线形；萼片近等长。

产地与地理分布：中国大部分地区有分布，生于平地以至海拔2800米的田边、路边、宅旁或山谷林内，栽培或沦为野生。本种原产于美洲热带地区，广泛引植于世界各地，或已成为归化植物。

用途：【药用价值】种子入药，有泻下利水、消肿散积的功效。【观赏价值】作为垂直绿化的良好材料，多植于篱垣或攀做荫棚。

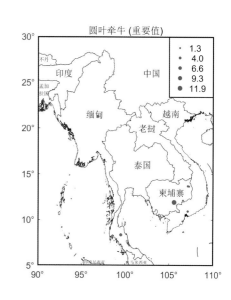

旋花科·牵牛属

橙红茑萝 [*Quamoclit coccinea* (L.) Moench]

鉴别特征：一年生草本，茎缠绕，平滑，无毛。叶心形，骤尖，全缘，或边缘为多角形，或有时多角状深裂，叶脉掌状。聚伞花序腋生，有花3~6朵，总花梗细弱，较叶柄长，有2苞片，小苞片2枚；萼片5枚，不相等，卵状长圆形，钝头；花冠高脚碟状，橙红色，喉部带黄色。

产地与地理分布：中国各地（如陕西、河北、江苏、福建、湖北、云南）庭园常栽培。原产于南美洲。

用途：【药用价值】可入药，具有清热消肿功效。【观赏价值】庭园花架、花窗、花门、花篱、花墙的优良绿化植物。

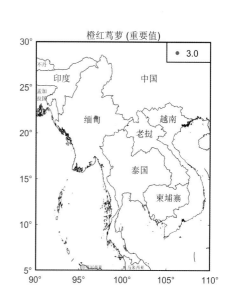

旋花科·茑萝属

田基麻 [*Hydrolea zeylanica* (L.) Vahl]

鉴别特征: 一年生草本; 茎直立或平卧。叶披针形或披针状椭圆形, 全缘, 两面无毛。花着生在侧枝上成顶生的、短的总状花序, 有腺毛; 花萼分裂至近基部, 裂片披针形, 花冠蓝色, 裂片卵形。蒴果卵形为宿存萼片包被, 室间开裂。种子长圆形, 微小、黄褐色, 微有棱。

产地与地理分布: 产于中国台湾、福建、广东、广西以至云南南部。生于海拔1000米以下的田野润湿处、池沼边、稻田内或水沟边疏林下。分布于亚洲的热带地区。

用途:【观赏价值】可观赏。

田基麻科·田基麻属

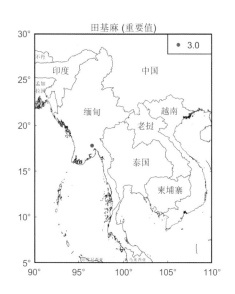

基及树 [*Carmona microphylla* (Lam.) G. Don]

鉴别特征: 灌木, 具褐色树皮, 多分枝; 分枝细弱, 幼嫩时被稀疏短硬毛; 腋芽圆球形, 被淡褐色茸毛。叶革质, 倒卵形或匙形。团伞花序开展; 花序梗细弱, 被毛; 花梗极短或近无梗。

产地与地理分布: 产于中国广东西南部、海南岛及台湾。生于低海拔平原、丘陵及空旷灌丛处。分布于亚洲南部、东南部及大洋洲的巴布亚新几内亚及所罗门群岛。

用途:【观赏价值】适于制作盆景。

紫草科·基及树属

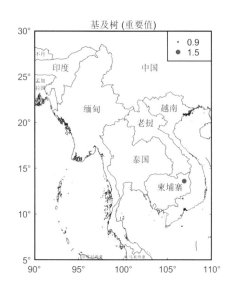

大尾摇（*Heliotropium indicum* L.）

鉴别特征：一年生草本，茎粗壮，直立，多分枝，被开展的糙伏毛。叶互生或近对生，卵形或椭圆形，叶脉明显，侧脉5～7对，上面凹陷，下面凸起，被开展的硬毛及糙伏毛。镰状聚伞花序，单一，不分枝，无苞片；花无梗，密集，呈2列排列于花序轴的一侧；萼片披针形，被糙伏毛。

产地与地理分布：产于中国广东、福建、台湾及云南西南部。生于海拔5～650米丘陵、路边、河沿及空旷之荒草地，数量较多，生长普遍。世界热带及亚热带地区广布。

用途：【药用价值】全草入药，有消肿解毒、排脓止疼之效，主治肺炎、多发性疖肿、睾丸炎及口腔糜烂等症。

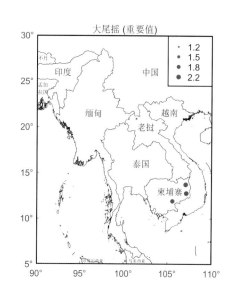

大尾摇 (重要值)

- 1.2
- 1.5
- 1.8
- 2.2

大青（*Clerodendrum cyrtophyllum* Turcz.）

鉴别特征：灌木或小乔木；幼枝被短柔毛，枝黄褐色，髓坚实；冬芽圆锥状，芽鳞褐色，被毛。叶片纸质，椭圆形、卵状椭圆形、长圆形或长圆状披针形。伞房状聚伞花序，生于枝顶或叶腋；苞片线形；花小，有橘香味；萼杯状，外面被黄褐色短茸毛和不明显的腺点，顶端5裂，裂片三角状卵形。

产地与地理分布：产于中国华东、中南、西南各省区。生于海拔1700米以下的平原、丘陵、山地林下或溪谷旁。朝鲜、越南和马来西亚也有分布。

用途：【药用价值】根、叶有清热、泻火、利尿、凉血、解毒的功效。

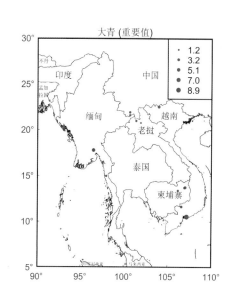

大青 (重要值)

- 1.2
- 3.2
- 5.1
- 7.0
- 8.9

紫草科·天芥菜属

马鞭草科·大青属

泰国垂茉莉（*Clerodendrum garrettianum* Craib）

鉴别特征： 灌木或攀缘状灌木；小枝纤细，幼嫩时被短柔毛，以后光滑，树皮灰褐色、黄褐色至红褐色。叶片纸质或薄纸质，椭圆形或长圆形，同对叶大小不等。圆锥状聚伞花序顶生，稍下垂；苞片披针形，顶端渐尖；花萼质较薄，外被短柔毛。

产地与地理分布： 产于中国云南南部和西南部。生于海拔500~1100米的低山密林中。泰国西北部及老挝也有分布。

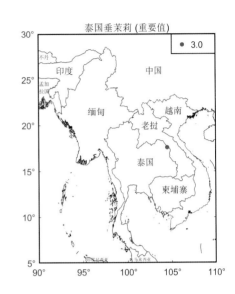

泰国垂茉莉 (重要值)

长管大青[*Clerodendrum indicum* (L.) O. Ktze.]

鉴别特征： 灌木或草本状灌木，嫩枝紫色至浅紫色，小枝4~8棱，棱间有纵沟，无毛，老枝褐色，干后中空，同对叶柄之间有一毛环，老时毛渐脱落而有痕迹。叶通常3~5片轮生，稀对生，厚纸质。聚伞花序以2~4枝对生或轮生茎上部叶腋或枝顶，每聚伞花序有3~8朵花；苞片披针形或线状披针形。

产地与地理分布： 产于中国广东、云南。生于海拔450~1000米的向阳山坡、路边草丛中。尼泊尔、孟加拉国、中南半岛、马来西亚、印度尼西亚等地也有分布，其他各地常栽培供观赏。

用途：【药用价值】云南傣族用全株入药，有消炎、利尿、活血、消肿和祛风湿的功效。【观赏价值】各地常栽培供观赏。

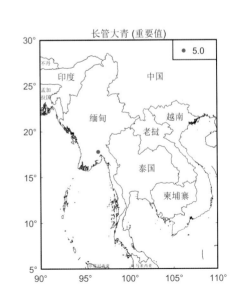

长管大青 (重要值)

桢桐 [*Clerodendrum japonicum* (Thunb.) Sweet]

鉴别特征：灌木；小枝四棱形，干后有较深的沟槽，老枝近于无毛或被短柔毛，同对叶柄之间密被长柔毛，枝干后不中空。叶片圆心形。二歧聚伞花序组成顶生，花序的最后侧枝呈总状花序。

产地与地理分布：产于中国江苏、浙江南部、江西南部、湖南、福建、台湾、广东、广西、四川、贵州、云南。通常生于平原、山谷、溪边或疏林中或栽培于庭园。印度东北、孟加拉国、不丹、中南半岛、马来西亚、日本也有分布。

用途：【药用价值】全株药用，有祛风利湿、消肿散瘀的功效。云南作跌打、催生药，又治心慌心跳，用根、叶作皮肤止痒药；湖南用花治外伤止血。

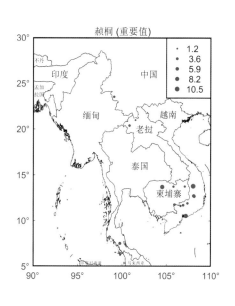

马鞭草科·大青属

假连翘（*Duranta repens* L.）

鉴别特征：灌木；枝条有皮刺，幼枝有柔毛。叶对生，少有轮生，叶片卵状椭圆形或卵状披针形，纸质。总状花序顶生或腋生，常排成圆锥状；花萼管状，有毛，5裂，有5棱；花冠通常蓝紫色，5裂，裂片平展，内外有微毛；花柱短于花冠管；子房无毛。核果球形，无毛，有光泽，熟时红黄色，有增大宿存花萼包围。花果期5—10月，在南方可为全年。

产地与地理分布：原产于美洲热带地区。中国南部常见栽培，常逸为野生。

用途：【药用价值】福建用果治疟疾和跌打胸痛，叶治痈肿初起和脚底挫伤瘀血或脓肿；广西用根、叶止痛、止渴。【观赏价值】是一种很好的绿篱植物。

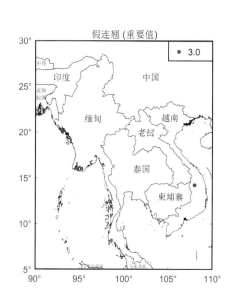

马鞭草科·假连翘属

马缨丹（*Lantana camara* L.）

鉴别特征：直立或蔓性的灌木，有时藤状；茎枝均呈四方形，有短柔毛，通常有短而倒钩状刺。单叶对生，揉烂后有强烈的气味，叶片卵形至卵状长圆形。花序直径1.5~2.5厘米；花序梗粗壮，长于叶柄；苞片披针形，长为花萼的1~3倍，外部有粗毛；花萼管状，膜质；花冠黄色或橙黄色。

产地与地理分布：原产于美洲热带地区，现在中国台湾、福建、广东、广西见有逸生。常生长于海拔80~1500米的海边沙滩和空旷地区。世界热带地区均有分布。

用途：【药用价值】根、叶、花作药用，有清热解毒、散结止痛、祛风止痒之效；可治疟疾、肺结核、颈淋巴结核、腮腺炎、胃痛、风湿骨痛等（《海南植物志》）。【观赏价值】中国各地庭园常栽培供观赏。

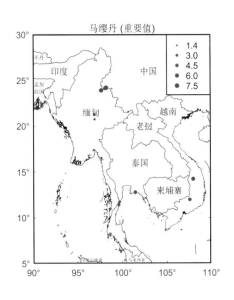

假马鞭 [*Stachytarpheta jamaicensis* (L.) Vahl.]

鉴别特征：多年生粗壮草本或亚灌木；幼枝近四方形，疏生短毛。叶片厚纸质，椭圆形至卵状椭圆形。穗状花序顶生；花单生于苞腋内，一半嵌生于花序轴的凹穴中，螺旋状着生；苞片边缘膜质，有纤毛，顶端有芒尖；花萼管状，膜质，透明，无毛；花冠深蓝紫色，顶端5裂，裂片平展。

产地与地理分布：产于中国福建、广东、广西和云南南部。常生长在海拔300~580米的山谷阴湿处草丛中。原产于中南美洲，东南亚广泛有分布。

用途：【药用价值】全草药用，有清热解毒、利水通淋之效，可治尿路结石、尿路感染、风湿筋骨痛、喉炎、急性结膜炎、痈疖肿痛等症（《海南植物志》）；兽药治牛猪疮疖肿毒、喘咳下痢（《云南植物志》）。

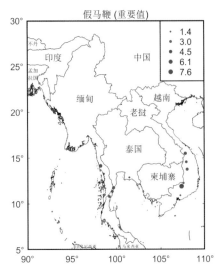

柚木（*Tectona grandis* L. f.）

鉴别特征：大乔木；小枝淡灰色或淡褐色，四棱形，具4槽，被灰黄色或灰褐色星状茸毛。叶对生，厚纸质，全缘，卵状椭圆形或倒卵形。圆锥花序顶生；花有香气，但仅有少数能发育；花萼钟状，被白色星状茸毛，裂片较萼管短。

产地与地理分布：中国云南、广东、广西、福建、台湾等地普遍引种。生于海拔900米以下的潮湿疏林中。分布于印度、缅甸、马来西亚和印度尼西亚（苏门答腊、爪哇）。

用途：【药用价值】木屑浸水可治皮肤病或煎水治咳嗽；花和种子利尿。【经济价值】柚木是世界著名的木材之一，适于造船、车辆、建筑、雕刻及家具之用。

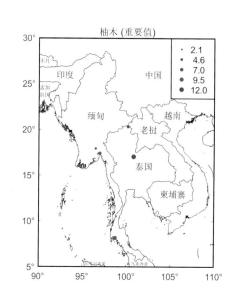

马鞭草科·柚木属

黄荆（*Vitex negundo* L.）

鉴别特征：灌木或小乔木；小枝四棱形，密生灰白色茸毛。掌状复叶，小叶5，少有3；小叶片长圆状披针形至披针形，顶端渐尖，基部楔形，全缘或每边有少数粗锯齿，表面绿色，背面密生灰白色茸毛。聚伞花序排成圆锥花序式，顶生，花序梗密生灰白色茸毛；花萼钟状。

产地与地理分布：主要产于中国长江以南各省，北达秦岭淮河。生于山坡路旁或灌木丛中。非洲东部经马达加斯加、亚洲东南部及南美洲的玻利维亚也有分布。

用途：【药用价值】茎叶治久痢；种子为清凉性镇静、镇痛药；根可以驱蛲虫。【经济价值】茎皮可造纸及制人造棉；花和枝叶可提取芳香油。

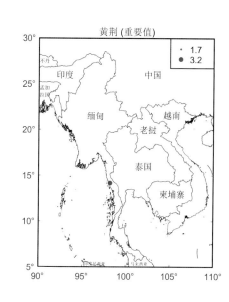

马鞭草科·牡荆属

牡荆 [*Vitex negundo* L. var. *cannabifolia* (Sieb. et Zucc.) Hand.-Mazz.]

鉴别特征：灌木或小乔木；小枝四棱形，密生灰白色茸毛。掌状复叶，小叶5对，少有3对；小叶片长圆状披针形至披针形。聚伞花序排成圆锥花序式，顶生，花序梗密生灰白色茸毛；花萼钟状，顶端有5裂齿，外有灰白色茸毛；花冠淡紫色，外有微柔毛，顶端5裂，二唇形。

产地与地理分布：主要产于中国长江以南各省，北达秦岭淮河。生于山坡路旁或灌木丛中。非洲东部马达加斯加、亚洲东南部及南美洲的玻利维亚也有分布。

用途：【药用价值】茎叶治久痢；种子为清凉性镇静、镇痛药；根可以驱蛲虫。【经济价值】茎皮可造纸及制人造棉；花和枝叶可提取芳香油。

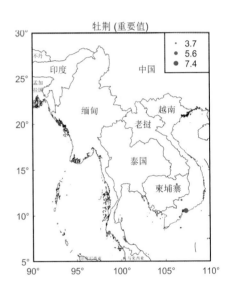

尖头花 [*Acrocephalus indicus* (Burm. F.) O. Ktze.]

鉴别特征：一年生草本，从纤细须根直立，有时近于半灌木。茎四棱形，基部有时倚伏地面，近于木质。叶披针形或卵圆形，草质，上面绿色，近于无毛，下面淡绿色，沿中肋及侧脉疏生短刚毛。轮伞花序多花，多数覆瓦状排列组成球状或椭圆状的头状花序，此花序具长梗或无梗，其下常有成对苞叶。

产地与地理分布：产于中国云南南部，贵州东南部，广东；为一杂草，生长于田间，有时亦出现于林缘、竹丛及沟边，海拔在600米以下。印度、缅甸、泰国、老挝、越南经马来西亚至印度尼西亚及菲律宾也有分布。

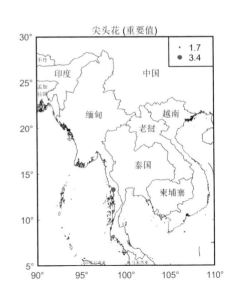

肾茶 [*Clerodendranthus spicatus* (Thunb.) C. Y. Wu]

鉴别特征: 多年生草本, 茎直立, 四棱形, 具浅槽及细条纹, 被倒向短柔毛。叶卵形、菱状卵形或卵状长圆形, 纸质, 上面榄绿色, 下面灰绿色, 两面均被短柔毛及散布凹陷腺点。轮伞花序6花, 在主茎及侧枝顶端组成总状花序; 苞片圆卵形。

产地与地理分布: 产于中国广东、海南、广西南部、云南南部、台湾及福建; 常生于林下潮湿处, 有时也见于无荫平地上, 更多为栽培, 海拔达1050米。自印度, 缅甸, 泰国, 经印度尼西亚, 菲律宾至澳大利亚及邻近岛屿也有分布。

用途:【药用价值】地上部分入药, 治急慢性肾炎、膀胱炎、尿路结石及风湿性关节炎, 对肾脏病有良效。

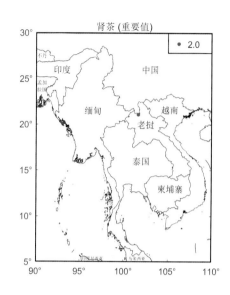

肾茶 (重要值)

唇形科·肾茶属

风轮菜 [*Clinopodium chinense* (Benth.) O. Ktze.]

鉴别特征: 多年生草本, 茎基部匍匐生根, 四棱形, 具细条纹, 密被短柔毛及腺微柔毛。叶卵圆形, 不偏斜, 坚纸质, 上面榄绿色, 密被平伏短硬毛, 下面灰白色, 被疏柔毛, 脉上尤密, 侧脉5~7对, 与中肋在上面微凹陷下面隆起, 网脉在下面清晰可见。轮伞花序多花密集, 半球状; 苞叶叶状。

产地与地理分布: 产于中国山东、浙江、江苏、安徽、江西、福建、台湾、湖南、湖北、广东、广西及云南东北部 (未见标本); 生于山坡、草丛、路边、沟边、灌丛、林下, 海拔在1000米以下。日本也有分布。

用途:【药用价值】具有疏风清热、解毒消肿、止血等功效, 主治感冒发热、中暑、咽喉肿痛、白喉、急性胆囊炎、肝炎、肠炎、痢疾、乳腺炎、疔疮肿毒、过敏性皮炎、急性结膜炎、尿血、崩漏、牙龈出血、外伤出血。【食用价值】新鲜的嫩叶具有香辛味, 可用于烹调。

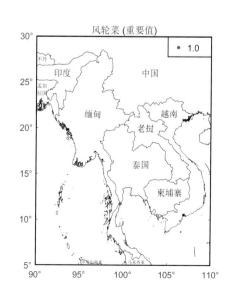

风轮菜 (重要值)

唇形科·风轮菜属

寸金草 [*Clinopodium megalanthum* (Diels) C. Y. Wu et Hsuan ex H. W. Li]

鉴别特征：多年生草本，茎多数，自根茎生出，基部匍匐生根，简单或分枝，四棱形，具浅槽，常染紫红色。叶三角状卵圆形，先端钝或锐尖，基部圆形或近浅心形，边缘为圆齿状锯齿，上面榄绿色，被白色纤毛。

产地与地理分布：产于中国云南、四川南部及西南部、湖北西南部及贵州北部；生于山坡、草地、路旁、灌丛中及林下，海拔1300~3200米。

用途：【药用价值】云南用全草入药，治牙痛、小儿疳积、风湿跌打、消肿活血，煎水服可退烧，其籽可壮阳。

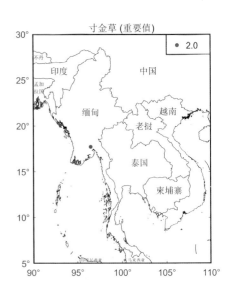

毛建草（*Dracocephalum rupestre* Hance）

鉴别特征：根茎直，生出多数茎。茎不分枝，渐升，四棱形，疏被倒向的短柔毛，常带紫色。基出叶多数，叶片三角状卵形；茎中部叶具明显的叶柄。

产地与地理分布：产于中国辽宁、内蒙古、河北、山西、西至青海的西宁；生于海拔650~2400米（青海达2650~3100米）的高山草原、草坡或疏林下阳处。

用途：【食用价值】全草具香气，可代茶用，故河北、山西一带土名毛尖。【观赏价值】花紫蓝而大，可供观赏。

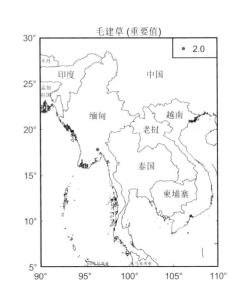

广防风 [*Epimeredi indica* (L.) Rothm.]

鉴别特征: 草本,直立,粗壮,分枝。茎四棱形,具浅槽,密被白色贴生短柔毛。叶阔卵圆形。苞叶叶状,向上渐变小,均超出轮伞花序,具短柄或近无柄。轮伞花序在主茎及侧枝的顶部排列成稠密的或间断的直径约2.5厘米的长穗状花序;苞片线形。花萼钟形,外面被长硬毛及混生的腺柔毛。

产地与地理分布: 产于中国广东、广西、贵州、云南、西藏东南部、四川、湖南南部、江西南部、浙江南部、福建及台湾;生于热带及南亚热带地区的林缘或路旁等荒地上,海拔40~1580 (~2400) 米。印度、东南亚经马来西亚至菲律宾也有分布。

用途:【药用价值】全草入药,为民间常用药草,治风湿骨痛、感冒发热、呕吐腹痛、胃气痛、皮肤湿疹、瘙痒、乳痈、疮癣、癞疮以及毒虫咬伤等症。

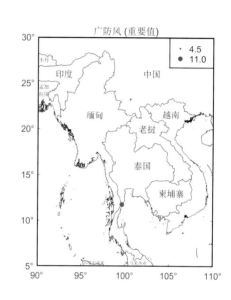

唇形科 · 广防风属

吊球草 (*Hyptis rhomboidea* Mart. et Gal.)

鉴别特征: 一年生、直立、粗壮草本,无香味。茎四棱形,具浅槽及细条纹,粗糙,沿棱上被短柔毛,绿色或紫色。叶披针形,两端渐狭,边缘具钝齿,纸质,上面榄绿色,被疏短硬毛,下面较淡,沿脉上被疏柔毛,余部密具腺点。花多数,密集成一具长梗、腋生、单生的球形小头状花序。

产地与地理分布: 产于中国广西、广东及台湾;生于开旷荒地上。原产于美洲热带地区,现广布于全热带。

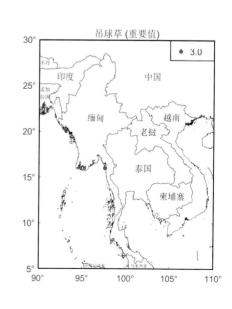

唇形科 · 山香属

山香 [*Hyptis suaveolens* (L.) Poit.]

鉴别特征：一年生、直立、粗壮、多分枝草本，揉之有香气。茎钝四棱形，具四槽，被平展刚毛。叶卵形至宽卵形生于花枝上的较小。聚伞花序2~5花，有些为单花，着生于渐变小叶腋内，成总状花序或圆锥花序排列于枝上。

产地与地理分布：产于中国广西、广东、福建及台湾；生于开旷荒地上。原产于美洲热带地区，现广布于全热带地区。

用途：【药用价值】全草入药，内服或外用，治赤白痢、乳腺炎、疳疽、感冒发烧、头痛、胃肠胀气、风湿骨痛、蜈蚣及蛇咬伤、刀伤出血、跌打肿痛、烂疮、皮肤瘙痒、皮炎及湿疹等症。

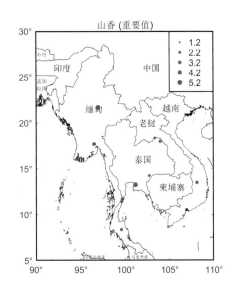

荆芥叶狮耳花 [*Leonotis nepetifolia* (L.) R. Br.]

鉴别特征：一年生草本，株高可达3米，叶卵形，揉碎后具芳香气味。管状花多层轮生，橘红色较常见，也有红、白紫等花色，花期由夏至冬。

产地与地理分布：原产于非洲热带地区和印度南部，在拉丁美洲也有广泛栽培。

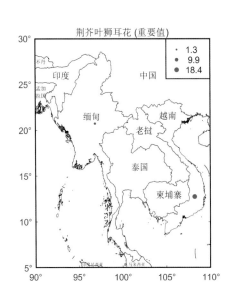

益母草 [*Leonurus artemisia* (Laur.) S. Y. Hu]

鉴别特征：一年生或二年生草本，有于其上密生须根的主根。茎直立。叶轮廓变化很大，茎下部叶轮廓为卵形，基部宽楔形，掌状3裂，裂片呈长圆状菱形至卵圆形。

产地与地理分布：产于中国各地；生长于多种生境，尤以阳处为多，海拔可高达3400米。苏联、朝鲜、日本、亚洲热带地区、非洲，以及美洲各地有分布。

用途：【药用价值】全草入药，有效成分为益母草素，内服可使血管扩张而使血压下降，并有拮抗肾上腺素的作用，可治动脉硬化性和神经性的高血压，又能增加子宫运动的频度；据国内报道近年来益母草用于肾炎水肿、尿血、便血、牙龈肿痛、乳腺炎、丹毒、痈肿疔疮均有效。

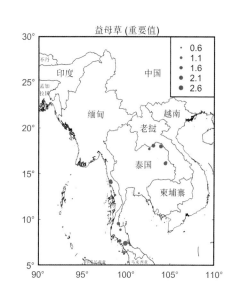

益母草 (重要值)

蜂巢草 [*Leucas aspera* (Willd.) Link]

鉴别特征：一年生草本，直立或披散。茎四棱形，具沟槽，有刚毛，常常多分枝。叶线形或长圆状线形。轮伞花序着生于枝条顶端，圆球状，径通常2~2.5厘米，间有达3厘米，多花密集，密被刚毛，其下承以多数密集的苞片；苞片线形，与萼等长，边缘有刚毛状纤毛。

产地与地理分布：产于中国广东及广西；生于田地、空旷潮湿地或沙质草地上，海拔约100米。毛里求斯、印度、泰国、马来西亚、印度尼西亚、菲律宾也有分布。

用途：【药用价值】适于治各种皮肤病，特别是疱疹、带状疱疹，外用煎水擦洗。

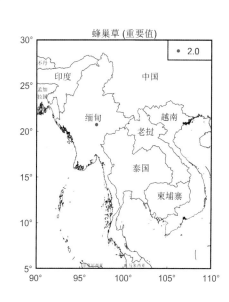

蜂巢草 (重要值)

唇形科·益母草属

唇形科·绣球防风属

毛叶丁香罗勒 (*Ocimum gratissimum* var. *suave*)

鉴别特征: 直立灌木, 极芳香。茎多分枝, 茎、枝均四棱形。叶卵圆状长圆形或长圆形; 花序下部苞叶长圆形, 细小。总状花序顶生及腋生, 直伸。

产地与地理分布: 非洲热带地区及马达加斯加野生, 芬兰、印度有栽培; 中国云南东南部 (个旧)、广西、广东、台湾、福建、浙江和江苏等地亦有栽培。

用途: 【药用价值】茎叶极香, 供药用, 可治风湿, 有健胃、镇痛之效; 从茎叶, 花序中可提取精油, 因含有大量的丁香酚, 亦可代替丁香油生产丁香酚, 在医药和香料上均有用途。

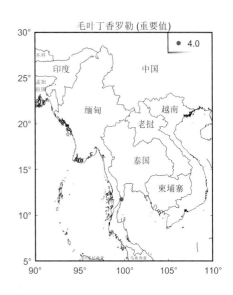

毛叶丁香罗勒 (重要值)

圣罗勒 (*Ocimum sanctum* L.)

鉴别特征: 半灌木。茎直立, 基部木质, 近圆柱形, 具条纹, 有平展的疏柔毛, 多分枝。叶长圆形, 基部楔形至近圆形, 边缘具浅波状锯齿, 两面被微柔毛及腺点, 沿脉上被疏柔毛, 侧脉4～6对, 与中脉在上面凹陷下面明显, 叶柄纤细, 长1～2.5厘米, 近扁平, 被平展疏柔毛。总状花序纤细; 苞片心形。

产地与地理分布: 产于中国广东、海南、台湾、四川; 生于干燥沙质草地上。自北非经西亚、印度、中南半岛、马来西亚、印度尼西亚、菲律宾至澳大利亚也有分布。

用途: 【药用价值】全草研粉治头痛, 煎服治哮喘。【食用价值】叶可作调味品及代茶用作饮料。

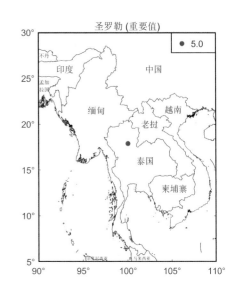

圣罗勒 (重要值)

糙苏（*Phlomis umbrosa*）

鉴别特征：多年生草本；根粗厚，须根肉质。茎多分枝，四棱形，具浅槽，疏被向下短硬毛。叶近圆形、圆卵形至卵状长圆形。轮伞花序通常4~8花，多数，生于主茎及分枝上。

产地与地理分布：产于中国辽宁、内蒙古、河北、山东、山西、陕西、甘肃、四川、湖北、贵州及广东；生于疏林下或草坡上，海拔200~3200米。

用途：【药用价值】民间用根入药，性苦辛、微温，具有祛风活络、强筋壮骨、消肿之功效，用于感冒、慢性支气管炎、风湿关节痛、腰痛、跌打损伤、疮疖肿毒；有消肿、生肌、续筋、接骨之功，兼补肝和肾、强腰膝，又有安胎之效。

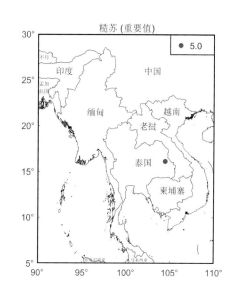

糙苏 (重要值)

唇形科·糙苏属

颠茄（*Atropa belladonna* L.）

鉴别特征：多年生草本，根粗壮，圆柱形。茎下部单一，带紫色，上部叉状分枝，嫩枝绿色，多腺毛，老时逐渐脱落。叶互生或在枝上部大小不等2叶双生；叶片卵形、卵状椭圆形或椭圆形。花俯垂；花萼长约为花冠之半，裂片三角形；花冠筒状钟形，下部黄绿色，上部淡紫色筒中部稍膨大。

产地与地理分布：原产于欧洲中部、西部和南部。中国南北药物种植场有引种栽培。

用途：【药用价值】药用，根和叶含有莨菪碱、阿托品、东莨菪碱、颠茄碱等，叶作镇痉及镇痛药；根治盗汗，并有散瞳的效能。

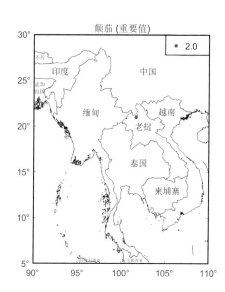

颠茄 (重要值)

茄科·颠茄属

辣椒（*Capsicum annuum* L.）

鉴别特征：一年生或有限多年生植物。叶互生，枝顶端节不伸长而成双生或簇生状，矩圆状卵形、卵形或卵状披针形。花单生，俯垂；花萼杯状，不显著5齿；花冠白色，裂片卵形；花药灰紫色。果梗较粗壮，俯垂；果实长指状，顶端渐尖且常弯曲，未成熟时绿色，成熟后成红色、橙色或紫红色，味辣。种子扁肾形，淡黄色。花果期5—11月。

产地与地理分布：本种原来的分布区在墨西哥到哥伦比亚；现在世界各国普遍栽培。

用途：【药用价值】果亦有驱虫和发汗之药效。【食用价值】中国已有数百年栽培历史，为重要的蔬菜和调味品，种子油可食用。

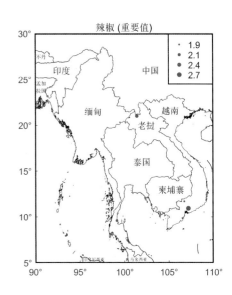

朝天椒 [*Capsicum annuum* L. var. *conoides* (Mill.) Irish]

鉴别特征：植物体多二歧分枝。叶长4~7厘米，卵形。花常单生于二分叉间，花梗直立，花稍俯垂，花冠白色或带紫色。果梗及果实均直立，果实较小，圆锥状，长约1.5 (~3)厘米，成熟后红色或紫色，味极辣。

产地与地理分布：朝天椒在中国大部分地区都有栽培。

用途：【药用价值】全草入药，根茎性温、味甘，能祛风散寒、舒筋活络并有杀虫、止痒功效。【食用价值】可食用。【观赏价值】中国南北均栽培，群众中常作为盆景栽培。

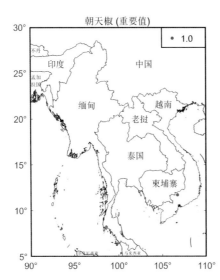

小米辣（*Capsicum frutescens* L.）

鉴别特征：灌木或亚灌木；分枝稍之字形曲折。叶柄短缩，叶片卵形，长3～7厘米，中部之下较宽，顶端渐尖，基部楔形，中脉在背面隆起，侧脉每边约4条。花在每个开花节上通常双生，有时三至数朵。花萼边缘近截形；花冠绿白色。果梗及果直立生，向顶端渐增粗；果实纺锤状，长7～1.4厘米，绿色变红色，味极辣。

产地与地理分布：分布于中国云南南部；印度、南美、欧洲有栽培。生于山腰路旁，野生或栽培。

用途：【药用价值】具有提升胃温、杀虫等功效，用于胃寒、痔疮、虫病。【食用价值】由于味极辣，通常作调味品。

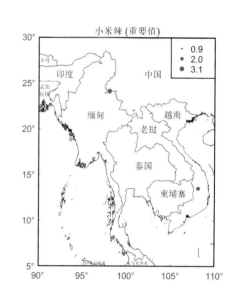

假酸浆 [*Nicandra physalodes* (L.) Gaertn.]

鉴别特征：茎直立，有棱条，上部交互不等的二歧分枝。叶卵形或椭圆形，草质。花单生于枝腋而与叶对生，通常具较叶柄长的花梗，俯垂；花萼5深裂，裂片顶端尖锐，基部心脏状箭形，有2尖锐的耳片，果时包围果实；花冠钟状，浅蓝色。浆果球状，黄色。种子淡褐色，直径约1毫米。花果期夏秋季。

产地与地理分布：原产于南美洲。中国南北均有作药用或观赏栽培，河北、甘肃、四川、贵州、云南、西藏等省区有逸为野生；生于田边、荒地或住宅区。

用途：【药用价值】全草药用，有镇静、祛痰、清热解毒之效。

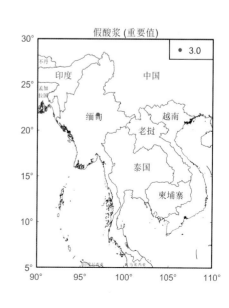

小酸浆（*Physalis minima* L.）

鉴别特征：一年生草本，根细瘦；主轴短缩，顶端多二歧分枝，分枝披散而卧于地上或斜升，生短柔毛。叶柄细弱；叶片卵形或卵状披针形，全缘而波状或有少数粗齿，两面脉上有柔毛。花具细弱的花梗，生短柔毛；花萼钟状，裂片三角形，缘毛密；花冠黄色；花药黄白色。果梗细瘦，俯垂；果萼近球状或卵球状；果实球状。

产地与地理分布：产于中国云南、广东、广西及四川。生于海拔1000~1300米的山坡。

用途：【药用价值】具有清热利湿、祛痰止咳、软坚散结等功效，用于黄疸型肝炎、胆囊炎、感冒发热、咽喉肿痛、支气管炎、肺脓肿、腮腺炎、睾丸炎、膀胱炎、血尿、颈淋巴结核；外用治脓疱疮、湿疹、疖肿。

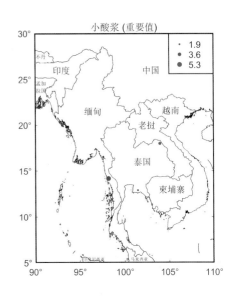

小酸浆 (重要值)

野茄（*Solanum coagulans* Forsk.）

鉴别特征：直立草本至亚灌木，小枝、叶下面、叶柄、花序均密被5~9分枝的灰褐色星状茸毛，小枝圆柱形，褐色，幼时密被星状毛（渐老则逐渐脱落）及皮刺，皮刺土黄色，先端微弯，基部宽扁。上部叶常假双生，不相等；叶卵形至卵状椭圆形。

产地与地理分布：产于中国云南、广西、广东及台湾。见于灌木丛中或缓坡地带，海拔180~1100米。广布于埃及至印度西北部，以及越南、马来西亚至新加坡。

用途：【药用价值】具有利尿消肿、祛风止痛等功效，用于水肿、小便不利、尿少、风湿性关节炎、牙痛、睾丸炎。

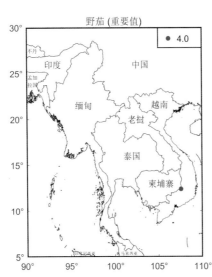

野茄 (重要值)

黄果龙葵（*Solanum diphyllum*）

鉴别特征: 灌木; 全株无毛, 茎直立, 株高0.5~2米, 浆果成熟后橘黄色, 球形, 浅二裂, 直径7~12毫米。

产地与地理分布: 原产于墨西哥等中美洲国家。中国台湾、广东等地有少量栽培。

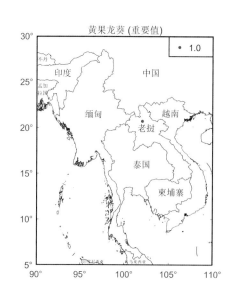

茄（*Solanum melongena* L.）

鉴别特征: 直立分枝草本至亚灌木, 高可达1米, 小枝, 叶柄及花梗均被6~8~(10)分枝, 平贴或具短柄的星状茸毛, 小枝多为紫色(野生的往往有皮刺), 渐老则毛被逐渐脱落。叶大, 卵形至长圆状卵形, 边缘浅波状或深波状圆裂, 上面被3~7~(8)分枝短而平贴的星状茸毛, 下面密被7~8分枝较长而平贴的星状茸毛, 侧脉每边4~5条。

产地与地理分布: 原产于亚洲热带地区。中国各地均有栽培。

用途: 【药用价值】根、茎、叶入药, 为收敛剂, 有利尿之效, 叶也可以作麻醉剂; 种子为消肿药, 也用为刺激剂, 但容易引起胃弱及便秘, 果生食可解食菌中毒。【食用价值】果可供蔬菜食用。

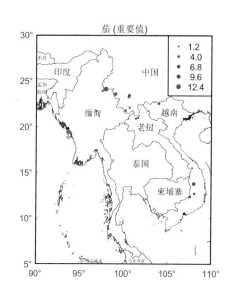

龙葵 (*Solanum nigrum* L.)

鉴别特征: 一年生直立草本, 绿色或紫色, 近无毛或被微柔毛。叶卵形, 全缘或每边具不规则的波状粗齿。蝎尾状花序腋外生, 由3~6~(10)花组成; 萼小, 浅杯状; 花冠白色, 筒部隐于萼内。

产地与地理分布: 中国几乎全国均有分布。喜生于田边, 荒地及村庄附近。广泛分布于欧、亚、美洲的温带至热带地区。

用途: 【药用价值】全株入药, 可散瘀消肿、清热解毒。

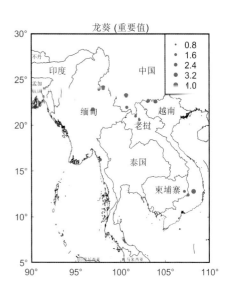

少花龙葵 (*Solanum photeinocarpum* Nakamura et S. Odashima)

鉴别特征: 纤弱草本, 茎无毛或近于无毛, 高约1米。叶薄, 卵形至卵状长圆形, 叶缘近全缘, 波状或有不规则的粗齿。花序近伞形, 腋外生, 纤细, 具微柔毛, 着生1~6朵花; 萼绿色; 花冠白色。

产地与地理分布: 产于中国云南南部、江西、湖南、广西、广东、台湾等地的溪边、密林阴湿处或林边荒地。分布于马来群岛。

用途: 【药用价值】有清凉散热之功, 并可兼治喉痛。【食用价值】叶可供蔬食。

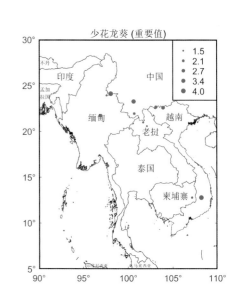

牛茄子（*Solanum surattense* Burm. f.）

鉴别特征：直立草本至亚灌木，植物体除茎、枝外各部均被具节的纤毛，茎及小枝具淡黄色细直刺，通常无毛或稀被极稀疏的纤毛。叶阔卵形，基部心形，5~7浅裂或半裂，裂片三角形或卵形，边缘浅波状；侧脉与裂片数相等，在上面平，在下面凸出，分布于每裂片的中部，脉上均具直刺。

产地与地理分布：分布于中国云南、四川、贵州、广西、湖南、广东、海南、江西、福建、台湾、江苏、河南、辽宁等省区。喜生于路旁荒地、疏林或灌木丛中，海拔350~1180米。国外广泛分布于热带地区。

用途：【药用价值】含有龙葵碱，可作药用。【观赏价值】果有毒，不可食，但色彩鲜艳，可供观赏。

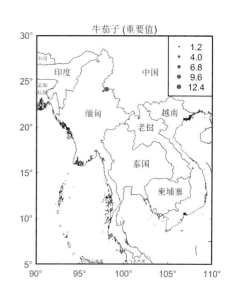

水茄（*Solanum torvum* Swartz）

鉴别特征：灌木，小枝，叶下面，叶柄及花序柄均被具长柄、短柄或无柄稍不等长5~9分枝的尘土色星状毛。小枝疏具基部宽扁的皮刺，皮刺淡黄色，基部疏被星状毛。叶单生或双生，卵形至椭圆形，边缘半裂或作波状，裂片通常5~7，上面绿色。

产地与地理分布：产于中国云南（东南部、南部及西南部）、广西、广东、台湾。喜生长于热带地方的路旁，荒地，灌木丛中，沟谷及村庄附近等潮湿地方，海拔200~1650米。普遍分布于热带印度，东经缅甸、泰国，南至菲律宾、马来西亚，也分布于美洲热带地区。

用途：【药用价值】果实可明目，叶可治疮毒。【食用价值】嫩果煮熟可供蔬食。

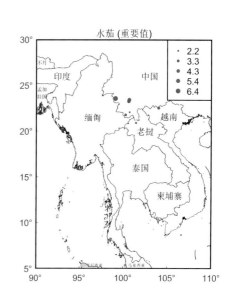

茄科·茄属

茄科·茄属

假烟叶树 (*Solanum verbascifolium* L.)

鉴别特征: 小乔木, 小枝密被白色具柄头状簇茸毛。叶大而厚, 卵状长圆形。聚伞花序多花, 形成近顶生圆锥状平顶花序。花白色, 萼钟形。

产地与地理分布: 产于中国四川、贵州、云南、广西、广东、福建和台湾诸省区, 常见于荒山荒地灌丛中, 海拔300~2100米。广泛分布于亚洲热带地区及大洋洲、南美洲。

用途:【药用价值】根皮入药, 性温、味苦、有毒; 有消炎解毒、祛风散表之功; 可以敷疮毒, 洗癣疥。

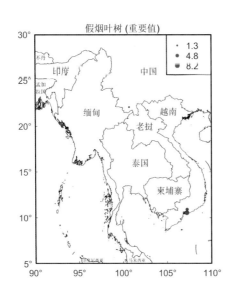

大花茄 (*Solanum wrightii* Benth.)

鉴别特征: 小枝及叶柄具刚毛及星状分枝的硬毛或刚毛以及粗而直的皮刺。大叶片常羽状半裂, 裂片为不规则的卵形或披针形, 上面粗糙, 具刚毛状的单毛, 下面被粗糙的星状毛。花非常大, 组成二歧侧生的聚伞花序。花冠直径约6.5厘米, 宽5裂, 每个裂片外面中部披针形部分被毛, 内面中间部分宽而光滑; 花药长约1.5厘米, 向上渐狭而微弯。

产地与地理分布: 中国广东有栽培。南美玻利维亚至巴西原产, 现热带、亚热带地区广泛栽培。

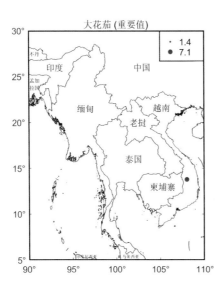

茄科·茄属

茄科·茄属

黄果茄（*Solanum xanthocarpum* Schrad. et Wendl）

鉴别特征：直立或匍匐草本，有时基部木质化，植物体各部均被7~9分枝（正中的1分枝常伸向外）的星状茸毛，并密生细长的针状皮刺。叶卵状长圆形，边缘通常5~9裂或羽状深裂，裂片边缘波状，两面均被星状短茸毛，尖锐的针状皮刺则着生在两面的中脉及侧脉上，侧脉5~9条，约与裂片数相等。聚伞花序腋外生，通常3~5花，花蓝紫色，直径约2厘米。

产地与地理分布：星散分布于中国湖北、四川、云南、海南及台湾。喜生于干旱河谷沙滩上，海拔125~880米，个别达海拔1100米。也广泛分布于印度、斯里兰卡、马来西亚、越南、泰国、日本南部及大洋洲。在非洲东部成为杂草。

用途：【药用价值】具有祛风湿、消瘀止痛等功效，用于风湿痹痛、牙痛、睾丸肿痛、痈疖。

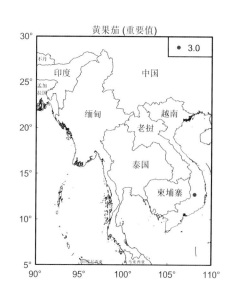

茄科·茄属

百可花（*Bacopa diffusa*）

鉴别特征：一二年生草本；叶对生，叶缘有齿缺，匙形；花单生于叶腋内，具柄；萼片5，完全分离，后方一枚常常最宽大，前方一枚次之，侧面3枚最狭小；花冠白色，2唇形；雄蕊4，2强，极少5枚，药室平行而分离；柱头扩大，头状或短2裂；果为蒴果，有2条沟槽，室背2裂或4裂；种子多数，微小。花期5—7月。

产地与地理分布：分布于热带和亚热带地区。

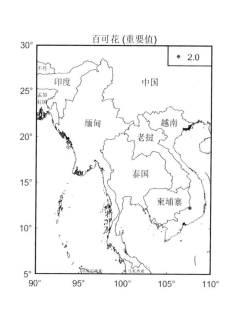

玄参科·假马齿苋属

假马齿苋 [*Bacopa monnieri* (L.) Wettst.]

鉴别特征: 匍匐草本,节上生根,多少肉质,无毛,体态极像马齿苋。叶无柄,矩圆状倒披针形。花单生叶腋,萼下有一对条形小苞片;萼片前后2枚卵状披针形,其余3枚披针形至条形;花冠蓝色,紫色或白色;雄蕊4枚;柱头头状。蒴果长卵状,顶端急尖,包在宿存的花萼内。种子椭圆状,一端平截,黄棕色,表面具纵条棱。花期5—10月。

产地与地理分布: 分布于中国台湾、福建、广东、云南。全球热带广布。生于水边、湿地及沙滩。

用途:【药用价值】药用,有消肿之效。

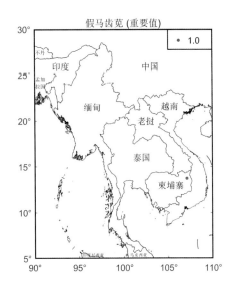

刺齿泥花草 [*Lindernia ciliata* (Colsm.) Pennell]

鉴别特征: 一年生草本,直立或在多枝的个体中铺散,枝倾卧,最下部的一个节上有时稍有不定根。叶片矩圆形至披针状矩圆形,边缘有紧密而带芒刺的锯齿,齿缘略角质化而稍变厚。花序总状,生于茎枝之顶;苞片披针形;花冠小,浅紫色或白色。

产地与地理分布: 分布于中国西藏东南部、云南、广西、广东、海南、福建和台湾。从越南、缅甸、印度到澳大利亚北部的热带和亚热带地区也有广布。生于海拔1300米左右的稻田、草地、荒地和路旁等低湿处。

用途:【药用价值】全草可药用。

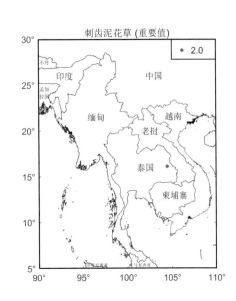

母草 [*Lindernia crustacea* (L.) F. Muell]

鉴别特征：草本，根须状，常铺散成密丛，多分枝，枝弯曲上升，微方形有深沟纹，无毛。叶片三角状卵形或宽卵形。花单生于叶腋或在茎枝之顶成极短的总状花序；花萼坛状，成腹面较深，而侧、背均开裂较浅的5齿，齿三角状卵形，中肋明显，外面有稀疏粗毛；花冠紫色，管略长于萼，上唇直立。

产地与地理分布：分布中国浙江、江苏、安徽、江西、福建、台湾、广东、海南、广西、云南、西藏东南部、四川、贵州、湖南、湖北、河南等地区。热带和亚热带广布。生于田边、草地、路边等低湿处。

用途：【药用价值】全草可药用。

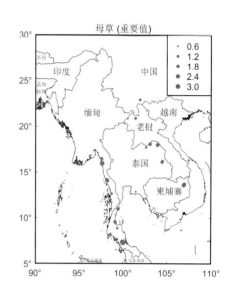

宽叶母草 [*Lindernia nummularifolia* (D. Don) Wettst.]

鉴别特征：一年生草本；根须状；茎直立，不分枝或有时多枝丛密，而枝倾卧后上升，茎枝多少四角形，棱上有伸展的细毛。叶片宽卵形或近圆形。系闭花受精，先期结实，生于花序外方之一对或两对则为长梗，花期较晚甚久，在短梗花种子成熟时才开放，常有败育现象。

产地与地理分布：分布于中国甘肃、陕西、湖北、湖南、广西、贵州、云南、西藏、四川、浙江等省区。尼泊尔、印度东北部也有分布。喜生于海拔1800米以下的田边，沟旁等湿润处。

用途：【药用价值】具有凉血止血功效，用于治疗咯血。

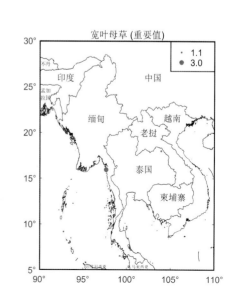

棱萼母草 [*Lindernia oblonga* (Benth.) Merr. et Chen]

　　鉴别特征：一年生草本，直立或有时倾卧而发出直立或弯曲上升之枝，有须状之根，茎枝多少呈四角形，角上有棱，面有沟。叶在基部有短柄，上部无柄而微抱茎；叶片菱状卵形至菱状披针形。花呈稀疏的长总状，一般不超过10朵；苞片披针形；花萼狭钟状，仅1/4的部分开裂，裂片三角状卵形，顶端凸尖而外曲。

　　产地与地理分布：分布于中国广东、海南岛。越南、老挝、柬埔寨也有分布。多生于干地沙质土壤中。

　　用途：【药用价值】具有清热解毒、收敛止泻等功效，主治痢疾腹泻、肠炎、疖肿。

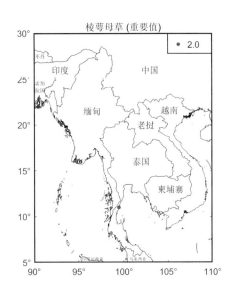

棱萼母草 (重要值)

黑蒴 [*Melasma arvense* (Benth.) Hand.-Mazz.]

　　鉴别特征：一年生草本，直立、坚挺、粗糙、干后变成黑色。叶无柄或近无柄；叶片纸质，宽卵形至卵状披针形。总状花序，花在花序顶端常密集，而在基部则有间距；小苞片条状长圆形，狭窄；花萼长约5毫米，膜质，被髯毛，花冠筒宽钟状，包在萼内，花冠裂片除前方1枚稍大外，其余近相等，几圆形，开展。

　　产地与地理分布：分布于中国云南、广西、广东、台湾。印度至菲律宾也有分布。生于海拔700～2100米的山坡草地或疏林中。

　　用途：【药用价值】药用，具有抗肿瘤、泻下等作用。

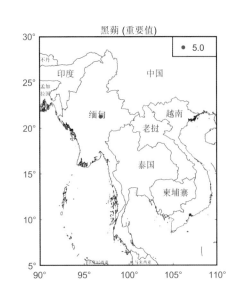

黑蒴 (重要值)

台湾泡桐（*Paulownia kawakamii* Ito）

鉴别特征: 小乔木, 树冠伞形; 小枝褐灰色, 有明显皮孔。叶片心脏形, 全缘或3～5裂或有角, 两面均有黏毛, 老时显现单条粗毛, 叶面常有腺。花序枝的侧枝发达而几与中央主枝等势或稍短, 故花序为宽大圆锥形, 小聚伞花序无总花梗或位于下部者具短总梗, 但比花梗短, 有黄褐色茸毛, 常具花3朵, 花梗长达12毫米; 花冠近钟形, 浅紫色至蓝紫色。

产地与地理分布: 分布于中国湖北、湖南、江西、浙江、福建、台湾、广东、广西、贵州, 多数野生, 生于海拔200～1500米的山坡灌丛、疏林及荒地。

用途:【药用价值】具有清热利湿、活血止痛等功效, 用于湿热小便不利、腹泻、跌打肿痛。

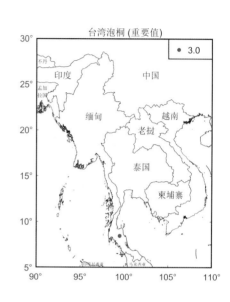

台湾泡桐 (重要值)

野甘草（*Scoparia dulcis* L.）

鉴别特征: 直立草本或为半灌木状, 茎多分枝, 枝有棱角及狭翅。叶对生或轮生, 菱状卵形至菱状披针形。花单朵或更多成对生于叶腋, 花梗细; 无小苞片, 萼分生, 齿4, 卵状矩圆形, 花冠小、白色, 瓣片4。

产地与地理分布: 分布于中国广东、广西、云南、福建; 原产于美洲热带地区, 现已广布于全球热带。喜生于荒地、路旁, 亦偶见于山坡。

用途:【药用价值】主要化学成分为生物碱、黄酮和二萜等, 阿迈灵、薏苡素等成分具有降血糖、降血压、抗病毒和抗肿瘤等多种生物活性。

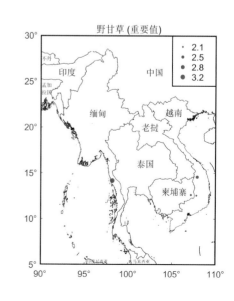

野甘草 (重要值)

单色蝴蝶草（*Torenia concolor* Lindl.）

鉴别特征：匍匐草本；茎具4棱，节上生根；分枝上升或直立。叶具长2~10毫米之柄；叶片三角状卵形或长卵形。花具长2~3.5厘米之梗，果期梗长可达5厘米，单朵腋生或顶生，稀排成伞形花序；花冠长2.5~3.9厘米，蓝色或蓝紫色。花果期5—11月。

产地与地理分布：分布于中国广东、广西、贵州及台湾等省区。生于林下、山谷及路旁。

用途：【药用价值】具有清热解毒、利湿、止咳、和胃止呕、化瘀等功效，用于治疗呕吐、黄疸、血淋、风热咳嗽、泄泻、跌打损伤、蛇咬伤、疔毒。

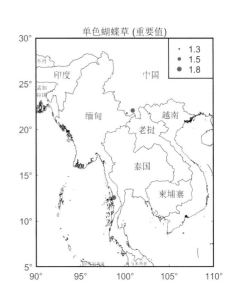

紫斑蝴蝶草（*Torenia fordii* Hook. f.）

鉴别特征：直立粗壮草本，全体被柔毛。叶具长1~1.5厘米之柄；叶片宽卵形至卵状三角形，总状花序顶生；花梗长约1厘米，果期长可达2厘米；苞片长卵形，多少包裹花梗，先端渐尖，边缘具缘毛；萼倒卵状纺锤形，果期长达1.8厘米，宽8毫米，具5翅，翅宽彼此不等，其中有2枚较宽，可达2毫米，翅上被缘毛；萼齿2枚，近于相等。

产地与地理分布：分布于中国广东、江西、湖南、福建等地。生于山边、溪旁或疏林下。

用途：【药用价值】全草用于治疗疮毒。

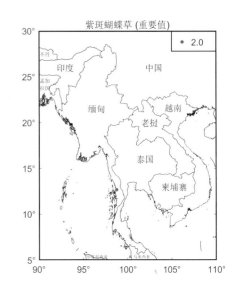

光叶蝴蝶草 (*Torenia glabra* Osbeck)

鉴别特征: 匍匐或多少直立草本, 节上生根; 分枝多, 长而纤细。叶片三角状卵形、长卵形或卵圆形。花具长0.5~2厘米之梗, 单朵腋生或顶生, 抑或排列成伞形花序; 萼具5枚, 果期长1.5~2厘米; 萼齿2枚, 长三角形, 先端渐尖, 果期开裂成5枚小尖齿; 花冠紫红色或蓝紫色。花果期5月至翌年1月。

产地与地理分布: 分布于中国广东、广西、福建、江西、浙江、湖南、湖北、四川、西藏、云南和贵州等省区。生于拔海300~1700米的山坡、路旁或阴湿处。

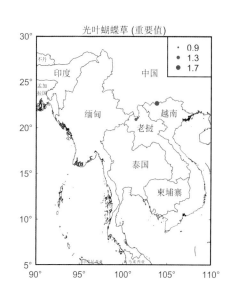

紫萼蝴蝶草 [*Torenia violacea* (Azaola) Pennell]

鉴别特征: 直立或多少外倾, 自近基部起分枝。叶片卵形或长卵形, 先端渐尖, 基部楔形或多少截形。花具长约1.5厘米之梗, 果期梗长可达3厘米, 在分枝顶部排成伞形花序或单生叶腋, 稀可同时有总状排列的存在; 萼矩圆状纺锤形, 具5翅; 花冠长1.5~2.2厘米。

产地与地理分布: 分布于中国华东、华南、西南、华中及台湾。生于海拔200~2000米间之山坡草地、林下、田边及路旁潮湿处。

用途: 【药用价值】全草: 微苦、凉, 具有清热解毒、利湿止咳、化痰等功效, 用于小儿疳积、吐泻、痢疾、目赤、黄疸、血淋、疔疮、痈肿、毒蛇咬伤。

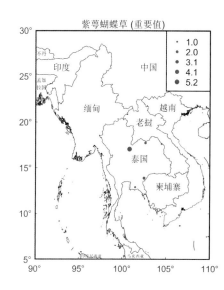

木蝴蝶 [*Oroxylum indicum* (L.) Kurz]

鉴别特征：直立小乔木，树皮灰褐色。大型奇数2～3(～4)回羽状复叶，着生于茎干近顶端；小叶三角状卵形。总状聚伞花序顶生，粗壮。花冠肉质。

产地与地理分布：产于中国福建、台湾、广东、广西、四川、贵州及云南。生于海拔500～900米热带及亚热带低丘河谷密林，以及公路边丛林中，常单株生长。在越南、老挝、泰国、柬埔寨、缅甸、印度、马来西亚、菲律宾、印度尼西亚（爪哇）也有分布。

用途：【药用价值】种子、树皮入药，可消炎镇痛，治心气痛、肝气痛、支气管炎及胃、十二指肠溃疡。【经济价值】木材色浅，黄白色，心材和边材明显，径面略具光泽，材质轻软，易割削，木纹直，结构略粗，管孔线在肉眼下明晰，甚不耐腐，木材无特殊工业价值。

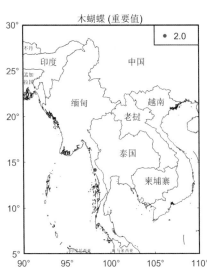

火焰树 (*Spathodea campanulata* Beauv.)

鉴别特征：乔木，高10米，树皮平滑，灰褐色。奇数羽状复叶，对生。伞房状总状花序，顶生，密集；苞片披针形；小苞片2枚。花萼佛焰苞状。花冠一侧膨大，基部紧缩成细筒状。

产地与地理分布：原产于非洲，现广泛栽培于印度、斯里兰卡。中国广东、福建、台湾、云南（西双版纳）均有栽培。

用途：【药用价值】果：消积止痢、活血止血，用于消化不良、肠炎、痢疾、小儿疳积、崩漏、白带、产后腹痛；根：清热凉血，用于虚痨骨蒸潮热、肝炎、跌打损伤、筋骨疼痛、腰痛、崩漏、白带、月经不调、吐血、便血；叶：清热解毒，外敷治疮疡肿毒。【观赏价值】可作景观树和庭园树欣赏，花期较长。【生态价值】火焰木球规则式地布置在道路两旁或中间绿化带，还能起到绿化美化和醒目的作用。

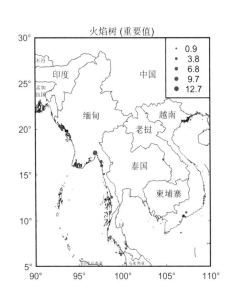

穿心莲 [*Andrographis paniculata* (Burm. f.) Nees]

鉴别特征：一年生草本，茎四棱，下部多分枝，节膨大。叶卵状矩圆形至矩圆状披针形。花序轴上叶较小，总状花序顶生和腋生，集成大型圆锥花序；苞片和小苞片微小；花冠白色而小，下唇带紫色斑纹；雄蕊2，花药2室，一室基部和花丝一侧有柔毛。蒴果扁，中有一沟，疏生腺毛；种子12粒，四方形，有皱纹。

产地与地理分布：中国福建、广东、海南、广西、云南常见栽培，江苏、陕西亦有引种；原产地可能在南亚。澳大利亚也有栽培。

用途：【药用价值】茎、叶极苦，有清热解毒之效。

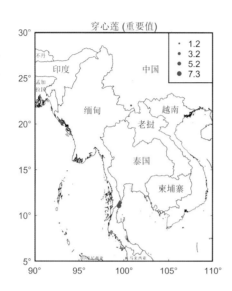

穿心莲 (重要值)

十万错 (*Asystasia chelonoides* Nees)

鉴别特征：多年生草本；茎两歧分枝，几被微柔毛；叶狭卵形或卵状披针形。花序总状，顶生和侧生，冠管钟形；雄蕊2强、2药室不等高。

产地与地理分布：产于中国云南、广东、广西。生于林下。东喜马拉雅、印度东北、缅甸、泰国、中南半岛广布。

用途：【药用价值】云南文山用作解热药。

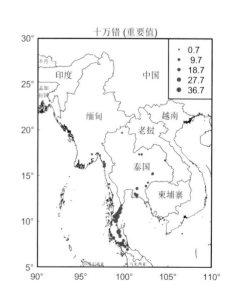

十万错 (重要值)

宽叶十万错 [*Asystasia gangetica* (L.) T. Anders.]

鉴别特征: 多年生草本,外倾,叶具叶柄,椭圆形,基部急尖、钝、圆或近心形,几全缘,总状花序顶生,花序轴四棱,棱上被毛,较明显,花偏向一侧。苞片对生,三角形;小苞片2枚,似苞片,着生于花梗基部。花冠短,略两唇形,外面被疏柔毛;花冠管基部圆柱状,长约12毫米,上唇2裂,裂片三角状卵形。

产地与地理分布: 产于中国云南、广东。分布于印度、泰国、中南半岛至马来半岛。

用途:【食用价值】叶可食。

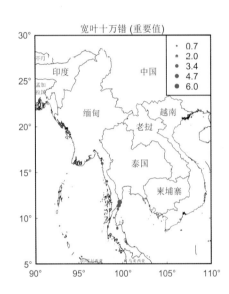

假杜鹃 (*Barleria cristata* L.)

鉴别特征: 小灌木,高达2米。茎圆柱状,被柔毛,有分枝。长枝叶柄长3~6毫米,叶片纸质,椭圆形、长椭圆形或卵形,两面被长柔毛,脉上较密,全缘;腋生短枝的叶小,具短柄,叶片椭圆形或卵形,叶腋内通常着生2朵花。短枝有分枝,花在短枝上密集。花的苞片叶形,无柄,小苞片披针形或线形,3~5(~7)脉,主脉明显,边缘被贴伏或开展的糙伏毛。

产地与地理分布: 产于中国台湾、福建、广东、海南、广西、四川、贵州、云南和西藏等省区。生于海拔700~1100米的山坡、路旁或疏林下阴处,也可生于干燥草坡或岩石中。中南半岛、印度和印度洋一些岛屿也有分布。

用途:【药用价值】药用全草,具有通筋活络、解毒消肿等功效。【观赏价值】栽培供观赏。

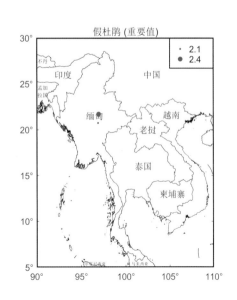

黄猄草 [*Championella tetrasperma* (Champ. ex Benth.) Bremek.]

鉴别特征: 直立或匍匐草本; 茎细瘦, 近无毛。叶纸质, 卵形或近椭圆形; 侧脉每边3~4条。穗状花序短而紧密, 通常仅有花数朵; 苞片叶状, 倒卵形或匙形, 具羽状脉; 花冠淡红色或淡紫色。雄蕊4, 2强。

产地与地理分布: 产于中国四川、重庆、贵州、湖北、湖南、江西、福建、广东、香港、海南、广西。生于密林中。越南北部也有分布。

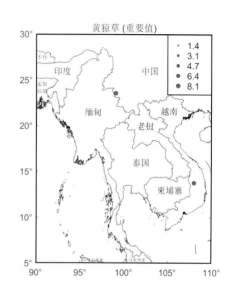

黄猄草 (重要值)

爵床科·黄猄草属

楠草 [*Dipteracanthus repens* (L.) Hassk.]

鉴别特征: 多年生披散草本, 茎膝曲状, 下部常斜倚地面, 多分枝, 无毛或嫩枝被微柔毛。叶薄纸质, 卵形至披针形; 中脉在背面凸起; 侧脉纤细, 每边4~5条。花单生于叶腋; 花冠紫色或后裂片深紫色, 被短柔毛, 冠管短, 喉部阔大, 呈钟形, 冠檐整齐。

产地与地理分布: 产于中国台湾、香港、广东、广西、海南、云南、重庆。生于低海拔路边或旷野草地上, 常见。印度、马来西亚至菲律宾也有分布。

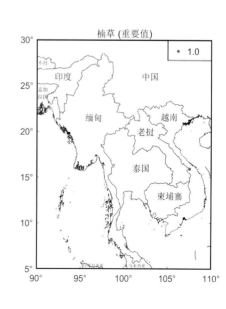

楠草 (重要值)

爵床科·楠草属

喜花草（*Eranthemum pulchellum* Andrews.）

鉴别特征：灌木，高可达2米，枝四棱形，无毛或近无毛。叶对生，具叶柄；叶片通常卵形，有时椭圆形。穗状花序顶生和腋生，具覆瓦状排列的苞片；苞片大，叶状，白绿色，倒卵形或椭圆形，顶端渐尖或短尾尖，具绿色羽状脉，无缘毛；小苞片线状披针形，短于花萼；花萼白色。

产地与地理分布：分布于印度及喜马拉雅山。在中国南部和西南部栽培。

用途：【观赏价值】庭园供观赏。

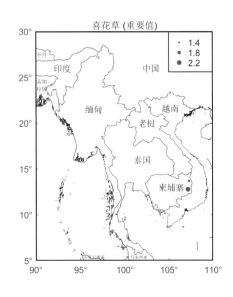

鳞花草（*Lepidagathis incurva* Buch.-Ham. ex D. Don）

鉴别特征：直立、多分枝草本，高可达1米；小枝4棱，除花序外几全体无毛。叶纸质，长圆形至披针形，有时近卵形；侧脉每边7~9条。穗状花序顶生和近枝顶侧生，卵形；小苞片稍狭，苞片及萼裂片均在背面和边缘被长柔毛。

产地与地理分布：产于中国广东、海南、香港、广西、云南。中南半岛至印度、喜马拉雅山，以及其他国家也有分布。通常生于海拔200~1500（~2200）米，近村的草地或旷野、灌丛、干旱草地或河边沙地。

用途：【药用价值】据《海南植物志》记载，全株入药，治眼病、蛇伤、伤口感染、皮肤湿疹。

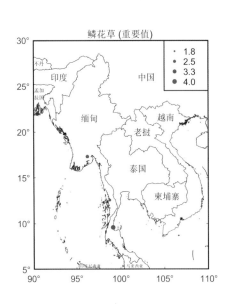

云南山壳骨 [*Pseuderanthemum graciliflorum* (Nees) Ridley]

鉴别特征: 半灌木或灌木, 高达3米。叶卵状椭圆形至矩圆状披针形。基部楔形至宽楔形, 边全缘, 叶片纸质, 上面点状钟乳体凸出。花序穗状, 较密集, 分枝或基部具极短的分枝, 每节具缩短的聚伞花序; 苞片和小苞片钻形, 被褐色毛; 花萼裂片5, 条状披针形; 花冠白色或淡紫色, 高脚碟状。

产地与地理分布: 产于中国云南南部、广西、贵州。生于林下或灌丛中。印度、中南半岛至马来西亚也有分布。

用途:【药用价值】具有化瘀消肿、止血等功效, 主跌打损伤、骨折、外伤出血; 内服: 煎汤, 6~15克; 外用: 适量, 捣敷或研粉敷。

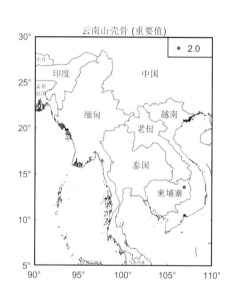

云南山壳骨 (重要值)

爵床 [*Rostellularia procumbens* (L.) Nees]

鉴别特征: 草本, 茎基部匍匐。叶椭圆形至椭圆状长圆形; 叶柄短, 被短硬毛。穗状花序顶生或生上部叶腋; 苞片1, 小苞片2, 均披针形, 有缘毛; 花萼裂片4, 线形。蒴果长约5毫米, 上部具4粒种子, 下部实心似柄状。种子表面有瘤状皱纹。

产地与地理分布: 产于中国秦岭以南, 东至江苏、中国台湾, 南至广东, 海拔1500米以下; 西南至云南、西藏(吉隆), 海拔2200~2400米。生于山坡林间草丛中, 为习见野草。亚洲南部至澳大利亚广布。

用途:【药用价值】全草入药, 治腰背痛、创伤等; 本品在东汉前已载入《神农本草经》。

爵床 (重要值)

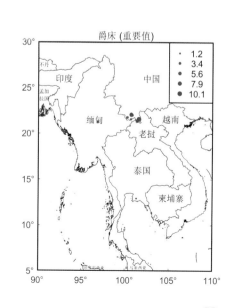

芦莉草 (*Ruellia tuberosa*)

鉴别特征:多年生草本植物,具有块茎根。株节间距短小,分芽能力强,可自然分枝成丛。叶对生,披针形,叶色浓绿,狭长形。花胶出,密集,花色有粉红、紫、白三种,花冠漏斗状,5瓣花冠,高达5厘米,花期3—11月,盛花期4—10月。果实是一种有7~8粒种子的豆荚。

产地与地理分布:原产于墨西哥。抗逆性强、适应性广,对环境条件要求不严。耐旱和耐湿力均较强,喜高温,生长适温22~30℃。不择土壤、耐贫力强,耐轻度盐碱土壤。对光照要求不严,全日照或半日照均可。

用途:【观赏价值】芦莉草可广泛应用于成片种植色带、色块镶边、花坛、自然花境、湿地水边等,但以片植或色带种植效果最佳。

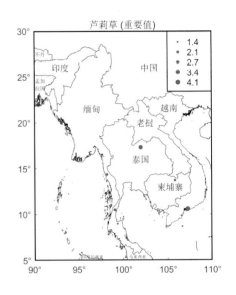

芦莉草 (重要值)

- 1.4
- 2.1
- 2.7
- 3.4
- 4.1

孩儿草 [*Rungia pectinata* (L.) Nees]

鉴别特征:一年生纤细草本;枝圆柱状,干时黄色,无毛。叶薄纸质,下部的叶长卵形;侧脉每边5条。穗状花序密花,顶生和腋生;苞片4列,仅2列有花。

产地与地理分布:产于中国广东、海南、广西、云南。生于草地上,为一种常见的野生杂草。印度、斯里兰卡、泰国、中南半岛也有分布。

用途:【药用价值】据《广州植物志》记载:取全草煎服,有去积、除滞、清火之效。

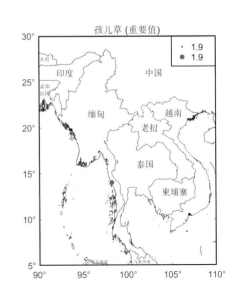

孩儿草 (重要值)

- 1.9
- 1.9

碗花草（*Thunbergia fragrans* Roxb.）

鉴别特征：多年生攀缘草本，茎细，被倒硬毛或无毛，有块根。叶柄纤细；脉5出。花通常单生叶腋；小苞片卵形；萼具13不等大小齿，无毛。

产地与地理分布：产于中国四川、云南、贵州、广东及广西等省区。生于海拔1100～2300米的山坡灌丛中。印度、斯里兰卡、中南半岛、印度尼西亚、菲律宾等也有分布。

用途：【药用价值】具有健胃消食、解毒消肿之功效，主治消化不良、脘腹胀痛、腹泻、痈肿疮疖。

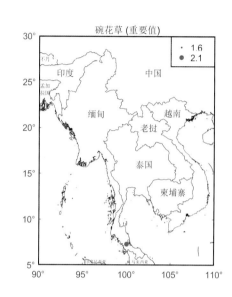

碗花草 (重要值)

· 1.6
● 2.1

山牵牛 [*Thunbergia grandiflora* (Rottl. ex Willd.) Roxb.]

鉴别特征：攀缘灌木，分枝较多，可攀缘很高，匍枝漫爬，小枝条4棱形，后逐渐复圆形，初密被柔毛，主节下有黑色巢状腺体及稀疏多细胞长毛。叶具柄，被侧生柔毛；叶片卵形、宽卵形至心形，通常5～7脉。花在叶腋单生或成顶生总状花序，苞片小，卵形，先端具短尖头。

产地与地理分布：产于中国广西、广东、海南、福建鼓浪屿。生于山地灌丛。印度及中南半岛也有分布。世界热带地区植物园栽培。

用途：【药用价值】根：用于风湿痹痛、痛经、跌打肿痛、骨折、小儿麻痹后遗症；茎叶：用于跌打损伤、骨折、疮疖、蛇咬伤。
【观赏价值】山牵牛为棚架、倚树攀生型植物，适合庭园、棚架栽培。

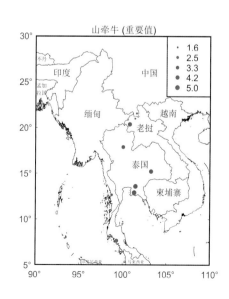

山牵牛 (重要值)

· 1.6
· 2.5
● 3.3
● 4.2
● 5.0

爵床科·山牵牛属

桂叶山牵牛 (*Thunbergia laurifolia* Lindl.)

鉴别特征: 高大藤本, 枝叶无毛。茎枝近4棱形, 具沟状凸起。叶片长圆形至长圆状披针形, 近革质, 上面及背面的脉及小脉间具泡状凸起, 三出脉, 主肋上面有2～3支脉。总状花序顶生或腋生; 小苞片长圆形; 花冠管和喉白色, 冠檐淡蓝色, 花冠管长7毫米, 喉长25毫米, 冠檐裂片圆形。

产地与地理分布: 中国广东、台湾有栽培。分布于中南半岛和马来半岛。

用途:【观赏价值】用作庭园绿植, 美化环境。

爵床科·山牵牛属

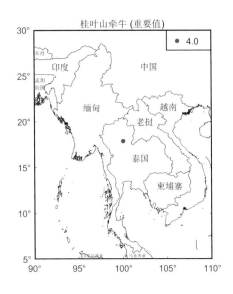

金红花 (*Chrysothemis pulchella*)

鉴别特征: 多年生球根 (肉质) 草本植物。全株高35～40厘米, 茎黄绿色, 略透明、呈四棱。叶对生, 长椭圆状披针形。叶脉网状, 主脉分明、突出, 黄绿色。茎叶多汁。伞形花序, 腋生。花长筒状, 花瓣五裂, 半圆形。朵朵余花, 簇拥枝头。

产地与地理分布: 原产于美洲热带至巴西的亚马孙流域。中国作为室内盆栽花卉已引种多年。

用途:【药用价值】在医药上用作抗氧化剂和维生素A、D的稳定剂。【经济价值】红花种子油也是良好的工业和医药用油。还可作油漆、精密机件的喷漆和涂料, 也是制造醇酸树脂的原料。【饲料价值】榨油后的饼粕含丰富的蛋白质, 可作精饲料喂养牲畜。【观赏价值】金红花花期较长, 春、夏、秋三季都有。热带地区可用于布置花坛、花境和庭园栽植。温带地区多盆栽观赏。

苦苣苔科·金红岩桐属

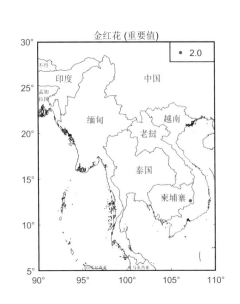

椭圆线柱苣苔 [*Rhynchotechum ellipticum* (Wall. ex D. F. N. Dietr.) A. DC.]

鉴别特征：小灌木。茎高约1米，粗约8毫米，顶部与叶柄密被贴伏褐色茸毛，下部变无毛，不分枝或分枝。叶对生，具柄；叶片厚纸质，椭圆形或长椭圆形。聚伞花序2个或较多簇生叶腋；苞片船状长圆形。

产地与地理分布：产于中国西藏墨脱。生于山地常绿阔叶林中，海拔860米。在印度东北部、不丹也有分布。

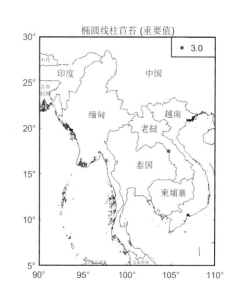

椭圆线柱苣苔 (重要值)

苦苣苔科·线柱苣苔属

车前 (*Plantago asiatica* L.)

鉴别特征：二年生或多年生草本，须根多数。根茎短，稍粗。叶基生呈莲座状，平卧、斜展或直立；叶片薄纸质或纸质，宽卵形至宽椭圆形；脉5~7条。花序3~10个；苞片狭卵状三角形或三角状披针形。

产地与地理分布：产于中国黑龙江、吉林、辽宁、内蒙古、河北、山西、陕西、甘肃、新疆、山东、江苏、安徽、浙江等地。生于草地、沟边、河岸湿地、田边、路旁或村边空旷处，海拔3~3200米。朝鲜、俄罗斯、日本、尼泊尔、马来西亚、印度尼西亚也有分布。原始记述产地为俄罗斯西伯利亚和中国。

用途：【药用价值】车前草为车前草科植物车前及平车前的全株，味甘，性寒，具有祛痰、镇咳、平喘等作用；车前草是利水渗湿中药，主治主小便不利、淋浊带下、水肿胀满、暑湿泻痢、目赤障翳、痰热咳喘；车前叶不仅有显著的利尿作用，而且具有明显的祛痰、抗菌、降压效果，它能作用于呼吸中枢，有很强的止咳力，能增进气管、支气管黏液的分泌，而有祛痰作用。【食用价值】沸水轻煮后，凉拌、蘸酱、炒食、做馅、做汤或和面蒸食。

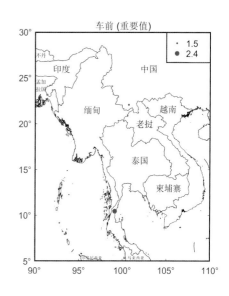

车前 (重要值)

车前科·车前属

接骨木（*Sambucus williamsii* Hance）

鉴别特征：落叶灌木或小乔木；老枝淡红褐色，具明显的长椭圆形皮孔，髓部淡褐色。羽状复叶有小叶2～3对，叶搓揉后有臭气；托叶狭带形，或退化成带蓝色的凸起。

产地与地理分布：产于中国黑龙江、吉林、辽宁、河北、山西、陕西、甘肃、山东、江苏、安徽、浙江、福建等省。生于海拔540～1600米的山坡、灌丛、沟边、路旁、宅边等地。

用途：【药用价值】具有祛风、利湿、活血、止痛，用于风湿筋骨痛、腰痛、水肿、风疹、隐疹、产后血晕、跌打肿痛、骨折、创伤出血。

忍冬科·接骨木属

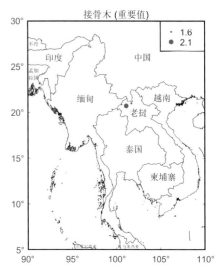

金钱豹（*Campanumoea javanica* Bl.）

鉴别特征：草质缠绕藤本，具乳汁，具胡萝卜状根。茎无毛，多分枝。叶对生，极少互生的，具长柄，叶片心形或心状卵形，边缘有浅锯齿。花单朵生叶腋；花冠上位，白色或黄绿色，内面紫色，钟状，裂至中部；子房和蒴果5室。浆果黑紫色，紫红色，球状。种子不规则，常为短柱状，表面有网状纹饰。

产地与地理分布：生于海拔2400米以下的灌丛中及疏林中。

用途：【药用价值】根入药，有清热、镇静之效，治神经衰弱等症。【食用价值】果实味甜，可食；根也可蔬食。

桔梗科·金钱豹属

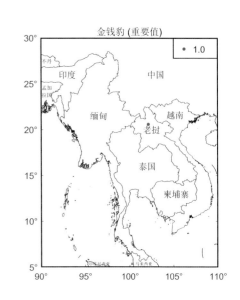

铜锤玉带草 [*Pratia nummularia* (Lam.) A. Br. et Aschers.]

鉴别特征：多年生草本，有白色乳汁。茎平卧，不分枝或在基部有长或短的分枝，节上生根。叶互生，叶片圆卵形、心形或卵形，叶脉掌状至掌状羽脉。花单生叶腋；花冠紫红色、淡紫色、绿色或黄白色。

产地与地理分布：产于中国西南、华南、华东及湖南、湖北、台湾和西藏。印度、尼泊尔、印度东北部、缅甸至巴布亚新几内亚也有分布。生于田边、路旁以及丘陵、低山草坡或疏林中的潮湿地。

用途：【药用价值】全草供药用，治风湿、跌打损伤等。

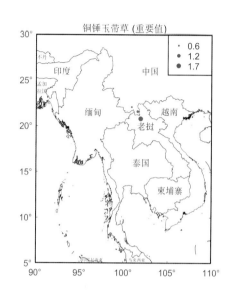

铜锤玉带草 (重要值)

藿香蓟（*Ageratum conyzoides* L.）

鉴别特征：一年生草本，无明显主根。茎粗壮，不分枝或自基部或自中部以上分枝，或下基部平卧而节常生不定根。全部茎枝淡红色，或上部绿色，被白色尘状短柔毛或上部被稠密开展的长茸毛。叶对生，有时上部互生，常有腋生的不发育的叶芽。花果期全年。

产地与地理分布：原产于中南美洲。作为杂草已广泛分布于非洲全境、印度、印度尼西亚、老挝、柬埔寨、越南等地。中国广东、广西、云南、贵州、四川、江西、福建等地；生于山谷、山坡林下或林缘、河边或山坡草地、田边或荒地上。在浙江和河北只见栽培。

用途：【药用价值】非洲、美洲居民用该植物全草清热解毒、消炎止血；南美洲居民用该植物全草治妇女非子宫性阴道出血；中国民间用全草治感冒发热、疔疮湿疹、外伤出血、烧烫伤等。

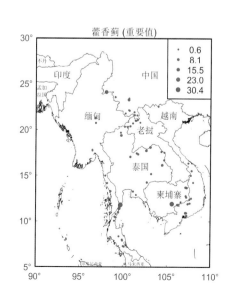

藿香蓟 (重要值)

熊耳草（*Ageratum houstonianum* Miller）

鉴别特征：一年生草本，无明显主根。茎直立，不分枝，或自中上部或自下部分枝而分枝斜升，或下部茎枝平卧而节生不定根。全部茎枝淡红色或绿色或麦秆黄色，被白色茸毛或薄棉毛，茎枝上部及腋生小枝上的毛常稠密，开展。叶对生，有时上部的叶近互生。

产地与地理分布：原产于墨西哥及毗邻地区。引种栽培有150年的历史。有许多栽培园艺品种。目前，非洲、亚洲、欧洲都广有分布。全系栽培或栽培逸生种。中国广东、广西、云南、四川、江苏、山东、黑龙江都有栽培或栽培逸生的。

用途：【药用价值】全草药用，性味微苦、凉，有清热解毒之效；在美洲（危地马拉）居民中，用全草以消炎、治咽喉痛。

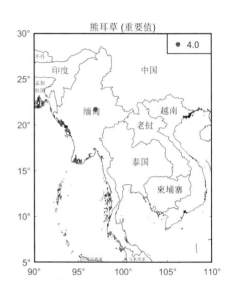

鬼针草（*Bidens pilosa* L.）

鉴别特征：一年生草本，茎直立，钝四棱形。茎下部叶较小，3裂或不分裂，通常在开花前枯萎，中部叶，三出，小叶3枚，顶生小叶较大，长椭圆形或卵状长圆形，边缘有锯齿，上部叶小，3裂或不分裂，条状披针形。

产地与地理分布：产于中国华东、华中、华南、西南各省区。生于村旁、路边及荒地中。广布于亚洲和美洲的热带和亚热带地区。

用途：【药用价值】为中国民间常用草药，有清热解毒、散瘀活血的功效，主治上呼吸道感染、咽喉肿痛、急性阑尾炎、急性黄疸型肝炎、胃肠炎、风湿关节疼痛、疟疾，外用治疮疖、毒蛇咬伤、跌打肿痛。

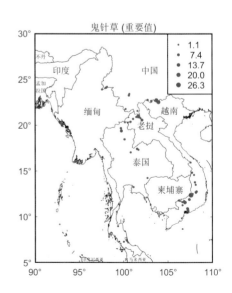

白花鬼针草（*Bidens pilosa* L. var. *radiata* Sch.-Bip.）

鉴别特征：一年生草本，茎直立，钝四棱形，无毛或上部被极稀疏的柔毛，基部直径可达6毫米。茎下部叶较小，3裂或不分裂，通常在开花前枯萎，中部叶，三出，小叶3枚，上部叶小。

产地与地理分布：产于中国华东、华中、华南、西南各省区。生于村旁、路边及荒地中。广布于亚洲和美洲的热带和亚热带地区。

用途：【药用价值】有清热解毒、散瘀活血的功效，主治上呼吸道感染、咽喉肿痛、急性阑尾炎、急性黄疸型肝炎、胃肠炎、风湿关节疼痛、疟疾，外用治疮疖、毒蛇咬伤、跌打肿痛。

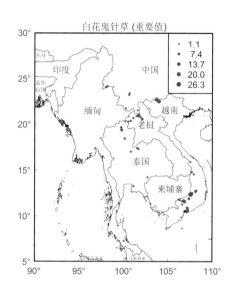

艾纳香 [*Blumea balsamifera* (L.) DC.]

鉴别特征：多年生草本或亚灌木。茎粗壮，直立。下部叶宽椭圆形或长圆状披针形；上部叶长圆状披针形或卵状披针形，无柄或有短柄。

产地与地理分布：产于中国云南、贵州、广西、广东、福建和台湾。生于林缘、林下、河床谷地或草地上，海拔600~1000米。印度、巴基斯坦、缅甸、泰国、中南半岛、马来西亚、印度尼西亚和菲律宾也有分布。

用途：【药用价值】此植物为提取冰片的原料，故有冰片艾之称，又为发汗祛痰药，对食伤、霍乱、中暑、胸腹疼痛等有一定疗效。【经济价值】应用于香料以及化妆品行业。

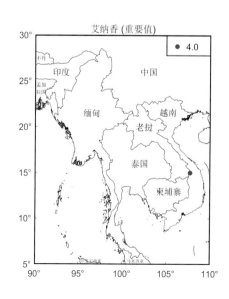

小蓬草 [*Conyza canadensis* (L.) Cronq.]

鉴别特征：一年生草本，根纺锤状，具纤维状根。茎直立，圆柱状，多少具棱，有条纹。叶密集，基部叶花期常枯萎，下部叶倒披针形，中部和上部叶较小，线状披针形或线形。头状花序多数排列成顶生多分枝的大圆锥花序，总苞近圆柱状。

产地与地理分布：中国南北各省区均有分布。原产于北美洲，现在各地广泛分布。常生长于旷野、荒地、田边和路旁，为一种常见的杂草。

用途：【药用价值】全草入药消炎止血、祛风湿，治血尿、水肿、肝炎、胆囊炎、小儿头疮等症；据国外文献记载，北美洲用作治痢疾、腹泻、创伤以及驱蛲虫；中部欧洲，常用新鲜的植株作止血药，但其液汁和捣碎的叶有刺激皮肤的作用。【饲料价值】嫩茎、叶可作猪饲料。

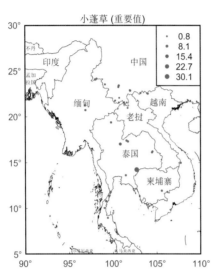

苏门白酒草 [*Conyza sumatrensis* (Retz.) Walker]

鉴别特征：一年生或二年生草本，根纺锤状，直或弯，具纤维状根。茎粗壮，直立，具条棱。叶密集，基部叶花期凋落，下部叶倒披针形或披针形。头状花序多数在茎枝端排列成大而长的圆锥花序；总苞卵状短圆柱状，总苞片3层，灰绿色。

产地与地理分布：产于中国云南、贵州、广西、广东、江西、福建、台湾。原产于南美洲，现在热带和亚热带地区广泛分布。常生于山坡草地、旷野、路旁，是一种常见的杂草。

用途：【药用价值】全草入药，有温肺止咳、祛风通络、温经止血之功效。

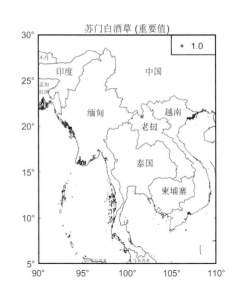

秋英（*Cosmos bipinnata* Cav.）

鉴别特征：一年生或多年生草本，根纺锤状，多须根，或近茎基部有不定根。茎无毛或稍被柔毛。叶二次羽状深裂，裂片线形或丝状线形。头状花序单生。

产地与地理分布：原产于墨西哥，在中国栽培甚广，在路旁、田埂、溪岸也常自生。云南、四川西部有大面积归化，海拔可达2700米。在中国云南西南、南部常见归化，海拔500~1500米。

用途：【药用价值】全草可入药，具有清热解毒、明目化湿的功效。【观赏价值】也可用于公园、花园、草地边缘、道路旁、小区旁的绿化栽植。

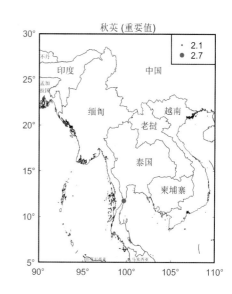

黄秋英（*Cosmos sulphureus* Cav.）

鉴别特征：一年生草本植物，喜阳光充足，不耐寒。多分枝，叶为对生的二回羽状复叶，深裂，裂片呈披针形，有短尖，叶缘粗糙，与大波斯菊相比叶片更宽。花为舌状花，有单瓣和重瓣两种，直径3~5厘米，颜色多为黄、金黄、橙色、红色，瘦果总长1.8~2.5厘米，棕褐色，坚硬，粗糙有毛，顶端有细长喙。春播花期6—8月，夏播花期9—10月。

产地与地理分布：原产于墨西哥。在中国云南西南、南部有分布。

用途：【观赏价值】装点环境、花坛效果颇佳。

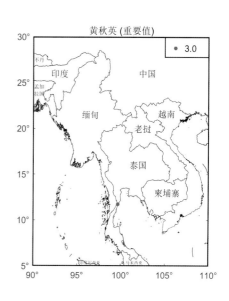

蓝花野茼蒿 [*Crassocephalum rubens* (Jussieu ex Jacquin) S. Moore]

鉴别特征: 不定根, 茎高达1米, 不分枝或有少数分枝, 被疏柔毛。叶互生, 被疏柔毛, 倒卵形、倒卵状披针形、椭圆形或披针形, 有时卵形, 不分裂、琴状分裂或羽状2~5裂。花状花序通常少数或单生。总苞宽钟形, 总苞片1层, 绿色, 13~15, 线状披针形, 通无毛。

产地与地理分布: 是一种原产于非洲的常见菊科杂草, 分布于马达加斯加等地。在中国云南发现有逸生, 为中国新记录的归化种。

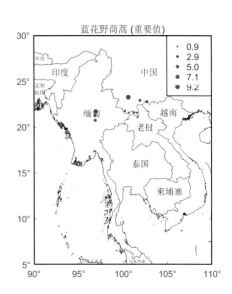

野茼蒿 [*Crassocephalum crepidioides* (Benth.) S. Moore]

鉴别特征: 直立草本, 茎有纵条棱, 无毛叶膜质, 椭圆形或长圆状椭圆形, 顶端渐尖, 基部楔形, 边缘有不规则锯齿或重锯齿, 或有时基部羽状裂, 两面无或近无毛。头状花序数个在茎端排成伞房状; 总苞片1层, 线状披针形。

产地与地理分布: 产于中国江西、福建、湖南、湖北、广东、广西、贵州、云南、四川、西藏。山坡路旁、水边、灌丛中常见, 海拔300~1800米。泰国、东南亚和非洲也有分布。是一种在泛热带广泛分布的杂草。

用途: 【药用价值】全草入药, 有健脾、消肿之功效, 治消化不良、脾虚水肿等症。【食用价值】嫩叶是一种味美的野菜。

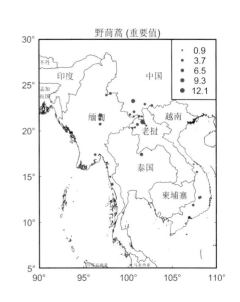

醴肠 [*Eclipta prostrata* (L.) L.]

鉴别特征：一年生草本，茎直立或匍匐，自基部或上部分枝，绿色或红褐色，被伏毛。茎、叶折断后有墨水样汁液。叶对生，无柄或基部叶有柄，被粗伏毛；叶片长披针形、椭圆状披针形或条状披针形，全缘或有细锯齿。花序头状，腋生或顶生；总苞片2轮，5~6枚，有毛，宿存。

产地与地理分布：广布于中国中南部。生于低洼湿润地带和水田中。常危害棉花、豆类、瓜类、蔬菜、甜菜、小麦、玉米和水稻等作物。此外，也是地老虎的寄主。

用途：【药用价值】既能够补肾阴、止血痢，又能乌须发、固齿牙，是一种滋养性的药剂。【食用价值】幼苗或上部茎叶，用水烫或炒食。

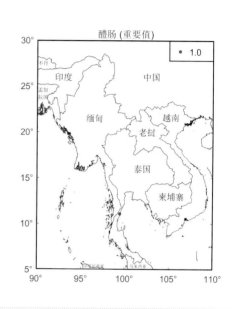

醴肠 (重要值)

菊科·醴肠属

地胆草 (*Elephantopus scaber* L.)

鉴别特征：根状茎平卧或斜升，具多数纤维状根；茎直立；基部叶花期生存，莲座状，匙形或倒披针状匙形；茎叶少数而小，倒披针形或长圆状披针形，全部叶上面被疏长糙毛，下面密被长硬毛和腺点；头状花序多数，在茎或枝端束生的团球状的复头状花序，基部被3个叶状苞片所包围；苞片绿色，草质，宽卵形或长圆状卵形。

产地与地理分布：产于中国浙江、江西、福建、台湾、湖南、广东、广西、贵州及云南等省区。美洲、亚洲、非洲各热带地区广泛分布。常生于开旷山坡、路旁、或山谷林缘。

用途：【药用价值】全草入药，有清热解毒、消肿利尿之功效，治感冒、菌痢、胃肠炎、扁桃体炎、咽喉炎、肾炎水肿、结膜炎、疖肿等症。

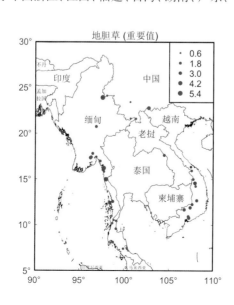

地胆草 (重要值)

菊科·地胆草属

小一点红（*Emilia prenanthoidea* DC.）

鉴别特征：一年生草本，茎直立或斜升。基部叶小，倒卵形或倒卵状长圆形，顶端钝，基部渐狭成长柄，全缘或具疏齿，中部茎叶长圆形或线状长圆形，上部叶小线状披针形。头状花序在茎枝端排列成疏伞房状；总苞圆柱形或狭钟形；总苞片10，长圆形，边缘膜质。

产地与地理分布：产于中国云南、贵州、广东、广西、浙江、福建。生于山坡路旁、疏林或林中潮湿处，海拔550～2000米。印度至中南半岛也有分布。

用途：【药用价值】具有清热解毒、活血祛瘀等功效，主治跌打损伤、红白痢、疮疡肿毒。

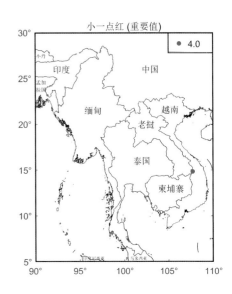

一点红 [*Emilia sonchifolia* (L.) DC.]

鉴别特征：一年生草本，根垂直。茎直立或斜升。叶质较厚，下部叶密集，大头羽状分裂。头状花序长8毫米，后伸长达14毫米，在开花前下垂，花后直立，通常2～5，在枝端排列成疏伞房状。

产地与地理分布：产于中国云南、贵州、四川、湖北、湖南、江苏、浙江、安徽、广东、海南、福建、台湾。常生于山坡荒地、田埂、路旁，海拔800～2100米。北京栽培，逸生。亚洲热带、亚热带和非洲广布。

用途：【药用价值】全草药用，消炎，止痢，主治腮腺炎、乳腺炎、小儿疳积、皮肤湿疹等症。

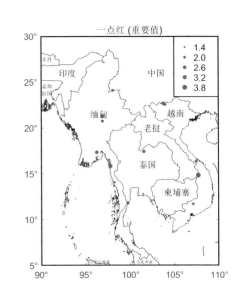

梁子菜 [*Erechtites hieracifolia* (L.) Raf. ex DC.]

鉴别特征：一年生草本，具条纹，被疏柔毛。叶无柄，具翅，基部渐狭或半抱茎，披针形至长圆形。头状花序在茎端排列成伞房状。总苞筒状，淡黄色至褐绿色，基部有数枚线形小苞片；总苞片1层，线形或线状披针形。

产地与地理分布：产于中国云南、贵州、四川、福建和台湾。生于山坡、林下、灌木丛中或湿地上，海拔1000~1400米。原产于墨西哥，在中国逸生。

用途：【食用价值】叶可作蔬菜。

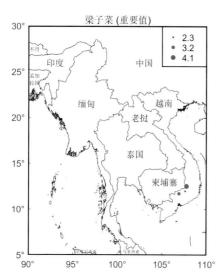

飞蓬 (*Erigeron acer* L.)

鉴别特征：二年生草本，茎单生。基部叶较密集，倒披针形，中部和上部叶披针形，全部叶两面被较密或疏开展的硬长毛。

产地与地理分布：产于中国新疆、内蒙古、吉林、辽宁、河北、山西、陕西、甘肃、宁夏、青海、四川和西藏等省区。苏联高加索、中亚、西伯利亚地区以及蒙古国、日本、北美洲也有分布。常生于山坡草地，牧场及林缘，海拔1400~3500米。

用途：【药用价值】其根、茎和叶均含鞣质，叶和花中含挥发油；其花和花序可治疗发热性疾病，种子治疗血性腹泻，煎剂治胃炎、腹泻、皮疹、疥疮。**【观赏价值】**具有一定的观赏价值。

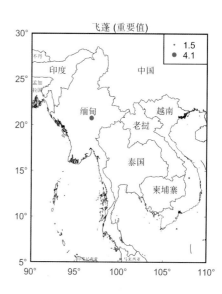

破坏草（*Eupatorium coelestinum* L.）

鉴别特征: 多年生草本, 茎直立, 分枝对生、斜上, 茎上部的花序分枝伞房状; 全部茎枝被白色或锈色短柔毛, 上部及花序梗上的毛较密, 中下部花期脱毛或无毛。叶对生, 质地薄, 卵形、三角状卵形或菱状卵形。头状花序多数在茎枝顶端排成伞房花序或复伞房花序。

产地与地理分布: 原产于美洲, 现引入归化; 生于云南潮湿地或山坡路旁, 有时可依树而上, 高可达2~3米, 或在空旷荒野可独自形成成片群落。

用途:【药用价值】具有疏风解表、调经活血、解毒消肿等功效, 治风热感冒、温病初起之发热、月经不调、闭经、崩漏、无名肿毒、热毒疮疡、风疹瘙痒。【经济价值】可以制造成沼气、炭棒, 或粉碎后作为燃料。【饲料价值】作为饲料原料配成饲料喂猪。

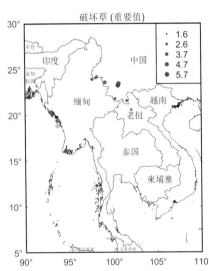

飞机草（*Eupatorium odoratum* L.）

鉴别特征: 多年生草本, 根茎粗壮, 横走。茎直立; 分枝粗壮, 常对生, 水平射出, 与主茎成直角, 少有分披互生而与主茎成锐角的; 全部茎枝被稠密黄色茸毛或短柔毛。叶对生, 卵形、三角形或卵状三角形。

产地与地理分布: 原产于美洲。花果期全年; 种子和横走根茎都是其繁衍的工具, 繁殖力极强。生于低海拔的丘陵地、灌丛中及稀树草原上。但多见于干燥地、森林破坏迹地、垦荒地、路旁、住宅及田间。

用途:【药用价值】全草微辛、温, 有小毒, 具散瘀消肿、止血、杀虫的功效, 可用于跌打肿痛、外伤出血、旱蚂蟥叮咬出血不止、疮疡肿毒, 鲜叶揉碎涂下肢可防治蚂蟥叮咬; 全草切碎撒水田中沤烂, 1~2天水变红后可杀灭钩端螺旋体, 用以预防钩端螺旋体病。

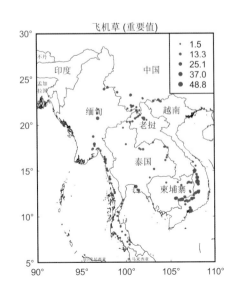

泥胡菜 [*Hemistepta lyrata* (Bunge) Bunge]

鉴别特征： 一年生草本，茎单生。基生叶长椭圆形或倒披针形，花期通常枯萎；中下部茎叶与基生叶同形。

产地与地理分布： 除新疆、西藏外，遍布全国。生于山坡、山谷、平原、丘陵、林缘、林下、草地、荒地、田间、河边、路旁等处普遍有之，海拔50～3280米。朝鲜、日本、中南半岛、南亚及澳大利亚普遍分布。

用途：【药用价值】全草可入药，具有清热解毒、消肿散结功效，可治疗乳腺炎、疔疮、颈淋巴炎、痈肿、牙痛、牙龈炎等病症。

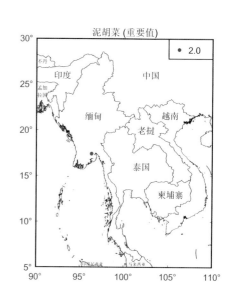

微甘菊 (*Mikania micrantha*)

鉴别特征： 多年生草质或木质藤本，茎细长，匍匐或攀缘，多分枝，被短柔毛或近无毛，幼时绿色，近圆柱形，老茎淡褐色，具多条肋纹。茎中部叶三角状卵形至卵形，基部心形。头状花序多数，在枝端常排成复伞房花序状，花序渐纤细，顶部的头状花序花先开放，依次向下逐渐开放，含小花4朵，全为结实的两性花，总苞片4枚。

产地与地理分布： 分布于印度、孟加拉国、斯里兰卡、泰国、菲律宾、马来西亚、印度尼西亚、巴布亚新几内亚和太平洋诸岛屿、毛里求斯、澳大利亚、中南美洲各国、美国南部。中国广东、香港、澳门和广西也有分布。

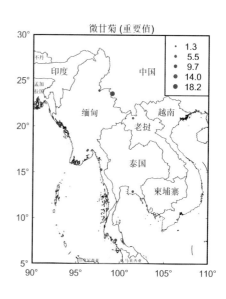

假臭草 (*Praxelis clematidea*)

鉴别特征: 一年生或短命的多年生草本植物, 全株被长柔毛, 茎直立, 叶片对生, 卵圆形至菱形, 先端急尖, 基部圆楔形, 揉搓叶片可闻到类似猫尿的刺激性味道。头状花序, 总苞钟形, 总苞片可达5层, 小花, 藏蓝色或淡紫色。瘦果黑色, 条状, 种子顶端具一圈白色冠毛, 花期长达6个月, 在海南等地区几乎全年开花结果。

产地与地理分布: 原产于南美洲, 主要分布于阿根廷、巴西以及南美其他一些国家, 东半球热带地区。中国广东、福建、澳门、香港、台湾、海南等地广泛分布。

菊科·假臭草属

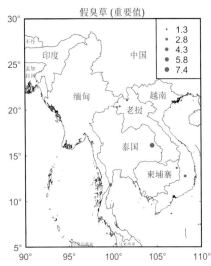

苦苣菜 (*Sonchus oleraceus* L.)

鉴别特征: 一年生或二年生草本, 根圆锥状, 垂直直伸, 有多数纤维状的须根。茎直立, 单生。基生叶羽状深裂, 全形长椭圆形或倒披针形, 或大头羽状深裂, 全形倒披针形, 或基生叶不裂, 椭圆形、椭圆状戟形、三角形、或三角状戟形或圆形, 全部基生叶基部渐狭成长或短翼柄; 中下部茎叶羽状深裂或大头羽状羽状深裂, 全形椭圆形或倒披针形。

产地与地理分布: 分布于中国辽宁、河北、山西、陕西、甘肃、青海、新疆、山东、江苏、安徽、浙江、江西、福建、台湾、河南、湖北、湖南、广西、四川、云南、贵州、西藏。生于山坡或山谷林缘、林下或平地田间、空旷处或近水处, 海拔170~3200米。几遍全球分布。

用途:【药用价值】全草入药, 有祛湿、清热解毒功效。

菊科·苦苣菜属

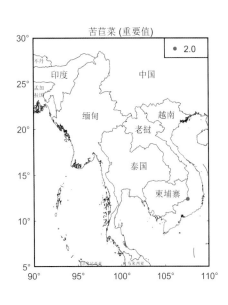

金钮扣（*Spilanthes paniculata* Wall. ex DC.）

鉴别特征：一年生草本，茎直立或斜升，多分枝，带紫红色，有明显的纵条纹。节间长 (1) 2～6厘米；叶卵形，宽卵圆形或椭圆形。头状花序单生，或圆锥状排列，卵圆形。

产地与地理分布：产于中国云南、广东、广西及台湾。常生于田边、沟边、溪旁潮湿地、荒地、路旁及林缘，海拔800～1900米。印度、尼泊尔、缅甸、泰国、越南、老挝、柬埔寨、印度尼西亚、马来西亚、日本也有分布。

用途：【药用价值】全草供药用，有解毒、消炎、消肿、祛风除湿、止痛、止咳定喘等功效。治感冒、肺结核、百日咳、哮喘、毒蛇咬伤、疮痈肿毒、跌打损伤及风湿关节炎等症，但有小毒，用时应注意。

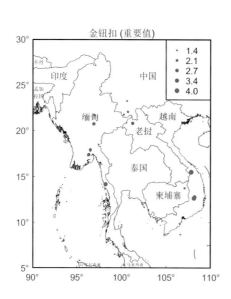

金腰箭 [*Synedrella nodiflora* (L.) Gaertn.]

鉴别特征：一年生草本，茎直立。下部和上部叶具柄，阔卵形至卵状披针形，近基三出主脉。头状花序径4～5毫米，长约10毫米，无或有短花序梗，常2～6簇生于叶腋。

产地与地理分布：产于中国东南至西南部各省区，东起台湾，西至云南。生于旷野、耕地、路旁及宅旁，繁殖力极强。原产于美洲，现广布于世界热带和亚热带地区。

用途：【药用价值】具有清热透疹、解毒消肿等功效，主治感冒发热、斑疹、疮痈肿毒。

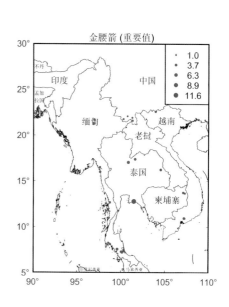

肿柄菊（*Tithonia diversifolia* A. Gray）

鉴别特征：一年生草本，茎直立，有粗壮的分枝，被稠密的短柔毛或通常下部脱毛。叶卵形或卵状三角形或近圆形，基出三脉。头状花序大，顶生于假轴分枝的长花序梗上。总苞片4层，外层椭圆形或椭圆状披针形，基部革质；内层苞片长披针形，上部叶质或膜质，顶端钝。舌状花1层，黄色，舌片长卵形，顶端有不明显的3齿；管状花黄色。花果期9—11月。

产地与地理分布：原产于墨西哥。中国广东、云南引种栽培。

用途：【药用价值】茎叶或根入药，有清热解毒、消暑利水之效，用于治疗急慢性肝炎、B型肝炎、黄疸、膀胱炎、青春痘、痈肿毒疮、糖尿病等。

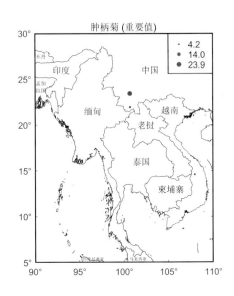

羽芒菊（*Tridax procumbens* L.）

鉴别特征：多年生铺地草本，茎纤细，平卧，节处常生多数不定根，略呈四方形。基部叶略小，花期凋萎；中部叶有长达1厘米的柄，罕有长2~3厘米的，叶片披针形或卵状披针形。

产地与地理分布：产于中国台湾至东南部沿海各省及其南部一些岛屿。生于低海拔旷野、荒地、坡地以及路旁阳处。也分布于印度、中南半岛、印度尼西亚及美洲热带地区。

用途：【药用价值】羽芒菊叶和花有抗菌消炎的作用，其叶汁具有防腐、杀虫、杀寄生物，并且用于各类割伤止血，能促进头发生长并防止脱发；在印度作为民族药，用来治疗各种疾病。【饲料价值】牛、羊采食较多，煮熟后可喂猪；嫩茎叶兔极喜食。

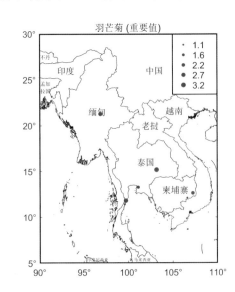

夜香牛 [*Vernonia cinerea* (L.) Less.]

鉴别特征： 一年生或多年生草本，根垂直，多少木质，分枝，具纤维状根。茎直立，通常上部分枝。下部和中部叶具柄，菱状卵形，菱状长圆形或卵形，侧脉3～4对；叶柄长10～20毫米；上部叶渐尖，狭长圆状披针形或线形，具短柄或近无柄；头状花序多数在茎枝端排列成伞房状圆锥花序。

产地与地理分布： 广泛分布于中国浙江、江西、福建、台湾、湖北、湖南、广东、广西、云南和四川等省区。印度至中南半岛、日本、印度尼西亚、非洲也有分布。为杂草，常见于山坡旷野、荒地、田边、路旁。

用途：【药用价值】全草入药，有疏风散热、拔毒消肿、安神镇静、消积化滞之功效，治感冒发热、神经衰弱、失眠、痢疾、跌打扭伤、蛇伤、乳腺炎、疮疖肿毒等症。

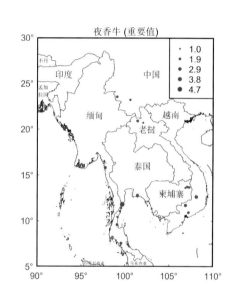

咸虾花 [*Vernonia patula* (Dryand.) Merr.]

鉴别特征： 一年生粗壮草本，根垂直，具多数纤维状根。茎直立。基部和下部叶在花期常凋落，中部叶具柄，卵形，卵状椭圆形，稀近圆形，边缘具圆齿状具小尖的浅齿，波状，或近全缘，侧脉4～5对，弧状斜升；头状花序通常2～3个生于枝顶端，或排列成分枝宽圆锥状或伞房状。

产地与地理分布： 产于中国福建、台湾、广东、广西、贵州及云南等省区。印度、中南半岛、菲律宾、印度尼西亚也有分布。常见于荒坡旷野、田边、路旁。

用途：【药用价值】全草药用，具有发表散寒、清热止泻，治急性肠胃炎、风热感冒、头痛、疟疾等症。

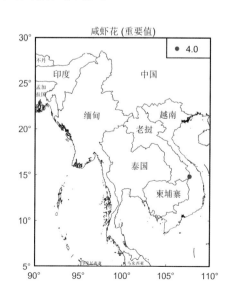

菊科·斑鸠菊属

蟛蜞菊 [*Wedelia chinensis* (Osbeck.) Merr.]

鉴别特征：多年生草本，茎匍匐，上部近直立，基部各节生出不定根。叶无柄，椭圆形、长圆形或线形，全缘或有1~3对疏粗齿。头状花序少数，径15~20毫米，单生于枝顶或叶腋内；花序梗长3~10厘米，被贴生短粗毛；总苞钟形，宽约1厘米，长约12毫米。

产地与地理分布：产于中国东北部、东部和南部各省区及其沿海岛屿。生于路旁、田边、沟边或湿润草地上。也分布于印度、中南半岛、印度尼西亚、菲律宾至日本。

用途：【药用价值】全草入药，具有清热解毒、凉血散瘀之功效，常用于感冒发热、咽喉炎、扁桃体炎、腮腺炎、白喉、百日咳、气管炎、肺炎、肺结核咯血、鼻出血、尿血、传染性肝炎、痢疾、痔疮、疔疮肿毒。

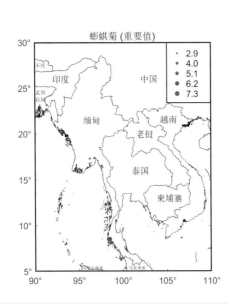

芦荟 [*Aloe vera* var. *chinensis* (Haw.) Berg]

鉴别特征：茎较短。叶近簇生或稍二列（幼小植株），肥厚多汁，条状披针形，粉绿色。花葶高不分枝或有时稍分枝；总状花序具几十朵花；苞片近披针形，先端锐尖；花点垂，稀疏排列，淡黄色而有红斑；花被长约2.5厘米，裂片先端稍外弯；雄蕊与花被近等长或略长，花柱明显伸出花被外。

产地与地理分布：芦荟原产于非洲热带干旱地区，分布几乎遍及世界各地。在印度和马来西亚一带、非洲大陆和热带地区都有野生芦荟分布。在中国福建、台湾、广东、广西、四川、云南等地有栽培，也有野生状态的芦荟存在。

用途：【药用价值】具有泻火、解毒、化瘀、杀虫等功效，主治目赤、便秘、白浊、尿血、小儿惊痫、疳积、烧烫伤、妇女闭经、痔疮、疥疮、痈疖肿毒、跌打损伤。【食用价值】可食用，库拉索芦荟凝胶制品已经被广泛应用于饮料、果冻、酸奶、罐头等食品的制作中。

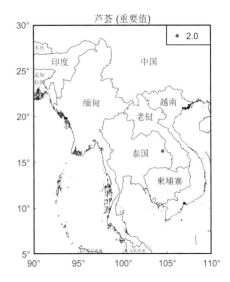

山菅 [*Dianella ensifolia* (L.) DC.]

鉴别特征：植株高可达1~2米；根状茎圆柱状，横走。叶狭条状披针形，基部稍收狭成鞘状，套叠或抱茎，边缘和背面中脉具锯齿。顶端圆锥花序长10~40厘米，分枝疏散；花常多朵生于侧枝上端；花梗长7~20毫米，常稍弯曲，苞片小；花被片条状披针形，5脉；花药条形，比花丝略长或近等长，花丝上部膨大。浆果近球形，深蓝色，具5~6颗种子。花果期3—8月。

产地与地理分布：产于中国云南、四川、贵州东南部、广西、广东南部、江西南部、浙江沿海地区、福建和台湾。生于海拔1700米以下的林下、山坡或草丛中。也分布于亚洲热带地区至非洲的马达加斯加岛。

用途：【药用价值】有毒植物，根状茎磨干粉，调醋外敷，可治痈疮脓肿、癣、淋巴结炎等。

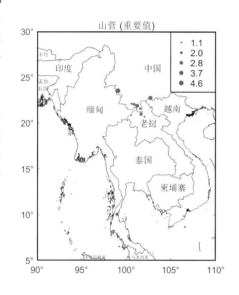

长叶竹根七（*Disporopsis longifolia* Craib）

鉴别特征：根状茎连珠状，粗1~2厘米。茎高60~100厘米。叶纸质，椭圆形、椭圆状披针形或狭椭圆形。花5~10朵，簇生于叶腋，白色，近直立或平展；花被长8~10毫米，由于花被筒口部缢缩，而略带葫芦形。浆果卵状球形，直径12~15毫米，熟时白色，具2~5颗种子。花期5~6月，果期10—12月。

产地与地理分布：产于中国云南和广西。生于海拔160~1760米的林下、灌丛下或林缘。也分布于越南、老挝和泰国。

用途：【药用价值】具有益气养阴润肺、活血之功效，主治病后体虚、阴虚肺燥、咳嗽痰黏、咽干口渴、跌打损伤。

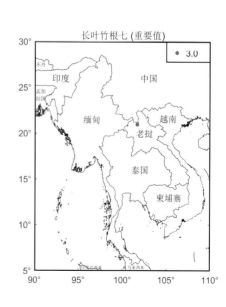

万寿竹 [*Disporum cantoniense* (Lour.) Merr.]

鉴别特征：根状茎横出，质地硬，呈结节状；根粗长，肉质。茎上部有较多的叉状分枝。叶纸质，披针形至狭椭圆状披针形。伞形花序有花3~10朵，着生在与上部叶对生的短枝顶端；花梗长（1~）2~4厘米，稍粗糙；花紫色；花被片叉出，倒披针形；雄蕊内藏。

产地与地理分布：产于中国台湾、福建、安徽、湖北、湖南、广东、广西、贵州、云南、四川、陕西和西藏。生灌丛中或林下，海拔700~3000米。不丹、尼泊尔、印度和泰国也有分布。

用途：【药用价值】根状茎供药用，有益气补肾、润肺止咳之效。

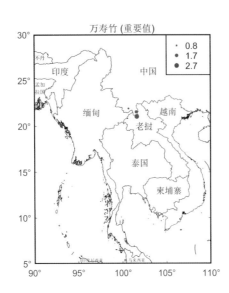

龙血树（*Dracaena draco*）

鉴别特征：乔木，树干短粗，茎木质，有髓和次生形成层，表面为浅褐色，较粗糙，能抽出很多短小粗壮的树枝。树液深红色。龙血树蓝绿色叶子聚生于枝的顶端。叶子剑形。龙血树花小，颜色为白绿色，盛开能形成很大的圆锥花序于枝端；花被圆筒状、钟状或漏斗状；花被片6枚。

产地与地理分布：原产于加那利群岛、非洲热带地区。

用途：【药用价值】从龙血树的木质部提取出来的血竭为名贵中药材品种，深红色，具有活血祛瘀、消肿止痛、收敛止血之效。【观赏价值】大型植株可布置于庭园、大堂、客厅，小型植株和水养植株适于装饰书房、卧室等。

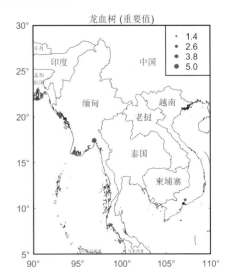

香龙血树（*Dracaena fragrans*）

鉴别特征：乔木状或灌木状植物，茎粗大、多分枝。树皮灰褐色或淡褐色，皮状剥落。盆栽高50～100厘米。树干直立，有时分枝。叶片宽大。叶簇生于茎顶，长椭圆状披针形，无柄；叶长40～90厘米、宽6～10厘米，弯曲成弓形，叶缘呈波状起伏，叶尖稍钝；鲜绿色，有光泽。穗状花序，花小，黄绿色，芳香。

产地与地理分布：原产于美洲的加那利群岛和非洲几内亚等地，中国广泛引种栽培。

用途：【观赏价值】著名的新一代室内观叶植物。

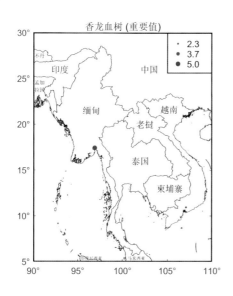

百合科·龙血树属

金心香龙血树（*Dracaena fragrans* cv. Massangean.）

鉴别特征：干直，叶群生，呈披针形，绿色叶片，中央有金黄色宽纵条纹。喜高温多湿和阳光充足环境，不耐寒，怕积水，但耐阴，要求肥沃、含钙量高、排水良好的土壤，冬季温度不低于5℃。常截成树段种植，长根后上盆，独具风格。

产地与地理分布：原产于非洲西部的加那利群岛。

用途：【观赏价值】金心香龙血树株形美观，叶片中心金黄色，为常见中型室内观叶植物。

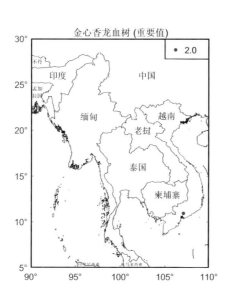

百合科·龙血树属

油点木（*Dracaena surculosa* Maculata）

鉴别特征：常绿灌木，观叶植物，株高约一公尺，常呈下垂状。花长18厘米，花呈黄色，具有芳香。油点木结果，长约2.5厘米。株高1~2米，茎纤细，伸长后呈下垂。叶对生或轮生，无柄，长椭圆形或披针形，其特点为叶面有油渍般的斑纹。

产地与地理分布：性耐阴，耐旱也耐湿。

用途：【观赏价值**】**适合庭园点缀或盆栽。

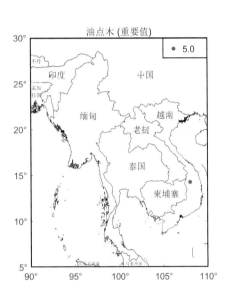

油点木 (重要值)

紫玉簪 [*Hosta albo-marginata* (Hook.) Ohwi]

鉴别特征：叶狭椭圆形或卵状椭圆形，具4~5对侧脉；叶柄长10~22厘米，最上部由于叶片稍下延而多少具狭翅。花葶具几朵至十几朵花；苞片近宽披针形，膜质；花单生，长约4厘米，盛开时从花被管向上逐渐扩大，紫色；雄蕊稍伸出于花被管之外，完全离生。花期8—9月。

产地与地理分布：原产于日本，有叶子具白边和不具白边的品种。中国北京和江西有栽培。

用途：【药用价值**】**全草有治疗胃痛、跌打损伤、蛇咬伤、凉血止血、解毒等作用，主治吐血、崩漏、湿热带下、咽喉肿痛。**【**观赏价值**】**适于树下或建筑物周围荫蔽处或岩石园栽植，既可地栽，又可盆栽，或作切花切叶，是优良的耐阴花卉。

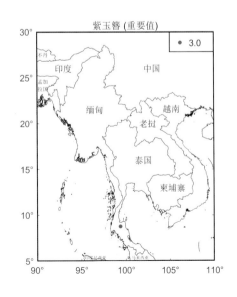

紫玉簪 (重要值)

假百合 [*Notholirion bulbuliferum* (Lingelsh.) Stearn]

鉴别特征：小鳞茎多数，卵形，直径3~5毫米，淡褐色。茎近无毛。基生叶数枚，带形，长10~25厘米，宽1.5~2厘米；茎生叶条状披针形。总状花序具10~24朵花；苞片叶状，条形；花淡紫色或蓝紫色；花被片倒卵形或倒披针形，先端绿色；雄蕊与花被片近等长；子房淡紫色。花期7月，果期8月。

产地与地理分布：产于中国西藏、云南、四川、陕西和甘肃。生于高山草丛或灌木丛中，海拔3000~4500米。尼泊尔、不丹和印度也有分布。

用途：【药用价值】治胃痛、腹胀、胸闷、呕吐反胃、风寒咳嗽、小儿惊风。

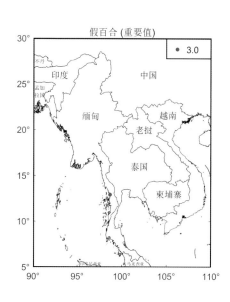

假百合 (重要值)

黄精 (*Polygonatum sibiricum*)

鉴别特征：根状茎圆柱状，由于结节膨大，因此节间一头粗、一头细。茎，有时呈攀缘状。叶轮生，每轮4~6枚，条状披针形。花序通常具2~4朵花，似呈伞形状；苞片位于花梗基部，膜质，钻形或条状披针形，具1脉；花被乳白色至淡黄色，全长9~12毫米，花被筒中部稍缢缩，裂片长约4毫米。

产地与地理分布：产于中国黑龙江、吉林、辽宁、河北、山西、陕西、内蒙古、宁夏、甘肃、河南、山东、安徽、浙江。生于林下、灌丛或山坡阴处，海拔800~2800米。朝鲜、蒙古和苏联西伯利亚东部地区也有分布。

用途：【药用价值】药用植物，具有补脾、润肺生津的作用。【食用价值】黄精性味甘甜，食用爽口益。【经济价值】具有良好的经济效益。【观赏价值】用于林下和盆栽观赏。

黄精 (重要值)

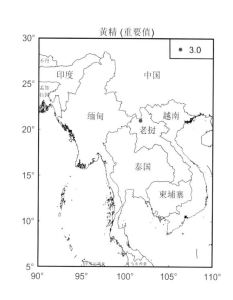

金边虎尾兰 [*Sansevieria trifasciata* Prain var. *laurentii* (De Wildem.) N. E. Brown]

鉴别特征：根茎部卷成筒状，叶片抽出时为筒状，随着叶片逐步升高，会渐渐展开平生。叶片肥厚革质。具匍匐的根状茎，褐色，半木质化，分枝力强。叶片从地下茎生出，丛生、扁平、直立，先端尖，剑形；叶全缘。叶色浅绿色，正反两面具白色和深绿色的横向如云层状条纹，状似虎皮，表面有很厚的蜡质层。花期一般在11月，具香味。

产地与地理分布：原产于非洲热带地区和印度。

用途：【药用价值】具有清热解毒、活血消肿等功效。【观赏价值】一种能净化室内环境的观叶植物。

百合科·虎尾兰属

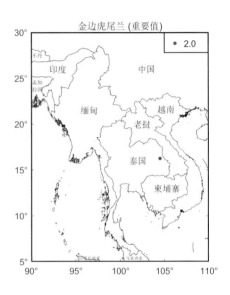

金边虎尾兰 (重要值)

尖叶菝葜 (*Smilax arisanensis*)

鉴别特征：攀缘灌木，具粗短的根状茎。茎长可达10米，无刺或具疏刺。叶纸质，矩圆形、矩圆状披针形或卵状披针形。伞形花序或生于叶腋，或生于披针形苞片的腋部，前者总花梗基部常有一枚与叶柄相对的鳞片（先出叶），较少不具；总花梗纤细，比叶柄长3~5倍；花序托儿不膨大；花绿白色；雄花内外花被片相似，长2.5~3毫米，宽约1毫米。

产地与地理分布：产于中国江西、浙江、福建、台湾、广东、广西、四川、贵州和云南。生于海拔1500米以下的林中、灌丛下或山谷溪边荫蔽处。也分布于越南。

百合科·菝葜属

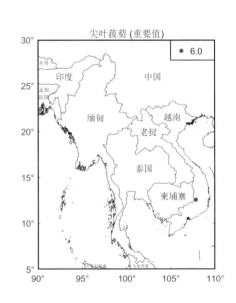

尖叶菝葜 (重要值)

菝葜（*Smilax china*）

鉴别特征：攀缘灌木；根状茎粗厚，坚硬，为不规则的块状。茎长1~3米，少数可达5米，疏生刺。叶薄革质或坚纸质，干后通常红褐色或近古铜色，圆形、卵形或其他形状；总花梗长1~2厘米；花序托稍膨大，近球形，较少稍延长，具小苞片。

产地与地理分布：产于中国山东、江苏、浙江、福建、台湾、江西、安徽、河南、湖北、四川、云南、贵州、湖南、广西和广东。生于海拔2000米以下的林下、灌丛中、路旁、河谷或山坡上。缅甸、越南、泰国、菲律宾也有分布。

用途：【药用价值】有些地区作土茯苓或萆薢混用，也有祛风活血作用。【经济价值】根状茎可以提取淀粉和栲胶，或用来酿酒。

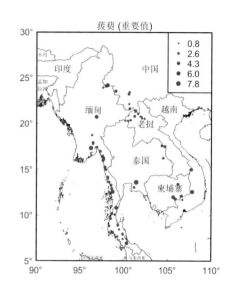

土茯苓（*Smilax glabra*）

鉴别特征：攀缘灌木；根状茎粗厚，块状，常由匍匐茎相连接。茎长1~4米，枝条光滑，无刺。叶薄革质，狭椭圆状披针形至狭卵状披针形。伞形花序通常具10余朵花；总花梗长1~5 (~8)毫米，通常明显短于叶柄，极少与叶柄近等长；在总花梗与叶柄之间有一芽；花序托膨大，连同多数宿存的小苞片多少呈莲座状，宽2~5毫米；花绿白色，六棱状球形。

产地与地理分布：产于中国甘肃（南部）和长江流域以南各省区，直到中国台湾、海南和云南。生于海拔1800米以下的林中、灌丛下、河岸或山谷中，也见于林缘与疏林中。越南、泰国和印度也有分布。

用途：【药用价值】本种粗厚的根状茎入药，称土茯苓，性甘平，有利湿热、解毒、健脾胃功效。【食用价值】富含淀粉，可用来制糕点或酿酒。

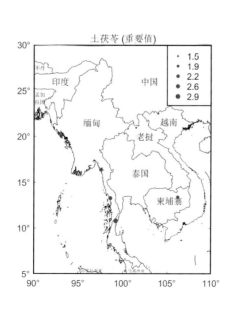

黑果菝葜（*Smilax glaucochina*）

鉴别特征: 攀缘灌木，具粗短的根状茎。茎通常疏生刺。叶厚纸质，通常椭圆形。伞形花序通常生于叶稍幼嫩的小枝上，具几朵或10余朵花；总花梗长1~3厘米；花序托稍膨大，具小苞片；花绿黄色；雄花花被片长5~6毫米，宽2.5~3毫米，内花被片宽1~1.5毫米；雌花与雄花大小相似，具3枚退化雄蕊。浆果直径7~8毫米，熟时黑色，具粉霜。

产地与地理分布: 产于中国甘肃、陕西、山西、河南、四川、贵州、湖北、湖南、江苏、浙江、安徽、江西、广东和广西。生于海拔1600米以下的林下、灌丛中或山坡上。

用途:【食用价值】可以制糕点或加工食用。

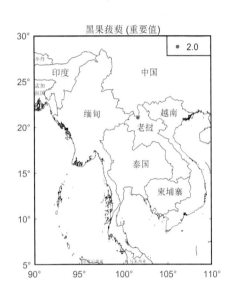

黑果菝葜（重要值）

粉背菝葜（*Smilax hypoglauca*）

鉴别特征: 和筐条菝葜极相似，但总花梗很短，长1~5毫米，通常不到叶柄长度的一半；浆果直径8~10毫米。花期7—8月，果期12月。

产地与地理分布: 产于中国江西、福建、广东和贵州。生于海拔1300米以下的疏林中或灌丛边缘。

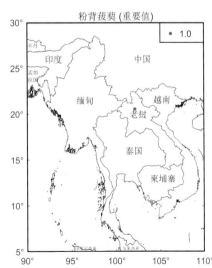

粉背菝葜（重要值）

马甲菝葜 (*Smilax lanceifolia*)

鉴别特征: 攀缘灌木。茎长1~2米, 枝条具细条纹, 无刺或少有具疏刺。叶通常纸质, 卵状矩圆形、狭椭圆形至披针形。伞形花序通常单个生于叶腋, 具几十朵花, 极少两个伞形花序生于一个共同的总花梗上; 总花梗通常短于叶柄, 果期可与叶柄等长, 近基部有一关节, 在着生点的上方有一枚鳞片 (先出叶)。

产地与地理分布: 产于中国云南、贵州、四川、湖北和广西。生于林下、灌丛中或山坡阴处, 海拔600~2000米, 少数在云南西部可沿峡谷上升到2800米。也分布于不丹、印度、缅甸、老挝、越南和泰国。

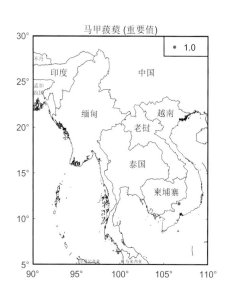

马甲菝葜 (重要值)

百合科·菝葜属

抱茎菝葜 (*Smilax ocreata*)

鉴别特征: 攀缘灌木。茎长可达7米, 通常疏生刺。叶革质, 卵形或椭圆形; 鞘外折或近直立, 作穿茎状抱茎。圆锥花序具2~4(~7) 个伞形花序; 伞形花序单个着生, 具10~30朵花; 花序托膨大, 近球形; 花黄绿色, 稍带淡红色。

产地与地理分布: 产于中国广东、广西、四川、贵州和云南。生于海拔2200米以下的林中、灌丛下或阴湿的坡地、山谷中。也分布于越南、缅甸、尼泊尔、不丹和印度。

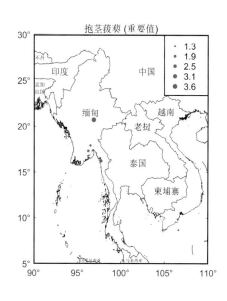

抱茎菝葜 (重要值)

百合科·菝葜属

穿鞘菝葜（*Smilax perfoliata*）

鉴别特征：攀缘灌木。茎长可达7米，通常疏生刺。叶革质，卵形或椭圆形；鞘外折或近直立，作穿茎状抱茎。圆锥花序通常具10~30个伞形花序，花序轴常多少呈迴折状；伞形花序每2~3个簇生或近轮生于轴上；花序托膨大，近球形；花黄绿色，稍带淡红色。

产地与地理分布：产于中国云南南部。生于海拔1500米以下的林中或灌丛下。也分布于老挝、泰国、缅甸和印度。

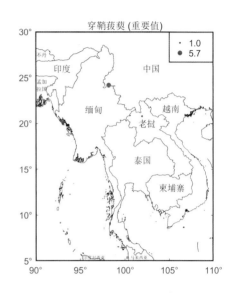

穿鞘菝葜 (重要值)

细花百部（*Stemona parviflora*）

鉴别特征：块根肉质，长纺锤形，长达9厘米。茎，攀缘状，下部木质化，分枝细而坚韧，具细纵条纹。叶互生，披针形；主脉5条，基出，近平行。总状花序腋生，总花柄长约4毫米，具2~6朵小花；花柄纤细，长约5毫米，中部具1关节；苞片小，钻状；花紫红色，花被片宽卵状披针形。

产地与地理分布：特产于中国海南。生于海拔约600米的山地路边、溪边或石隙中。

用途：【药用价值】根入药，外用于杀虫、止痒、灭虱；内服有润肺、止咳、祛痰之效。

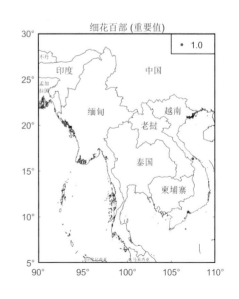

细花百部 (重要值)

大百部（*Stemona tuberosa*）

鉴别特征: 块根通常纺锤状，长达30厘米。茎常具少数分枝，攀缘状，下部木质化，分枝表面具纵槽。叶对生或轮生、纸质或薄革质。花单生或2~3朵排成总状花序，生于叶腋或偶尔贴生于叶柄上；苞片小，披针形；花被片黄绿色带紫色脉纹，顶端渐尖，内轮比外轮稍宽，具7~10脉。

产地与地理分布: 产于中国长江流域以南各省区。生于海拔370~2240米的山坡丛林下、溪边、路旁以及山谷和阴湿岩石中。中南半岛、菲律宾和印度北部也有分布。

用途: 【药用价值】根入药，外用于杀虫、止痒、灭虱；内服有润肺、止咳、祛痰之效。

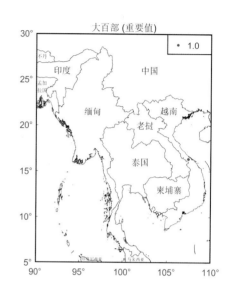

大百部 (重要值)

文殊兰 [*Crinum asiaticum* L. var. *sinicum* (Roxb. ex Herb.) Baker]

鉴别特征: 多年生粗壮草本，鳞茎长柱形。叶20~30枚，多列，带状披针形，边缘波状，暗绿色。花茎直立，伞形花序有花10~24朵，佛焰苞状总苞片披针形，膜质，小苞片狭线形；花高脚碟状，芳香；花被管纤细，伸直，绿白色，花被裂片线形；雄蕊淡红色。

产地与地理分布: 分布于中国福建、台湾、广东、广西等省区。常生于海滨地区或河旁沙地；现栽培供观赏。

用途: 【药用价值】叶与鳞茎药用，有活血散瘀、消肿止痛之效，治跌打损伤、风热头痛、热毒疮肿等症。【观赏价值】可观赏。

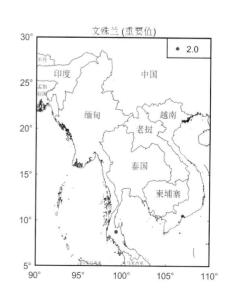

文殊兰 (重要值)

大叶仙茅 [*Curculigo capitulata* (Lour.) O. Ktze.]

鉴别特征：粗壮草本，高达1米多。根状茎粗厚，块状，具细长的走茎。叶通常4~7枚，长圆状披针形或近长圆形，纸质，全缘。花茎通常短于叶，被褐色长柔毛；总状花序强烈缩短成头状，球形或近卵形，俯垂；苞片卵状披针形至披针形；花黄色。花期5—6月，果期8—9月。

产地与地理分布：产于中国福建、台湾、广东、广西、四川、贵州、云南、西藏。生于林下或阴湿处，海拔850~2200米。也分布于印度、尼泊尔、孟加拉国、斯里兰卡、缅甸、越南、老挝和马来西亚。

用途：【药用价值】根及根状茎苦、涩、平，具润肺化痰、止咳平喘、镇静健脾、补肾固精的功效，可治肾虚喘咳、腰膝酸痛、白带、遗精。【观赏价值】具一定的观赏价值。

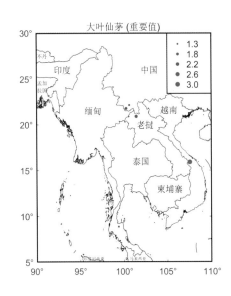

大叶仙茅 (重要值)

仙茅（*Curculigo orchioides* Gaertn.）

鉴别特征：根状茎近圆柱状，粗厚，直生，直径约1厘米，长可达10厘米。叶线形、线状披针形或披针形。苞片披针形，具缘毛；总状花序多少呈伞房状，通常具4~6朵花；花黄色；花被裂片长圆状披针形。花果期4—9月。

产地与地理分布：产于中国浙江、江西、福建、台湾、湖南、广东、广西、四川南部、云南和贵州。生于海拔1600米以下的林中、草地或荒坡上。也分布于东南亚各国至日本。

用途：【药用价值】根状茎入药，辛性温，有小毒，具补肾壮阳、散寒除痹的功效。

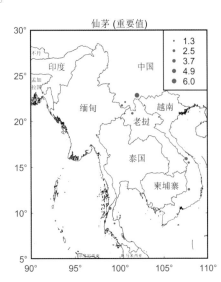

仙茅 (重要值)

朱顶红 [*Hippeastrum rutilum* (Ker-Gawl.) Herb.]

鉴别特征: 多年生草本, 鳞茎近球形, 并有匍匐枝。叶6~8枚, 花后抽出, 鲜绿色。花茎中空, 稍扁, 具有白粉; 花2~4朵; 佛焰苞状总苞片披针形; 花被管绿色, 圆筒状; 雄蕊6。花期夏季。

产地与地理分布: 分布于巴西以及中国, 已由人工引种栽培。

用途:【观赏价值】适于盆栽装点居室、客厅、过道和走廊; 也可于庭园栽培, 或配植花坛; 也可作为鲜切花使用。

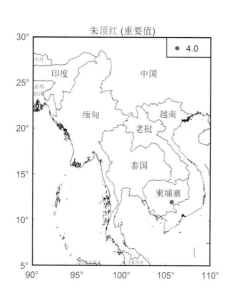

朱顶红 (重要值)

水鬼蕉 [*Hymenocallis littoralis* (Jacq.) Salisb.]

鉴别特征: 叶10~12枚, 剑形。花茎扁平; 佛焰苞状总苞片长5~8厘米, 基部极阔; 花茎顶端生花3~8朵, 白色; 花被管纤细, 长短不等, 长者可达10厘米以上, 花被裂片线形, 通常短于花被管; 杯状体 (雄蕊杯) 钟形或阔漏斗形, 长约2.5厘米, 有齿, 花丝分离部分长3~5厘米; 花柱约与雄蕊等长或更长。花期夏末秋初。

产地与地理分布: 原产于美洲热带地区, 西印度群岛。中国福建、广东、广西、云南等地区引种栽培供观赏。

用途:【药用价值】叶: 辛、温, 具有舒筋活血、消肿止痛等功效, 用于风湿关节痛、甲沟炎、跌打肿痛、痈疽、痔疮。【观赏价值】可用于庭园布置或花园、花坛用材。

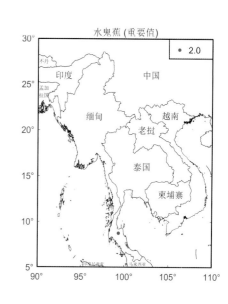

水鬼蕉 (重要值)

参薯 (*Dioscorea alata* L.)

鉴别特征: 缠绕草质藤本。野生的块茎多数为长圆柱形, 栽培的变异大, 有长圆柱形、圆锥形、球形、扁圆形而重叠, 或有各种分枝, 通常圆锥形或球形的块茎外皮为褐色或紫黑色, 断面白色带紫色, 其余的外皮为淡灰黄色, 断面白色, 有时带黄色。茎右旋。单叶, 在茎下部的互生, 中部以上的对生; 叶片绿色或带紫红色, 纸质, 卵形至卵圆形。

产地与地理分布: 本种可能原产于孟加拉湾的北部和东部, 以后传布到东南亚、马来西亚、太平洋热带岛屿以至于非洲和美洲。中国浙江、江西、福建、台湾、湖北、湖南、广东、广西、贵州、四川、云南、西藏等省区常有栽培。

用途:【药用价值】部分地区作"淮山药"入药, 有滋补强壮的作用。【食用价值】块茎作蔬菜食用。

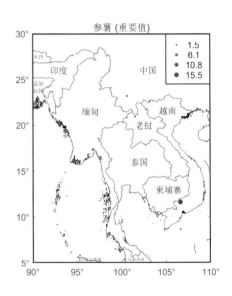

三叶薯蓣 (*Dioscorea arachidna* Prain et Burkill)

鉴别特征: 缠绕草质藤本。地下块茎顶端通常有4~10个以上分枝, 断面白色。茎基部有刺, 中部以上近无刺。掌状复叶有3小叶; 小叶片全缘。

产地与地理分布: 产于中国云南临沧县蚂蚁堆、碧江县六库、景洪勐仑。生于海拔890~1480米的常绿阔叶林和沟谷路边灌丛中。也分布于印度东北部、越南和泰国。

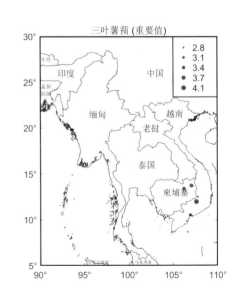

黄独（*Dioscorea bulbifera* L.）

鉴别特征: 缠绕草质藤本。块茎卵圆形或梨形,直径4~10厘米,通常单生,每年由去年的块茎顶端抽出,很少分枝,外皮棕黑色,表面密生须根。茎左旋,浅绿色稍带红紫色。叶腋内有紫棕色、球形或卵圆形珠芽。单叶互生。雄花序穗状,下垂,常数个丛生于叶腋。

产地与地理分布: 分布于中国河南南部、安徽南部、江苏南部、浙江、江西、福建、台湾、湖北、湖南、广东、广西、陕西南部、甘肃南部、四川、贵州、云南、西藏。日本、朝鲜、印度、缅甸以及大洋洲、非洲都有分布。

用途:【药用价值】主治甲状腺肿大、淋巴结核、咽喉肿痛、吐血、咯血、百日咳;外用治疮疖。

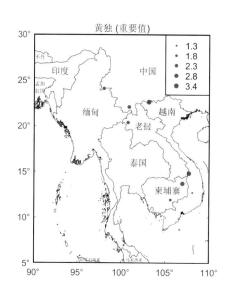

山薯（*Dioscorea fordii* Prain et Burkill）

鉴别特征: 缠绕草质藤本。块茎长圆柱形,垂直生长,干时外皮棕褐色,不脱落,断面白色。茎无毛,右旋,基部有刺。单叶,在茎下部的互生,中部以上的对生;叶片纸质;宽披针形、长椭圆状卵形或椭圆状卵形。雌雄异株。雄花序为穗状花序。

产地与地理分布: 分布于中国浙江南部、福建、广东、广西、湖南南部。生于海拔50~1150米的山坡、山凹、溪沟边或路旁的杂木林中。

用途:【药用价值】以肥大的地下肉质块茎供食用或药用,可以补脾健胃、降低血压和血糖、抵抗肿瘤、延缓衰老,是一种具有良好市场前景和产业开发潜力的药食兼用高效经济作物。【食用价值】食用的佳蔬。

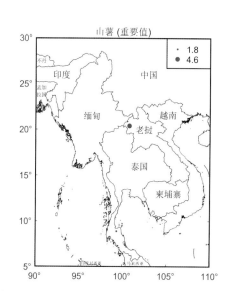

薯蓣科·薯蓣属

薯蓣科·薯蓣属

白薯莨 (*Dioscorea hispida* Dennst.)

鉴别特征: 缠绕草质藤本。块茎大小不一。茎粗壮, 圆柱形, 有三角状皮刺。掌状复叶有3小叶。穗状花序排列成圆锥状, 密生茸毛; 雄花外轮花被片小, 内轮较大而厚。

产地与地理分布: 分布于中国福建、广东、广西、云南、西藏昌都和波密。生于海拔1500米以下的沟谷边灌丛中或林边; 野生或栽培。

用途:【药用价值】块茎药用, 有去瘀生新、消肿止痛之效, 捣烂外敷患处可治痈疽、恶疮、跌打扭伤等症。【食用价值】可食用, 块茎含薯蓣碱剧毒, 未经去毒处理, 人畜大量食之均可致死。

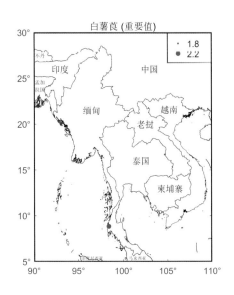

日本薯蓣 (*Dioscorea japonica* Thunb.)

鉴别特征: 缠绕草质藤本。块茎长圆柱形, 垂直生长, 外皮棕黄色, 干时皱缩。茎绿色, 有时带淡紫红色, 右旋。单叶, 在茎下部的互生, 中部以上的对生; 叶片纸质, 变异大, 通常为三角状披针形, 长椭圆状狭三角形至长卵形, 有时茎上部的为线状披针形至披针形, 下部的为宽卵心形。叶腋内有各种大小形状不等的珠芽。雌雄异株。

产地与地理分布: 分布于中国安徽淮河以南(海拔300~800米)、江苏、浙江(150~1200米)、江西、福建、台湾、湖北、湖南(600~1000米)、广东(500~700米)、广西、贵州东部(800~1200米)、四川。喜生于向阳山坡、山谷、溪沟边、路旁的杂木林下或草丛中。日本、朝鲜也有分布。

用途:【药用价值】块茎入药, 为强壮健胃药。【食用价值】供食用。

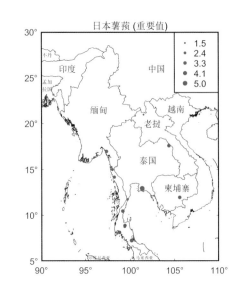

薯蓣（*Dioscorea opposita* Thunb.）

鉴别特征：缠绕草质藤本。块茎长圆柱形，垂直生长。茎通常带紫红色。单叶，在茎下部的互生，中部以上的对生；叶片变异大，卵状三角形至宽卵形或戟形。叶腋内常有珠芽。雌雄异株。雄花序为穗状花序。

产地与地理分布：分布于中国东北、河北、山东、河南、安徽淮河以南（海拔150～850米）、江苏、浙江（450～1000米）、江西、福建、台湾、湖北、湖南、广西北部、贵州、云南北部、四川（300～700米）、甘肃东部（950～1100米）、陕西南部（350～1500米）等地。生于山坡、山谷林下、溪边、路旁的灌丛中或杂草中；或为栽培。朝鲜、日本也有分布。

用途：【药用价值】块茎为常用中药"淮山药"，有强壮、祛痰的功效。【食用价值】可食用。

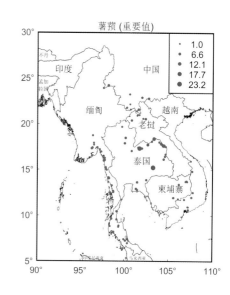

五叶薯蓣（*Dioscorea pentaphylla* L.）

鉴别特征：缠绕草质藤本。块茎形状不规则，通常为长卵形，外皮有多数细长须根，断面刚切开时白色，不久变棕色。茎疏生短柔毛，后变无毛，有皮刺。掌状复叶有3～7小叶；小叶片常为倒卵状椭圆形、长椭圆形或椭圆形，全缘。叶腋内有珠芽。穗状花序排列成圆锥状。

产地与地理分布：分布于中国江西南部、福建南部、台湾、湖南南部、广东、广西、云南、西藏墨脱。生于海拔500米以下的林边或灌丛中。亚洲和非洲其他地区也产。

用途：【药用价值】块茎治消化不良、消食积滞、跌打损伤、肾虚腰痛、风湿痛（《怒江药》）；块茎主治贫血、水肿、产妇干瘦、痢疾（《桂药编》）。

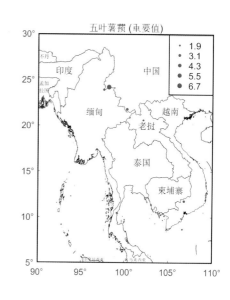

薯蓣科·薯蓣属

褐苞薯蓣（*Dioscorea persimilis* Prain et Burkill）

鉴别特征: 缠绕草质藤本。块茎长圆柱形，垂直生长，外皮棕黄色，断面新鲜时白色。茎右旋，干时带红褐色，常有棱4~8条。单叶，在茎下部的互生，中部以上的对生；叶片纸质，全缘，基出脉7~9。叶腋内有珠芽。雄花序为穗状花序。

产地与地理分布: 分布于中国湖南、广东、广西、贵州南部、云南南部。生于海拔100~1950米的山坡、路旁、山谷杂木林中或灌丛中，中国南方各地也有栽培。也分布于越南。

用途: 【药用价值】具有补脾止泻、补肺敛气等功效，用治脾虚久泻，治久咳伤肺气、咳声无力、干咳无痰、咳则气短等。

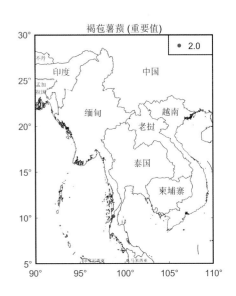

褐苞薯蓣 (重要值)

卷须状薯蓣

（*Dioscorea tentaculigera* Prain et Burkill）

鉴别特征: 缠绕草质藤本。块茎圆柱形，垂直生长。茎左旋，无毛。叶卵心形，质薄；叶柄长3-6厘米。花单性，雌雄异株。雄花小，3-6朵密集成小聚伞花序；苞片卵形；花被管短，碟形；雄蕊6，着生于管内。

产地与地理分布: 产于中国云南西南部。生于海拔1300~1500米的林下、山谷阴湿处。缅甸、泰国北部也有分部。

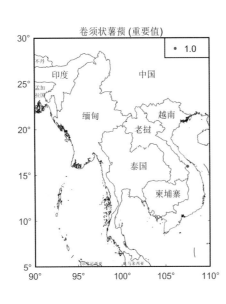

卷须状薯蓣 (重要值)

三品一枝花（*Burmannia coelestis* D. Don）

鉴别特征：一年生、纤细草本，茎通常不分枝。基生叶少数，线形或披针形；茎生叶2~4片，紧贴茎上，线形。苞片披针形；花单生或少数簇生于茎顶；翅蓝色或紫色；花被裂片微黄，外轮的卵形；药隔顶部有2个叉开的鸡冠状突起，基部有距；子房椭圆形或倒卵形。蒴果倒卵形，横裂。花期：10—11月。

产地与地理分布：产于中国浙江、江西、广东、广西、贵州、云南等省区；生于湿地上。亚洲热带地区广布。

用途：【药用价值】具有健胃、消积等功效，主治小儿疳积。

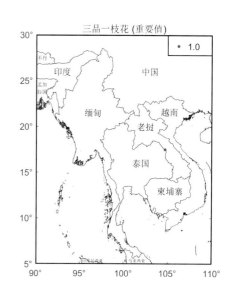

三品一枝花（重要值）

笄石菖（*Juncus prismatocarpus* R. Br.）

鉴别特征：多年生草本，具根状茎和多数黄褐色须根。茎丛生，直立或斜上，有时平卧，圆柱形，或稍扁，下部节上有时生不定根。叶基生和茎生，短于花序；叶片线形通常扁平；叶鞘边缘膜质；叶耳稍钝。花序由5~20（~30）个头状花序组成，排列成顶生复聚伞花序。花期3—6月，果期7—8月。

产地与地理分布：产于中国山东、江苏、安徽、浙江、江西、福建、台湾、湖北、湖南、广东、海南、广西、四川、贵州、云南、西藏等省区。生于海拔500~1800米的田地、溪边、路旁沟边、疏林草地以及山坡湿地。日本、俄罗斯东部、马来西亚、泰国、印度、斯里兰卡、澳大利亚和新西兰均有分布。

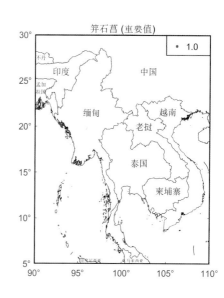

笄石菖（重要值）

凤梨 (*Ananas comosus*)

鉴别特征: 茎短。叶多数, 莲座式排列, 剑形, 全缘或有锐齿, 腹面绿色, 背面粉绿色, 边缘和顶端常带褐红色, 生于花序顶部的叶变小, 常呈红色。花序于叶丛中抽出, 状如松球; 苞片基部绿色, 上半部淡红色, 三角状卵形; 萼片宽卵形, 肉质, 顶端带红色, 长约1厘米; 花瓣长椭圆形, 上部紫红色, 下部白色。聚花果肉质。花期夏季至冬季。

产地与地理分布: 中国福建、广东、海南、广西、云南有栽培。原产于美洲热带地区。

用途: 【药用价值】果皮入药, 可用于痢疾。【食用价值】该种为著名热带水果之一。【经济价值】可供织物、制绳、结网和造纸。

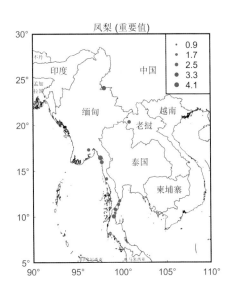

饭包草 (*Commelina bengalensis*)

鉴别特征: 多年生披散草本, 茎大部分匍匐, 节上生根。叶有明显的叶柄; 叶片卵形; 叶鞘口沿有疏而长的睫毛。总苞片漏斗状, 与叶对生; 花序下面一枝具细长梗, 具1~3朵不孕的花, 伸出佛焰苞, 上面一枝有花数朵, 结实, 不伸出佛焰苞; 萼片膜质, 披针形; 花瓣蓝色, 圆形, 长3~5毫米; 内面2枚具长爪。

产地与地理分布: 产于中国山东、河北、河南、陕西、四川、云南、广西、海南、广东、湖南、湖北、江西、安徽、江苏、浙江、福建和台湾。生于海拔2300米以下的湿地。亚洲和非洲的热带、亚热带地区广布。

用途: 【药用价值】有清热解毒、消肿利尿之效。

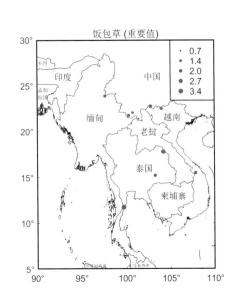

鸭跖草（*Commelina communis* ）

鉴别特征：一年生披散草本，茎匍匐生根。叶披针形至卵状披针形。总苞片佛焰苞状，与叶对生；聚伞花序。花梗花期长仅3毫米，果期弯曲，长不过6毫米；萼片膜质，长约5毫米，内面2枚常靠近或合生；花瓣深蓝色；内面2枚具爪，长近1厘米。

产地与地理分布：产于中国云南、四川、甘肃以东的南北各省区。常见，生于湿地。越南、朝鲜、日本、俄罗斯远东地区以及北美也有分布。

用途：【药用价值】药用，为消肿利尿、清热解毒之良药，此外对腮腺炎、咽炎、扁桃腺炎、宫颈糜烂、腹蛇咬伤有良好疗效。

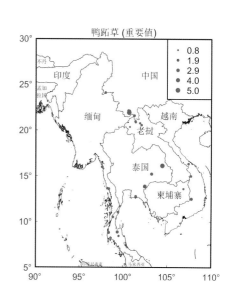

节节草（*Commelina diffusa* Burm. f.）

鉴别特征：一年生披散草本，茎匍匐。节上生根（极少不匍匐的），长可达1米余，多分枝，有的每节有分枝，无毛或有一列短硬毛，或全面被短硬毛。叶披针形；叶鞘上常有红色小斑点，仅口沿及一侧有刚毛，或全面被刚毛。蝎尾状聚伞花序。花果期5—11月。

产地与地理分布：产于中国西藏南部、云南东南部、贵州、广西、广东、台湾和海南。生于海拔2100米以下的林中、灌丛中或溪边或潮湿的旷野。广布于世界热带、亚热带地区。

用途：【药用价值】药用，有消热、散毒、利尿等功效。【经济价值】花汁可作为青碧色颜料，用于绘画。

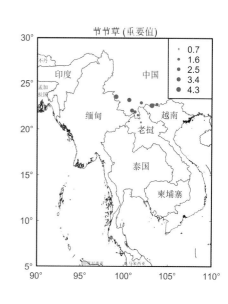

大苞鸭跖草（*Commelina paludosa*）

鉴别特征：多年生粗壮大草本，茎常直立。叶无柄；叶片披针形至卵状披针形；叶鞘长1.8～3厘米。总苞片漏斗状，常数个（4~10）在茎顶端集成头状。花期8—10月，果期10月至翌年4月。

产地与地理分布：产于中国西藏南部、云南、四川、贵州、广西、湖南南部、江西、广东、福建和台湾。生于海拔2800米以下的林下及山谷溪边。尼泊尔、印度至印度尼西亚也有分布。

用途：【药用价值】可供药用。

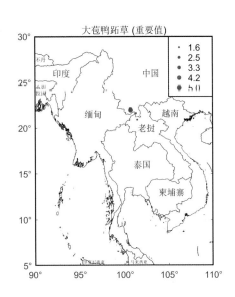

蛛丝毛蓝耳草（*Cyanotis arachnoidea* C. B. Clarke）

鉴别特征：多年生草本，根须状，粗壮。主茎不育，短缩，具多枚丛生的叶子；可育茎由叶丛下部发出。主茎上的叶丛生，禾叶状或带状；可育茎上的叶短得多；叶鞘几乎总是非常密地被蛛丝状毛。蝎尾状聚伞花序常数个簇生于枝顶或叶腋，无梗而呈头状。花期6—9月，果期10月。

产地与地理分布：产于中国台湾、福建、江西、广东、海南、广西、贵州、云南。生于海拔2700米以下的溪边、山谷湿地及湿润岩石上。印度、斯里兰卡至越南、老挝、柬埔寨也有分布。

用途：【药用价值】根入药，通经活络、除湿止痛，主治风湿关节疼痛；植株含脱皮激素。

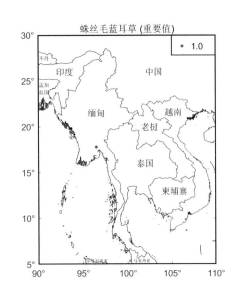

根茎水竹叶 [*Murdannia hookeri* (C. B. Clarke) Bruckn.]

鉴别特征: 多年生草本, 根状茎横走。茎上升, 下部节上生根, 密生一列毛。叶披针形, 基部稍抱茎, 顶端短渐尖。圆锥花序顶生, 由数个蝎尾状聚伞花序组成; 萼片长4毫米, 舟状、无毛; 花瓣淡紫色或近于白色, 倒卵圆形。花果期6—9月。

产地与地理分布: 产于中国云南、四川、贵州、广西、湖南、广东、福建。生于海拔2800米以下的林下或山谷沟边。印度东部也有分布。

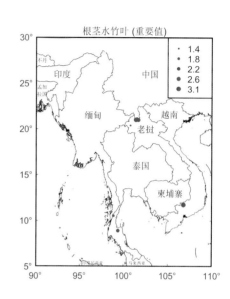

水竹叶 [*Murdannia triquetra* (Wall.) Bruckn.]

鉴别特征: 多年生草本, 具长而横走根状茎。根状茎具叶鞘。茎肉质, 下部匍匐, 节上生根, 上部上升。叶无柄; 叶片竹叶形。花序通常仅有单朵花, 顶生并兼腋生。

产地与地理分布: 产于中国云南南部、四川、贵州、广西、海南、广东、湖南、湖北、陕西、河南南部、山东、江苏、安徽、江苏、浙江、福建、台湾。生于海拔1600米以下的水稻田边或湿地上。印度至越南、老挝、柬埔寨也有分布。

用途: 【药用价值】全草有清热解毒、利尿消肿之效, 亦可治蛇虫咬伤。【食用价值】幼嫩茎叶可供食用。【饲料价值】可用作饲料。

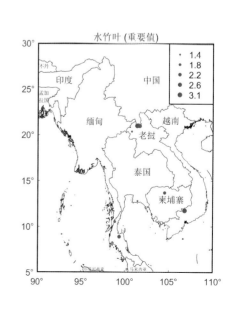

鸭跖草科·水竹叶属

紫背万年青 (*Rhoeo discolor* Hance.)

鉴别特征: 多年生直立草本, 无叶背紫色性状, 仅见基部微露的茎有淡紫红的色泽; 茎粗壮, 具节; 叶互生、大型、全缘。花落着生于主茎或分枝顶端的苞片内, 苞片2片, 呈叶片状, 左右分开, 长15～25厘米, 宽22厘米, 其内可陆续形成花朵多达20～30朵, 似葡萄串, 又似海蚌含珠, 故"蚌花"称呼。花期8—10月。

产地与地理分布: 原产于墨西哥和西印度群岛, 现广泛栽培。

用途:【观赏价值】紫背万年青株形独特, 叶表面与背面色彩不同, 四季常青, 是优美的盆栽观叶植物, 适于室内装饰或会场、展览厅、公共场所的布置。

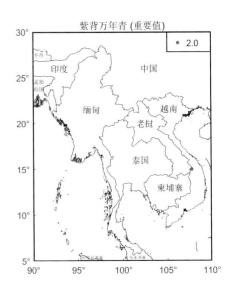

紫背万年青 (重要值)

荩草 [*Arthraxon hispidus* (Thunb.) Makino]

鉴别特征: 一年生。秆细弱, 无毛, 基部倾斜, 高30～60厘米, 具多节, 常分枝, 基部节着地易生根。叶鞘短于节间, 生短硬疣毛; 叶舌膜质, 边缘具纤毛; 叶片卵状披针形。总状花序细弱, 2～10枚呈指状排列或簇生于秆顶; 总状花序轴节间无毛, 长为小穗的2/3～3/4。花果期9—11月。

产地与地理分布: 遍布中国各地及旧大陆的温暖区域, 变异性极大; 生于山坡草地阴湿处。

用途:【药用价值】具有止咳定喘、解毒杀虫之功效, 常用于久咳气喘、肝炎、咽喉炎、口腔炎、鼻炎、淋巴结炎、乳腺炎、疮疡疥癣。

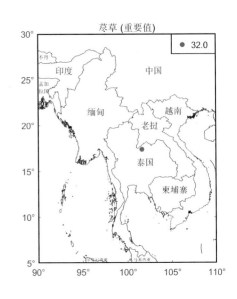

荩草 (重要值)

地毯草 [*Axonopus compressus* (Sw.) Beauv.]

鉴别特征: 多年生草本, 具长匍匐枝。秆压扁, 节密生灰白色柔毛。叶鞘松弛, 基部者互相跨覆; 叶片扁平, 质地柔薄, 两面无毛或上面被柔毛, 近基部边缘疏生纤毛。总状花序2~5枚, 最长两枚成对而生, 呈指状排列在主轴上; 小穗长圆状披针形, 疏生柔毛, 单生; 第一颖缺; 第二颖与第一外稃等长或第二颖稍短; 第一内稃缺; 花柱基分离, 柱头羽状, 白色。

产地与地理分布: 原产于美洲热带地区, 世界各热带、亚热带地区有引种栽培。中国台湾、广东、广西、云南生于荒野、路旁较潮湿处。模式标本采自牙买加。

用途:【饲料价值】又因秆叶柔嫩, 为优质牧草。【生态价值】根有固土作用, 是一种良好的保土植物。

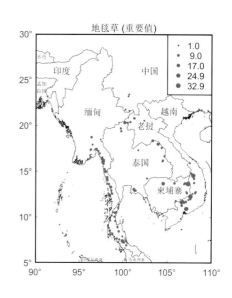

地毯草 (重要值)

禾本科·地毯草属

蒺藜草 (*Cenchrus echinatus* L.)

鉴别特征: 一年生草本, 须根较粗壮。基部膝曲或横卧地面而于节处生根, 下部节间短且常具分枝。叶鞘松弛, 压扁具脊, 上部叶鞘背部具密细疣毛, 近边缘处有密细纤毛, 下部边缘多数为宽膜质无纤毛; 叶舌短小, 具长约1毫米的纤毛; 叶片线形或狭长披针形, 质较软。总状花序直立; 花序主轴具棱粗糙。花果期夏季。

产地与地理分布: 产于中国海南、台湾、云南南部; 多生于干热地区临海的沙质土草地。日本、印度、缅甸、巴基斯坦也有分布。

用途:【饲料价值】可饲喂兔、鹅及火鸡。

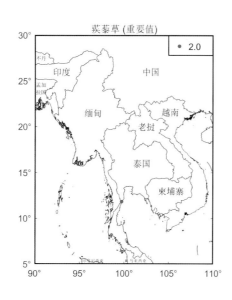

蒺藜草 (重要值)

禾本科·蒺藜草属

酸模芒（*Centotheca lappacea*）

鉴别特征：多年生，具短根状茎。秆直立，具4~7节。叶鞘平滑，一侧边缘具纤毛；叶舌干膜质；叶片长椭圆状披针形。圆锥花序；小穗柄生微毛；小穗含2~3小花；颖披针形。

产地与地理分布：产于中国台湾、福建、广东、海南、云南、广西、香港。生于林下、林缘和山谷蔽阴处。分布于印度、泰国、马来西亚和非洲、大洋洲。

用途：【药用价值】全草入药，甘、淡、寒，具有清热除烦、利尿等功效。

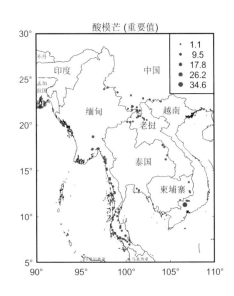

酸模芒 (重要值)

- 1.1
- 9.5
- 17.8
- 26.2
- 34.6

方竹 [*Chimonobambusa quadrangularis* (Fenzi) Makino]

鉴别特征：竿直立，呈钝圆的四棱形；竿环位于分枝各节者甚为隆起，不分枝的各节则较平坦；竿环初时有一圈金褐色茸毛环及小刺毛，以后渐变为无毛。箨鞘纸质或厚纸质，早落性，短于其节间，背面无毛或有时在中上部贴生极稀疏的小刺毛，鞘缘生纤毛，纵肋清晰，小横脉紫色，呈极明显方格状。

产地与地理分布：产于中国江苏、安徽、浙江、江西、福建、台湾、湖南和广西等省区。日本也有分布。欧美一些国家有栽培。

用途：【食用价值】笋肉丰味美，但中国古籍则多谓其笋不中食，或系另有所指之故。【经济价值】竿可作手杖。【观赏价值】本种可供庭园观赏。

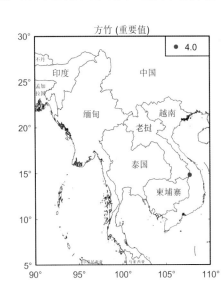

方竹 (重要值)

- 4.0

孟仁草（*Chloris barbata* Sw.）

鉴别特征：一年生草本，秆直立，无毛。叶鞘两侧压扁，背部具脊，边缘膜质，无毛或脊上被疏短毛；叶舌具一列白色柔毛；叶片线形。穗状花序6~11枚，指状着生；颖膜质，具1脉；第一小花倒卵形，长约2.2毫米；外稃纸质，具3脉，中脉两侧被柔毛，边缘具密集白色长柔毛；内稃有时稍长于外稃，膜质，具2脊。花果期3—7月。

产地与地理分布：产于中国广东沿海诸岛。分布于东南亚热带地区，其他地区也有引种，但有些学者认为原产于美洲热带地区。

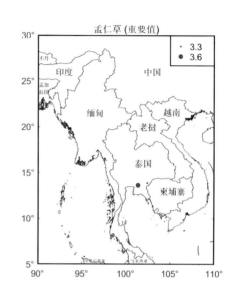

虎尾草（*Chloris virgata* Sw.）

鉴别特征：一年生草本，秆直立或基部膝曲。叶鞘背部具脊，包卷松弛，无毛；叶舌长约1毫米，无毛或具纤毛；叶片线形。穗状花序5枚至10余枚，指状着生于秆顶；小穗无柄，长约3毫米；颖膜质，1脉。花果期6—10月。

产地与地理分布：遍布于中国各地；多生于路旁荒野，河岸沙地、土墙及房顶上。两半球热带至温带均有分布，海拔可达3700米。

用途：【饲料价值】本种为各种牲畜食用的牧草。

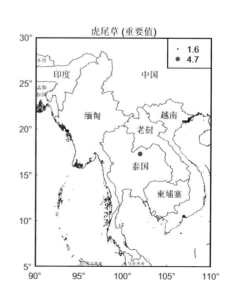

禾本科·虎尾草属

禾本科·金须茅属

竹节草 [*Chrysopogon aciculatus* (Retz.) Trin.]

鉴别特征：多年生草本，具根茎和匍匐茎。秆的基部常膝曲。叶鞘无毛或仅鞘口疏生柔毛，多聚集跨覆状生于匍匐茎和秆的基部，秆生者稀疏且短于节间；叶舌短小；叶片披针形。圆锥花序直立，长圆形，紫褐色，长5~9厘米；无柄小穗圆筒状披针形，中部以上渐狭，先端钝，长约4毫米。花果期6—10月。

产地与地理分布：产于中国广东、广西、云南、台湾；生于向阳贫瘠的山坡草地或荒野中，海拔500~1000米。也分布于亚洲和大洋洲的热带地区。

用途：【生态价值】为较好的水土保持植物。

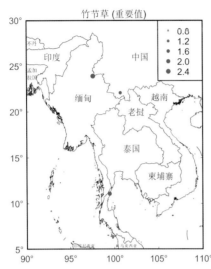

禾本科·狗牙根属

狗牙根 [*Cynodon dactylon* (L.) Pers.]

鉴别特征：低矮草本，具根茎。秆细而坚韧，下部匍匐地面蔓延甚长，节上常生不定根。叶鞘微具脊，无毛或有疏柔毛，鞘口常具柔毛；叶舌仅为一轮纤毛；叶片线形。穗状花序（2~）3~5（~6）枚；小穗灰绿色或带紫色，仅含1小花。花果期5—10月。

产地与地理分布：广布于中国黄河以南各省，近年北京附近已有栽培；多生长于村庄附近、道旁河岸、荒地山坡。世界温暖地区均有。

用途：【药用价值】全草可入药，有清血、解热、生肌之效。【饲料价值】根茎可喂猪，牛、马、兔、鸡等喜食其叶。【生态价值】常用以铺建草坪或球场。

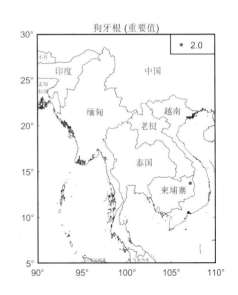

弓果黍 [*Cyrtococcum patens* (L.) A. Camus]

鉴别特征: 一年生草本, 秆较纤细。叶鞘常短于节间, 边缘及鞘口被疣基毛或仅见疣基, 脉间亦散生疣基毛; 叶舌膜质, 叶片线状披针形或披针形。圆锥花序由上部秆顶抽出, 长5~15厘米; 分枝纤细, 腋内无毛; 小穗柄长于小穗, 颖具3脉。花果期9月至翌年2月。

产地与地理分布: 产于中国江西、广东、广西、福建、台湾和云南等省区; 生于丘陵杂木林或草地较阴湿处。

用途:【观赏价值】可以做林下观赏植物栽培。

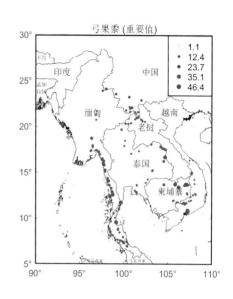

龙爪茅 [*Dactyloctenium aegyptium* (L.) Beauv.]

鉴别特征: 一年生草本, 秆直立, 或基部横卧地面, 于节处生根且分枝。叶鞘松弛, 边缘被柔毛; 叶舌膜质, 顶端具纤毛; 叶片扁平。穗状花序2~7个指状排列于秆顶; 小穗长3~4毫米, 含3小花。花果期5—10月。

产地与地理分布: 产于中国华东、华南和中南等各省区; 多生于山坡或草地。全世界热带及亚热带地区均有。

用途:【药用价值】
具有补气健脾, 用于脾气不足、劳倦伤脾、气短乏力、纳食减少。

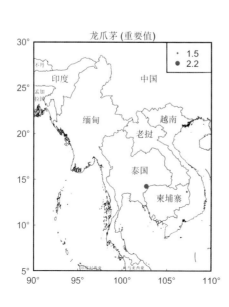

毛马唐（*Digitaria chrysoblephara* Fig.）

鉴别特征: 一年生草本, 秆基部倾卧, 着土后节易生根。叶鞘多短于其节间, 常具柔毛; 叶舌膜质; 叶片线状披针形。总状花序4~10枚, 呈指状排列于秆顶; 小穗披针形。花果期6—10月。

产地与地理分布: 产于中国黑龙江、吉林、辽宁、河北、山西、河南、甘肃、陕西、四川、安徽及江苏等省; 生于路旁田野。分布于世界亚热带和温带地区。

用途:【饲料价值】可作牧草。

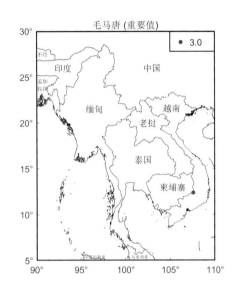

毛马唐 (重要值)

升马唐 [*Digitaria ciliaris* (Retz.) Koel.]

鉴别特征: 一年生草本, 秆基部横卧地面, 节处生根和分枝。叶鞘常短于其节间, 多少具柔毛; 叶舌长约2毫米; 叶片线形或披针形, 长5~20厘米, 宽3~10毫米, 上面散生柔毛, 边缘稍厚, 微粗糙。总状花序5~8枚, 呈指状排列于茎顶; 穗轴宽约1毫米, 边缘粗糙; 小穗披针形, 孪生于穗轴之一侧; 小穗柄微粗糙, 顶端截平。花果期5—10月。

产地与地理分布: 产于中国南北各省区; 生于路旁、荒野、荒坡, 是一种优良牧草, 也是果园旱田中危害庄稼的主要杂草。广泛分布于世界的热带、亚热带地区。

用途:【饲料价值】优良牧草。

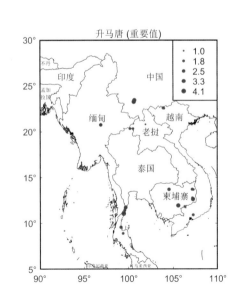

升马唐 (重要值)

马唐 [*Digitaria sanguinalis* (L.) Scop.]

鉴别特征：一年生草本，秆直立或下部倾斜，膝曲上升。叶鞘短于节间，无毛或散生疣基柔毛；叶舌长1~3毫米；叶片线状披针形。总状花序4~12枚成指状着生于主轴上；穗轴直伸或开展，两侧具宽翼，边缘粗糙；小穗椭圆状披针形。花果期6—9月。

产地与地理分布：产于中国西藏、四川、新疆、陕西、甘肃、山西、河北、河南及安徽等地；生于路旁、田野，是一种优良牧草，但又是危害农田、果园的杂草。广布于两半球的温带和亚热带山地。

用途：【药用价值】治目暗不明，肺热咳嗽。【饲料价值】良好的饲草，各类食草动物均采食。马、牛、羊最喜食；兔、鹅喜食；鸡、鸭采食。【生态价值】还可作固土、绿化等地被植物。

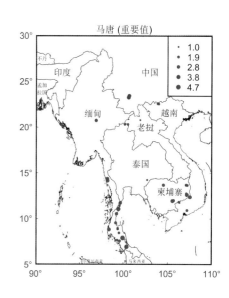

紫马唐（*Digitaria violascens* Link）

鉴别特征：一年生直立草本，秆疏丛生。叶鞘短于节间；叶舌长1~2毫米；叶片线状披针形，质地较软，扁平。总状花序，4~10枚呈指状排列于茎顶或散生。花果期7—11月。

产地与地理分布：产于中国山西、河北、河南、山东、江苏、安徽、浙江、台湾、福建、江西、湖北、湖南、四川、贵州、云南、广西、广东以及陕西、新疆等省区；生于海拔1000米左右的山坡草地、路边、荒野。美洲及亚洲的热带地区皆有分布。

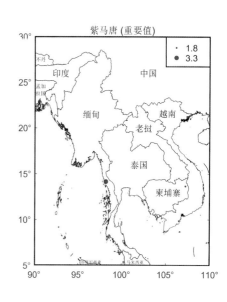

禾本科·马唐属

禾本科·稗属

无芒稗 [*Echinochloa crusgalli* (L.) Beauv. var. *mitis* (Pursh) Peterm.]

鉴别特征：秆高50～120厘米，直立，粗壮；叶片长20～30厘米，宽6～12毫米。圆锥花序直立，长10～20厘米，分枝斜上举而开展，常再分枝；小穗卵状椭圆形，长约3毫米，无芒或具极短芒，芒长常不超过0.5毫米，脉上被疣基硬毛。

产地与地理分布：产于中国东北、华北、西北、华东、西南及华南等省区；多生于水边或路边草地上。分布全世界温暖地区。

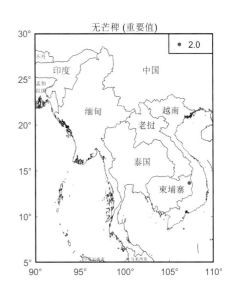

禾本科·穆属

牛筋草 [*Eleusine indica* (L.) Gaertn.]

鉴别特征：一年生草本，根系极发达。秆丛生，基部倾斜。叶鞘两侧压扁而具脊，松弛，无毛或疏生疣毛；叶舌长约1毫米；叶片平展，线形。穗状花序2～7个指状着生于秆顶，很少单生。花果期6—10月。

产地与地理分布：产于中国南北各省区；多生于荒芜之地及道路旁。分布于全世界温带和热带地区。

用途：【药用价值】全草煎水服，可防治乙型脑炎。【饲料价值】全株可作为饲料。【生态价值】为优良保土植物。

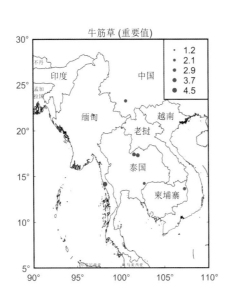

披碱草（*Elymus dahuricus* Turcz.）

鉴别特征：秆疏丛，直立，基部膝曲。叶鞘光滑无毛；叶片扁平，稀可内卷，上面粗糙。穗状花序直立，较紧密；穗轴边缘具小纤毛；小穗绿色，成熟后变为草黄色，含3~5小花；颖披针形或线状披针形，长8~10毫米，先端长达5毫米的短芒，有3~5明显而粗糙的脉；外稃披针形，上部具5条明显的脉，全部密生短小糙毛，第一外稃长9毫米，先端延伸成芒。

产地与地理分布：产于中国东北、内蒙古、河北、河南、山西、陕西、青海、四川、新疆、西藏等省区。多生于山坡草地或路边。苏联、朝鲜、日本与印度西北部、土耳其东部也有分布。

用途：【饲料价值】青饲、青贮或调制干草，均为家畜喜食。【生态价值】本种性耐旱、耐寒、耐碱、耐风沙。

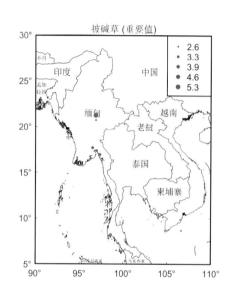

知风草 [*Eragrostis ferruginea* (Thunb.) Beauv.]

鉴别特征：多年生草本，秆丛生或单生，直立或基部膝曲。叶鞘两侧极压扁，基部相互跨覆，均较节间为长，光滑无毛，鞘口与两侧密生柔毛，通常在叶鞘的主脉上生有腺点；叶舌退化为一圈短毛；叶片平展或折叠。圆锥花序大而开展，分枝节密。花果期8—12月。

产地与地理分布：产于中国南北各地；生于路边、山坡草地。分布于朝鲜、日本、东南亚等处。

用途：【药用价值】全草入药可舒筋散瘀。【饲料价值】本种为优良饲料。【生态价值】可作保土固堤之用。

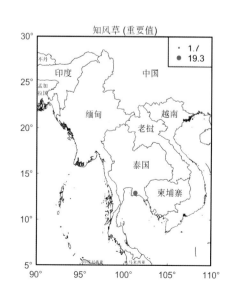

高羊茅 (*Festuca elata* Keng ex E. Alexeev)

鉴别特征：多年生。秆成疏丛或单生，直立，具3~4节。叶鞘光滑，具纵条纹；叶舌膜质，截平；叶片线状披针形。圆锥花序疏松开展；分枝单生，长达15厘米，自近基部处分出小枝或小穗；侧生小穗柄长1~2毫米；小穗长7~10毫米，含2~3花。花果期4—8月。

产地与地理分布：产于中国广西、四川、贵州。生于路旁、山坡和林下。

用途：【观赏价值】高羊茅可用于家庭花园、公共绿地、公园、足球场等运动草坪，高尔夫球场的障碍区，自由区和低养护区的全阳面或半阴面。

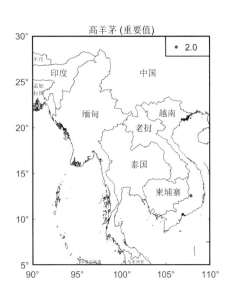

高羊茅 (重要值)

扁穗牛鞭草 [*Hemarthria compressa* (L. f.) R. Br.]

鉴别特征：多年生草本，具横走的根茎；根茎具分枝，节上生不定根及鳞片。叶片线形，两面无毛。总状花序略扁，光滑无毛。花果期夏秋季。

产地与地理分布：产于中国广东、广西、云南；生于海拔2000米以下的田边、路旁湿润处，为一种杂草。印度、中南半岛各国也有分布。

用途：【饲料价值】是牛、羊、兔的优质饲料。

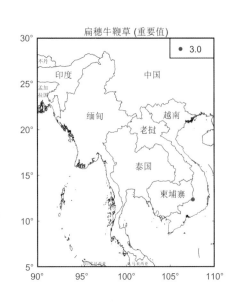

扁穗牛鞭草 (重要值)

白茅 [*Imperata cylindrica* (L.) Beauv.]

鉴别特征: 多年生,具粗壮的长根状茎。秆直立,具1~3节,节无毛。叶鞘聚集于秆基,甚长于其节间,质地较厚,老后破碎呈纤维状;叶舌膜质;秆生叶片长1~3厘米,窄线形,通常内卷,顶端渐尖呈刺状,下部渐窄,或具柄,质硬,被有白粉,基部上面具柔毛。圆锥花序稠密。花果期4—6月。

产地与地理分布: 产于中国辽宁、河北、山西、山东、陕西、新疆等北方地区;生于低山带平原河岸草地、沙质草甸、荒漠与海滨。也分布于非洲北部,土耳其、伊拉克、伊朗、中亚、高加索及地中海区域。

用途:【药用价值】根主治:治吐血、衄血、尿血、小便不利、小便热淋、反胃、热淋涩痛、急性肾炎、水肿、湿热黄疸、胃热呕吐、肺热咳嗽、气喘;花序主治:治衄血、吐血、外伤出血、鼻塞、刀箭金疮、蒙药治尿闭、淋病、水肿、各种出血、中毒症、体虚。

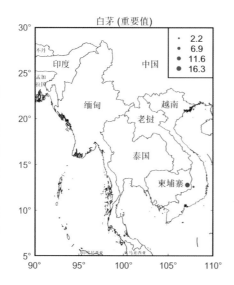

大白茅 (*Imperata cylindrica* var. *major*)

鉴别特征: 多年生草本,具发达多节的长根状茎。秆直立,常不分枝。叶片多数基生,线形;叶舌膜质。圆锥花序顶生,狭窄,紧缩呈穗状。

产地与地理分布: 分布于全世界的热带和亚热带地区。

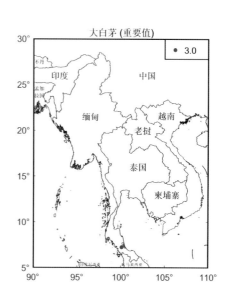

阔叶箬竹 [*Indocalamus latifolius* (Keng) McClure]

鉴别特征：竿高可达2米；节间被微毛；竿环略高，箨环平。箨鞘硬纸质或纸质，下部竿箨者紧抱竿，而上部者则较疏松抱竿，背部常具棕色疣基小刺毛或白色的细柔毛，以后毛易脱落，边缘具棕色纤毛。叶鞘无毛，先端稀具极小微毛，质厚，坚硬，边缘无纤毛；叶舌截形，高1~3毫米，先端无毛或稀具继毛。

产地与地理分布：产于中国山东、江苏、安徽、浙江、江西、福建、湖北、湖南、广东、四川等省。生于山坡、山谷、疏林下。

用途：【经济价值】其叶既可以用作食品包装物（主要用作粽叶和菜品垫盘），又可以用作船舱、斗篷的制作原料，同时还可以用作箬竹酒、饲料、纸品的生产原料；其秆可用作竹筷、毛笔杆、扫帚柄等。**【生态价值】**具备竹类植物强大的固碳功能之外，还具有较强的滞尘、降噪声等其他生态功能。

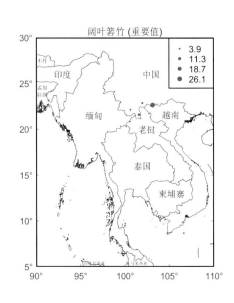

细毛鸭嘴草 [*Ischaemum indicum* (Houtt.) Merr.]

鉴别特征：多年生草本，秆直立或基部平卧至斜升。叶鞘疏生疣毛；叶舌膜质，上缘撕裂状；叶片线形，两面被疏毛。总状花序2（偶见3~4）枚孪生于秆顶。花果期夏秋季。

产地与地理分布：产于中国浙江、福建、台湾、广东、广西、云南等省区；多生于山坡草丛中和路旁及旷野草地。印度、中南半岛和东南亚各国都有分布。

用途：【饲料价值】本种幼嫩时可作饲料。

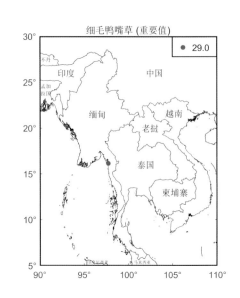

淡竹叶（*Lophatherum gracile*）

鉴别特征：多年生，具木质根头。须根中部膨大呈纺锤形小块根。秆直立，疏丛生，具5~6节。叶鞘平滑或外侧边缘具纤毛；叶舌质硬，褐色，背有糙毛；叶片披针形。圆锥花序；小穗线状披针形。花果期6—10月。

产地与地理分布：产于中国江苏、安徽、浙江、江西、福建、台湾、湖南、广东、广西、四川、云南。生于山坡、林地或林缘、道旁荫蔽处。印度、斯里兰卡、缅甸、马来西亚、印度尼西亚、新几内亚岛及日本均有分布。

用途：【药用价值】叶为清凉解热药，小块根作药用，主治胸中疾热、咳逆上气、吐血、热毒风、止消渴、压丹石毒、消痰、治热狂烦闷、中风失音不语、痛头风、止惊悸、瘟疫迷闷、杀小虫、除热缓脾。【饲料价值】牧草。

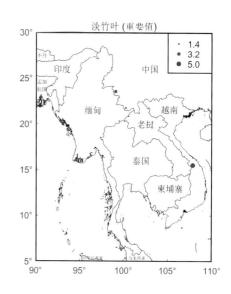

芒（*Miscanthus sinensis* Anderss.）

鉴别特征：多年生苇状草本，秆高1~2米。叶鞘无毛；叶舌膜质；叶片线形，下面疏生柔毛及被白粉，边缘粗糙。圆锥花序直立。花果期7—12月。

产地与地理分布：产于中国江苏、浙江、江西、湖南、福建、台湾、广东、海南、广西、四川、贵州、云南等省区；遍布于海拔1800米以下的山地、丘陵和荒坡原野，常组成优势群落。也分布于朝鲜、日本。

用途：【经济价值】造纸原料等。

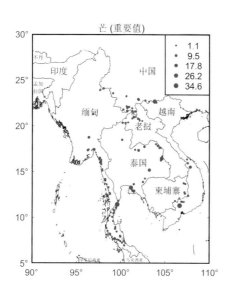

竹叶草 [*Oplismenus compositus* (L.) Beauv.]

鉴别特征: 秆较纤细, 基部平卧地面, 节着地生根。叶鞘短于或上部者长于节间, 近无毛或疏生毛; 叶片披针形至卵状披针形, 基部多少包茎而不对称。圆锥花序。花果期9—11月。

产地与地理分布: 产于中国江西、四川、贵州、台湾、广东、云南等省; 生于疏林下阴湿处。分布全世界东半球热带地区。

用途:【药用价值】全草入药, 夏秋采收, 性味甘、淡、平, 无毒, 能治清肺热、行血、消肿毒、咳嗽吐血、清热利湿。

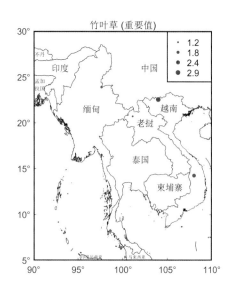

露籽草 [*Ottochloa nodosa* (Kunth) Dandy]

鉴别特征: 多年生; 蔓生草本, 秆下部横卧地面并于节上生根, 上部倾斜直立。叶鞘短于节间, 边缘仅一侧具纤毛; 叶舌膜质; 叶片披针形, 质较薄。圆锥花序多少开展。花果期7—9月。

产地与地理分布: 产于中国广东、广西、福建、台湾、云南等省区; 多生于疏林下或林缘, 海拔100~1700米。印度、斯里兰卡、缅甸、马来西亚和菲律宾等地亦有分布。

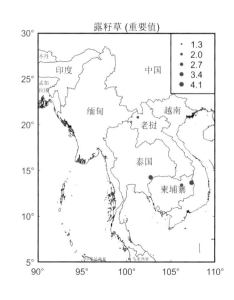

短叶黍（*Panicum brevifolium* L.）

鉴别特征：一年生草本，秆基部常伏卧地面。叶鞘短于节间；叶舌膜质；叶片卵形或卵状披针形，边缘粗糙或基部具疣基纤毛。圆锥花序卵形；小穗椭圆形；颖背部被疏刺毛。花果期5—12月。

产地与地理分布：产于中国福建、广东、广西、贵州、江西、云南等省区；多生于阴湿地和林缘。非洲和亚洲热带地区也有分布。

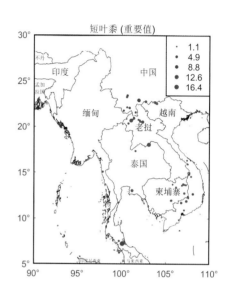

禾本科·黍属

细柄黍（*Panicum psilopodium* Trin.）

鉴别特征：一年生簇生或单生草本，秆直立或基部稍膝曲。叶鞘松弛，无毛，压扁，下部的常长于节间；叶舌膜质，截形；叶片线形。圆锥花序开展；小穗卵状长圆形，长约3毫米，顶端尖，无毛，有柄，顶端膨大，柄长于小。花果期7—10月。

产地与地理分布：产于中国东南部、西南部和西藏等地；生于丘陵灌丛中或荒野路旁。印度至斯里兰卡、菲律宾等地也有分布。

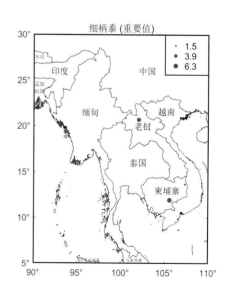

禾本科·黍属

两耳草 (*Paspalum conjugatum* Berg.)

鉴别特征：多年生草本，植株具长达1米的匍匐茎，秆直立部分高30～60厘米。叶鞘具脊，无毛或上部边缘及鞘口具柔毛；叶舌极短，与叶片交接处具长约1毫米的一圈纤毛；叶片披针状线形，质薄，无毛或边缘具疣柔毛。总状花序2枚。花果期5—9月。

产地与地理分布：产于中国台湾、云南、海南、广西；生于田野、林缘、潮湿草地上。全世界热带及温暖地区有分布。

用途：【饲料价值】为一种有价值的牧草。

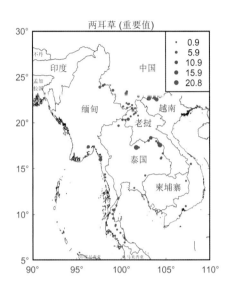

圆果雀稗 (*Paspalum orbiculare* Forst.)

鉴别特征：多年生草本，秆直立，丛生。叶鞘长于其节间，无毛，鞘口有少数长柔毛，基部者生有白色柔毛；叶舌长约1.5毫米；叶片长披针形至线形。总状花序2～10枚；小穗椭圆形或倒卵形。花期6—11月。

产地与地理分布：产于中国江苏、浙江、台湾、福建、江西、湖北、四川、贵州、云南、广西、广东；广泛生于低海拔区的荒坡、草地、路旁及田间。亚洲东南部至大洋洲均有分布。

用途：【药用价值】有清热利尿之效，用于小便不利、水肿、泄泻、痰饮等证。【饲料价值】为各种草食牲畜所喜食。

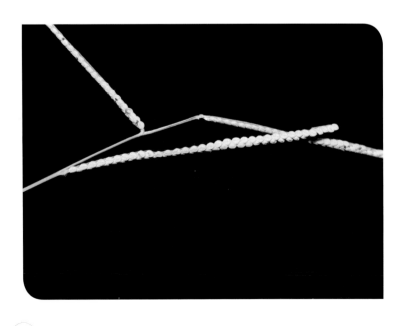

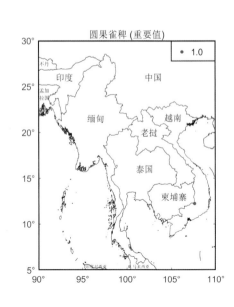

双穗雀稗 [*Paspalum paspaloides* (Michx.) Scribn.]

鉴别特征:多年生。匍匐茎横走、粗壮,节生柔毛。叶鞘短于节间,背部具脊,边缘或上部被柔毛;叶舌无毛;叶片披针形,无毛。总状花序2枚对连。花果期5—9月。

产地与地理分布:产于中国江苏、台湾、湖北、湖南、云南、广西、海南等地;生于田边路旁,曾作一优良牧草引种,但在局部地区为造成作物减产的恶性杂草。全世界热带、亚热带地区均有分布。

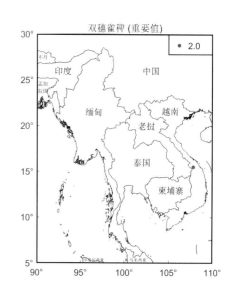

双穗雀稗 (重要值)

雀稗 (*Paspalum thunbergii* Kunth ex Steud.)

鉴别特征:多年生。秆直立,丛生,节被长柔毛。叶鞘具脊,长于节间,被柔毛;叶舌膜质;叶片线形,两面被柔毛。总状花序3~6枚形成总状圆锥花序。花果期5—10月。

产地与地理分布:产于中国江苏、浙江、台湾、福建、江西、湖北、湖南、四川、贵州、云南、广西、广东等地;生于荒野潮湿草地。日本、朝鲜均有分布。

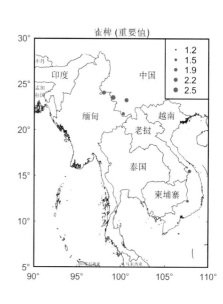

雀稗 (重要值)

禾本科·雀稗属

狼尾草 [*Pennisetum alopecuroides* (L.) Spreng.]

鉴别特征：多年生。须根较粗壮。秆直立，丛生，在花序下密生柔毛。叶鞘光滑，两侧压扁，主脉呈脊；叶片线形，基部生疣毛。圆锥花序直立。花果期夏秋季。

产地与地理分布：中国自东北、华北、华东、中南及西南各省区均有分布；多生于海拔50～3200米的田埂、荒地、道旁及小山坡上。日本、印度、朝鲜、缅甸、巴基斯坦、越南、菲律宾、马来西亚、大洋洲及非洲也有分布。

用途：【经济价值】编织或造纸的原料，也常作为土法打油的油把子。【饲料价值】可作为饲料。【生态价值】可作为固堤防沙植物。

禾本科·狼尾草属

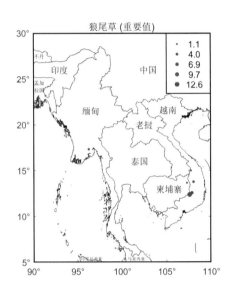

象草（*Pennisetum purpureum* Schum.）

鉴别特征：多年生丛生大型草本，有时常具地下茎。秆直立，高2～4米。叶鞘光滑或具疣毛；叶舌短小；叶片线形，扁平，质较硬。圆锥花序；小穗通常单生或2～3簇生，披针形。花果期8—10月。

产地与地理分布：原产于非洲。引种栽培至印度、缅甸、大洋洲及美洲。中国江西、四川、广东、广西、云南等地已引种栽培成功，江苏省近年由南京中山植物园解决了越冬问题，也已推广到有关乡镇。

用途：【经济价值】曾用象草制造有光纸、单胶纸和火柴纸，各项物理指标均达到标准；其可用于乙醇、沼气和电能的生产。【饲料价值】是野生和家养动物的良好饲料；象草多作青刈饲料，也可青贮或调制成干草。【生态价值】作为生态系统的主体，既能涵水源、净空气、调气候，又能保持水土、固堤护坡。

禾本科·狼尾草属

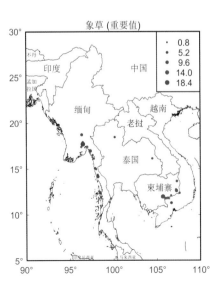

牧地狼尾草 [*Pennisetum setosum* (Swartz) Rich.*]

鉴别特征：多年生。根茎短刁、秆丛生。叶鞘疏松，有硬毛，边缘具纤毛，老后常宿存基部；叶舌为一圈长约1毫米的纤毛；叶片线形。圆锥花序为紧圆柱状；刚毛不等。小穗卵状披针形；第一颖退化；第二颖与第一外稃略与小穗等长，具5脉，先端3丝裂。

产地与地理分布：分布美洲、非洲热带地区，但已引入许多国家。中国台湾及海南已引种而归化，常见于山坡草地。

用途：【药用价值】具有清肺止咳、凉血明目等功效，用于肺热咳、咯血、目赤肿痛、痈肿疮毒。【经济价值】编织或造纸的原料。【饲料价值】是一种高档的饲料牧草，为牛、羊、兔、鹅、鱼等动物所喜食；作为草食畜类和鱼类良好的饲料来源。【生态价值】可作为固堤防沙植物。

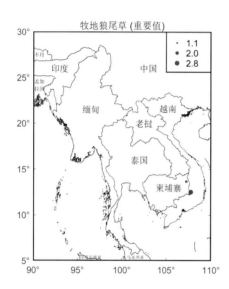

牧地狼尾草 (重要值)

禾本科·狼尾草属

显子草 (*Phaenosperma globosa* Munro ex Benth.*)

鉴别特征：多年生。根较稀疏而硬。秆单生或少数丛生，光滑无毛，直立，坚硬，高100~150厘米，具4~5节。叶鞘光滑，通常短于节间。花果期5—9月。

产地与地理分布：产于中国甘肃、西藏、陕西、华北、华东、中南、西南等省区；生于山坡林下、山谷溪旁及路边草丛，海拔150~1800米。日本和朝鲜也有分布。

用途：【药用价值】具有补虚健脾、活血调经之功效，用于病后体虚、经闭。

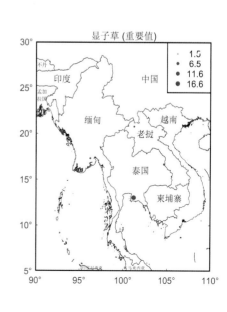

显子草 (重要值)

禾本科·显子草属

芦苇

[*Phragmites australis* (Cav.) Trin. ex Steud.]

鉴别特征：多年生，根状茎十分发达。秆直立，高1~3 (8)米，具20多节，节下被蜡粉。叶鞘下部者短于而上部者，长于其节间；小穗含4花；颖具3脉。

产地与地理分布：产于中国全国各地。生于江河湖泽、池塘沟渠沿岸和低湿地。为全球广泛分布的多型种。除森林生境不生长外，各种有水源的空旷地带，常以其迅速扩展的繁殖能力，形成连片的芦苇群落。

用途：【药用价值】根状茎供药用。【经济价值】秆为造纸原料或作编席织帘及建棚材料。【饲料价值】茎、叶嫩时为饲料。【生态价值】为固堤造陆先锋环保植物。

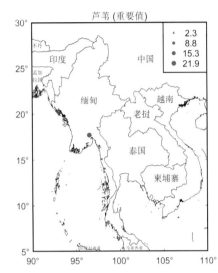

红毛草 [*Rhynchelytrum repens* (Willd.) Hubb.]

鉴别特征：多年生。根茎粗壮。秆直立，常分枝，高可达1米，节间常具疣毛，节具软毛。叶鞘松弛，大都短于节间，下部亦散生疣毛；叶舌为长约1毫米的柔毛组成；叶片线形。圆锥花序开展，长10~15厘米。花果期6—11月。

产地与地理分布：原产于南非；中国广东、台湾等省有引种，已归化。现在全世界热带地区有分布。

用途：【药用价值】具有清肺热、消肿毒等功效，治肺热咳嗽吐血、乳痈、肿毒。

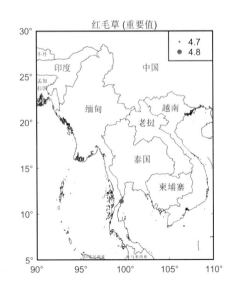

斑茅（*Saccharum arundinaceum* Retz.）

鉴别特征：多年生高大丛生草本，秆粗壮，高2~4（~6）米。叶鞘长于其节间，基部或上部边缘和鞘口具柔毛；叶舌膜质；叶片宽大，线状披针形。圆锥花序大型，稠密；总状花序轴节间与小穗柄细线形，长3~5毫米，被长丝状柔毛，顶端稍膨大。花果期8—12月。

产地与地理分布：产于中国河南、陕西、浙江、江西、湖北、湖南、福建、台湾、广东、海南、广西、贵州、四川、云南等省区；生于山坡和河岸溪涧草地。也分布于印度、缅甸、泰国、越南、马来西亚。

用途：【经济价值】秆可编席和造纸。【饲料价值】嫩叶可供牛马的饲料。【生态价值】在育种有性杂交上利用其分蘖力强、高大丛生、抗旱性强等特性。

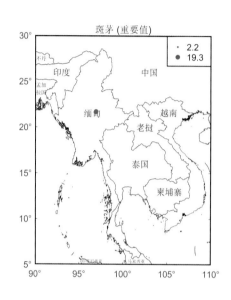

斑茅 (重要值)

禾本科·甘蔗属

莠狗尾草 [*Setaria geniculata* (Lam.) Beauv.]

鉴别特征：多年生，丛生。具短节状根茎或根头。秆直立或基部膝曲，高30~90厘米。叶鞘压扁具脊，近基部常具枯萎纤维的老叶鞘，鞘背无毛，边缘无纤毛；叶舌为一圈短纤毛。圆锥花序稠密呈圆柱状。花果期2—11月。

产地与地理分布：产于中国广东、广西、福建、台湾、云南、江西、湖南等省区；生于海拔1500米以下的山坡、旷野或路边的干燥或湿地。分布于两半球的热带和亚热带。

用途：【药用价值】全草入药可清热利湿。【饲料价值】植物体可作为牲畜饲料。

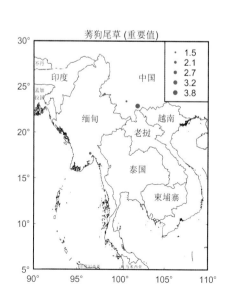

莠狗尾草 (重要值)

禾本科·狗尾草属

棕叶狗尾草 [*Setaria palmifolia* (Koen.) Stapf]

鉴别特征： 多年生草本，具根茎，须根较坚韧。秆直立或基部稍膝曲，具支柱根。叶鞘松弛，具密或疏疣毛；叶舌长约1毫米；叶片纺锤状宽披针形。圆锥花序主轴延伸甚长，呈开展或稍狭窄的塔形。花果期8—12月。

产地与地理分布： 产于中国浙江、江西、福建、台湾、湖北、湖南、贵州、四川、云南、广东、广西、西藏等省区；生于山坡或谷地林下阴湿处。原产于非洲，广布于大洋洲、美洲和亚洲的热带和亚热带地区。

用途：【药用价值】根可药用治脱肛、子宫脱垂。【食用价值】颖果含淀粉丰富，可供食用。

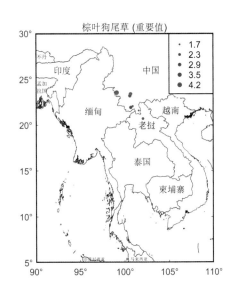

皱叶狗尾草 [*Setaria plicata* (Lam.) T. Cooke]

鉴别特征： 多年生草本，须根细而坚韧，少数具鳞芽。秆通常瘦弱，直立或基部倾斜；节和叶鞘与叶片交接处，常具白色短毛。叶鞘背脉常呈脊，密或疏生较细疣毛或短毛；叶舌边缘密生长1~2毫米纤毛；叶片质薄。圆锥花序狭长圆形或线形。花果期6—10月。

产地与地理分布： 产于中国江苏、浙江、安徽、江西、福建、台湾、湖北、湖南、广东、广西、四川、贵州、云南等省区；生于山坡林下、沟谷地阴湿处或路边杂草地上。印度、尼泊尔、斯里兰卡、马来西亚、马来群岛、日本南部也有分布。

用途：【食用价值】果实成熟时，可供食用。

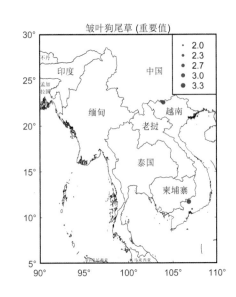

狗尾草 [*Setaria viridis* (L.) Beauv.]

鉴别特征：一年生草本，根为须状，高大植株具支持根。秆直立或基部膝曲。叶鞘松弛；叶舌极短；叶片扁平。圆锥花序紧密呈圆柱状或基部稍疏离，直立或稍弯垂，主轴被较长柔毛，通常绿色或褐黄到紫红或紫色。花果期5—10月。

产地与地理分布：产于中国全国各地；生于海拔4000米以下的荒野、道旁，为旱地作物常见的一种杂草。原产于欧亚大陆的温带和暖温带地区，现广布于全世界的温带和亚热带地区。

用途：【药用价值】也可入药，治痈瘀、面癣；全草加水煮沸20分钟后，滤出液可喷杀菜虫。【饲料价值】秆、叶可作为饲料。

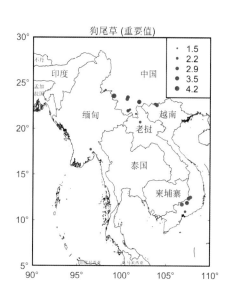

禾本科·狗尾草属

鼠尾粟 [*Sporobolus fertilis* (Steud.) W. D. Clayt.]

鉴别特征：多年生草本，须根较粗壮且较长。秆直立，丛生。叶鞘疏松裹茎，基部者较宽；叶舌极短，纤毛状；叶片质较硬。圆锥花序较紧缩呈线形，常间断。花果期3—12月。

产地与地理分布：产于中国华东、华中、西南、陕西、甘肃、西藏等省区；生于海拔120～2600米的田野路边、山坡草地及山谷湿处和林下。分布于印度、缅甸、斯里兰卡、泰国、越南、马来西亚、印度尼西亚、菲律宾、日本、苏联等地。

用途：【药用价值】具有清热、凉血、解毒、利尿之功效，用于流脑、乙脑高热神昏、传染性肝炎、黄疸、痢疾、热淋、尿血、乳痈。

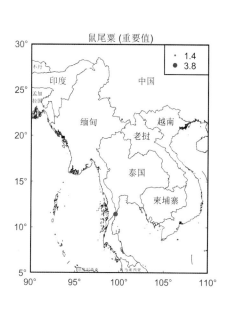

禾本科·鼠尾粟属

泰竹 [*Thyrsostachys siamensis* (Kurz ex Munro) Gamble]

鉴别特征：竿直立，形成极密的单一竹丛，高8~13米，梢头劲直或略弯曲；节间长15~30厘米；叶鞘具白色贴生刺毛，边缘生纤毛；叶耳很小或缺；叶舌高约1毫米，上缘具纤毛；叶片窄披针形，长9~18厘米，宽0.7~1.5厘米，两表面均无毛，或幼时在下表面具柔毛。

产地与地理分布：产于缅甸和泰国，马来西亚有栽培。中国台湾、福建、广东及云南有栽培，并在云南西南部至南部较常见。

用途：【食用价值】笋食用。【经济价值】多用于制作伞柄。【观赏价值】具有很高的观赏价值。

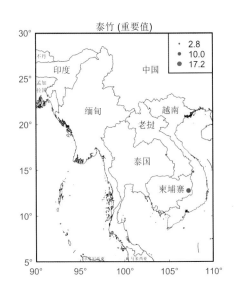

泰竹 (重要值)

棕叶芦 (*Thysanolaena maxima*)

鉴别特征：多年生，丛生草本，秆高2~3米，直立粗壮，具白色髓部，不分枝。叶鞘无毛；叶舌长1~32毫米，质硬，截平；叶片披针形，长20~50厘米，宽3~8厘米，具横脉，顶端渐尖，基部心形，具柄。圆锥花序大型，柔软，长达50厘米。一年有两次花果期，春夏或秋季。

产地与地理分布：产于中国台湾、广东、广西、贵州。生于山坡、山谷或树林下和灌丛中。印度、中南半岛、印度尼西亚、新几内亚岛有分布。北美引种。

用途：【食用价值】叶可裹粽。【经济价值】用作篱笆或造纸，花序用作扫帚。【观赏价值】栽培作绿化观赏用。

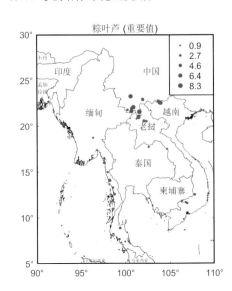

棕叶芦 (重要值)

槟榔（*Areca catechu* L.）

鉴别特征：茎直立，乔木状，有明显的环状叶痕。叶簇生于茎顶，羽片多数，狭长披针形。雌雄同株，花序多分枝，花序轴粗壮压扁，分枝曲折，长25～30厘米。花果期3—4月。

产地与地理分布：产于中国云南、海南及台湾等热带地区。亚洲热带地区广泛栽培。

用途：【药用价值】槟榔具有杀虫、破积、降气行滞、行水化湿的功效，曾被用来治疗绦虫、钩虫、蛔虫、蛲虫、姜片虫等寄生虫感染。【经济价值】槟榔经济价值高。

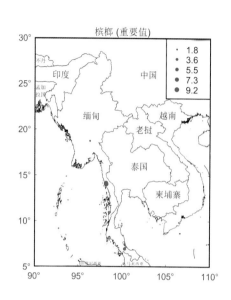

白藤（*Calamus tetradactylus* Hance）

鉴别特征：攀缘藤本，丛生。叶羽状全裂；羽片少；叶柄很短，无刺或具少量皮刺；叶油，三棱形；叶鞘上稍具囊状凸起，无刺或少刺，幼龄时具丝状纤鞭。雌雄花序异型，雄花序部分三回分枝，长约50厘米，具少数几个分枝花序，下部的长约8厘米。花果期5—6月。

产地与地理分布：产于中国福建、广东南部及西南部、香港、海南及广西南部。越南也产。

用途：【经济价值】可供编织藤器。

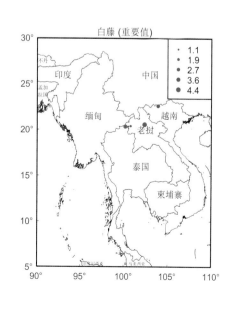

毛鳞省藤（*Calamus thysanolepis* Hance）

鉴别特征：几无茎，丛生，高2～3米。叶羽状全裂；羽片多数，两面黄绿色；叶轴背面具稍短的单生的爪状刺；叶柄下部近圆柱形；叶鞘非筒状并渐延伸为叶柄，不具囊状凸起。雄花序为部分三回分枝，约有6个分枝花序；一级佛焰苞为薄片状苞片；二级佛焰苞亦成纤维状。花期6—7月，果期9—10月。

产地与地理分布：产于中国浙江、江西、福建、广东等地。

用途：【经济价值】可供编织各种藤器、家具，是手工业的重要原料。

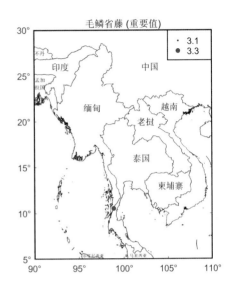

柳条省藤（*Calamus viminalis* Willd.）

鉴别特征：攀缘藤本，丛生，带鞘茎粗2～3厘米，裸茎粗约1.5厘米。叶羽状全裂，长1～1.5米，顶端不具纤鞭；羽片2～4片成组着生，指向不同方向，狭披针形，长15～40厘米，宽1.5～2.8厘米，约3条叶脉，中脉尖突，其余叶脉较细，两面均被微刺，边缘亦具微刺；果期4月。

产地与地理分布：原产于印度尼西亚的爪哇。

用途：【经济价值】可供编织。【观赏价值】柳条省藤在勐腊的傣族村寨中常见栽培。

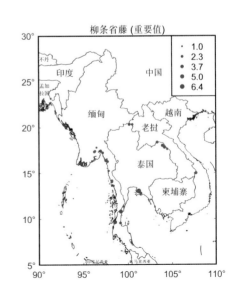

短穗鱼尾葵（*Caryota mitis* Lour.）

鉴别特征：丛生，小乔木状，高5～8米；茎绿色，表面被微白色的毡状茸毛。叶长3～4米，下部羽片小于上部羽片；羽片呈楔形或斜楔形，外缘笔直，老叶近革质；叶柄被褐黑色的毡状茸毛；叶鞘边缘具网状的棕黑色纤维。佛焰苞与花序被糠秕状鳞秕，花序短。花期4～6月，果期8—11月。

产地与地理分布：产于中国海南、广西等省区。生于山谷林中或植于庭园。越南、缅甸、印度、马来西亚、菲律宾、印度尼西亚（爪哇）亦有分布。

用途：【食用价值】可供食用，供制糖或酿酒。

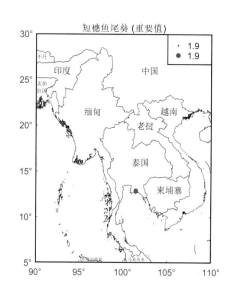

单穗鱼尾葵（*Caryota monostachya* Becc.）

鉴别特征：茎丛生，矮小，高2～4米，绿色，表面不被微白色的毡状茸毛。叶长2.5～3.5米；羽片楔形或斜楔形，老叶近革质，外缘常为笔直，内缘弧曲或不规则的齿缺，且延伸成尾尖；叶柄近圆形；叶鞘具细条纹，边缘具网状的褐色纤维。佛焰苞管状；雄花蕾时短圆锥状。花期3—5月，果期7—10月。

产地与地理分布：产于中国广东、广西、贵州、云南等省区。生于海拔130～1600米的山坡或沟谷林中。越南、老挝也有分布。

用途：【经济价值】种子榨油可作工业添加剂。【观赏价值】适于庭园栽培，供观赏。

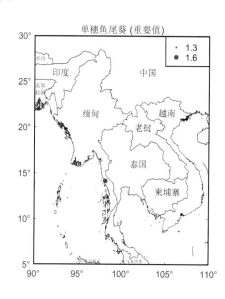

棕榈科·鱼尾葵属

鱼尾葵（*Caryota ochlandra* Hance）

鉴别特征：乔木状，高10～15（～20）米，茎绿色，被白色的毡状茸毛，具环状叶痕。叶长3～4米，幼叶近革质，老叶厚革质。佛焰苞与花序无糠秕状的鳞秕。花期5—7月，果期8—11月。

产地与地理分布：产于中国福建、广东、海南、广西、云南等省区。生于海拔450～700米的山坡或沟谷林中。亚热带地区有分布。

用途：【药用价值】根和茎治感冒、发热、咳嗽、肺结核、胸痛、小便不利，外敷治跌打损伤、骨折《基诺药》。【经济价值】可作桄榔粉的代用品；可作手杖和筷子等工艺品。【观赏价值】可作庭园绿化植物。

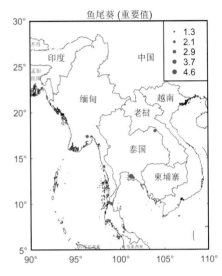

鱼尾葵 (重要值)

·	1.3
·	2.1
·	2.9
·	3.7
●	4.6

散尾葵（*Chrysalidocarpus lutescens* H. Wendl.）

鉴别特征：丛生灌木，高2～5米，基部略膨大。叶羽状全裂，羽片40～60对，2列，黄绿色，表面有蜡质白粉，披针形；叶柄及叶轴光滑，黄绿色，上面具沟槽，背面凸圆；叶鞘长而略膨大，通常黄绿色。花序生于叶鞘之下，呈圆锥花序式。花期5月，果期8月。

产地与地理分布：原产于马达加斯加。中国南方一些园林单位常见栽培。

用途：【观赏价值】是很好的庭园绿化树种。

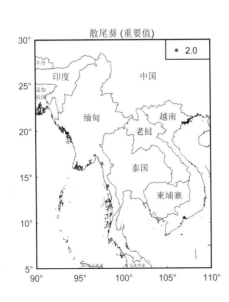

散尾葵 (重要值)

| · | 2.0 |

椰子（*Cocos nucifera* L.）

鉴别特征：植株高大，乔木状，高15～30米，茎粗壮，有环状叶痕，基部增粗，常有簇生小根。叶羽状全裂，长3～4米；裂片多数，外向折叠，革质，线状披针形；叶柄粗壮。花序腋生；佛焰苞纺锤形，厚木质。花果期主要在秋季。

产地与地理分布：椰子主要产于中国广东南部诸岛及雷州半岛、海南、台湾及云南南部热带地区。

用途：【药用价值】根可入药。【食用价值】热带水果食用；椰子水是一种可口的清凉饮料；还可加工各种糖果、糕点；是组织培养的良好促进剂。【经济价值】椰壳可制成各种器皿和工艺品，也可制活性炭；椰纤维可制毛刷、地毯、缆绳等；树干可作建筑材料；叶子可盖屋顶或编织。【观赏价值】是热带地区绿化美化环境的优良树种。

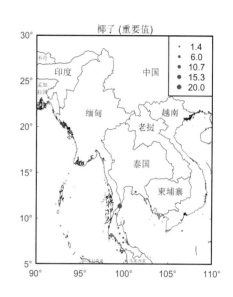

椰子 (重要值)

- · 1.4
- · 6.0
- · 10.7
- ● 15.3
- ● 20.0

棕榈科·椰子属

油棕（*Elaeis guineensis* Jacq.）

鉴别特征：直立乔木状，高达10米或更高，叶多，羽状全裂，簇生于茎顶；叶柄宽。花雌雄同株异序，雄花序由多个指状的穗状花序组成。花期6月，果期9月。

产地与地理分布：原产于非洲热带地区。中国台湾、海南及云南热带地区有栽培。

用途：【食用价值】其油可供食用，特别是用于食品工业。【经济价值】其油可供工业用。

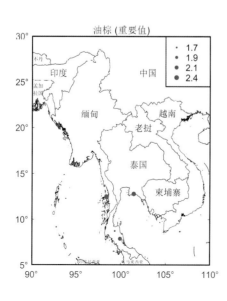

油棕 (重要值)

- · 1.7
- · 1.9
- ● 2.1
- ● 2.4

棕榈科·油棕属

东方轴榈 (*Licuala robinsoniana*)

鉴别特征: 灌木,茎丛生或单生,具环状叶痕。叶片多少呈圆形或扇形,叶鞘纤维质。花序生于叶腋;花小,两性;苞片或小苞片很小或不明显;花萼杯状或管状,3齿裂或不整齐地劈裂;花冠3深裂,镊合状排列。

产地与地理分布: 分布于亚洲热带地区、澳大利亚和太平洋群岛。

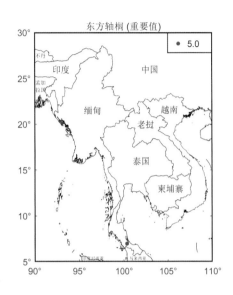

蒲葵 [*Livistona chinensis* (Jacq.) R. Br.]

鉴别特征: 乔木状,高5~20米,基部常膨大。叶阔肾状扇形,直径达1米多,掌状深裂至中部,裂片线状披针形。花序呈圆锥状,粗壮,长约1米,总梗上有6~7个佛焰苞,每分枝花序基部有1个佛焰苞,分枝花序具2次或3次分枝,小花枝长10~20厘米。花果期4月。

产地与地理分布: 产于中国南部。中南半岛也有分布。

用途: 【药用价值】蒲葵子为蒲葵种子,性味平、淡,具有败毒抗癌、消瘀止血之功效,民间常用其治疗白血病、鼻咽癌、茸毛膜癌、食道癌。【经济价值】可用其嫩叶编制葵扇;叶裂片的肋脉可制牙签;葵叶已作为加工蓑衣、船篷、盖房顶的遮盖物和制成精美的蒲葵扇以及高级工艺品。【观赏价值】是热带、亚热带地区重要绿化树种。

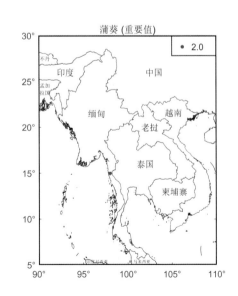

棕榈科·轴榈属

棕榈科·蒲葵属

棕竹 [*Rhapis excelsa* (Thunb.) Henry ex Rehd.]

鉴别特征: 丛生灌木,高2~3米,茎圆柱形,有节。叶掌状深裂,裂片4~10片。花序长约30厘米,总花序梗及分枝花序基部各有1枚佛焰苞包着,密被褐色弯卷茸毛。种子球形,胚位于种脊对面近基部。花期6—7月。

产地与地理分布: 产于中国南部至西南部。日本亦有分布。

用途:【药用价值】根及叶鞘纤维入药。【观赏价值】是庭园绿化的好材料。

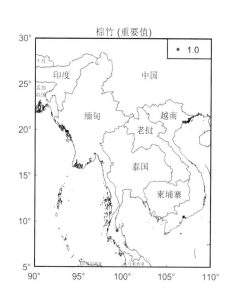

棕竹 (重要值)

棕榈科·棕竹属

尖尾芋(*Alocasia cucullata*)

鉴别特征: 直立草本,地上茎圆柱形,黑褐色,具环形叶痕,通常由基部伸出许多短缩的芽条,发出新枝,成丛生状。叶柄绿色;叶片膜质至亚革质,深绿色,背稍淡,宽卵状心形。花序柄圆柱形,稍粗壮,常单生,长20~30厘米。花期5月。

产地与地理分布: 在中国浙江、福建、广西、广东、四川、贵州、云南等地星散分布,海拔2000米以下,生于溪谷湿地或田边,有些地方栽培于庭园或药圃。孟加拉国、斯里兰卡、缅甸、泰国也有分布。

用途:【药用价值】全株药用,为治毒蛇咬伤要药,能清热解毒、消肿镇痛,可治流感、高烧、肺结核、急性胃炎、胃溃疡、慢性胃病、肠伤寒,外用治毒蛇咬伤、蜂窝组织炎、疮疖、风湿等;福建用全草治秃发病;本品有毒,内服久煎6小时以上方可避免中毒。

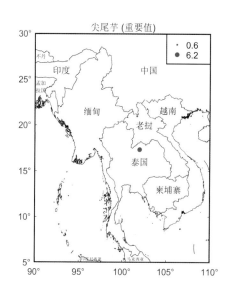

尖尾芋 (重要值)

天南星科·海芋属

箭叶海芋（*Alocasia longiloba*）

鉴别特征：多年生上升草本；根茎圆柱形，下部生细圆柱形须根，上部被宿存叶鞘。叶柄绿色，基部强烈扩大呈鞘状，向上渐狭；叶片绿色或幼时表面淡蓝绿色。佛焰苞淡绿色。果时长达5厘米，粗约2厘米。果期8—10月。

产地与地理分布：分布于中国云南南部、广东、海南，广州有栽培，海拔90~1020米，生于林下或灌丛。中南半岛、马来半岛、加里曼丹岛和印度尼西亚爪哇都有。

用途：【药用价值】因分布数量少，药用较少，民间主要用其汁液涂家畜伤口，消炎灭菌。【饲料价值】，可作为畜禽饲料，具有较好的饲用价值。【观赏价值】具有较高的观赏价值。

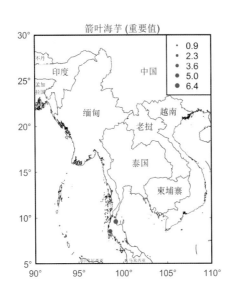

海芋（*Alocasia macrorrhiza*）

鉴别特征：大型常绿草本植物，具匍匐根茎。叶多数，叶柄绿色或污紫色，螺状排列，粗厚，长可达1.5米，基部连鞘宽5~10厘米，展开；叶片亚革质，草绿色。花期四季，但在密阴的林下常不开花。

产地与地理分布：产于中国江西、福建、台湾、湖南、广东、广西、四川、贵州、云南等地的热带和亚热带地区，海拔1700米以下，常成片生长于热带雨林林缘或河谷野芭蕉林下。国外自孟加拉国、印度东北部至马来半岛、中南半岛以及菲律宾、印度尼西亚都有，也有栽培的。

用途：【药用价值】根茎供药用，对腹痛、霍乱、疝气等有良效，又可治肺结核、风湿关节炎、气管炎、流感、伤寒、风湿心脏病；外用治疗疮肿毒、蛇虫咬伤、烫火伤。调煤油外用治神经性皮炎。兽医用以治牛伤风、猪丹毒。

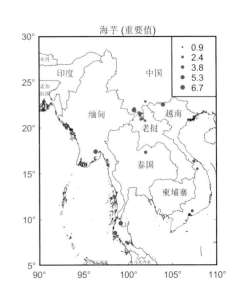

滇磨芋（*Amorphophallus yunnanensis* Engl.）

鉴别特征：块茎球形，顶部下凹。叶单生，直立，绿色，具绿白色斑块；叶片3全裂，裂片二歧羽状分裂。花序柄长25～40厘米，粗1厘米，绿褐色，有绿白色斑块，基部的鳞叶卵形、披针形至线形，最外的长4～5厘米，宽4厘米，内面的渐长，膜质，绿色，有斑纹。佛焰苞干时膜质至纸质，部分为舟状。花期4—5月。

产地与地理分布：产于中国广西西部、贵州南部和云南中部、西部及南部，海拔200～2000米，生于山坡密林下、河谷疏林及荒地。泰国北部也有分布。

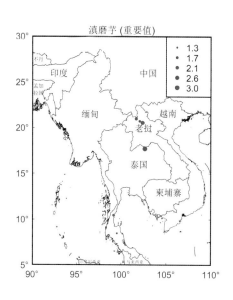

东川磨芋（*Amorphophallus mairei* Levl.）

鉴别特征：块茎扁球形，直径4～8厘米，顶部中央明显下凹成圆窝。叶柄及花序柄基部均围以膜质鳞叶，内面鳞叶椭圆形。叶片3全裂，裂片2～3次羽状深裂，小裂片椭圆形，基部宽楔形，外侧下延。佛焰苞大，直立，倒钟形。肉穗花序远长于佛焰苞。花期3月。

产地与地理分布：产于中国云南东北部。老挝也有分布。

用途：【药用价值】块茎入药能解毒消肿，灸后健胃、消饱胀、治流火、疔疮、无名肿毒、瘰疬、眼镜蛇咬伤、烫火伤、间日疟、乳痈、腹中痞块、疔癀高烧、疝气等；全株有毒，以块茎为最，中毒后舌、喉灼热、痒痛、肿大；民间用醋加姜汁少许，内服或含漱，可以解救。【食用价值】块茎可加工成磨芋豆腐（又称褐腐）供蔬食。【经济价值】可用作浆纱、造纸、瓷器或建筑等的胶黏剂。

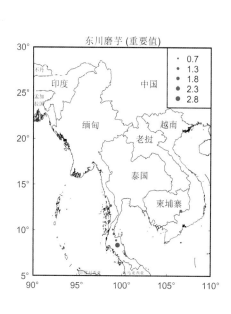

天南星科·磨芋属

天南星 (*Arisaema heterophyllum* Blume)

鉴别特征: 块茎扁球形。鳞芽4~5, 膜质。叶常单1, 叶柄圆柱形, 粉绿色; 叶片鸟足状分裂, 裂片13~19。佛焰苞管部圆柱形, 粉绿色, 内面绿白色, 喉部截形, 外缘稍外卷。花期4—5月, 果期7—9月。

产地与地理分布: 除西北、西藏外, 大部分省区都有分布, 海拔2700米以下, 生于林下、灌丛或草地。日本、朝鲜也有分布。

用途: 【药用价值】能解毒消肿、祛风定惊、化痰散结; 主治面神经麻痹、半身不遂、小儿惊风、破伤风、癫痫; 外用治疗疮肿毒、毒蛇咬伤、灭蝇蛆; 用胆汁处理过的称胆南星, 主治小儿痰热、惊风抽搐; 近年来用鲜南星制成南星阴道栓剂或南星宫颈管栓剂治疗宫颈癌有良效。【经济价值】可制酒精、糊料, 但有毒, 不可食用。

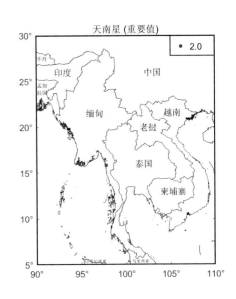

山珠南星 (*Arisaema yunnanense* Buchet)

鉴别特征: 块茎扁球形或近球形, 直径0.5~4厘米。鳞叶钝, 具短尖头。 叶1 (~2), 下部1/6~1/7鞘状, 鞘端钝圆。幼株叶片全缘, 长圆状三角形。成年植株叶片3全裂, 椭圆形或椭圆状披针形。花期5—7月, 果8—9月成熟。

产地与地理分布: 中国特有, 产于中国云南各地至四川西半部和贵州西半部, 常见于海拔700~3200米的松林、松栎混交林、荒坡、荒地至高山草地。

用途: 【药用价值】块茎入药, 云南普遍作半夏用, 称山珠半夏。【饲料价值】良好的猪饲料。

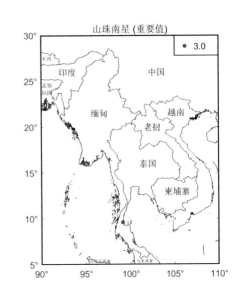

五彩芋 [*Caladium bicolor* (Ait.) Vent.]

鉴别特征：块茎扁球形。叶柄光滑，上部被白粉；叶片表面满布各色透明或不透明斑点，背面粉绿色，戟状卵形至卵状三角形。花序柄短于叶柄。佛焰苞管部卵圆形，外面绿色，内面绿白色、基部常青紫色。

产地与地理分布：本种叶片色泽美丽，变种极多，适于温室栽培观赏，中国广东、福建、台湾、云南常栽培，也有逸生的。原产于南美亚马孙河流域。

用途：【药用价值】根入药，外用治骨折（云南河口）。

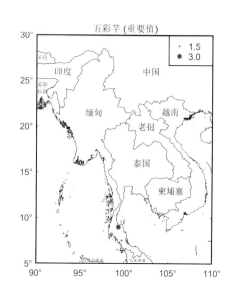

野芋 (*Colocasia antiquorum* Schott)

鉴别特征：湿生草本，块茎球形，有多数须根；匍匐茎常从块茎基部外伸，长或短，具小球茎。叶柄肥厚，直立；叶片薄革质。花序柄比叶柄短许多。佛焰苞苍黄色，管部淡绿色，长圆形。

产地与地理分布：产于中国江南各省，常生长于林下阴湿处，也有栽培的。

用途：【药用价值】块茎（有毒）供药用，外用治无名肿毒、疥疮、吊脚癀（大腿深部脓肿）、痈肿疮毒、虫蛇咬伤、急性颈淋巴结炎（贵州、江西）。

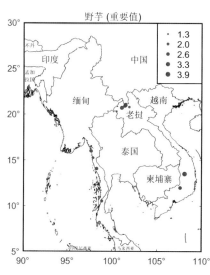

芋 [*Colocasia esculenta* (L) . Schott]

鉴别特征: 湿生草本,块茎通常卵形,常生多数小球茎,均富含淀粉。叶2~3枚或更多。花序柄常单生,短于叶柄。佛焰苞长短不一,管部绿色,长卵形;檐部披针形或椭圆形,展开呈舟状,边缘内卷,淡黄色至绿白色。花期2—4月(云南)至8—9月(秦岭)。

产地与地理分布: 原产于中国和印度、马来半岛等地热带地方。中国南北长期以来进行栽培。埃及、菲律宾、印度尼西亚爪哇等热带地区也盛行栽种,视为主要食料。喜马拉雅山地至泰国、越南也有分布。

用途:【药用价值】块茎入药可治乳腺炎、口疮、痈肿疔疮、颈淋巴结核、烧烫伤、外伤出血,叶可治荨麻疹、疮疥。【食用价值】块茎可食,可作羹菜,也可代粮或制淀粉。【经济价值】可用作浆纱、造纸、瓷器或建筑等的胶黏剂。【饲料价值】全株为常用的猪饲料。

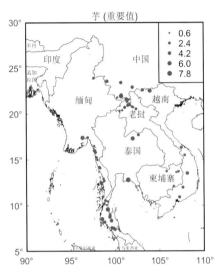

大野芋 [*Colocasia gigantea* (Blume) Hook. f.]

鉴别特征: 多年生常绿草本,根茎倒圆锥形,直立。叶丛生,叶柄淡绿色,具白粉;叶片长圆状心形、卵状心形。花序柄近圆柱形,常5~8枚并列于同一叶柄鞘内;鳞叶膜质,披针形。佛焰苞管部绿色,椭圆状。花期4—6月,果9月成熟。

产地与地理分布: 产于中国云南、广西、广东、福建、江西,海拔100~700米,常见于沟谷地带,特别是石灰岩地区,生于林下湿地或石缝中;多与海芋混生组成群落。浙江、上海、安徽、四川等地的庭园和寺庙常有栽培。马来半岛和中南半岛也有分布。

用途:【药用价值】根茎入药,能解毒消肿、祛痰镇痉。

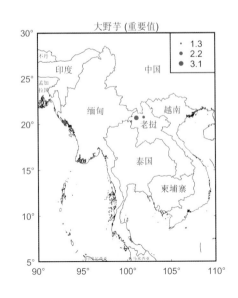

紫芋（*Colocasia tonoimo* Nakai）

鉴别特征：块茎粗厚，可食；侧生小球茎若干枚，倒卵形，表面生褐色须根。叶1～5，由块茎顶部抽出；叶片盾状，卵状箭形，深绿色，基部具弯缺。花序柄单1，佛焰苞绿色或紫色，向上缢缩、变白色；檐部厚，席卷成角状金黄色，基部前面张开。花期7—9月。

产地与地理分布：各地栽培。日本也有分布，系引自中国。

用途：【食用价值】块茎、叶柄、花序均可作蔬菜。

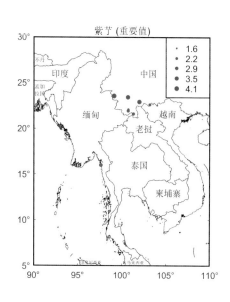

紫芋（重要值）

天南星科·芋属

绿萝（*Epipremnum aureum*）

鉴别特征：高大藤本，茎攀缘，节间具纵槽；多分枝，枝悬垂。幼枝鞭状；鞘革质，宿存；下部叶片大，纸质，宽卵形。成熟枝上叶柄粗壮，基部稍扩大，上部关节长2.5～3厘米，稍肥厚，叶片薄革质，翠绿色，不等侧的卵形或卵状长圆形，先端短渐尖，基部深心形。

产地与地理分布：中国广东、福建、上海栽培。原产于所罗门群岛，现广植亚洲各热带地区。

用途：【观赏价值】是优良的观叶植物，是一种较适合室内摆放的花卉。【生态价值】绿萝能吸收空气中的苯、三氯乙烯、甲醛等；绿萝还有极强的空气净化功能，有绿色净化器的美名。

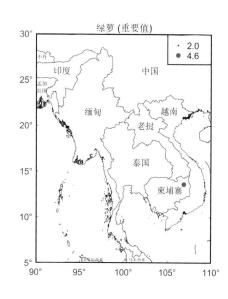

绿萝（重要值）

天南星科·麒麟叶属

百足藤（*Pothos repens*）

鉴别特征：附生藤本，长1～20米。分枝较细，营养枝具棱，常曲折，节上气生根贴附于树上；花枝圆柱形，具纵条纹，不常有气生根，多披散或下垂。叶片披针形，总花序柄腋生和顶生，长2～3厘米，苞片3～5，披针形，长1～5厘米，覆瓦状排列或较远离。花期3—4月，果期5—7月。

产地与地理分布：产于中国广东南部及沿海岛屿、广西南部、云南东南部，北界不超出北回归线，海拔900米以下，林内石上及树干上附生。越南北部也有分布。

用途：【药用价值】茎叶供药用，能祛湿凉血、止痛接骨，治劳伤、跌打、骨折、疮毒。【饲料价值】可作马饲料。

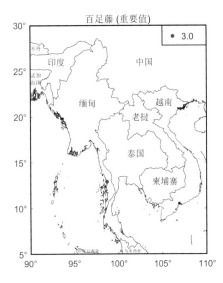

蟑螂跌打（*Pothos scandens*）

鉴别特征：附生藤本，长4～6米。茎圆柱形，具细条纹，径1.5～2毫米，节间长2～2.5厘米。老枝节上常有气生根；花枝多披散。叶形多变。叶片纸质，表面绿色，背面淡绿色，披针形至线状披针形。花序小，单生叶腋。序柄短，长5～8毫米。花果期四季。

产地与地理分布：产于中国云南南部至东南部，在海拔200～1000米的山坡、平坝或河漫滩雨林及季雨林中较常见。多附生于树干或石崖上。自孟加拉国锡尔赫特，南达斯里兰卡，东经安达曼群岛、中南半岛至菲律宾，东南经马来半岛、苏门答腊至爪哇、加里曼丹岛均有分布。

用途：【药用价值】茎叶入药，治跌打损伤、骨折、风湿骨痛、腰腿痛。【食用价值】傣族群众用叶泡水作茶饮。

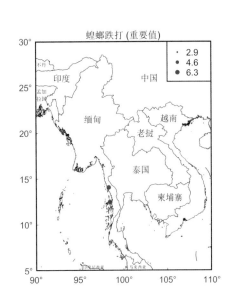

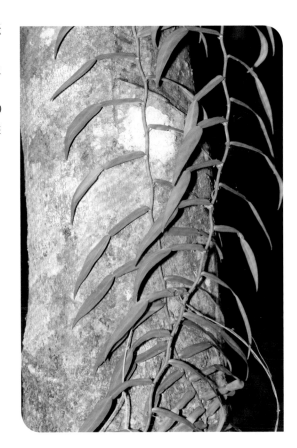

爬树龙 (*Rhaphidophora decursiva*)

鉴别特征: 附生藤本。茎粗壮,粗3~5厘米,背面绿色,腹面黄色,节环状,宽1~3毫米,黄绿色,生多数肉质气生根,节间长1~2厘米。花期5—8月,果翌年夏秋成熟。

产地与地理分布: 产于中国福建、台湾、广东、广西、贵州、云南、西藏东南部,海拔2200米以下,常见于季雨林和亚热带沟谷常绿阔叶林内,匍匐于地面、石上,或攀附于树干上。孟加拉国、印度东北部、斯里兰卡、缅甸、老挝、越南至印度尼西亚爪哇都有分布。

用途: 【药用价值】茎叶供药用,能接骨、消肿、清热解毒、止血、止痛、镇咳,主治跌打损伤、骨折、蛇咬伤、痈疮节肿、小儿百日咳、咽喉肿痛、感冒、风湿性腰腿痛(云南)。

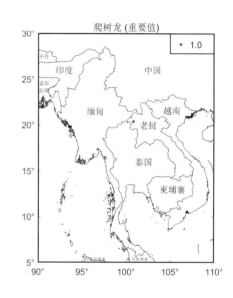

爬树龙 (重要值)

天南星科·崖角藤属

合果芋 (*Syngonium podophyllum* Schott)

鉴别特征: 为多年生蔓性常绿草本植物。茎节具气生根,攀附他物生长。叶片呈两型性,幼叶为单叶,箭形或戟形;老叶呈5~9裂的掌状叶,中间一片叶大型,叶基裂片两侧常着生小型耳状叶片。初生叶色淡,老叶呈深绿色,且叶质加厚。佛焰苞浅绿或黄色。

产地与地理分布: 原产于中美、南美热带雨林中。

用途: 【观赏价值】不仅适合盆栽,也适宜盆景制作,是具有代表性的室内观叶植物。【生态价值】吸收甲醛和苯。

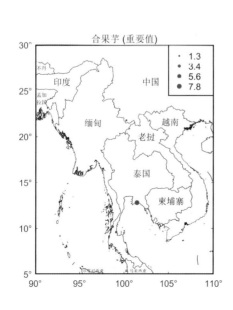

合果芋 (重要值)

天南星科·合果芋属

犁头尖 [*Typhonium divaricatum* (L.) Decne.]

鉴别特征: 块茎近球形、头状或椭圆形, 褐色, 具环节, 节间有黄色根迹。叶片绿色, 背淡, 戟状三角形, 前裂片卵形。

产地与地理分布: 产于中国浙江、江西、福建、湖南、广东、广西、四川、云南, 海拔1200米以下, 生于地边、田头、草坡、石隙中。印度、缅甸、越南、泰国至印度尼西亚 (爪哇、苏拉威西岛)、帝汶岛, 北至琉球群岛、九州南部均有分布。

用途: 【药用价值】块茎入药, 有毒; 能解毒消肿、散结、止血, 主治毒蛇咬伤、痈疖肿毒、血管瘤、淋巴结结核、跌打损伤、外伤出血; 一般外用, 不作内服。

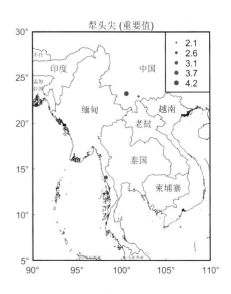

露兜草 (*Pandanus austrosinensis* T. L. Wu)

鉴别特征: 多年生常绿草本, 地下茎横卧, 分枝, 生有许多不定根。叶近革质。花单性, 雌雄异株。花期4—5月。

产地与地理分布: 产于中国广东、海南、广西等省区。生于林中、溪边或路旁。

用途: 【食用价值】在广东某些地区用它的叶子包粽子。

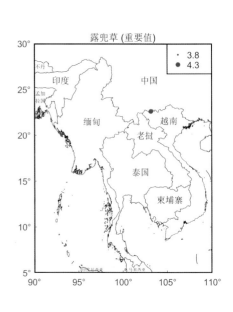

青绿薹草（*Carex breviculmis* R. Br.）

鉴别特征: 根状茎短。秆丛生,三棱形。叶短于秆,质硬。苞片最下部的叶状,长于花序。小穗2～5个;侧生小穗雌性,长圆形或长圆状卵形,具稍密生的花,无柄或最下部的具长2～3毫米的短柄。花果期3—6月。

产地与地理分布: 产于中国黑龙江、吉林、辽宁、河北、山西、陕西、甘肃、山东、江苏、安徽、浙江、江西、福建、台湾、河南、湖北、湖南、广东、四川、贵州、云南;生于山坡草地、路边、山谷沟边,海拔470～2300米。分布于俄罗斯、朝鲜、日本、印度、缅甸。

用途: 【观赏价值】可作为建设城镇常绿草坪和花坛植物。

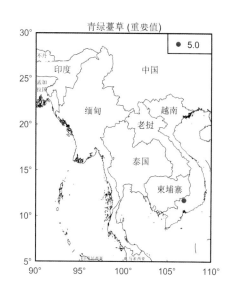

青绿薹草 (重要值)

隐穗薹草（*Carex cryptostachys* Brongn.）

鉴别特征: 根状茎长,木质,外被暗褐色分裂成纤维状的残存老叶鞘。秆侧生,扁三棱形,花葶状,柔弱。叶长于秆,革质。苞片刚毛状,具鞘。小穗6～10个,长圆形或圆柱形。果囊显著长于鳞片,长圆状菱形至倒卵状纺锤形,微三棱状。花果期:冬季开花,翌年春季结果。

产地与地理分布: 产于中国福建、台湾、广东、海南、广西、云南;生于密林下湿处、溪边,海拔100～1200米。分布于越南、泰国、马来半岛、印度尼西亚、菲律宾、澳大利亚(昆士兰)。

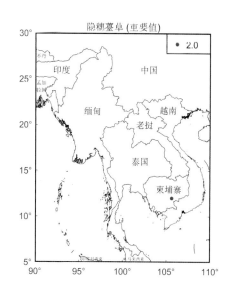

隐穗薹草 (重要值)

莎草科·薹草属

莎草科·薹草属

碎米莎草（*Cyperus iria* L.）

鉴别特征：一年生草本，无根状茎，具须根。秆丛生，扁三棱形，基部具少数叶，叶短于秆，叶鞘红棕色或棕紫色。叶状苞片3~5枚；穗状花序卵形或长圆状卵形；小穗排列松散，斜展开，长圆形、披针形或线状披针形，具6~22花。花果期6—10月。

产地与地理分布：产于中国东北各省、河北、河南、山东、陕西、甘肃、新疆、江苏、浙江、安徽、江西、湖南、湖北、云南、四川、贵州、福建、广东、广西、台湾；分布极广，为一种常见的杂草，生长于田间、山坡、路旁阴湿处。分布于苏联远东地区、朝鲜、日本、越南、印度、伊朗、澳大利亚、非洲北部以及美洲。

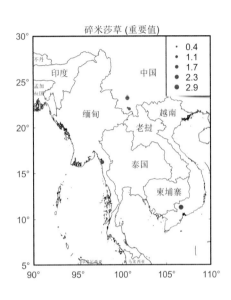

异型莎草（*Cyperus difformis* L.）

鉴别特征：一年生草本，根为须根。秆丛生，扁三棱形，平滑。叶短于秆；叶鞘稍长，褐色。苞片2枚，叶状，长于花序；头状花序球形；小穗密聚，具8~28朵花；小穗轴无翅；鳞片排列稍松。花果期7—10月。

产地与地理分布：在中国分布很广，东北各省、河北、山西、陕西、甘肃、云南、四川、湖南、湖北、浙江、江苏、安徽、福建、广东、广西、海南均常见到；常生长于稻田中或水边潮湿处。分布于苏联、日本、朝鲜、印度，喜马拉雅山区、非洲、中美。

用途：【药用价值】具有行气、活血、通淋、利小便之效，治热淋、小便不通、跌打损伤、吐血。

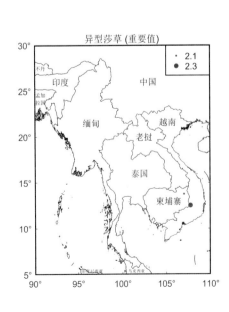

多脉莎草（*Cyperus diffusus* Vahl）

鉴别特征：具极短的根状茎。秆稍粗，锐三棱形，平滑，基部具较多叶。叶几与秆等长，或短于秆，边缘粗糙；叶鞘红褐色。苞片6～10枚，叶状，平展，长于花序。花果期6—9月。

产地与地理分布：产于中国云南、广西、广东；生长于山坡草丛中或河边潮湿处。分布于印度、马来西亚、印度尼西亚。

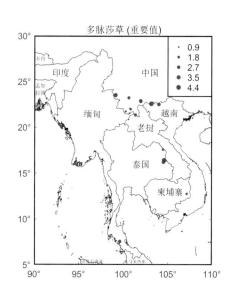

畦畔莎草（*Cyperus haspan* L.）

鉴别特征：多年生草本，具许多须根。秆丛生或散生，扁三棱形，平滑。叶短于秆。苞片2枚，叶状；小穗通常3～6个呈指状排列，线形或线状披针形，具6～24朵花；小穗轴无翅。鳞片密复瓦状排列，膜质，长圆状卵形，顶端具短尖。

产地与地理分布：产于中国福建、台湾、广西、广东、云南、四川各省区；多生长于水田或浅水塘等多水的地方，山坡上亦能见到。分布于朝鲜、日本、越南、印度、马来西亚、印度尼西亚、菲律宾以及非洲。

用途：【药用价值】治婴儿破伤风。

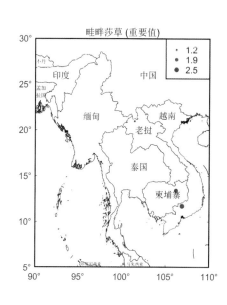

茳芏 (*Cyperus malaccensis* Lam.)

　　鉴别特征: 叶片短, 叶鞘长, 长约150厘米, 包裹着茎的下部, 茎为三棱形, 夏季开绿褐色小花, 由穗状花序集成复出或多次复出的聚伞花序。

　　产地与地理分布: 分布于马来西亚、印度、缅甸、印度尼西亚、地中海地区、日本、越南。中国分布于广东、台湾、海南等地, 常生长在湿地、稻田中、河边和水边, 或栽培。

　　用途:【经济价值】茎可编席。【生态价值】为改良盐碱地的优良草种。

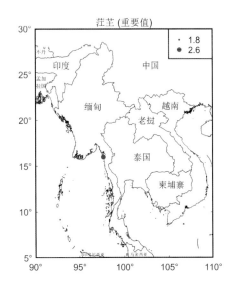

具芒碎米莎草 (*Cyperus microiria* Steud.)

　　鉴别特征: 一年生草本, 具须根。秆丛生。叶短于秆; 叶鞘红棕色。叶状苞片3～4枚; 穗状花序卵形或宽卵形或近于三角形, 具多数小穗; 小穗排列稍稀; 鳞片排列疏松, 膜质, 宽倒卵形, 顶端圆。花果期8—10月。

　　产地与地理分布: 产于中国各地; 生长于河岸边、路旁或草原湿处。分布于朝鲜、日本。

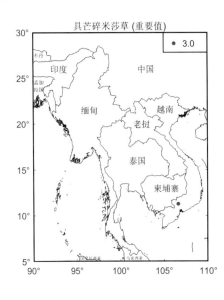

两歧飘拂草 [*Fimbristylis dichotoma* (L.) Vahl]

鉴别特征：秆丛生，高15~50厘米，无毛或被疏柔毛。叶线形；鞘革质。苞片3~4枚，叶状。花果期7—10月。

产地与地理分布：产于中国云南、四川、广东、广西、福建、台湾、贵州、江苏、江西、浙江、河北、山东、山西、东北各省区等广大地区；生长于稻田或空旷草地上。分布于印度、中印半岛、澳大利亚、非洲等地。

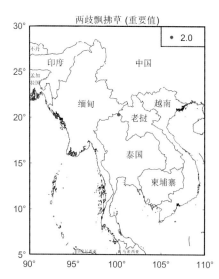

莎草科·飘拂草属

水虱草 [*Fimbristylis miliacea* (L.) Vahl]

鉴别特征：无根状茎。秆丛生，高（1.5~）10~60厘米，扁四棱形，具纵槽。叶侧扁，套褶，剑状，边上有稀疏细齿，向顶端渐狭成刚毛状；鞘侧扁，无叶舌。苞片2~4枚，刚毛状。

产地与地理分布：除中国东北地区、山东、山西、甘肃、内蒙古、新疆、西藏尚无记载外，其他各省区都产；也分布于印度、马来西亚、斯里兰卡、泰国、越南、老挝、朝鲜、日本、玻利尼西亚、澳大利亚。

用途：【药用价值】具有清热利尿、活血解毒等功效，主治风热咳嗽、小便短赤、胃肠炎、跌打损伤。

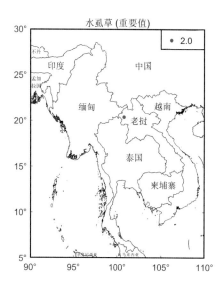

莎草科·飘拂草属

细叶飘拂草 [*Fimbristylis polytrichoides* (Retz.) Vahl]

鉴别特征：根状茎极短或无，具许多须根。秆密丛生，较细，高5～25厘米，圆柱状，具纵槽。叶鞘短，黄棕色，草质，边缘干膜质，无毛。苞片1枚或缺如，针形，下部扩大，边缘膜质；小穗单个顶生，椭圆形或长圆形，具10朵至多数花。花果期3—9月。

产地与地理分布：产于中国广东、海南；生长于海边湿润的盐土上或水田中。分布于印度、马来西亚（马六甲）、菲律宾。

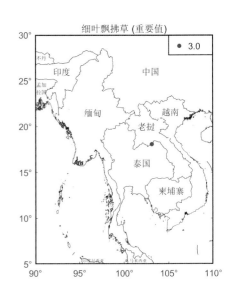

水莎草 [*Juncellus serotinus* (Rottb.) C. B. Clarke]

鉴别特征：多年生草本，散生。根状茎长。叶片少，短于秆或有时长于秆。苞片常3枚。每一辐射枝上具1～3个穗状花序，每一穗状花序具5～17个小穗；花序轴被疏的短硬毛；小穗排列稍松，近于平展，披针形或线状披针形。花果期7—10月。

产地与地理分布：广布于中国东北、内蒙古、甘肃、新疆、陕西、山西、山东、河北、河南、江苏、安徽、湖北、浙江、江西、福建、广东、台湾、贵州、云南；多生长于浅水中、水边沙土上，或有时亦见于路旁。分布于朝鲜、日本、喜马拉雅山西北部以及欧洲中部、地中海地区。

用途：【药用价值】止咳化痰，主慢性支气管炎。

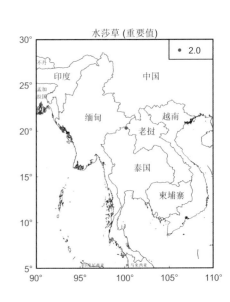

单穗水蜈蚣 (*Kyllinga monocephala* Rottb.)

鉴别特征：多年生草本，具匍匐根状茎。秆散生或疏丛生，细弱，扁锐三棱形，基部不膨大。叶通常短于秆，边缘具疏锯齿；叶鞘短，褐色，或具紫褐色斑点，最下面的叶鞘无叶片。苞片3~4枚，叶状，斜展，较花序长很多；穗状花序1个，少2~3个。花果期5—8月。

产地与地理分布：产于中国广东、广西、海南、云南；生长于山坡林下、沟边、田边近水处、旷野潮湿处。也分布于喜马拉雅山区、印度、缅甸、泰国、越南、马来西亚、印度尼西亚、菲律宾、琉球群岛、澳大利亚以及美洲热带地区。

用途：【药用价值】用于感冒咳嗽、百日咳、咽喉肿痛、痢疾、毒蛇咬伤、疟疾、跌打损伤、皮肤瘙痒。

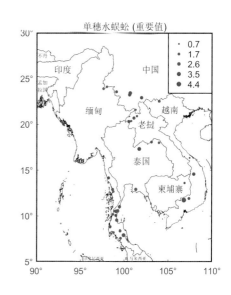

三头水蜈蚣 (*Kyllinga triceps* Rottb.)

鉴别特征：根状茎短。秆丛生，细弱，扁三棱形，基部呈鳞茎状膨大。叶短于秆，边缘具疏刺。叶状苞片2~3枚，后期常向下反折；穗状花序3个（少1个或4~5个）排列紧密成团聚状。小穗排列极密，辐射展开，长圆形。

产地与地理分布：产于中国广东；也分布于非洲、喜马拉雅山区、印度南部、缅甸、越南以及澳大利亚。

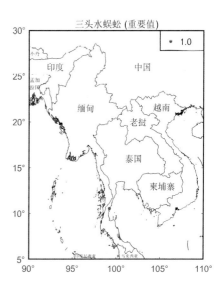

莎草科·水蜈蚣属

砖子苗（ *Mariscus umbellatus* Vahl）

鉴别特征：根状茎短。秆疏丛生，基部膨大，具稍多叶。叶短于秆或几与秆等长；叶鞘褐色或红棕色。叶状苞片5~8枚，通常长于花序，斜展；穗状花序圆筒形或长圆形；小穗平展或稍俯垂，线状披针形，具1~2个小坚果；小穗轴具宽翅，翅披针形，白色透明。花果期4—10月。

产地与地理分布：产于中国陕西、湖北、湖南、江苏、浙江、安徽等地；生长于山坡阳处、路旁草地、溪边以及松林下，海拔200~3200米。也分布于非洲、马达加斯加、印度、尼泊尔、马来西亚、印度尼西亚、缅甸、越南、菲律宾、美国夏威夷、朝鲜、日本、澳大利亚和美洲热带地区以及喜马拉雅山区。

用途：【药用价值】具有祛风解表、止咳化痰、解郁调经之功效，用于风寒感冒、咳嗽痰多、皮肤瘙痒、月经不调。

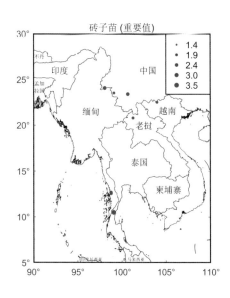

华珍珠茅（ *Scleria chinensis* Kunth）

鉴别特征：根状茎木质，被紫色或紫褐色鳞片。秆疏丛生，粗壮，三棱形。叶线形，纸质；叶鞘纸质，无毛，在近秆基部的鞘褐色或紫褐色；叶舌为舌状。圆锥花序由顶生和1~3个相距稍远的侧生枝圆锥花序组成。花果期12月至翌年4月。

产地与地理分布：产于中国广东、海南；生长在山沟、林中、旷野草地、山顶等，海拔350~850米。也分布于马来西亚、越南、澳大利亚热带地区。

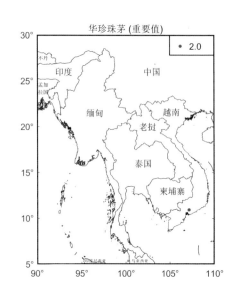

毛果珍珠茅（*Scleria herbecarpa* Nees）

鉴别特征：匍匐根状茎木质，被紫色的鳞片。秆疏丛生或散生，三棱形。叶线形；叶鞘纸质；叶舌近半圆形，稍短，具髯毛。圆锥花序由顶生和1~2个相距稍远的侧生枝圆锥花序组成；小苞片刚毛状，基部有耳，耳上具髯毛。花果期6—10月。

产地与地理分布：产于中国浙江、湖南、贵州、四川、云南、广西、广东、海南、福建、台湾；生长在干燥处、山坡草地、密林下、潮湿灌木丛中，海拔0~1500米。也分布于印度、斯里兰卡、马来西亚、越南、日本、印度尼西亚和澳大利亚。

用途：【药用价值】可治小儿消化不良、毒蛇咬伤。

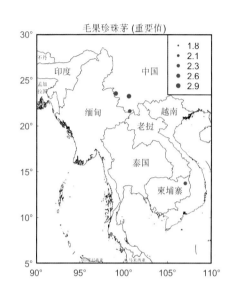

莎草科·珍珠茅属

鹦鹉蝎尾蕉（*Heliconia psittacorum* L.f.）

鉴别特征：多年生草本；叶二列，叶片长圆形，具长柄；叶鞘互相抱持呈假茎。花两性，两侧对称，数至多朵于舟状苞片内排成蝎尾状聚伞花序；苞片常多数，有颜色，二列于花序轴上，宿存。蒴果通常天蓝色，分裂成3个分果爿；种子近三棱形，无假种皮。

产地与地理分布：热带地区。

用途：【观赏价值】热带地区可地栽装饰庭园。

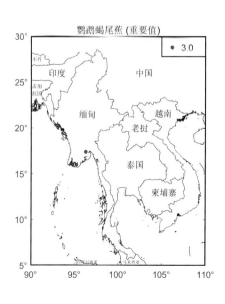

芭蕉科·蝎尾蕉属

香蕉 (*Musa nana*)

鉴别特征: 植株丛生, 具匍匐茎。叶片长圆形, 长(1.5) 2~2.2 (2.5) 米, 宽60~70(85)厘米。穗状花序下垂, 花序轴密被褐色茸毛, 苞片外面紫红色, 被白粉, 内面深红色, 但基部略淡, 具光泽, 雄花苞片不脱落, 每苞片内有花2列。花乳白色或略带浅紫色, 先端有锥状急尖。

产地与地理分布: 分布在东、西、南半球南北纬30°以内的热带、亚热带地区。世界上栽培香蕉的国家有130个, 以中美洲产量最多, 其次是亚洲。中国香蕉主要分布在中国广东、广西、福建、台湾、云南和海南, 贵州、四川、重庆也有少量栽培。

用途: 【药用价值】全草用于流行性乙型脑炎、白带、胎动不安, 外用治痈疖肿毒、丹毒、中耳炎; 香蕉皮或果柄治疗高血压。【食用价值】可食用; 在一些热带地区香蕉还作为主要粮食。【经济价值】香蕉是热带亚热带重要的水果之一, 是国内外市场上经济效益显著的水果产品。

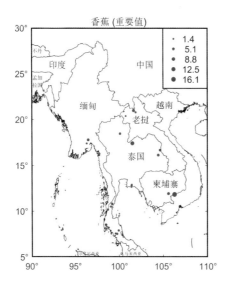

***

华山姜 [*Alpinia chinensis* (Retz.) Rosc.]

鉴别特征: 株高约1米。叶披针形或卵状披针形; 叶舌膜质, 具缘毛。花组呈狭圆锥花序; 小苞片长1~3毫米, 花时脱落; 花白色, 萼管状, 顶端具3齿。花期: 5—7月; 果期6—12月。

产地与地理分布: 产于中国东南部至西南部各省区; 为林荫下常见的一种草本; 海拔100~2500米。越南、老挝也有分布。

用途: 【药用价值】根茎可供药用, 能温中暖胃、散寒止痛, 治胃寒冷痛、噎嗝呕吐、腹痛泄泻、消化不良等症。【经济价值】可制人造棉; 又可提芳香油, 作为调香原料。

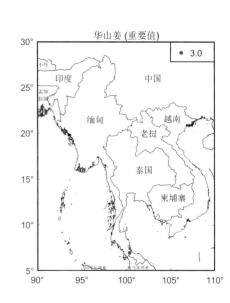

红豆蔻 [*Alpinia galanga* (L.) Willd.]

鉴别特征： 株高达2米；根茎块状，稍有香气。叶片长圆形或披针形。圆锥花序密生多花，果时宿存。花期：5—8月；果期9—11月。

产地与地理分布： 产于中国台湾、广东、广西和云南等省区；生于山野沟谷阴湿林下或灌木丛中和草丛中。海拔100~1300米。亚洲热带地区广布。

用途： 【药用价值】果实供药用，称红豆蔻，有去湿、散寒、醒脾、消食的功用；根茎也供药用，称大高良姜，味辛、性热，能散寒、暖胃、止痛，用于胃脘冷痛、脾寒吐泻。

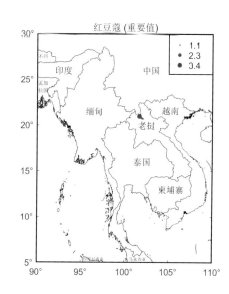

红豆蔻 (重要值)

益智（*Alpinia oxyphylla* Miq.）

鉴别特征： 株高1~3米；茎丛生；根茎短，长3~5厘米。叶片披针形，边缘具脱落性小刚毛；叶柄短；叶舌膜质，2裂。总状花序在花蕾时全部包藏于一帽状总苞片中，花时整个脱落，花序轴被极短的柔毛；大苞片极短，膜质，棕色。花期：3—5月；果期：4—9月。

产地与地理分布： 产于中国海南、广西，近年来云南、福建亦有少量试种；生于林下阴湿处或栽培。

用途： 【药用价值】果实供药用，有益脾胃、理元气、补肾虚滑沥的功用；治脾胃（或肾）虚寒所致的泄泻、腹痛、呕吐、食欲欠乏、唾液分泌增多、遗尿、小便频数等症。

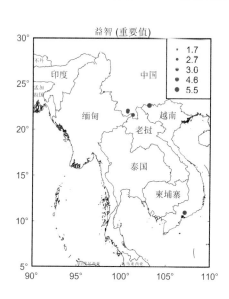

益智 (重要值)

姜科·山姜属

闭鞘姜（*Costus speciosus*）

鉴别特征：株高1~3米，基部近木质，顶部常分枝，旋卷。叶片长圆形或披针形，叶背密被绢毛。穗状花序顶生，椭圆形或卵形；苞片卵形，革质，红色；小苞片长淡红色；花萼革质，红色。花期：7—9月；果期：9—11月。

产地与地理分布：产于中国台湾、广东、广西、云南等省区；生于疏林下、山谷阴湿地、路边草丛、荒坡、水沟边等处，海拔45~1700米。亚洲热带地区广布。

用途：【药用价值】根茎供药用，有消炎利尿、散瘀消肿的功效。

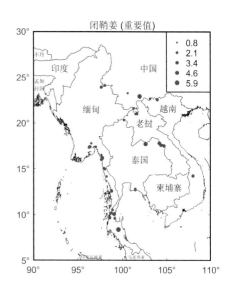

光叶闭鞘姜（*Costus tonkinensis*）

鉴别特征：株高2~4米；老枝常分枝，幼枝旋卷。叶片倒卵状长圆形；叶鞘包茎，套接。穗状花序直接自根茎生出，球形或卵形；苞片覆瓦状排列，长圆形；小苞片长1~1.4厘米，具硬尖头。花黄色，花萼管状。花期：7—8月；果期：9—11月。

产地与地理分布：产于中国云南、广西、广东；生于林荫下。越南也有分布。

用途：【药用价值】根茎利尿消肿，治肝硬化腹水、尿路感染、肌肉肿痛、阴囊肿痛、肾炎水肿、无名肿毒（《云南药用植物名录》）。

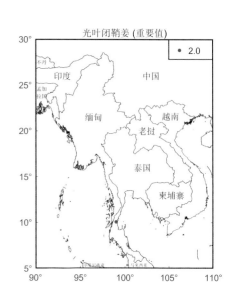

姜黄（*Curcuma longa* L.）

鉴别特征：株高1~1.5米，根茎很发达，成丛，分枝很多，椭圆形或圆柱状，橙黄色，极香；根粗壮，末端膨大呈块根。叶每株5~7片，叶片长圆形或椭圆形；穗状花序圆柱状；苞片卵形或长圆形。花期：8月。

产地与地理分布：产于中国台湾、福建、广东、广西、云南、西藏等省区；栽培，喜生于向阳的地方。东亚及东南亚广泛栽培。

用途：【药用价值】本种和郁金的根茎均为中药材"姜黄"的商品来源，供药用，能行气破瘀、通经止痛，主治胸腹胀痛、肩臂痹痛、月经不调、闭经、跌打损伤。【经济价值】可提取黄色食用染料。

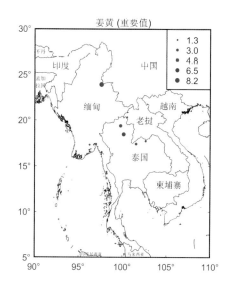

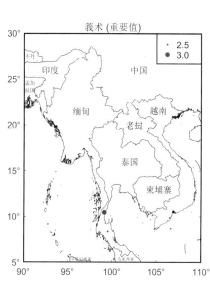

莪术 [*Curcuma zedoaria* (Christm.) Rosc.]

鉴别特征：株高约1米；根茎圆柱形，肉质，具樟脑般香味，淡黄色或白色；根细长或末端膨大成块根。叶直立，椭圆状长圆形至长圆状披针形。花期：4—6月。

产地与地理分布：产于中国台湾、福建、江西、广东、广西、四川、云南等省区；栽培或野生于林荫下。印度至马来西亚亦有分布。

用途：【药用价值】根茎称"莪术"，供药用，主治气血凝滞、心腹胀痛、症瘕、积聚、宿食不消、妇女血瘀经闭、跌打损伤作痛；块根称"绿丝郁金"，有行气解郁、破瘀、止痛的功用。【经济价值】含淀粉、黏液及树脂等。

舞花姜 (*Globba racemosa* Smith)

鉴别特征：株高0.6~1米；茎基膨大。叶片长圆形或卵状披针形；叶舌及叶鞘口具缘毛。圆锥花序顶生；花黄色。花期：6—9月。

产地与地理分布：产于中国南部至西南部各省区；生于林下阴湿处，海拔400~1300米。印度亦有分布。

用途：【观赏价值】可作为室内盆栽观赏，其花也可作切花观赏。

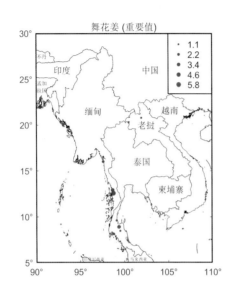

姜花 (*Hedychium coronarium* Koen.)

鉴别特征：茎高1~2米。叶片长圆状披针形或披针形；无柄；叶舌薄膜质。穗状花序顶生，椭圆形；苞片呈覆瓦状排列，卵圆形。花期：8—12月。

产地与地理分布：产于中国四川、云南、广西、广东、湖南和台湾；生于林中或栽培。印度、越南、马来西亚至澳大利亚亦有分布。

用途：【药用价值】根茎能解表、散风寒、治头痛、身痛、风湿痛及跌打损伤等症（《四川中药志）》）。【经济价值】亦可浸提姜花浸膏，用于调和香精中。【观赏价值】常栽培供观赏。

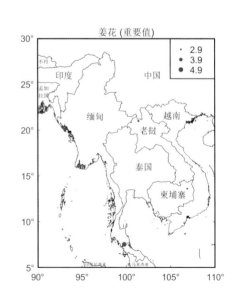

紫花山柰 [*Kaempferia elegans* (Wall.) Bak.]

鉴别特征: 根茎匍匐,不呈块状,须根细长。叶2~4片一丛,叶片长圆形,质薄,叶面绿色,叶背稍淡。头状花序具短总花梗;苞片绿色。

产地与地理分布: 产于中国四川(仅见记录)。印度至马来半岛、菲律宾亦有分布。

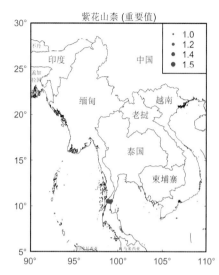

山柰 (*Kaempferia galanga* L.)

鉴别特征: 根茎块状,单生或数枚连接,淡绿色或绿白色,芳香。叶通常2片贴近地面生长,近圆形。花4~12朵顶生;花白色;花冠管长2~2.5厘米。果为蒴果。花期:8—9月。

产地与地理分布: 中国台湾、广东、广西、云南等省区有栽培。南亚至东南亚地区亦有,常栽培供药用或调味用。

用途: 【药用价值】根茎为芳香健胃剂,有散寒、去湿、温脾胃、辟恶气的功用。【食用价值】亦可作调味香料。【经济价值】可作调香原料,定香力强。

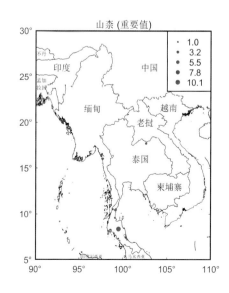

姜科 · 山柰属

珊瑚姜 (*Zingiber corallinum* Hance)

鉴别特征: 株高近1米。叶片长圆状披针形或披针形, 叶舌长2～4毫米。穗状花序长圆形。种子黑色, 光亮, 假种皮白色, 撕裂状。花期: 5—8月; 果期: 8—10月。

产地与地理分布: 产于中国广东、广西; 生于密林中。

用途: 【药用价值】根茎能消肿、解毒。

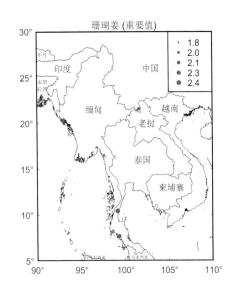

姜 (*Zingiber officinale* Rosc.)

鉴别特征: 株高0.5～1米; 根茎肥厚, 多分枝, 有芳香及辛辣味。叶片披针形或线状披针形; 叶舌膜质。穗状花序球果状。花期: 秋季。

产地与地理分布: 中国中部、东南部至西南部各省区广为栽培。亚洲热带地区亦也常见栽培。

用途: 【药用价值】根茎供药用, 干姜主治心腹冷痛、吐泻、肢冷脉微、寒饮喘咳、风寒湿痹; 生姜主治感冒风寒、呕吐、痰饮、喘咳、胀满、解半夏、天南星及鱼蟹、鸟兽肉毒。【食用价值】可作烹调配料或制成酱菜、糖姜。【经济价值】可提取芳香油, 用于食品、饮料及化妆品香料中。

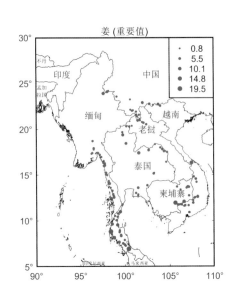

阳荷（*Zingiber striolatum* Diels）

鉴别特征: 株高1~1.5米; 根茎白色, 微有芳香味。叶片披针形或椭圆状披针形。花序近卵形, 苞片红色, 宽卵形或椭圆形。花期: 7—9月; 果期: 9—11月。

产地与地理分布: 产于中国四川、贵州、广西、湖北、湖南、江西、广东; 生于林荫下、溪边, 海拔300~1900米。

用途: 【经济价值】根茎可提取芳香油, 用于低级皂用香精中。

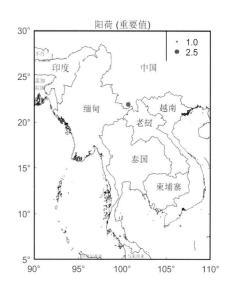

阳荷 (重要值)

姜科·姜属

红球姜 [*Zingiber zerumbet* (L.) Smith]

鉴别特征: 根茎块状, 内部淡黄色。叶片披针形至长圆状披针形。总花梗长10~30厘米, 被5~7枚鳞片状鞘; 花序球果状。花期: 7—9月, 果期: 10月。

产地与地理分布: 产于中国广东、广西、云南等省区; 生于林下阴湿处。亚洲热带地区广布。

用途: 【药用价值】根茎能祛风解毒, 治肚痛、腹泻。【食用价值】嫩茎叶可当蔬菜。【经济价值】可提取芳香油作调和香精原料。

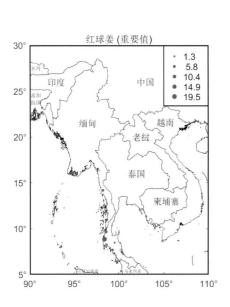

红球姜 (重要值)

姜科·姜属

美人蕉 (*Canna indica* L.)

鉴别特征: 植株全部绿色,高可达1.5米。叶片卵状长圆形;花红色,单生;苞片卵形,绿色;萼片3枚,披针形。花果期: 3—12月。

产地与地理分布: 中国南北各地常有栽培。原产于印度。

用途:【药用价值】根茎清热利湿、舒筋活络,治黄疸肝炎、风湿麻木、外伤出血、跌打损伤、子宫下垂、心气痛等。【经济价值】茎叶纤维可制人造棉、织麻袋、搓绳,其叶提取芳香油后的残渣还可做造纸原料。【观赏价值】本种花较小,主要赏叶。

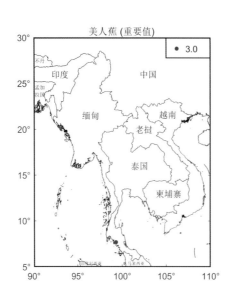

竹芋 (*Maranta arundinacea* L.)

鉴别特征: 根茎肉质,纺锤形;茎柔弱,2歧分枝,高0.4~1米。叶薄,卵形或卵状披针形。总状花序顶生,长15~20厘米。花期: 夏秋。

产地与地理分布: 中国南方常见栽培。原产于美洲热带地区,现广植于各热带地区。

用途:【药用价值】有清肺、利水之效。【食用价值】可煮食或提取淀粉供食用或糊用。

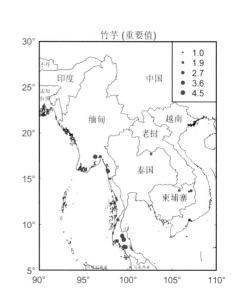

花叶竹芋（*Maranta bicolor* Ker）

鉴别特征：植株矮小，高25~40厘米，基部有块茎。叶片长圆形、椭圆形至卵形，长7~12厘米，宽5~7厘米，叶面粉绿色。总状花序单生，总花梗长6~10厘米；苞片2~4，披针形，长2.5~3厘米。花期：夏、秋。

产地与地理分布：中国广东、广西等省区有栽培。原产于巴西。

用途：【观赏价值】栽培供观赏。

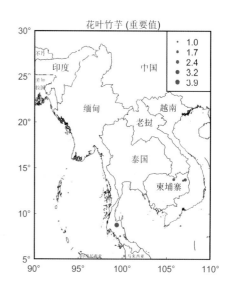

花叶竹芋（重要值）

- 1.0
- 1.7
- 2.4
- 3.2
- 3.9

柊叶（*Phrynium capitatum* Willd.）

鉴别特征：株高1米，根茎块状。叶基生，长圆形或长圆状披针形。头状花序直径5厘米，无柄，自叶鞘内生出；苞片长圆状披针形，长2~3厘米，紫红色；每一苞片内有花3对。花期：5—7月。

产地与地理分布：产于中国广东、广西、云南等省区；生于密林中阴湿之处。亚洲南部广布。

用途：【药用价值】根茎治肝大、痢疾、赤尿；叶清热利尿，治音哑、喉痛、口腔溃疡、解酒毒等。【食用价值】民间取叶裹米粽或包物用。

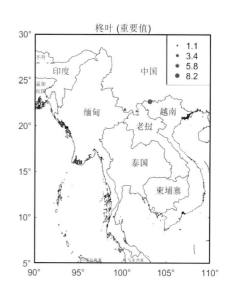

柊叶（重要值）

- 1.1
- 3.4
- 5.8
- 8.2

梳帽卷瓣兰 [*Bulbophyllum andersonii* (Hook. f.) J. J. Smith]

鉴别特征：根状茎匍匐，被杯状膜质鞘或鞘腐烂后残存的纤维。假鳞茎在根状茎上彼此相距3~11厘米。叶革质，长圆形。花苞片淡黄色带紫色斑点，披针形，长约5毫米，先端急尖。花期2—10月。

产地与地理分布：产于中国广西、四川中南部、贵州南部至西南部、云南东南部经南部至西南部。生于海拔400~2000米的山地林中树干上或林下岩石上。分布于印度东北部、缅甸、越南。

用途：【观赏价值】具有较高的园艺价值。

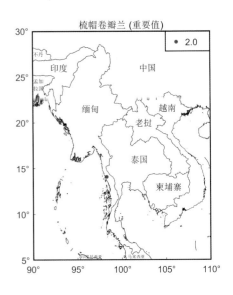

虾脊兰 (*Calanthe discolor* Lindl.)

鉴别特征：根状茎不甚明显。假鳞茎粗短，近圆锥形，粗约1厘米，具3~4枚鞘和3枚叶。总状花序长6~8厘米，疏生约10朵花；花苞片宿存，膜质，卵状披针形，长4~7毫米，先端渐尖或急尖，近无毛。花期4—5月。

产地与地理分布：产于中国浙江、江苏、福建北部、湖北东南部和西南部、广东北部和贵州南部。生于海拔780~1500米的常绿阔叶林下。

用途：【药用价值】全草：活血化瘀、消痈散结，用于瘰疬、风湿骨痛、痈疮肿毒、痨病、跌打损伤；　根：辛、苦、寒，解毒，用于瘰疬、痔疮、脱肛。【观赏价值】可以适应中国大部分地区的栽培和观赏；同时也是切花的好材料。

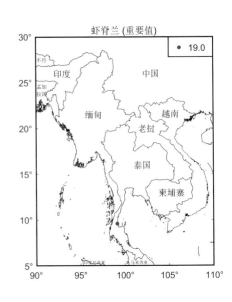

硬叶兰（*Cymbidium bicolor* Lindl.）

鉴别特征：附生植物；假鳞茎狭卵球形，包藏于叶基之内。叶（4~）5~7枚，带形，厚革质。总状花序通常具10~20朵花；萼片与花瓣淡黄色至奶油黄色，唇瓣白色至奶油黄色，有栗褐色斑。花期3—4月。

产地与地理分布：产于中国广东、海南、广西、贵州和云南西南部至南部。生于林中或灌木林中的树上，海拔可上升到1600米。尼泊尔、不丹、印度、缅甸、越南、老挝、柬埔寨、泰国也有分布。

用途：【药用价值】全草含黄酮苷、氨基酸，以全草入药，为兰科药用植物，具有清热润肺、化痰止咳、散瘀止血等功效。【观赏价值】硬叶兰还跟其他兰科植物一样极具观赏价值。

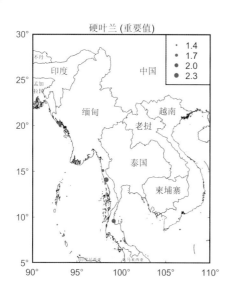

硬叶兰 (重要值)

兰科·兰属

流苏石斛（*Dendrobium fimbriatum* Hook.）

鉴别特征：茎粗壮，斜立或下垂，质地硬。叶二列，革质，长圆形或长圆状披针形。总状花序长5~15厘米，疏生6~12朵花。花期4—6月。

产地与地理分布：产于中国广西南部至西北部、贵州南部至西南部、云南东南部至西南部。海拔600~1700米，生于密林中树干上或山谷阴湿岩石上。分布于印度、尼泊尔、不丹、缅甸、泰国、越南。模式标本采自尼泊尔。

用途：【观赏价值】观赏价值极高，既可作切花，也可盆栽观赏。

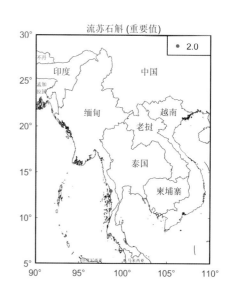

流苏石斛 (重要值)

兰科·石斛属

石斛（*Dendrobium nobile* Lindl.）

鉴别特征：茎直立，肉质状肥厚；节间多少呈倒圆锥形。叶革质，长圆形。总状花序从具叶或落了叶的老茎中部以上部分发出具1~4朵花。花期4—5月。

产地与地理分布：产于中国台湾、湖北南部、香港、海南、广西西部至东北部、四川南部、贵州西南部至北部、云南东南部至西北部、西藏东南部。生于海拔480~1700米的山地林中树干上或山谷岩石上。分布于印度、尼泊尔、不丹、缅甸、泰国、老挝、越南。

用途：【药用价值】具有养阴清热、生津利咽、清热利尿、益胃养阴止痛。【食用价值】可食用。【观赏价值】可供观赏。

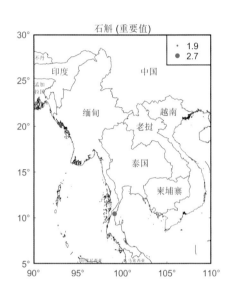

蝴蝶兰（*Phalaenopsis aphrodite* Rchb. F.）

鉴别特征：茎很短，常被叶鞘所包。叶片稍肉质，常3~4片或更多，上面绿色，背面紫色，椭圆形。花序侧生于茎的基部；花序柄绿色；花白色，美丽，花期长；中萼片近椭圆形，长2.5~3厘米，宽1.4~1.7厘米，先端钝，基部稍收狭，具网状脉。花期4—6月。

产地与地理分布：产于中国台湾。生于低海拔的热带和亚热带的丛林树干上。

用途：【观赏价值】素有"洋兰王后"之称。

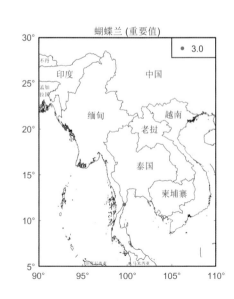

寄树兰 [*Robiquetia succisa* (Lindl.) Seidenf. et Garay]

鉴别特征: 茎坚硬, 圆柱形, 长达1米, 粗5毫米, 节间长约2厘米, 下部节上具发达而分枝的根。叶二列, 长圆形。花序与叶对生, 比叶长。花期6—9月, 果期7—11月。

产地与地理分布: 产于中国福建、广东西部、香港、海南、广西东部、云南南部。生于海拔570~1150米的疏林中树干上或山崖石壁上。分布于不丹、印度东北部、缅甸、泰国、老挝、柬埔寨、越南。

用途:【药用价值】叶: 润肺止咳, 用于肺热咳嗽。

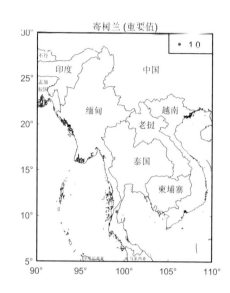

带叶兰 (*Taeniophyllum glandulosum* Bl.)

鉴别特征: 植物体很小, 无绿叶, 具发达的根。茎几无, 被多数褐色鳞片。根许多, 簇生, 稍扁而弯曲。总状花序1~4个, 直立, 具1~4朵小花。花期4—7月, 果期5—8月。

产地与地理分布: 产于中国福建北部、台湾、湖南、广东北部、海南、四川东北部、云南南部。常生于海拔480~800米的山地林中树干上。广布于印度东北部、朝鲜半岛南部、日本、泰国、马来西亚、印度尼西亚、新几内亚岛和澳大利亚。

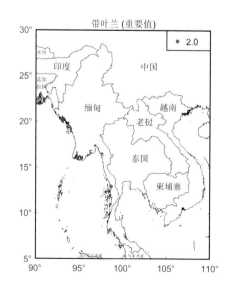

兰科·寄树兰属

兰科·带叶兰属

参考文献

陈国林, 2005. 云南天然橡胶产业发展研究[D]. 北京: 清华大学.

陈剑, 王四海, 杨卫, 等, 2020. 外来入侵植物肿柄菊群落动态变化特征[J]. 生态学杂志, 39(2) : 469-477.

陈莉, 黄先寒, 兰国玉, 等, 2019. 中国橡胶林下植物物种组成与多样性分析[J]. 西北林学院学报, 34(2) : 76-83.

陈文, 2002. 东南亚生物多样性遭受破坏的原因及应对措施[J]. 东南亚, 3 : 1-8.

郝建锋, 王德艺, 李艳, 等, 2015. 人为干扰下雅安市雨城区青衣江河岸带草本植物群落物种多样性及生态位的研究[J]. 广西植物, 35(6) : 817-824.

黄先寒, 兰国玉, 杨川, 等, 2016a. 广东省橡胶林林下物种组成及灌草物种多样性[J]. 南方农业学报, 47(11) : 1914-1920.

黄先寒, 兰国玉, 杨川, 等, 2016b. 海南不同栽培模式下橡胶林灌草物种多样性研究[J]. 西北林学院, 31(5) : 115-120.

黄先寒, 2017. 云南橡胶林群落植物物种组成与多样性研究[D]. 海口 : 海南大学.

黄先寒, 兰国玉, 杨川, 2017. 云南橡胶林林下植物群落物种多样性[J]. 生态学杂志, 36(8) : 2138-2148.

贾开心, 2006. 西双版纳三叶橡胶林生长随海拔高度变化研究[D]. 西双版纳. 中国科学院西双版纳热带植物园.

赖江山, 米湘成, 2012. 基于Vegan软件包的生态学数据排序分析[C] // 中国科学院生物多样性委员会. 中国生物多样性保护与研究进展IX——第九届全国生物多样性保护与持续利用研讨会论文集.北京: 气象出版社: 332-343.

兰国玉, 王纪坤, 吴志祥, 等, 2013a. 海南岛橡胶林群落种子植物区系组成成分分析[J]. 西北林学院学报, 28(2): 37-41.

兰国玉, 王纪坤, 吴志祥, 等, 2013b. 海南岛橡胶林群落与青梅林群落物种组成特征分析[J]. 热带作物学报, 34(10): 2051-2056.

兰国玉, 王纪坤, 吴志祥, 等, 2014.海南儋州橡胶林物种组成及群落特征研究[J]. 西南林业大学学报, 34(5) : 8-13.

兰国玉, 吴志祥, 谢贵水, 等, 2014. 论环境友好型生态胶园之理论基础[J]. 中国热带农业, 60 : 15-17.

兰国玉, 朱华, 曹敏, 2013. 西双版纳热带季节雨林树种的区系组成成分分析[J]. 西北林学院学报, 28(1) : 33-38.

李博, 2000. 生态学[M]. 北京: 高等教育出版社.

李林, 魏识广, 练琚愉, 等, 2020. 亚热带不同纬度植物群落物种多样性的分布规律[J]. 生态学报, 40(4) : 1-9.

刘少军, 周广胜, 房世波, 2015. 中国橡胶树种植气候适宜性区划[J].中国农业科学, 48(12): 2335-2345.

刘文, 齐欢, 2004. 大湄公河次区域天然橡胶产业发展现状及趋势分析[J].东南亚纵横, (11): 34-39.

孟丹, 2013. 基于GIS技术的滇南橡胶寒害风险评估与区划[D]. 南京: 南京信息工程大学.

Richard T C, 蔡石, 先义杰, 2018. 东南亚生物多样性科研简史[J]. 人与生物圈, 2 : 10-19.

任礼, 罗应华, 王磊, 等, 2018. 岑王老山不同海拔森林群落结构比较[J]. 广西林业科学, 47(2) : 139-144.

孙鸿烈, 2000. 中国资源科学百科全书[M]. 北京: 中国大百科全书出版社.

孙影, 2015. 森林群落物种多样性的纬度梯度性研究[D]. 厦门: 厦门大学.

佚名, 2015. 中国第二批外来入侵植物及其防除措施[J]. 杂草科学, 2010(1): 70-73.

张丽荣, 王夏晖, 侯一蕾, 等, 2015. 中国生物多样性保护与减贫协同发展模式探索[J]. 生物多样性, 23(2) : 271-277.

张金屯, 2004. 数量生态学[M]. 北京: 科学出版社.

周会平, 岩香甩, 张海东, 等, 2012. 西双版纳橡胶林下植被多样性调查研究[J]. 热带作物学报, 33(8) : 1444-1449.

赵杏花, 王立群, 蓝登明, 等, 2011. 乌拉山种子植物属的地理成分分析[J]. 西北植物学报, 31(1): 172-179.

Hicks C, Voladeth S, Shi W Y, et al, 2009. Rubber investments and market linkages in Lao PDR: Approaches for sustainability[R]. Bangkok, Thailand: The Sustainable Mekong Research Network: 167.

Kokmila K, Lee W K, Yoo S, et al, 2010. Selection of suitable areas for rubber tree (Hevea brasiliensis) plantation using GIS data in Laos [J]. Forest Science and Technology, 6(2) : 55-66.

Lankau R A, 2013. Species invasion alters local adaptation to soil communities in a native plant[J]. Ecology, 94: 32-40.

Li H M, Aide T M, Ma Y X, et al, 2007. Demand for rubber is causing the loss of high diversity rain forest in SW China[J]. Biodiversity and Conservation, 16(6) : 1731-1745.

Manivong V, Cramb R A, 2008. Economics of smallholder rubber expansion in northern Laos [J]. Agroforestry Systems,

74(2) : 113-125.

Richardson D M, Pyšk P, Rejmánek M, *et al*, 2000. Naturalization and invasion of alien plants: concepts and definitions[J]. Divers Distrib, 6(2):93-107.

Sharma G P, Raghubanshi A S, 2009. Lantana invasion alters soil nitrogen pools and processes in the tropical dry deciduous forest of India[J]. Applied Soil Ecology, 42: 134-140.

United Nations, 2015. The 2015 revision of world population prospects: Key findings and advance tables[R]. New York: United Nations, 66.

Zhai D L, Cannon C H, Slik J W, *et al*, 2012. Rubber and pulp plantations represent a double threat to Hainan's natural tropical forests[J]. Journal of Environmental Management, 96(1) : 64-73.

附录

附表 1　澜沧江湄公河区域植物多样性调研样点概况

序号	森林类型	样方编号	地点	纬度（°）	经度（°）	海拔（米）	坡度（°）	坡向（Aspect）	林龄（年）	平均树高（米）	平均郁闭度（%）
1	橡胶林	YN-1	顺化省	16.342948	107.44458	161	10.2425	110.9987	7	13	75
2	橡胶林	YN-2	顺化省	15.931458	107.53619	605	15.1784	276.8540	8	12	75
3	橡胶林	YN-3	顺化省	15.510139	107.81271	153	15.6455	318.7126	7	13	75
4	橡胶林	YN-4	昆嵩省	15.001925	107.72389	699	6.7538	82.1435	12	17	78
5	橡胶林	YN-5	昆嵩省	14.828810	107.68197	655	4.6274	0.0000	30	20	80
6	橡胶林	YN-6	昆嵩省	14.585139	107.91567	656	5.1247	111.1619	30	21	80
7	橡胶林	YN-7	嘉莱省	14.240301	107.99256	689	6.3539	244.1435	9	17	70
8	橡胶林	YN-8	嘉莱省	13.782267	108.01258	690	3.8143	90.0000	7	13	75
9	橡胶林	YN-9	嘉莱省	13.511755	108.10154	415	0.9538	90.0000	11	15	70
10	橡胶林	YN-10	得乐省	12.774367	108.19602	665	0.9274	0.0000	7	12	80
11	橡胶林	YN-11	得乐省	12.722258	108.07891	563	8.6890	257.7694	30	20	75
12	橡胶林	YN-12	得乐省	12.687833	108.12555	549	0.9274	0.0000	8	14	75
13	橡胶林	YN-13	得乐省	12.636037	108.12470	557	1.8543	180.0000	30	21	75
14	橡胶林	YN-14	达农省	12.576387	107.82847	387	15.6867	36.1984	10	17	75
15	橡胶林	YN-15	达农省	12.521630	107.76159	512	1.3275	314.3105	30	20	80
16	橡胶林	YN-16	达农省	12.389089	107.56846	805	12.4439	48.6832	5	11	80
17	橡胶林	YN-17	达农省	12.267680	107.60432	861	5.0821	291.3488	23	17	80
18	橡胶林	YN-18	广义省	11.980023	107.60984	651	11.5538	103.7422	7	17	80
19	橡胶林	YN-19	平福省	11.912743	107.37941	560	1.8543	0.0000	7	15	85
20	橡胶林	YN-20	平福省	11.703632	107.09588	290	10.4294	243.9134	30	20	90
21	橡胶林	YN-21	平福省	11.597348	106.89584	162	2.9854	251.9167	12	17	85
22	橡胶林	YN-22	平福省	11.709915	106.90248	127	7.4744	210.2667	15	20	85
23	橡胶林	YN-23	平阳省	11.739493	106.80315	114	4.2113	116.0837	10	18	85
24	橡胶林	YN-24	平阳省	11.698201	106.71316	102	23.3842	346.7394	6	11	60
25	橡胶林	YN-25	平阳省	11.634915	106.60809	134	1.3253	314.4053	30	21	90
26	橡胶林	YN-26	平阳省	11.292276	106.62995	50	0.9457	90.0000	14	17	80
27	橡胶林	YN-27	同奈省	10.936756	107.12353	145	1.3236	314.4749	6	15	80
28	橡胶林	YN-28	同奈省	10.941693	107.17088	218	2.8317	90.0000	15	20	80
29	橡胶林	YN-29	同奈省	10.924503	107.23340	201	2.9359	18.7516	9	17	85

序号	森林类型	样方编号	地点	纬度（°）	经度（°）	海拔（米）	坡度（°）	坡向（Aspect）	林龄（年）	平均树高（米）	平均郁闭度（%）
30	橡胶林	YN-30	巴地头顿省	10.776478	107.22241	225	3.3589	34.1622	13	20	75
31	橡胶林	YN-31	巴地头顿省	10.612115	107.23592	107	7.2792	129.3202	17	18	75
32	橡胶林	YN-32	巴地头顿省	10.540392	107.20427	32	1.3227	45.4875	30	20	90
33	橡胶林	JPZ-1	磅湛省	13.692500	104.53601	147	1.3308	134.1742	10	19	85
34	橡胶林	JPZ-2	磅湛省	13.730606	105.81002	133	6.2341	207.2353	12	21	86
35	橡胶林	JPZ-3	磅湛省	13.409915	106.20800	198	1.3299	225.7918	30	20	89
36	橡胶林	JPZ-4	磅湛省	13.619879	106.88098	249	3.9222	283.6565	25	21	90
37	橡胶林	JPZ-5	磅湛省	13.716288	106.95302	301	5.0024	337.6210	12	21	90
38	橡胶林	JPZ-6	磅湛省	13.674008	107.32999	245	2.1215	64.0882	20	21	80
39	橡胶林	JPZ-7	特本克蒙省	13.672392	107.26199	254	4.7239	11.6309	15	20	80
40	橡胶林	JPZ-8	特本克蒙省	13.704619	107.12900	355	10.7651	339.4795	20	20	80
41	橡胶林	JPZ-9	特本克蒙省	13.743891	107.07900	353	4.6767	142.3280	15	20	90
42	橡胶林	JPZ-10	特本克蒙省	13.754304	107.03098	348	11.4526	80.8043	15	18	90
43	橡胶林	JPZ-11	特本克蒙省	12.774098	107.15302	400	3.9788	314.2821	6	17	88
44	橡胶林	JPZ-12	特本克蒙省	12.638416	107.21199	386	9.3394	53.8023	7	17	90
45	橡胶林	JPZ-13	蒙多基里省	12.121001	106.58798	115	8.8234	121.4277	12	19	85
46	橡胶林	JPZ-14	蒙多基里省	11.838012	106.28901	196	2.9368	18.8077	12	19	70
47	橡胶林	JPZ-15	蒙多基里省	11.812519	106.20499	119	0.9475	90.0000	6	17	89
48	橡胶林	JPZ-16	蒙多基里省	11.798605	106.11702	77	3.8959	256.2489	12	17	90
49	橡胶林	JPZ-17	蒙多基里省	11.782985	105.96101	51	6.2242	152.9437	7	16	85
50	橡胶林	JPZ-18	蒙多基里省	11.780696	105.91002	47	2.6498	225.6098	15	17	75
51	橡胶林	JPZ-19	蒙多基里省	11.985903	105.66101	68	3.3919	56.8903	6	15	75
52	橡胶林	JPZ-20	蒙多基里省	11.976881	105.61500	102	2.7803	0.0000	5	12	80
53	橡胶林	JPZ-21	蒙多基里省	11.928901	105.60499	43	0.0000	0.0000	20	20	85
54	橡胶林	JPZ-22	上丁省	11.945508	105.56500	29	2.6506	134.3729	5	15	70
55	橡胶林	JPZ-23	上丁省	11.924502	105.57901	56	5.9971	308.0516	5	17	80
56	橡胶林	JPZ-24	柏威夏省	11.919790	105.57802	52	0.9478	90.0000	6	15	75
57	橡胶林	LW-1	琅南塔省	21.065882	101.64301	722	15.9287	322.5681	12	20	85
58	橡胶林	LW-2	琅南塔省	20.982982	101.48601	676	15.3148	130.5595	10	20	85
59	橡胶林	LW-3	琅南塔省	20.905918	101.43399	590	14.8779	31.4541	15	20	83
60	橡胶林	LW-4	琅南塔省	20.999993	101.39700	606	11.7026	303.1649	13	20	80
61	橡胶林	LW-5	琅南塔省	20.805783	101.25199	661	6.1708	306.7903	15	80	80
62	橡胶林	LW-6	琅南塔省	20.387381	100.81599	624	17.1149	153.3417	9	18	80
63	橡胶林	LW-7	波乔省	20.323916	100.51999	455	11.1932	205.8605	8	18	80

序号	森林类型	样方编号	地点	纬度（°）	经度（°）	海拔（米）	坡度（°）	坡向（Aspect）	林龄（年）	平均树高（米）	平均郁闭度（%）
64	橡胶林	LW-8	波乔省	20.324589	100.17802	370	1.9774	270.0000	12	20	83
65	橡胶林	LW-9	波乔省	20.376699	100.78502	659	19.6237	177.2240	10	19	88
66	橡胶林	LW-10	琅南塔省	20.699589	101.09202	710	7.8209	298.1263	13	20	87
67	橡胶林	LW-11	乌多姆赛省	20.976115	101.67699	792	11.7867	94.4493	9	20	85
68	橡胶林	LW-12	乌多姆赛省	20.784015	101.91698	708	13.9482	224.1973	10	20	75
69	橡胶林	LW-13	乌多姆赛省	20.712695	102.05998	702	5.5475	180.0000	8	19	85
70	橡胶林	LW-14	乌多姆赛省	20.575891	102.09400	979	10.0966	180.0000	7	19	70
71	橡胶林	LW-15	琅勃拉邦省	20.541196	102.37901	392	5.6620	119.3296	9	21	85
72	橡胶林	TG-1	巴蜀府	11.814493	99.71940	67	2.9368	341.1938	6	12	60
73	橡胶林	TG-2	巴蜀府	11.763282	99.68251	88	0.9473	90.0000	7	12	85
74	橡胶林	TG-3	巴蜀府	11.753183	99.68228	71	0.9473	90.0000	8	15	85
75	橡胶林	TG-4	巴蜀府	11.725221	99.67290	155	5.7394	80.7317	35	17	89
76	橡胶林	TG-5	巴蜀府	11.415616	99.59660	19	1.8917	90.0000	6	17	75
77	橡胶林	TG-6	巴蜀府	11.413192	99.59359	30	4.7223	191.5320	7	21	75
78	橡胶林	TG-7	巴蜀府	11.366289	99.53920	21	2.9363	161.2219	23	21	89
79	橡胶林	TG-8	巴蜀府	11.067680	99.45962	11	1.3239	45.5378	9	19	90
80	橡胶林	TG-9	巴蜀府	11.007896	99.46958	69	2.1041	296.1418	12	21	90
81	橡胶林	TG-10	春蓬府	10.549817	99.24759	19	2.0802	153.0422	16	21	88
82	橡胶林	TG-11	春蓬府	10.451792	99.14602	32	1.3225	225.4793	30	22	75
83	橡胶林	TG-12	春蓬府	10.064404	99.05378	41	3.8220	194.2467	15	23	85
84	橡胶林	TG-13	春蓬府	10.060589	99.01298	68	9.1748	246.3653	9	20	90
85	橡胶林	TG-14	素叻府	9.588148	99.13112	28	1.3208	134.5970	25	22	89
86	橡胶林	TG-15	素叻府	9.559108	99.14871	16	1.3207	225.4006	13	20	85
87	橡胶林	TG-16	素叻府	8.987609	99.38691	45	4.6481	322.7898	25	23	90
88	橡胶林	TG-17	素叻府	8.891155	99.38700	79	1.3194	314.6537	28	23	90
89	橡胶林	TG-18	素叻府	8.763687	99.36379	46	0.0000	0.0000	28	23	88
90	橡胶林	TG-19	洛坤府	8.460410	99.53511	53	11.5606	298.3477	30	23	82
91	橡胶林	TG-20	洛坤府	8.368130	99.54440	51	5.8519	341.3803	35	23	80
92	橡胶林	TG-21	洛坤府	7.997439	99.92299	10	2.0893	63.6583	10	18	82
93	橡胶林	TG-22	洛坤府	7.916739	99.94629	18	1.8543	0.0000	20	22	85
94	橡胶林	TG-23	宋卡府	6.949414	100.39499	34	2.0761	206.7344	25	21	85
95	橡胶林	TG-24	宋卡府	6.976299	100.36002	21	1.8682	270.0000	25	22	88
96	橡胶林	TG-25	博达伦府	7.255743	100.13798	48	2.0864	296.3812	7	19	85
97	橡胶林	TG-26	博达伦府	7.302017	100.04099	42	2.9520	288.2954	7	15	83

序号	森林类型	样方编号	地点	纬度（°）	经度（°）	海拔（米）	坡度（°）	坡向（Aspect）	林龄（年）	平均树高（米）	平均郁闭度（%）
98	橡胶林	TG-27	博达伦府	7.414764	99.94678	58	1.3170	225.2406	30	22	89
99	橡胶林	TG-28	董里府	7.546901	99.76429	61	7.4366	172.8134	14	22	85
100	橡胶林	TG-29	董里府	7.581281	99.59499	32	3.7048	180.0000	14	23	85
101	橡胶林	TG-30	甲米府	7.680114	99.31590	19	6.7258	163.9177	15	22	85
102	橡胶林	TG-31	甲米府	8.120913	98.79880	59	4.1490	26.7967	30	21	82
103	橡胶林	TG-32	甲米府	8.140751	98.78421	39	3.8208	345.8266	25	22	85
104	橡胶林	TG-33	甲米府	8.220015	98.80428	35	7.4545	210.0004	28	22	89
105	橡胶林	TG-34	攀牙府	8.535231	98.50019	33	2.0777	153.1789	20	20	70
106	橡胶林	TG-35	攀牙府	8.836801	98.38830	24	9.4804	258.8209	30	22	80
107	橡胶林	TG-36	拉廊府	9.650715	98.55670	20	4.6935	270.0000	9	20	75
108	橡胶林	TG-37	拉廊府	10.190302	98.71972	69	20.7653	328.6328	12	19	85
109	橡胶林	TG-38	拉廊府	10.188686	98.71779	108	14.8496	68.5108	16	21	88
110	橡胶林	TG-39	拉廊府	10.535410	98.87322	43	5.4599	120.5357	15	22	88
111	橡胶林	TG-40	春蓬府	10.514898	99.06321	50	0.9432	90.0000	15	23	85
112	橡胶林	TG-41	春蓬府	10.808883	99.20558	61	2.6453	225.5128	6	15	80
113	橡胶林	TG-42	高里春府	13.268622	101.13098	80	2.0845	27.1902	5	13	70
114	橡胶林	TG-43	罗勇府	13.049682	101.22299	95	1.8543	180.0000	30	22	90
115	橡胶林	TG-44	罗勇府	12.921989	101.31702	36	1.3286	45.7348	6	20	90
116	橡胶林	TG-45	罗勇府	12.895911	101.46999	75	3.9798	134.2682	35	20	88
117	橡胶林	TG-46	罗勇府	12.796809	101.45100	81	1.3282	134.2795	28	22	90
118	橡胶林	TG-47	北柳府	13.638101	101.44499	21	2.6598	225.8192	20	20	92
119	橡胶林	TG-48	北柳府	13.611620	101.46002	49	1.3305	225.8160	35	20	90
120	橡胶林	TG-49	沙缴府	13.882087	102.47102	117	6.0030	252.0686	25	19	87
121	橡胶林	TG-50	布里兰府	14.254080	102.70302	307	4.8621	79.0297	8	15	70
122	橡胶林	TG-51	布里兰府	15.172706	103.19202	142	0.9609	90.0000	6	15	87
123	橡胶林	TG-52	布里兰府	15.229977	103.23901	172	2.1336	295.7545	15	19	92
124	橡胶林	TG-53	益梭通府	16.135408	104.45701	181	2.0903	332.5028	6	12	85
125	橡胶林	TG-54	益梭通府	16.234106	104.51002	159	3.8280	165.4053	35	22	89
126	橡胶林	TG-55	益梭通府	16.431009	104.59898	180	4.2817	64.3785	7	15	85
127	橡胶林	TG-56	莫达汉府	16.676790	104.66298	170	3.3860	34.8356	6	15	86
128	橡胶林	TG-57	那空帕府	17.501610	104.70100	173	2.0935	152.3334	7	15	87
129	橡胶林	TG-58	那空帕府	17.608298	104.47501	160	2.9167	270.0000	17	20	89
130	橡胶林	TG-59	那空帕府	17.585093	104.35401	175	4.3032	115.4841	25	19	82
131	橡胶林	TG-60	那空帕府	17.808298	104.16998	174	2.1568	295.4564	28	23	88

续表

序号	森林类型	样方编号	地点	纬度（°）	经度（°）	海拔（米）	坡度（°）	坡向（Aspect）	林龄（年）	平均树高（米）	平均郁闭度（%）
132	橡胶林	TG-61	汶干府	17.995596	103.94498	175	2.1587	295.4330	18	20	85
133	橡胶林	TG-62	汶干府	18.364985	103.33901	171	0.9772	90.0000	25	22	80
134	橡胶林	TG-63	廊开府	18.071807	103.09202	177	3.4610	237.6343	7	15	90
135	橡胶林	TG-64	廊开府	17.712203	102.63201	189	1.3445	46.3907	6	13	89
136	橡胶林	TG-65	黎府	17.319384	101.97999	347	1.3429	133.6712	7	15	80
137	橡胶林	TG-66	黎府	17.317678	101.70001	287	5.4607	212.1490	9	16	86
138	橡胶林	TG-67	黎府	17.381502	101.58798	293	5.5819	240.2045	25	22	85
139	橡胶林	TG-68	黎府	17.414312	101.54000	580	14.7506	157.2559	25	18	85
140	橡胶林	TG-69	彭世洛府	17.037921	100.81900	221	3.0515	107.6773	12	18	88
141	橡胶林	TG-70	彭世洛府	17.881098	100.04400	246	7.4415	187.4826	6	15	90
142	橡胶林	TG-71	彭世洛府	18.462696	100.12999	229	3.7048	180.0000	9	16	90
143	橡胶林	TG-72	清莱府	19.388504	99.77941	425	7.5469	31.2068	7	19	90
144	橡胶林	TG-73	清莱府	19.687381	99.72780	454	5.6332	169.9618	15	16	83
145	橡胶林	MD-1	仰光省	17.324186	96.24620	52	3.0558	252.3483	9	20	90
146	橡胶林	MD-2	仰光省	17.326296	96.24660	58	0.9274	0.0000	15	20	85
147	橡胶林	MD-3	勃固省	17.395416	96.32519	44	4.2995	64.4927	9	13	85
148	橡胶林	MD-4	勃固省	17.393621	96.32430	47	8.0082	313.6596	10	14	82
149	橡胶林	MD-5	孟邦	17.426296	96.90172	21	2.1531	115.5035	30	20	85
150	橡胶林	MD-6	孟邦	17.416691	96.95212	26	3.8823	270.0000	15	20	88
151	橡胶林	MD-7	孟邦	17.220282	97.17919	30	2.6836	313.6866	30	20	82
152	橡胶林	MD-8	孟邦	16.241512	97.73619	28	2.9428	160.8535	32	19	85
153	橡胶林	MD-9	孟邦	16.210497	97.74409	24	2.9428	199.1436	22	19	88
154	橡胶林	MD-10	孟邦	16.131817	97.74440	17	6.7422	196.5638	26	21	85
155	橡胶林	MD-11	孟邦	16.038190	97.75939	15	5.4505	31.9765	30	21	85
156	橡胶林	MD-12	孟邦	15.982894	97.69678	44	2.0900	152.5208	6	15	80
157	橡胶林	MD-13	孟邦	15.963684	97.65450	24	0.9274	0.0000	30	20	80
158	橡胶林	MD-14	孟邦	16.008612	97.63008	32	2.0900	207.4822	32	20	82
159	橡胶林	MD-15	孟邦	16.013684	97.63291	31	0.9648	270.0000	8	15	75
160	橡胶林	MD-16	孟邦	16.010004	97.62479	39	4.1745	332.5176	15	19	85
161	橡胶林	MD-17	孟邦	15.257221	97.88812	10	3.0268	72.1730	7	17	78
162	橡胶林	MD-18	孟邦	14.985318	97.99611	90	3.8265	194.5099	14	20	85
163	橡胶林	MD-19	德林达依省	14.168712	98.21388	27	7.2129	292.5646	20	17	80
164	橡胶林	MD-20	德林达依省	14.168083	98.21402	29	6.0308	232.2005	20	17	80
165	橡胶林	MD-21	德林达依省	14.173200	98.20989	15	2.0862	27.2801	2	5	10

序号	森林类型	样方编号	地点	纬度（°）	经度（°）	海拔（米）	坡度（°）	坡向（Aspect）	林龄（年）	平均树高（米）	平均郁闭度（%）
166	橡胶林	MD-22	德林达依省	14.077419	98.28350	33	19.0031	147.7878	35	17	75
167	橡胶林	MD-23	德林达依省	12.571495	98.76729	38	12.0265	8.9576	7	17	82
168	橡胶林	MD-24	德林达依省	12.568802	98.76931	22	6.8725	254.4179	20	19	70
169	橡胶林	MD-25	德林达依省	12.483614	98.42802	18	4.6678	217.5301	7	17	70
170	橡胶林	MD-26	德林达依省	12.479215	98.43188	21	8.7518	198.8499	48	20	65
171	橡胶林	MD-27	德林达依省	12.685409	98.75630	34	2.9964	288.0144	20	20	75
172	橡胶林	MD-28	德林达依省	12.921809	98.67591	22	3.4005	303.0152	20	21	82
173	橡胶林	MD-29	德林达依省	13.299906	98.59701	14	4.6735	142.3797	13	20	55
174	橡胶林	MD-30	德林达依省	13.621315	98.38278	38	5.0021	202.3709	30	18	66
175	橡胶林	MD-31	德林达依省	14.042320	98.22789	20	5.0034	202.4074	25	20	80
176	橡胶林	MD-32	德林达依省	14.042006	98.22699	17	3.4117	237.1074	8	19	80
177	橡胶林	MD-33	孟邦	14.369385	98.18659	62	13.1978	86.0418	7	17	82
178	橡胶林	MD-34	孟邦	15.101386	97.91110	38	3.9995	226.0066	16	20	82
179	橡胶林	MD-35	孟邦	18.726520	96.36842	61	1.3486	46.5574	30	23	83
180	橡胶林	MD-36	孟邦	15.816018	97.76608	22	5.8375	279.1102	9	21	88
181	橡胶林	MD-37	孟邦	16.457715	97.54359	18	6.4649	0.0000	25	21	80
182	橡胶林	MD-38	孟邦	16.383119	97.55019	25	0.0000	0.0000	35	20	80
183	橡胶林	MD-39	孟邦	16.961978	97.34651	25	2.0922	207.5979	15	20	78
184	橡胶林	MD-40	孟邦	17.395820	96.98121	60	3.9904	256.5820	7	17	80
185	橡胶林	MD-41	勃固省	17.709420	96.49912	49	1.9465	270.0000	6	12	70
186	橡胶林	MD-42	勃固省	17.787606	96.49328	47	2.6880	133.5972	8	19	82
187	橡胶林	MD-43	勃固省	17.921897	96.49238	52	4.3098	115.4422	6	15	82
188	橡胶林	MD-44	勃固省	18.726520	96.36842	61	1.3486	46.5574	8	19	85
189	橡胶林	MD-45	掸邦	20.737202	96.88471	938	3.5018	121.9426	5	13	60
190	橡胶林	MD-46	掸邦	21.260496	96.86159	950	6.2899	28.2142	5	13	50
191	橡胶林	MD-47	掸邦	21.706591	96.94732	870	6.0386	98.8022	6	12	50
192	橡胶林	ZG-1	瑞丽	24.101653	97.99279	820	26.3821	105.1345	30	17	87
193	橡胶林	ZG-2	瑞丽	24.064983	97.99054	796	2.9595	200.0553	35	18	90
194	橡胶林	ZG-3	瑞丽	24.079481	98.05271	844	7.3093	104.6199	7	15	85
195	橡胶林	ZG-4	瑞丽	24.099992	98.07681	936	6.3193	151.2885	6	13	75
196	橡胶林	ZG-5	瑞丽	23.901922	97.62932	772	4.4529	245.4339	35	17	88
197	橡胶林	ZG-6	瑞丽	23.895594	97.61541	777	7.9602	117.5848	10	18	85
198	橡胶林	ZG-7	瑞丽	23.900621	97.59741	796	11.5234	217.4397	8	17	85
199	橡胶林	ZG-8	瑞丽	24.105019	98.01312	847	11.9257	112.5340	25	17	75

序号	森林类型	样方编号	地点	纬度（°）	经度（°）	海拔（米）	坡度（°）	坡向（Aspect）	林龄（年）	平均树高（米）	平均郁闭度（%）
200	橡胶林	ZG-9	瑞丽	24.184283	98.16868	822	6.1468	278.6450	30	18	95
201	橡胶林	ZG-10	红河	22.662291	103.79620	120	16.3450	116.2044	10	17	85
202	橡胶林	ZG-11	红河	22.662784	103.79561	141	11.0707	99.5244	10	17	85
203	橡胶林	ZG-12	红河	22.578808	103.90688	130	14.9234	148.2482	11	17	90
204	橡胶林	ZG-13	红河	22.533117	103.96092	117	27.3787	66.0242	18	17	85
205	橡胶林	ZG-14	红河	22.535181	103.99467	191	9.0099	84.1404	23	17	80
206	橡胶林	ZG-15	红河	22.572793	103.96909	125	26.8712	352.0452	25	16	80
207	橡胶林	ZG-16	红河	22.729885	103.72322	129	18.9396	256.3570	11	17	89
208	橡胶林	ZG-17	红河	22.607578	103.15908	309	11.4835	217.1718	30	17	90
209	橡胶林	ZG-18	红河	22.651115	103.14310	347	16.3899	303.3925	25	18	89
210	橡胶林	ZG-19	红河	22.641599	103.09961	314	7.2363	255.2277	7	18	85
211	橡胶林	ZG-20	红河	22.763278	102.72968	544	9.4770	39.1232	30	17	89
212	橡胶林	ZG-21	红河	22.916195	101.95899	1161	34.9324	205.3258	12	17	85
213	橡胶林	ZG-22	红河	22.909822	101.94032	773	20.3282	264.9865	12	17	85
214	橡胶林	ZG-23	红河	22.869113	101.97218	561	24.2088	20.5904	15	17	89
215	橡胶林	ZG-24	红河	22.869786	101.97021	581	21.7181	12.7408	7	17	89
216	橡胶林	ZG-25	临沧	23.562919	99.10109	506	3.1709	106.9900	25	23	80
217	橡胶林	ZG-26	临沧	23.561303	99.10329	507	1.8543	180.0000	9	18	90
218	橡胶林	ZG-27	临沧	23.561303	99.10329	507	1.8543	180.0000	9	20	85
219	橡胶林	ZG-28	临沧	23.554301	99.10728	516	1.3723	47.4891	6	13	85
220	橡胶林	ZG-29	临沧	23.542317	99.10630	551	8.8119	19.9811	7	14	80
221	橡胶林	ZG-30	临沧	23.544517	99.10630	549	12.5155	18.5535	17	21	80
222	橡胶林	ZG-31	普洱	23.418709	100.67088	1028	19.7335	79.6005	5	10	50
223	橡胶林	ZG-32	普洱	23.255513	100.61981	967	22.8254	180.0000	6	9	45
224	橡胶林	ZG-33	普洱	23.250217	100.60320	1004	16.0165	142.1378	6	14	60
225	橡胶林	ZG-34	普洱	23.209014	100.59341	824	20.5812	260.0703	25	23	85
226	橡胶林	ZG-35	普洱	23.220998	100.59530	847	9.1911	258.4578	25	23	90
227	橡胶林	ZG-36	版纳	21.917812	101.25230	581	6.1004	40.7721	20	22	90
228	橡胶林	ZG-37	版纳	21.599679	101.58592	678	3.7048	180.0000	25	27	90
229	橡胶林	ZG-38	版纳	21.569113	101.57959	692	18.3209	87.1978	18	17	80
230	橡胶林	ZG-39	版纳	21.404122	101.37209	579	12.3232	287.2414	30	28	90
231	橡胶林	ZG-40	版纳	21.602821	101.28682	590	27.8640	203.2783	20	20	80
232	橡胶林	ZG-41	版纳	22.069113	100.91011	831	27.9695	58.7867	30	25	80
233	橡胶林	ZG-42	版纳	22.019786	100.81648	612	24.8706	225.7004	20	20	95

序号	森林类型	样方编号	地点	纬度（°）	经度（°）	海拔（米）	坡度（°）	坡向（Aspect）	林龄（年）	平均树高（米）	平均郁闭度（%）
234	橡胶林	ZG-43	版纳	22.077417	100.71402	620	17.5786	235.8014	35	20	85
235	橡胶林	ZG-44	版纳	22.137515	100.62802	1203	21.4003	18.1889	25	25	75
236	橡胶林	ZG-45	版纳	21.935181	100.69391	678	7.5809	328.3659	20	20	85
237	橡胶林	ZG-46	版纳	21.781007	100.25661	886	11.8840	180.0000	7	18	85
238	橡胶林	ZG-47	版纳	21.771313	100.26491	1231	8.1230	312.8820	30	22	90
239	橡胶林	ZG-48	版纳	21.627102	100.69732	647	8.1394	256.9167	30	22	95
240	橡胶林	ZG-49	版纳	21.573691	100.67779	663	24.8457	140.2755	6	18	90
241	橡胶林	ZG-50	临沧	23.565208	99.10679	510	7.4783	317.7244	18	15	80
242	橡胶林	ZG-51	临沧	23.536482	99.10832	568	13.4709	47.4853	7	17	85
243	橡胶林	ZG-52	普洱	23.250621	100.60468	980	8.5246	166.4033	8	17	55
244	橡胶林	ZG-53	版纳	21.917812	101.25230	581	6.1004	40.7721	7	17	75
245	橡胶林	ZG-54	版纳	21.977506	101.17788	890	8.8004	199.7712	12	22	85
246	橡胶林	ZG-55	版纳	22.012919	101.02851	858	14.9158	280.5045	10	18	80
247	橡胶林	ZG-56	版纳	22.045101	100.73601	584	4.1016	103.0464	20	15	90

附表 2　湄公河区域橡胶林群落植物目录

序号	科名	属名	种名	拉丁学名	植物属性	用途类型
1	石松科	藤石松属	藤石松	*Lycopodiastrum casuarinoides* (Spring) Holub ex Dixit	蕨类植物	药用价值
2	石松科	石松属	石松	*Lycopodium japonicum* Thunb. ex Murray	蕨类植物	药用、食用、经济、观赏价值
3	石松科	垂穗石松属	垂穗石松	*Palhinhaea cernua* (L.) Vasc. et Franco	蕨类植物	药用价值
4	卷柏科	卷柏属	蔓出卷柏	*Selaginella davidii* Franch.	蕨类植物	无
5	卷柏科	卷柏属	深绿卷柏	*Selaginella doederleinii* Hieron.	蕨类植物	药用、观赏价值
6	卷柏科	卷柏属	江南卷柏	*Selaginella moellendorffii* Hieron.	蕨类植物	药用、观赏价值
7	七指蕨科	七指蕨属	七指蕨	*Helminthostachys zeylanica* (L.) Hook.	蕨类植物	药用价值
8	观音座莲科	观音座莲属	披针观音座莲	*Angiopteris caudatiformis* Hieron.	蕨类植物	无
9	观音座莲科	观音座莲属	大脚观音座莲	*Angiopteris crassipes* Wall.	蕨类植物	无
10	里白科	芒萁属	铁芒萁	*Dicranopteris linearis* (Burm.) Underw.	蕨类植物	药用、经济、观赏、生态价值
11	海金沙科	海金沙属	掌叶海金沙	*Lygodium digitatum* Presl	蕨类植物	药用价值
12	海金沙科	海金沙属	曲轴海金沙	*Lygodium flexuosum* (L.) Sw.	蕨类植物	药用价值
13	海金沙科	海金沙属	海金沙	*Lygodium japonicum* (Thunb.) Sw.	蕨类植物	药用价值
14	海金沙科	海金沙属	柳叶海金沙	*Lygodium salicifolium* Presl	蕨类植物	无
15	海金沙科	海金沙属	小叶海金沙	*Lygodium scandens* (L.) Sw.	蕨类植物	药用价值
16	蚌壳蕨科	金毛狗属	金毛狗	*Cibotium barometz* (L.) J. Sm.	蕨类植物	药用、食用、观赏价值
17	桫椤科	桫椤属	大叶黑桫椤	*Alsophila gigantea* Wall. ex Hook.	蕨类植物	观赏价值
18	鳞始蕨科	双唇蕨属	双唇蕨	*Schizoloma ensifolium* (Sw.) J. Sm.	蕨类植物	无
19	鳞始蕨科	乌蕨属	阔片乌蕨	*Stenoloma biflorum* (Kaulf.) Ching	蕨类植物	无
20	鳞始蕨科	乌蕨属	乌蕨	*Stenoloma chusanum* Ching	蕨类植物	药用、观赏价值
21	姬蕨科	鳞盖蕨属	热带鳞盖蕨	*Microlepia speluncae* (Linn.) Moore	蕨类植物	无
22	凤尾蕨科	凤尾蕨属	剑叶凤尾蕨	*Pteris ensiformis* Burm.	蕨类植物	药用、观赏价值
23	凤尾蕨科	凤尾蕨属	傅氏凤尾蕨	*Pteris fauriei*	蕨类植物	药用价值
24	凤尾蕨科	凤尾蕨属	林下凤尾蕨	*Pteris grevilleana*	蕨类植物	无
25	凤尾蕨科	凤尾蕨属	线羽凤尾蕨	*Pteris linearis*	蕨类植物	无
26	凤尾蕨科	凤尾蕨属	半边旗	*Pteris semipinnata*	蕨类植物	药用价值
27	凤尾蕨科	凤尾蕨属	蜈蚣草	*Pteris vittata* L.	蕨类植物	生态价值
28	铁线蕨科	铁线蕨属	团羽铁线蕨	*Adiantum capillus-junonis* Rupr.	蕨类植物	药用价值
29	铁线蕨科	铁线蕨属	铁线蕨	*Adiantum capillus-veneris* L.	蕨类植物	药用、观赏价值
30	铁线蕨科	铁线蕨属	扇叶铁线蕨	*Adiantum flabellulatum* L.	蕨类植物	药用、生态价值
31	铁线蕨科	铁线蕨属	半月形铁线蕨	*Adiantum philippense* L.	蕨类植物	生态价值

序号	科名	属名	种名	拉丁学名	植物属性	用途类型
32	裸子蕨科	粉叶蕨属	粉叶蕨	*Pityrogramme calomelanos* (L.) Link	蕨类植物	观赏价值
33	书带蕨科	书带蕨属	书带蕨	*Vittaria flexuosa* Fee	蕨类植物	药用价值
34	蹄盖蕨科	菜蕨属	菜蕨	*Callipteris esculenta* (Retz.) J. Sm. ex Moore et Houlst.	蕨类植物	食用价值
35	蹄盖蕨科	双盖蕨属	双盖蕨	*Diplazium donianum* (Mett.) Tard. -Blot	蕨类植物	药用价值
36	金星蕨科	毛蕨属	齿牙毛蕨	*Cyclosorus dentatus* (Forssk.) Ching	蕨类植物	无
37	金星蕨科	毛蕨属	华南毛蕨	*Cyclosorus parasiticus* (L.) Farwell.	蕨类植物	药用价值
38	金星蕨科	新月蕨属	新月蕨	*Pronephrium gymnopteridifrons* (Hay.) Holtt.	蕨类植物	药用价值
39	金星蕨科	新月蕨属	披针新月蕨	*Pronephrium penangianum* (Hook.) Holtt.	蕨类植物	药用价值
40	金星蕨科	新月蕨属	单叶新月蕨	*Pronephrium simplex* (Hook.) Holtt.	蕨类植物	药用价值
41	金星蕨科	假毛蕨属	西南假毛蕨	*Pseudocyclosorus esquirolii* (Christ.) Ching	蕨类植物	无
42	铁角蕨科	巢蕨属	巢蕨	*Neottopteris nidus* (L.) J. Sm.	蕨类植物	药用、食用、观赏价值
43	乌毛蕨科	乌毛蕨属	乌毛蕨	*Blechnum orientale* L.	蕨类植物	药用、食用、生态价值
44	叉蕨科	叉蕨属	条裂叉蕨	*Tectaria phaeocaulis* (Ros.) C. Chr.	蕨类植物	无
45	叉蕨科	叉蕨属	三叉蕨	*Tectaria subtriphylla* (Hook. et Arn.) Cop.	蕨类植物	药用、食用、经济价值
46	叉蕨科	叉蕨属	多变叉蕨	*Tectaria variabilis* Tard.-Blot et Ching	蕨类植物	无
47	叉蕨科	叉蕨属	疣状叉蕨	*Tectaria variolosa* (Wall. ex Hook.) C. Chr.	蕨类植物	无
48	肾蕨科	肾蕨属	肾蕨	*Nephrolepis auriculata* (L.) Trimen	蕨类植物	观赏价值
49	肾蕨科	肾蕨属	长叶肾蕨	*Nephrolepis biserrata* (Sw.) Schott	蕨类植物	无
50	肾蕨科	肾蕨属	镰叶肾蕨	*Nephrolepis falcata* (Cav.) C. Chr.	蕨类植物	观赏价值
51	骨碎补科	骨碎补属	骨碎补	*Davallia mariesii* Moore ex Bak.	蕨类植物	药用价值
52	水龙骨科	抱树莲属	抱树莲	*Drymoglossum piloselloides* (L.) C. Presl	蕨类植物	药用价值
53	水龙骨科	伏石蕨属	伏石蕨	*Lemmaphyllum microphyllum* C. Presl	蕨类植物	无
54	水龙骨科	星蕨属	攀缘星蕨	*Microsorum buergerianum* (Miq.)Ching	蕨类植物	药用价值
55	水龙骨科	星蕨属	星蕨	*Microsorum punctatum* (L.) Copel.	蕨类植物	药用价值
56	水龙骨科	盾蕨属	卵叶盾蕨	*Neolepisorus ovatus* Ching	蕨类植物	无
57	水龙骨科	石韦属	贴生石韦	*Pyrrosia adnascens* (Sw.) Ching	蕨类植物	药用价值
58	水龙骨科	石韦属	中越石韦	*Pyrrosia tonkinensis* (Gies.) Ching	蕨类植物	无
59	槲蕨科	槲蕨属	团叶槲蕨	*Drynaria bonii* Christ	蕨类植物	药用价值
60	槲蕨科	槲蕨属	栎叶槲蕨	*Drynaria quercifolia* (L.) J. Sm.	蕨类植物	观赏价值
61	槲蕨科	槲蕨属	槲蕨	*Drynaria roosii* Nakaike	蕨类植物	药用价值
62	槲蕨科	崖姜蕨属	崖姜	*Pseudodrynaria coronans* (Wall. ex Mett.) Ching	蕨类植物	药用价值、观赏价值

序号	科名	属名	种名	拉丁学名	植物属性	用途类型
63	鹿角蕨科	鹿角蕨属	鹿角蕨	*Platycerium wallichii* Hook.	蕨类植物	观赏价值
64	麻黄科	麻黄属	木贼麻黄	*Ephedra equisetina* Bge.	裸子植物	药用价值、观赏价值
65	买麻藤科	买麻藤属	买麻藤	*Gnetum montanum* Markgr.	裸子植物	药用价值、食用价值、经济价值
66	木麻黄科	木麻黄属	木麻黄	*Casuarina equisetifolia* Forst.	被子植物	药用价值、经济价值、饲料价值、生态价值
67	壳斗科	栎属	大叶栎	*Quercus griffithii* Hook. f. et Thoms ex Miq.	被子植物	经济价值
68	榆科	糙叶树属	糙叶树	*Aphananthe aspera* (Thunb.) Planch.	被子植物	药用价值、经济价值、饲料价值
69	榆科	朴属	大叶朴	*Celtis koraiensis* Nakai	被子植物	药用价值、经济价值、观赏价值
70	榆科	山黄麻属	光叶山黄麻	*Trema cannabina* Lour.	被子植物	经济价值
71	桑科	见血封喉属	见血封喉	*Antiaris toxicaria* Lesch.	被子植物	经济价值
72	桑科	波罗蜜属	波罗蜜	*Artocarpus heterophyllus* Lam.	被子植物	食用价值、经济价值
73	桑科	波罗蜜属	面包树	*Artocarpus incisa* (Thunb.) L.	被子植物	食用价值、经济价值
74	桑科	波罗蜜属	野波罗蜜	*Artocarpus lacucha* Buch.-Ham.ex D.Don	被子植物	经济价值
75	桑科	构属	构树	*Broussonetia papyrifera* (L.) L'Hér. ex Vent.	被子植物	药用价值、经济价值
76	桑科	榕属	大果榕	*Ficus auriculata* Lour.	被子植物	食用价值
77	桑科	榕属	雅榕	*Ficus concinna* (Miq.) Miq.	被子植物	药用价值
78	桑科	榕属	印度榕	*Ficus elastica* Roxb. ex Hornem.	被子植物	观赏价值
79	桑科	榕属	水同木	*Ficus fistulosa* Reinw. ex Bl.	被子植物	饲料价值、观赏价值
80	桑科	榕属	粗叶榕	*Ficus hirta* Vahl	被子植物	药用价值、经济价值
81	桑科	榕属	薄毛粗叶榕	*Ficus hirta* Vahl var. *imberbis* Gagn.	被子植物	药用价值
82	桑科	榕属	对叶榕	*Ficus hispida* L.	被子植物	药用价值
83	桑科	榕属	青藤公	*Ficus langkokensis* Drake	被子植物	无
84	桑科	榕属	琴叶榕	*Ficus pandurata* Hance	被子植物	药用价值、观赏价值
85	桑科	榕属	菩提树	*Ficus religiosa* L.	被子植物	药用价值、经济价值、观赏价值、生态价值
86	桑科	鹊肾树属	鹊肾树	*Streblus asper* Lour.	被子植物	药用价值、观赏价值、饲料价值
87	桑科	鹊肾树属	刺桑	*Streblus ilicifolius* (Vidal) Corner	被子植物	无
88	桑科	鹊肾树属	叶被木	*Streblus taxoides* (Heyne) Kurz	被子植物	无
89	荨麻科	舌柱麻属	舌柱麻	*Archiboehmeria atrata* (Gagnep.) C. J. Chen	被子植物	经济价值

序号	科名	属名	种名	拉丁学名	植物属性	用途类型
90	荨麻科	苎麻属	苎麻	*Boehmeria nivea* (L.) Gaudich.	被子植物	药用价值、食用价值、经济价值、饲料价值
91	荨麻科	水麻属	水麻	*Debregeasia orientalis* C. J. Chen	被子植物	食用价值、饲料价值
92	荨麻科	紫麻属	紫麻	*Oreocnide frutescens* (Thunb.) Miq.	被子植物	药用价值、经济价值
93	蓼科	蓼属	火炭母	*Polygonum chinense* L.	被子植物	药用价值
94	商陆科	商陆属	商陆	*Phytolacca acinosa* Roxb.	被子植物	药用价值、食用价值、经济价值
95	商陆科	商陆属	垂序商陆	*Phytolacca americana* L.	被子植物	药用价值、经济价值
96	紫茉莉科	紫茉莉属	紫茉莉	*Mirabilis jalapa* L.	被子植物	药用价值、观赏价值
97	马齿苋科	马齿苋属	阔叶半枝莲	*Portulaca oleracea* L. var. *granatus*	被子植物	药用价值
98	马齿苋科	土人参属	土人参	*Talinum paniculatum* (Jacq.) Gaertn.	被子植物	药用价值
99	落葵科	落葵属	落葵	*Basella alba* L.	被子植物	药用价值、食用价值、观赏价值
100	石竹科	荷莲豆草属	荷莲豆草	*Drymaria diandra*	被子植物	药用价值
101	苋科	牛膝属	土牛膝	*Achyranthes aspera* L.	被子植物	药用价值
102	苋科	白花苋属	白花苋	*Aerva sanguinolenta* (L.) Blume	被子植物	药用价值
103	苋科	莲子草属	锦绣苋	*Alternanthera bettzickiana* (Regel) Nichols.	被子植物	药用价值、观赏价值
104	苋科	莲子草属	红龙草	*Alternanthera dentata* 'Rubiginosa'	被子植物	观赏价值
105	苋科	苋属	老鸦谷	*Amaranthus cruentus*	被子植物	食用价值、观赏价值
106	苋科	苋属	凹头苋	*Amaranthus lividus*	被子植物	药用价值、饲料价值
107	苋科	苋属	皱果苋	*Amaranthus viridis*	被子植物	药用价值、食用价值、饲料价值
108	苋科	青葙属	青葙	*Celosia argentea* L.	被子植物	药用价值、食用价值、饲料价值、观赏价值
109	苋科	杯苋属	杯苋	*Cyathula prostrata* (L.) Blume	被子植物	药用价值
110	苋科	千日红属	银花苋	*Gomphrena celosioides* Mart.	被子植物	药用价值、观赏价值
111	番荔枝科	番荔枝属	刺果番荔枝	*Annona muricata*	被子植物	食用价值、经济价值
112	番荔枝科	番荔枝属	番荔枝	*Annona squamosa*	被子植物	药用价值、食用价值、经济价值
113	番荔枝科	假鹰爪属	假鹰爪	*Desmos chinensis*	被子植物	药用价值、食用价值、经济价值
114	番荔枝科	瓜馥木属	瓜馥木	*Fissistigma oldhamii*	被子植物	药用价值、食用价值、经济价值

序号	科名	属名	种名	拉丁学名	植物属性	用途类型
115	番荔枝科	暗罗属	暗罗	*Polyalthia suberosa*	被子植物	药用价值、经济价值
116	番荔枝科	紫玉盘属	光叶紫玉盘	*Uvaria boniana*	被子植物	无
117	番荔枝科	紫玉盘属	紫玉盘	*Uvaria microcarpa*	被子植物	药用价值、经济价值
118	肉豆蔻科	红光树属	红光树	*Knema furfuracea* (Hook. f. et Thoms.) Warb.	被子植物	经济价值
119	樟科	黄肉楠属	毛黄肉楠	*Actinodaphne pilosa* (Lour.) Merr.	被子植物	药用价值、经济价值
120	樟科	木姜子属	潺槁木姜子	*Litsea glutinosa* (Lour.) C. B. Rob.	被子植物	药用价值、经济价值
121	樟科	木姜子属	假柿木姜子	*Litsea monopetala* (Roxb.) Pers.	被子植物	药用价值、经济价值
122	樟科	木姜子属	越南木姜子	*Litsea pierrei* Lec.	被子植物	无
123	樟科	木姜子属	木姜子	*Litsea pungens* Hemsl.	被子植物	食用价值、经济价值
124	樟科	润楠属	润楠	*Machilus pingii* Cheng ex Yang	被子植物	经济价值
125	樟科	润楠属	芳槁润楠	*Machilus suaveolens* S. Lee	被子植物	无
126	樟科	鳄梨属	鳄梨	*Persea americana* Mill.	被子植物	食用价值、经济价值
127	木通科	大血藤属	大血藤	*Sargentodoxa cuneata* (Oliv.) Rehd. et Wils.	被子植物	药用价值、经济价值
128	防己科	崖藤属	崖藤	*Albertisia laurifolia* Yamamoto	被子植物	无
129	防己科	木防己属	木防己	*Cocculus orbiculatus* (L.) DC.	被子植物	无
130	防己科	连蕊藤属	连蕊藤	*Parabaena sagittata* Miers	被子植物	食用价值
131	防己科	细圆藤属	细圆藤	*Pericampylus glaucus* (Lam.) Merr.	被子植物	经济价值
132	防己科	千金藤属	血散薯	*Stephania dielsiana* Y. C. Wu	被子植物	药用价值
133	防己科	千金藤属	桐叶千金藤	*Stephania hernandifolia* (Willd.) Walp.	被子植物	药用价值
134	防己科	青牛胆属	中华青牛胆	*Tinospora sinensis* (Lour.) Merr.	被子植物	药用价值
135	三白草科	蕺菜属	蕺菜	*Houttuynia cordata* Thunb	被子植物	药用价值、食用价值
136	胡椒科	胡椒属	风藤	*Piper kadsura* (Choisy) Ohwi	被子植物	药用价值
137	胡椒科	胡椒属	假蒟	*Piper sarmentosum* Roxb.	被子植物	药用价值
138	马兜铃科	马兜铃属	广防己	*Aristolochia fangchi* Y. C. Wu ex L. D. Chow et S. M. Hwang	被子植物	药用价值
139	马兜铃科	细辛属	红金耳环	*Asarum petelotii* O. C. Schmidt	被子植物	药用价值
140	五桠果科	五桠果属	五桠果	*Dillenia indica* L.	被子植物	食用价值
141	五桠果科	五桠果属	小花五桠果	*Dillenia pentagyna* Roxb.	被子植物	药用价值、食用价值、经济价值
142	五桠果科	锡叶藤属	锡叶藤	*Tetracera asiatica* (Lour.) Hoogland	被子植物	药用价值
143	猕猴桃科	水东哥属	水东哥	*Saurauia tristyla* DC.	被子植物	药用价值、饲料价值

序号	科名	属名	种名	拉丁学名	植物属性	用途类型
144	金莲木科	金莲木属	金莲木	*Ochna integerrima* (Lour.) Merr.	被子植物	观赏价值
145	山茶科	山茶属	茶	*Camellia sinensis* (L.) O. Ktze.	被子植物	药用价值、食用价值
146	藤黄科	黄牛木属	黄牛木	*Cratoxylum cochinchinense* (Lour.) Bl.	被子植物	药用价值、食用价值、经济价值
147	藤黄科	藤黄属	大叶藤黄	*Garcinia xanthochymus* Hook. f. ex T. Anders.	被子植物	药用价值、食用价值、经济价值
148	钩枝藤科	钩枝藤属	钩枝藤	*Ancistrocladus tectorius* (Lour.) Merr.	被子植物	无
149	白花菜科	山柑属	独行千里	*Capparis acutifolia* Sweet	被子植物	药用价值
150	白花菜科	山柑属	屈头鸡	*Capparis versicolor* Griff.	被子植物	药用价值
151	白花菜科	白花菜属	白花菜	*Cleome gynandra* L.	被子植物	药用价值、食用价值
152	白花菜科	白花菜属	皱子白花菜	*Cleome rutidosperma* DC.	被子植物	无
153	白花菜科	白花菜属	黄花草	*Cleome viscosa* L.	被子植物	药用价值
154	白花菜科	斑果藤属	斑果藤	*Stixis suaveolens* (Roxb.) Pierre	被子植物	食用价值、经济价值、观赏价值
155	辣木科	辣木属	辣木	*Moringa oleifera*	被子植物	食用价值、经济价值、观赏价值
156	蔷薇科	木瓜属	木瓜	*Chaenomeles sinensis* (Thouin) Koehne	被子植物	药用价值、食用价值、经济价值、观赏价值
157	蔷薇科	悬钩子属	粗叶悬钩子	*Rubus alceaefolius* Poir.	被子植物	药用价值
158	蔷薇科	悬钩子属	越南悬钩子	*Rubus cochinchinensis* Tratt.	被子植物	药用价值
159	蔷薇科	悬钩子属	红毛悬钩子	*Rubus pinfaensis* Levl. et Vant.	被子植物	药用价值
160	蔷薇科	悬钩子属	锈毛莓	*Rubus reflexus* Ker.	被子植物	药用价值、食用价值
161	蔷薇科	悬钩子属	红腺悬钩子	*Rubus sumatranus* Miq.	被子植物	药用价值
162	牛栓藤科	牛栓藤属	牛栓藤	*Connarus paniculatus* Roxb.	被子植物	无
163	牛栓藤科	红叶藤属	小叶红叶藤	*Rourea microphylla* (Hook. et Arn.) Planch.	被子植物	药用价值、经济价值
164	含羞草科	金合欢属	大叶相思	*Acacia auriculiformis* A. Cunn. ex Benth.	被子植物	观赏价值
165	含羞草科	金合欢属	儿茶	*Acacia catechu* (L. f.) Willd.	被子植物	药用价值、经济价值
166	含羞草科	金合欢属	台湾相思	*Acacia confusa* Merr.	被子植物	经济价值、生态价值
167	含羞草科	金合欢属	金合欢	*Acacia farnesiana* (L.) Willd.	被子植物	药用价值、经济价值、观赏价值
168	含羞草科	金合欢属	藤金合欢	*Acacia sinuata* (Lour.) Merr.	被子植物	药用价值
169	含羞草科	合欢属	天香藤	*Albizia corniculata* (Lour.) Druce	被子植物	药用价值
170	含羞草科	合欢属	南洋楹	*Albizia falcataria* (L.) Fosberg	被子植物	观赏价值
171	含羞草科	合欢属	阔荚合欢	*Albizia lebbeck* (L.) Benth.	被子植物	经济价值、饲料价值、观赏价值

序号	科名	属名	种名	拉丁学名	植物属性	用途类型
172	含羞草科	银合欢属	银合欢	*Leucaena leucocephala* (Lam.) de Wit	被子植物	经济价值、饲料价值、观赏价值
173	含羞草科	含羞草属	巴西含羞草	*Mimosa invisa* Mart. ex Colla	被子植物	无
174	含羞草科	含羞草属	无刺含羞草	*Mimosa invisa* Mart. ex Colla var. *inermis* Adelh.	被子植物	无刺含羞草
175	含羞草科	含羞草属	含羞草	*Mimosa pudica* L.	被子植物	药用价值
176	含羞草科	含羞草属	光荚含羞草	*Mimosa sepiaria* Benth.	被子植物	生态价值
177	含羞草科	猴耳环属	猴耳环	*Pithecellobium clypearia* (Jack) Benth.	被子植物	经济价值
178	含羞草科	猴耳环属	牛蹄豆	*Pithecellobium dulce* (Roxb.) Benth.	被子植物	食用价值、经济价值、饲料价值
179	含羞草科	猴耳环属	亮叶猴耳环	*Pithecellobium lucidum* Benth.	被子植物	药用价值、经济价值
180	苏木科	羊蹄甲属	鞍叶羊蹄甲	*Bauhinia brachycarpa* Wall.	被子植物	无
181	苏木科	羊蹄甲属	龙须藤	*Bauhinia championii* (Benth.) Benth.	被子植物	观赏价值
182	苏木科	羊蹄甲属	石山羊蹄甲	*Bauhinia comosa* Craib	被子植物	无
183	苏木科	羊蹄甲属	首冠藤	*Bauhinia corymbosa* Roxb. ex DC.	被子植物	观赏价值
184.	苏木科	羊蹄甲属	锈荚藤	*Bauhinia erythropoda* Hayata	被子植物	无
185	苏木科	羊蹄甲属	羊蹄甲	*Bauhinia purpurea* L.	被子植物	药用价值、观赏价值
186	苏木科	苏木属	苏木	*Caesalpinia sappan* L.	被子植物	药用价值、经济价值
187	苏木科	决明属	翅荚决明	*Cassia alata* L.	被子植物	药用价值、观赏价值
188	苏木科	决明属	腊肠树	*Cassia fistula* Linn.	被子植物	药用价值、经济价值、观赏价值
189	苏木科	决明属	含羞草决明	*Cassia mimosoides* L.	被子植物	药用价值、食用价值、生态价值
190	苏木科	决明属	节果决明	*Cassia nodosa* Buch.-Ham. ex Roxb.	被子植物	经济价值、观赏价值
191	苏木科	决明属	望江南	*Cassia occidentalis* L.	被子植物	药用价值
192	苏木科	决明属	铁刀木	*Cassia siamea* Lam.	被子植物	观赏价值
193	苏木科	决明属	决明	*Cassia tora* L.	被子植物	药用价值、观赏价值
194	苏木科	酸豆属	酸豆	*Tamarindus indica* L.	被子植物	药用价值、食用价值、经济价值
195	蝶形花科	相思子属	广州相思子	*Abrus cantoniensis* Hance	被子植物	药用价值
196	蝶形花科	相思子属	毛相思子	*Abrus mollis*	被子植物	药用价值
197	蝶形花科	相思子属	相思子	*Abrus precatorius*	被子植物	药用价值、经济价值
198	蝶形花科	合萌属	敏感合萌	*Aeschynomene americana*	被子植物	饲料价值、生态价值

序号	科名	属名	种名	拉丁学名	植物属性	用途类型
199	蝶形花科	链荚豆属	圆叶链荚豆	*Alysicarpus ovalifolius* (Schumach.) J. Léonard	被子植物	药用价值、饲料价值
200	蝶形花科	两型豆属	两型豆	*Amphicarpaea edgeworthii* Benth.	被子植物	无
201	蝶形花科	毛蔓豆属	毛蔓豆	*Calopogonium mucunoides* Desv.	被子植物	生态价值
202	蝶形花科	距瓣豆属	距瓣豆	*Centrosema pubescens* Benth.	被子植物	饲料价值、生态价值
203	蝶形花科	蝙蝠草属	铺地蝙蝠草	*Christia obcordata* (Poir.) Bahn. f.	被子植物	药用价值
204	蝶形花科	香槐属	翅荚香槐	*Cladrastis platycarpa* (Maxim.) Makino	被子植物	经济价值
205	蝶形花科	蝶豆属	蝶豆	*Clitoria ternatea* L.	被子植物	观赏价值、生态价值
206	蝶形花科	猪屎豆属	响铃豆	*Crotalaria albida* Heyne ex Roth	被子植物	药用价值
207	蝶形花科	猪屎豆属	大猪屎豆	*Crotalaria assamica* Benth.	被子植物	药用价值
208	蝶形花科	猪屎豆属	猪屎豆	*Crotalaria pallida* Ait.	被子植物	药用价值
209	蝶形花科	猪屎豆属	光萼猪屎豆	*Crotalaria zanzibarica* Benth.	被子植物	药用价值、生态价值
210	蝶形花科	黄檀属	黑黄檀	*Dalbergia fusca*	被子植物	经济价值
211	蝶形花科	黄檀属	黄檀	*Dalbergia hupeana*	被子植物	药用价值、经济价值
212	蝶形花科	黄檀属	象鼻藤	*Dalbergia mimosoides*	被子植物	药用价值
213	蝶形花科	山蚂蝗属	大叶山蚂蝗	*Desmodium gangeticum* (L.) DC.	被子植物	无
214	蝶形花科	山蚂蝗属	假地豆	*Desmodium heterocarpon* (L.) DC.	被子植物	药用价值
215	蝶形花科	山蚂蝗属	小叶三点金	*Desmodium microphyllum* (Thunb.) DC.	被子植物	药用价值
216	蝶形花科	山蚂蝗属	显脉山绿豆	*Desmodium reticulatum* Champ. ex Benth.	被子植物	无
217	蝶形花科	山蚂蝗属	茸毛山蚂蝗	*Desmodium velutinum* (Willd.) DC.	被子植物	饲料价值
218	蝶形花科	千斤拔属	大叶千斤拔	*Flemingia macrophylla* (Willd.) Prain	被子植物	药用价值
219	蝶形花科	千斤拔属	千斤拔	*Flemingia philippinensis* Merr. et Rolfe	被子植物	药用价值
220	蝶形花科	大豆属	野大豆	*Glycine soja* Sieb. et Zucc.	被子植物	药用价值、食用价值、经济价值、饲料价值、生态价值
221	蝶形花科	木蓝属	硬毛木蓝	*Indigofera hirsuta* L.	被子植物	无
222	蝶形花科	木蓝属	九叶木蓝	*Indigofera linnaei* Ali	被子植物	无
223	蝶形花科	木蓝属	木蓝	*Indigofera tinctoria* L.	被子植物	药用价值、经济价值
224	蝶形花科	胡枝子属	胡枝子	*Lespedeza bicolor* Turcz.	被子植物	食用价值、经济价值、生态价值
225	蝶形花科	大翼豆属	大翼豆	*Macroptilium lathyroides* (L.) Urban	被子植物	饲料价值、生态价值
226	蝶形花科	崖豆藤属	厚果崖豆藤	*Millettia pachycarpa* Benth.	被子植物	经济价值、生态价值

序号	科名	属名	种名	拉丁学名	植物属性	用途类型
227	蝶形花科	崖豆藤属	印度崖豆	*Millettia pulchra* (Benth.) Kurz	被子植物	无
228	蝶形花科	崖豆藤属	美丽崖豆藤	*Millettia speciosa* Champ.	被子植物	药用价值、食用价值
229	蝶形花科	排钱树属	长叶排钱树	*Phyllodium longipes* (Craib) Schindl.	被子植物	无
230	蝶形花科	排钱树属	排钱树	*Phyllodium pulchellum* (L.) Desv.	被子植物	药用价值
231	蝶形花科	紫檀属	紫檀	*Pterocarpus indicus*	被子植物	药用价值、经济价值
232	蝶形花科	葛属	葛	*Pueraria lobata* (Willd.) Ohwi	被子植物	药用价值、食用价值、经济价值、生态价值
233	蝶形花科	葛属	葛麻姆	*Pueraria lobata* (Willd.) Ohwi var. *montana* (Lour.) Vaniot der Maesen	被子植物	药用价值、食用价值、经济价值、饲料价值
234	蝶形花科	葛属	三裂叶野葛	*Pueraria phaseoloides* (Roxb.) Benth.	被子植物	饲料价值、生态价值
235	蝶形花科	刺槐属	刺槐	*Robinia pseudoacacia*	被子植物	经济价值、生态价值
236	蝶形花科	田菁属	田菁	*Sesbania cannabina* (Retz.) Poir.	被子植物	饲料价值
237	蝶形花科	葫芦茶属	葫芦茶	*Tadehagi triquetrum* (L.) Ohashi	被子植物	药用价值
238	蝶形花科	狸尾豆属	猫尾草	*Uraria crinita* (L.) Desv. ex DC.	被子植物	药用价值
239	蝶形花科	狸尾豆属	美花狸尾豆	*Uraria picta* (Jacq.) Desv. ex DC.	被子植物	药用价值
240	蝶形花科	豇豆属	贼小豆	*Vigna minima* (Roxb.) Ohwi et Ohashi	被子植物	无
241	蝶形花科	豇豆属	豇豆	*Vigna unguiculata* (L.) Walp.	被子植物	药用价值、食用价值
242	酢浆草科	酢浆草属	酢浆草	*Oxalis corniculata* L.	被子植物	药用价值
243	大戟科	山麻杆属	山麻杆	*Alchornea davidii* Franch.	被子植物	经济价值、饲料价值
244	大戟科	山麻杆属	红背山麻杆	*Alchornea trewioides* (Benth.) Muell. Arg.	被子植物	药用价值
245	大戟科	五月茶属	方叶五月茶	*Antidesma ghaesembilla* Gaertn.	被子植物	药用价值
246	大戟科	五月茶属	山地五月茶	*Antidesma montanum* Bl.	被子植物	无
247	大戟科	银柴属	银柴	*Aporusa dioica* (Roxb.) Muell. Arg.	被子植物	观赏价值
248	大戟科	银柴属	毛银柴	*Aporusa villosa* (Lindl.) Baill.	被子植物	无
249	大戟科	木奶果属	木奶果	*Baccaurea ramiflora* Lour.	被子植物	食用价值、经济价值、观赏价值
250	大戟科	秋枫属	秋枫	*Bischofia javanica* Bl.	被子植物	药用价值、食用价值、经济价值、生态价值
251	大戟科	留萼木属	留萼木	*Blachia pentzii* (Muell. Arg.) Benth.	被子植物	无
252	大戟科	黑面神属	黑面神	*Breynia fruticosa* (L.) Hook. f.	被子植物	药用价值
253	大戟科	黑面神属	喙果黑面神	*Breynia rostrata* Merr.	被子植物	药用价值
254	大戟科	土蜜树属	禾串树	*Bridelia insulana* Hance	被子植物	经济价值

序号	科名	属名	种名	拉丁学名	植物属性	用途类型
255	大戟科	土蜜树属	土蜜藤	*Bridelia stipularis* (L.) Bl.	被子植物	药用价值
256	大戟科	土蜜树属	土蜜树	*Bridelia tomentosa* Bl.	被子植物	药用价值、经济价值
257	大戟科	巴豆属	硬毛巴豆	*Croton hirtus*	被子植物	无
258	大戟科	巴豆属	光叶巴豆	*Croton laevigatus* Vahl	被子植物	药用价值
259	大戟科	大戟属	火殃勒	*Euphorbia antiquorum* L.	被子植物	药用价值、观赏价值
260	大戟科	大戟属	猩猩草	*Euphorbia cyathophora* Murr.	被子植物	观赏价值
261	大戟科	大戟属	齿裂大戟	*Euphorbia dentata* Michx.	被子植物	无
262	大戟科	大戟属	白苞猩猩草	*Euphorbia heterophylla* L.	被子植物	药用价值
263	大戟科	大戟属	飞扬草	*Euphorbia hirta* L.	被子植物	药用价值
264	大戟科	大戟属	铁海棠	*Euphorbia milii* Ch. des Moulins	被子植物	药用价值
265	大戟科	白饭树属	白饭树	*Flueggea virosa* (Roxb. ex Willd.) Voigt	被子植物	药用价值
266	大戟科	算盘子属	算盘子	*Glochidion puberum* (L.) Hutch.	被子植物	药用价值、经济价值、生态价值
267	大戟科	麻风树属	麻风树	*Jatropha curcas*	被子植物	药用价值
268	大戟科	轮叶戟属	轮叶戟	*Lasiococca comberi* Haines var. *pseudoverticillata* (Merr.) H. S. Kiu	被子植物	无
269	大戟科	血桐属	中平树	*Macaranga denticulata* (Bl.) Muell. Arg.	被子植物	经济价值
270	大戟科	血桐属	血桐	*Macaranga tanarius* (L.) Muell. Arg.	被子植物	经济价值、观赏价值
271	大戟科	野桐属	锈毛野桐	*Mallotus anomalus* Merr et Chun	被子植物	无
272	大戟科	野桐属	白背叶	*Mallotus apelta* (Lour.) Muell. Arg.	被子植物	经济价值
273	大戟科	野桐属	野桐	*Mallotus japonicus* (Thunb.) Muell. Arg. var. *floccosus* S. M. Hwang	被子植物	经济价值
274	大戟科	野桐属	白楸	*Mallotus paniculatus* (Lam.) Muell. Arg.	被子植物	经济价值
275	大戟科	野桐属	粗糠柴	*Mallotus philippensis* (Lam.) Muell.-Arg.	被子植物	经济价值
276	大戟科	木薯属	木薯	*Manihot esculenta* Crantz	被子植物	食用价值、经济价值
277	大戟科	叶下珠属	黄珠子草	*Phyllanthus virgatus* Forst. f.	被子植物	药用价值
278	大戟科	叶下珠属	沙地叶下珠	*Phyllanthus arenarius* Beille	被子植物	无
279	大戟科	叶下珠属	越南叶下珠	*Phyllanthus cochinchinensis* (Lour.) Spreng.	被子植物	无
280	大戟科	叶下珠属	余甘子	*Phyllanthus emblica* Linn.	被子植物	药用价值、食用价值、经济价值、观赏价值、生态价值
281	大戟科	叶下珠属	青灰叶下珠	*Phyllanthus glaucus* Wall. ex Muell. Arg.	被子植物	药用价值
282	大戟科	叶下珠属	小果叶下珠	*Phyllanthus reticulatus* Poir.	被子植物	药用价值
283	大戟科	叶下珠属	叶下珠	*Phyllanthus urinaria* L.	被子植物	药用价值

序号	科名	属名	种名	拉丁学名	植物属性	用途类型
284	大戟科	蓖麻属	蓖麻	*Ricinus communis* L.	被子植物	药用价值、经济价值
285	大戟科	守宫木属	守宫木	*Sauropus androgynus* (L.) Merr.	被子植物	食用价值
286	大戟科	地杨桃属	地杨桃	*Sebastiania chamaelea* (Linn.) Muell. Arg.	被子植物	无
287	大戟科	滑桃树属	滑桃树	*Trewia nudiflora* L.	被子植物	药用价值、经济价值
288	芸香科	柑橘属	柚	*Citrus maxima* (Burm.) Merr.	被子植物	食用价值
289	芸香科	柑橘属	柑橘	*Citrus reticulata* Blanco	被子植物	药用价值、食用价值、观赏价值、生态价值
290	芸香科	黄皮属	光滑黄皮	*Clausena lenis* Drake	被子植物	食用价值
291	芸香科	吴茱萸属	楝叶吴萸	*Evodia glabrifolia* (Champ. ex Benth.) Huang	被子植物	药用价值、经济价值、饲料价值
292	芸香科	吴茱萸属	三桠苦	*Evodia lepta*	被子植物	药用价值、经济价值
293	芸香科	山小橘属	山小橘	*Glycosmis parviflora*（Sims）Kurz	被子植物	药用价值
294	芸香科	花椒属	簕欓花椒	*Zanthoxylum avicennae* (Lam.) DC.	被子植物	药用价值、食用价值
295	芸香科	花椒属	青花椒	*Zanthoxylum schinifolium* Sieb. et Zucc.	被子植物	药用价值、食用价值
296	苦木科	鸦胆子属	鸦胆子	*Brucea javanica* (L.) Merr.	被子植物	药用价值
297	苦木科	牛筋果属	牛筋果	*Harrisonia perforata* (Blanco) Merr.	被子植物	药用价值
298	楝科	楝属	楝	*Melia azedarach* L.	被子植物	药用价值、经济价值、生态价值
299	远志科	远志属	圆锥花远志	*Polygala paniculata* L.	被子植物	无
300	漆树科	腰果属	腰果	*Anacardium occidentale* L.	被子植物	药用价值、食用价值、经济价值
301	漆树科	杧果属	杧果	*Mangifera indica* L.	被子植物	药用价值、食用价值、经济价值、观赏价值
302	漆树科	黄连木属	黄连木	*Pistacia chinensis* Bunge	被子植物	食用价值、经济价值
303	漆树科	盐肤木属	盐肤木	*Rhus chinensis* Mill.	被子植物	药用价值、食用价值、经济价值
304	漆树科	漆属	裂果漆	*Toxicodendron griffithii* (Hook. f.) O. Kuntze	被子植物	无
305	漆树科	漆属	木蜡树	*Toxicodendron sylvestre* (Sieb. et Zucc.) O. Kuntze	被子植物	无
306	无患子科	茶条木属	茶条木	*Delavaya toxocarpa* Franch.	被子植物	经济价值
307	无患子科	龙眼属	龙眼	*Dimocarpus longan* Lour.	被子植物	药用价值、食用价值、经济价值
308	无患子科	赤才属	赤才	*Erioglossum rubiginosum* (Roxb.) Bl.	被子植物	药用价值、食用价值、经济价值

序号	科名	属名	种名	拉丁学名	植物属性	用途类型
309	无患子科	韶子属	红毛丹	*Nephelium lappaceum* L.	被子植物	药用价值、食用价值、经济价值、观赏价值
310	无患子科	无患子属	无患子	*Sapindus mukorossi* Gaertn.	被子植物	药用价值、经济价值
311	清风藤科	清风藤属	尖叶清风藤	*Sabia swinhoei* Hemsl. ex Forb. et Hemsl.	被子植物	无
312	凤仙花科	凤仙花属	凤仙花	*Impatiens balsamina* L.	被子植物	药用价值
313	卫矛科	南蛇藤属	苦皮藤	*Celastrus angulatus* Maxim.	被子植物	药用价值、经济价值
314	卫矛科	南蛇藤属	青江藤	*Celastrus hindsii* Benth.	被子植物	药用价值
315	省沽油科	山香圆属	山香圆	*Turpinia montana* (Bl.) Kurz. var. *montana*	被子植物	药用价值
316	攀打科	小盘木属	小盘木	*Microdesmis caseariifolia* Planch.	被子植物	药用价值
317	茶茱萸科	微花藤属	微花藤	*Iodes cirrhosa* Turcz.	被子植物	药用价值
318	鼠李科	勾儿茶属	勾儿茶	*Berchemia sinica* Schneid.	被子植物	药用价值
319	鼠李科	马甲子属	马甲子	*Paliurus ramosissimus* (Lour.) Poir.	被子植物	药用价值、经济价值
320	鼠李科	翼核果属	翼核果	*Ventilago leiocarpa* Benth.	被子植物	药用价值
321	鼠李科	枣属	褐果枣	*Ziziphus fungii* Merr.	被子植物	药用价值
322	鼠李科	枣属	滇刺枣	*Ziziphus mauritiana* Lam.	被子植物	药用价值、食用价值、经济价值
323	葡萄科	蛇葡萄属	蓝果蛇葡萄	*Ampelopsis bodinieri* (Levl. et Vant.) Rehd.	被子植物	药用价值
324	葡萄科	蛇葡萄属	广东蛇葡萄	*Ampelopsis cantoniensis* (Hook. et Arn.) Planch.	被子植物	药用价值、食用价值
325	葡萄科	蛇葡萄属	锈毛蛇葡萄	*Ampelopsis heterophylla* (Thunb.) Sieb. et Zucc. var. *vestita* Rehd.	被子植物	无
326	葡萄科	乌蔹莓属	乌蔹莓	*Cayratia japonica* (Thunb.) Gagnep.	被子植物	药用价值
327	葡萄科	乌蔹莓属	三叶乌蔹莓	*Cayratia trifolia* (L.) Domin	被子植物	药用价值
328	葡萄科	白粉藤属	白粉藤	*Cissus repens* Lamk.	被子植物	药用价值
329	葡萄科	火筒树属	密花火筒树	*Leea compactiflora* Kurz	被子植物	无
330	葡萄科	地锦属	三叶地锦	*Parthenocissus semicordata* (Wall. ex Roxb.) Planch.	被子植物	无
331	葡萄科	崖爬藤属	三叶崖爬藤	*Tetrastigma hemsleyanum* Diels et Gilg	被子植物	药用价值
332	葡萄科	崖爬藤属	扁担藤	*Tetrastigma planicaule* (Hook.) Gagnep.	被子植物	药用价值
333	葡萄科	葡萄属	葡萄	*Vitis vinifera* L.	被子植物	药用价值、食用价值
334	杜英科	杜英属	水石榕	*Elaeocarpus hainanensis* Oliver	被子植物	观赏价值
335	杜英科	文定果属	文定果	*Muntingia colabura* L.	被子植物	食用价值、观赏价值
336	锦葵科	秋葵属	黄葵	*Abelmoschus moschatus* Medicus	被子植物	药用价值、经济价值、观赏价值
337	锦葵科	秋葵属	箭叶秋葵	*Abelmoschus sagittifolius* (Kurz) Merr.	被子植物	药用价值

序号	科名	属名	种名	拉丁学名	植物属性	用途类型
338	锦葵科	苘麻属	磨盘草	*Abutilon indicum* (L.) Sweet	被子植物	药用价值、经济价值
339	锦葵科	木槿属	朱槿	*Hibiscus rosa-sinensis* L.	被子植物	观赏价值
340	锦葵科	木槿属	玫瑰茄	*Hibiscus sabdariffa* L.	被子植物	食用价值、经济价值
341	锦葵科	赛葵属	赛葵	*Malvastrum coromandelianum* (Linn.) Gurcke	被子植物	药用价值
342	锦葵科	黄花稔属	黄花稔	*Sida acuta* Burm. f.	被子植物	药用价值、经济价值
343	锦葵科	黄花稔属	桤叶黄花稔	*Sida alnifolia* L.	被子植物	无
344	锦葵科	黄花稔属	圆叶黄花稔	*Sida alnifolia* L. var. *orbiculata* S. Y. Hu	被子植物	无
345	锦葵科	黄花稔属	心叶黄花稔	*Sida cordifolia* L.	被子植物	无
346	锦葵科	黄花稔属	榛叶黄花稔	*Sida subcordata* Span.	被子植物	药用价值
347	锦葵科	梵天花属	地桃花	*Urena lobata* L.	被子植物	药用价值、经济价值
348	锦葵科	梵天花属	粗叶地桃花	*Urena lobata* Linn. var. *scabriuscula* (DC.) Walp.	被子植物	药用价值、经济价值
349	锦葵科	梵天花属	梵天花	*Urena procumbens* L.	被子植物	药用价值
350	椴树科	黄麻属	甜麻	*Corchorus aestuans* L.	被子植物	药用价值、食用价值、经济价值
351	椴树科	破布叶属	破布叶	*Microcos paniculata* L.	被子植物	药用价值
352	椴树科	刺蒴麻属	毛刺蒴麻	*Triumfetta cana* Bl.	被子植物	无
353	椴树科	刺蒴麻属	刺蒴麻	*Triumfetta rhomboidea* Jack.	被子植物	药用价值
354	木棉科	木棉属	木棉	*Bombax malabaricum* DC.	被子植物	药用价值、食用价值、经济价值、观赏价值
355	梧桐科	瓶树属	槭叶瓶干树	*Brachychiton acerifolius*	被子植物	观赏价值
356	梧桐科	刺果藤属	刺果藤	*Byttneria aspera* Colebr.	被子植物	经济价值
357	梧桐科	非洲芙蓉属	非洲芙蓉	*Dombeya acutangula* Cav.	被子植物	观赏价值
358	梧桐科	山芝麻属	山芝麻	*Helicteres angustifolia* L.	被子植物	药用价值、经济价值
359	梧桐科	山芝麻属	雁婆麻	*Helicteres hirsuta* Lour.	被子植物	经济价值
360	梧桐科	山芝麻属	火索麻	*Helicteres isora* L.	被子植物	药用价值、经济价值
361	梧桐科	银叶树属	银叶树	*Heritiera littoralis* Dryand.	被子植物	经济价值、观赏价值
362	梧桐科	马松子属	马松子	*Melochia corchorifolia* L.	被子植物	经济价值
363	梧桐科	翅子树属	翅子树	*Pterospermum acerifolium* Benth.	被子植物	药用价值
364	梧桐科	翅子树属	翻白叶树	*Pterospermum heterophyllum* Hance	被子植物	药用价值、经济价值
365	梧桐科	翅子树属	窄叶半枫荷	*Pterospermum lanceaefolium* Roxb.	被子植物	药用价值

序号	科名	属名	种名	拉丁学名	植物属性	用途类型
366	梧桐科	蛇婆子属	蛇婆子	*Waltheria indica* L.	被子植物	经济价值、生态价值
367	毒鼠子科	毒鼠子属	毒鼠子	*Dichapetalum gelonioides* (Roxb.) Engl.	被子植物	药用价值
368	瑞香科	沉香属	土沉香	*Aquilaria sinensis* (Lour.) Spreng.	被子植物	药用价值、经济价值
369	瑞香科	荛花属	细轴荛花	*Wikstroemia nutans* Champ. ex Benth.	被子植物	药用价值、经济价值
370	大风子科	脚骨脆属	球花脚骨脆	*Casearia glomerata* Roxb.	被子植物	经济价值、观赏价值
371	大风子科	刺篱木属	刺篱木	*Flacourtia indica* (Burm. f.) Merr.	被子植物	食用价值、经济价值、生态价值
372	大风子科	大风子属	泰国大风子	*Hydnocarpus anthelminthica*	被子植物	药用价值、经济价值
373	堇菜科	鳞隔堇属	鳞隔堇	*Scyphellandra pierrei* H. de Boiss.	被子植物	无
374	西番莲科	西番莲属	西番莲	*Passiflora coerulea* L.	被子植物	药用价值、观赏价值
375	西番莲科	西番莲属	鸡蛋果	*Passiflora edulis* Sims	被子植物	药用价值、食用价值、经济价值、饲料价值、观赏价值
376	西番莲科	西番莲属	龙珠果	*Passiflora foetida* L.	被子植物	药用价值、食用价值
377	西番莲科	西番莲属	蛇王藤	*Passiflora moluccana* Reinw. ex Bl. var. *teysmanniana* (Miq.) Wilde	被子植物	药用价值
378	西番莲科	时钟花属	白时钟花	*Turnera ulmifolia*	被子植物	生态价值
379	红木科	红木属	红木	*Bixa orellana* L.	被子植物	药用价值、经济价值
380	葫芦科	西瓜属	西瓜	*Citrullus lanatus* (Thunb.) Matsum. et Nakai	被子植物	药用价值、食用价值
381	葫芦科	红瓜属	红瓜	*Coccinia grandis*	被子植物	食用价值、观赏价值
382	葫芦科	南瓜属	南瓜	*Cucurbita moschata* (Duch. ex Lam.) Duch. ex Poiret	被子植物	药用价值、食用价值
383	葫芦科	毒瓜属	毒瓜	*Diplocyclos palmatus* (L.) C. Jeffery	被子植物	药用价值
384	葫芦科	金瓜属	凤瓜	*Gymnopetalum integrifolium* (Roxb.) Kurz	被子植物	无
385	葫芦科	丝瓜属	丝瓜	*Luffa cylindrica* (L.) Roem.	被子植物	药用价值、食用价值、经济价值
386	葫芦科	苦瓜属	苦瓜	*Momordica charantia* L.	被子植物	药用价值、食用价值
387	葫芦科	苦瓜属	木鳖子	*Momordica cochinchinensis* (Lour.) Spreng.	被子植物	药用价值
388	葫芦科	茅瓜属	茅瓜	*Solena amplexicaulis* (Lam.) Gandhi	被子植物	药用价值
389	葫芦科	赤瓟属	赤瓟	*Thladiantha dubia* Bunge	被子植物	药用价值、经济价值
390	葫芦科	栝楼属	栝楼	*Trichosanthes kirilowii* Maxim.	被子植物	药用价值
391	葫芦科	栝楼属	长萼栝楼	*Trichosanthes laceribractea* Hayata	被子植物	药用价值

序号	科名	属名	种名	拉丁学名	植物属性	用途类型
392	葫芦科	马㼎儿属	钮子瓜	*Zehneria maysorensis* (Wight et Arn.) Arn.	被子植物	药用价值
393	千屈菜科	萼距花属	香膏萼距花	*Cuphea alsamona* Cham. et Schlechtend.	被子植物	无
394	千屈菜科	紫薇属	毛萼紫薇	*Lagerstroemia balansae* Koehne	被子植物	无
395	千屈菜科	紫薇属	大花紫薇	*Lagerstroemia speciosa* (L.) Pers.	被子植物	药用价值、经济价值、观赏价值
396	桃金娘科	肖蒲桃属	肖蒲桃	*Acmena acuminatissima* (Blume) Merr. et Perry	被子植物	经济价值、观赏价值
397	桃金娘科	水翁属	水翁	*Cleistocalyx operculatus*	被子植物	药用价值
398	桃金娘科	桉属	桉	*Eucalyptus robusta* Smith	被子植物	药用价值、经济价值、生态价值
399	桃金娘科	番石榴属	番石榴	*Psidium guajava* L.	被子植物	药用价值、食用价值、经济价值
400	桃金娘科	蒲桃属	乌墨	*Syzygium cumini* (L.) Skeels	被子植物	经济价值、观赏价值
401	桃金娘科	蒲桃属	蒲桃	*Syzygium jambos* (L.) Alston	被子植物	食用价值、观赏价值
402	玉蕊科	玉蕊属	滨玉蕊	*Barringtonia asiatica* (L.) Kurz	被子植物	药用价值
403	野牡丹科	异药花属	密毛柏拉木	*Blastus mollissimus* H. L. Li	被子植物	无
404	野牡丹科	柏拉木属	异药花	*Fordiophyton faberi* Stapf	被子植物	无
405	野牡丹科	野牡丹属	多花野牡丹	*Melastoma affine* D. Don	被子植物	药用价值、食用价值
406	野牡丹科	野牡丹属	野牡丹	*Melastoma candidum* D. Don	被子植物	药用价值、观赏价值
407	野牡丹科	野牡丹属	大野牡丹	*Melastoma imbricatum* Wall.	被子植物	药用价值
408	野牡丹科	野牡丹属	毛菍	*Melastoma sanguineum* Sims	被子植物	药用价值、食用价值
409	野牡丹科	金锦香属	金锦香	*Osbeckia chinensis* L.	被子植物	药用价值
410	野牡丹科	蜂斗草属	蜂斗草	*Sonerila cantonensis* Stapf	被子植物	药用价值
411	红树科	木榄属	木榄	*Bruguiera gymnorrhiza* (L.) Poir.	被子植物	经济价值
412	红树科	竹节树属	竹节树	*Carallia brachiata* (Lour.) Merr.	被子植物	经济价值
413	使君子科	风车子属	风车子	*Combretum alfredii* Hance	被子植物	无
414	使君子科	使君子属	使君子	*Quisqualis indica* L.	被子植物	无
415	使君子科	诃子属	榄仁树	*Terminalia catappa* L.	被子植物	药用价值、食用价值、经济价值
416	柳叶菜科	丁香蓼属	草龙	*Ludwigia hyssopifolia* (G. Don) Exell	被子植物	药用价值
417	柳叶菜科	丁香蓼属	细花丁香蓼	*Ludwigia perennis* L.	被子植物	药用价值
418	八角枫科	八角枫属	瓜木	*Alangium platanifolium* (Sieb. et Zucc.) Harms	被子植物	药用价值、经济价值、生态价值
419	五加科	五加属	刺五加	*Acanthopanax senticosus* (Rupr. Maxim.) Harms	被子植物	药用价值
420	五加科	楤木属	芹叶龙眼独活	*Aralia apioides* Hand.-Mazz.	被子植物	药用价值

序号	科名	属名	种名	拉丁学名	植物属性	用途类型
421	五加科	楤木属	虎刺楤木	*Aralia armata* (Wall.) Seem.	被子植物	药用价值
422	五加科	鹅掌柴属	鹅掌柴	*Schefflera octophylla* (Lour.) Harms	被子植物	药用价值、经济价值
423	伞形科	积雪草属	积雪草	*Centella asiatica* (L.) Urban	被子植物	药用价值
424	伞形科	刺芹属	刺芹	*Eryngium foetidum* L.	被子植物	药用价值、食用价值
425	伞形科	天胡荽属	红马蹄草	*Hydrocotyle nepalensis* Hook.	被子植物	药用价值
426	杜鹃花科	吊钟花属	灯笼树	*Enkianthus chinensis* Franch.	被子植物	观赏价值
427	紫金牛科	紫金牛属	凹脉紫金牛	*Ardisia brunnescens* Walker	被子植物	药用价值
428	紫金牛科	紫金牛属	东方紫金牛	*Ardisia squamulosa* Presl.	被子植物	无
429	紫金牛科	酸藤子属	酸藤子	*Embelia laeta* (L.) Mez	被子植物	药用价值、食用价值
430	紫金牛科	酸藤子属	白花酸藤果	*Embelia ribes* Burm. f.	被子植物	药用价值、食用价值
431	紫金牛科	酸藤子属	密齿酸藤子	*Embelia vestita* Roxb.	被子植物	药用价值、食用价值
432	紫金牛科	杜茎山属	鲫鱼胆	*Maesa perlarius* (Lour.) Merr.	被子植物	药用价值
433	山榄科	蛋黄果属	蛋黄果	*Lucuma nervosa* A. DC.	被子植物	食用价值、观赏价值
434	柿科	柿属	山柿	*Diospyros montana* Roxb.	被子植物	无
435	安息香科	赤杨叶属	赤杨叶	*Alniphyllum fortunei* (Hemsl.) Makino	被子植物	经济价值
436	山矾科	山矾属	越南山矾	*Symplocos cochinchinensis* (Lour.) S. Moore	被子植物	无
437	木犀科	素馨属	扭肚藤	*Jasminum elongatum* (Bergius) Willd.	被子植物	药用价值
438	木犀科	素馨属	桂叶素馨	*Jasminum laurifolium* Roxb.	被子植物	药用价值
439	木犀科	木犀榄属	锈鳞木犀榄	*Olea ferruginea* Royle	被子植物	药用价值、观赏价值
440	马钱科	蓬莱葛属	蓬莱葛	*Gardneria multiflora*	被子植物	药用价值
441	龙胆科	双蝴蝶属	双蝴蝶	*Tripterospermum chinense* (Migo) H. Smith	被子植物	药用价值
442	夹竹桃科	鸡骨常山属	糖胶树	*Alstonia scholaris* (L.) R. Br.	被子植物	药用价值、经济价值、观赏价值
443	夹竹桃科	毛车藤属	毛车藤	*Amalocalyx yunnanensis* Tsiang	被子植物	药用价值
444	夹竹桃科	鸭蛋花属	鸭蛋花	*Cameraria latifolia*	被子植物	无
445	夹竹桃科	狗牙花属	单瓣狗牙花	*Ervatamia divaricata* (L.) Burk.	被子植物	无
446	夹竹桃科	狗牙花属	狗牙花	*Ervatamia divaricata* (L.) Burk. 'Gouyahua'	被子植物	药用价值
447	夹竹桃科	鸡蛋花属	鸡蛋花	*Plumeria rubra* L. 'Acutifolia'	被子植物	观赏价值
448	夹竹桃科	络石属	络石	*Trachelospermum jasminoides* (Lindl.) Lem.	被子植物	药用价值、经济价值
449	夹竹桃科	盆架树属	盆架树	*Winchia calophylla* A. DC.	被子植物	经济价值、观赏价值

续表

序号	科名	属名	种名	拉丁学名	植物属性	用途类型
450	夹竹桃科	倒吊笔属	倒吊笔	*Wrightia pubescens* R. Br.	被子植物	药用价值、经济价值、观赏价值
451	萝藦科	牛角瓜属	牛角瓜	*Calotropis gigantea* (L.) Dry.ex Ait.f.	被子植物	药用价值、经济价值、生态价值
452	萝藦科	南山藤属	南山藤	*Dregea volubilis* (L. f.) Benth. ex Hook. f.	被子植物	药用价值、食用价值、经济价值
453	萝藦科	铰剪藤属	铰剪藤	*Holostemma annulare* (Roxb.) K. Schum.	被子植物	药用价值
454	萝藦科	马莲鞍属	暗消藤	*Streptocaulon juventas* (Lour.) Merr.	被子植物	无
455	萝藦科	弓果藤属	弓果藤	*Toxocarpus wightianus* Hook. et Arn.	被子植物	药用价值
456	茜草科	丰花草属	阔叶丰花草	*Borreria latifolia* (Aubl.) K. Schum.	被子植物	无
457	茜草科	丰花草属	丰花草	*Borreria stricta* (L. f.) G. Mey.	被子植物	药用价值
458	茜草科	鱼骨木属	猪肚木	*Canthium horridum* Blume	被子植物	药用价值、食用价值、经济价值
459	茜草科	弯管花属	弯管花	*Chassalia curviflora* Thwaites	被子植物	药用价值
460	茜草科	香果树属	香果树	*Emmenopterys henryi* Oliv.	被子植物	经济价值、观赏价值、生态价值
461	茜草科	爱地草属	爱地草	*Geophila herbacea* (Jacq.) K. Schum.	被子植物	无
462	茜草科	耳草属	耳草	*Hedyotis auricularia* L.	被子植物	药用价值
463	茜草科	耳草属	脉耳草	*Hedyotis costata* (Roxb.) Kurz	被子植物	药用价值
464	茜草科	耳草属	阔托叶耳草	*Hedyotis platystipula* Merr.	被子植物	无
465	茜草科	耳草属	长节耳草	*Hedyotis uncinella* Hook. et Arn.	被子植物	药用价值
466	茜草科	耳草属	粗叶耳草	*Hedyotis verticillata* (L.) Lam.	被子植物	药用价值
467	茜草科	龙船花属	龙船花	*Ixora chinensis* Lam.	被子植物	药用价值、观赏价值
468	茜草科	粗叶木属	粗叶木	*Lasianthus chinensis* (Champ.) Benth.	被子植物	药用价值
469	茜草科	盖裂果属	盖裂果	*Mitracarpus villosus* (Sw.) DC. Prodr.	被子植物	无
470	茜草科	玉叶金花属	楠藤	*Mussaenda erosa* Champ.	被子植物	药用价值
471	茜草科	玉叶金花属	黐花	*Mussaenda esquirolii* Levl.	被子植物	药用价值
472	茜草科	玉叶金花属	玉叶金花	*Mussaenda pubescens* Ait. f.	被子植物	药用价值、食用价值
473	茜草科	蛇根草属	日本蛇根草	*Ophiorrhiza japonica* Bl.	被子植物	药用价值
474	茜草科	蛇根草属	短小蛇根草	*Ophiorrhiza pumila* Champ. ex Benth.	被子植物	药用价值
475	茜草科	九节属	九节	*Psychotria rubra* (Lour.) Poir.	被子植物	药用价值
476	茜草科	钩藤属	平滑钩藤	*Uncaria laevigata* Wall. ex G. Don	被子植物	无
477	茜草科	钩藤属	大叶钩藤	*Uncaria macrophylla* Wall.	被子植物	药用价值
478	茜草科	钩藤属	钩藤	*Uncaria rhynchophylla* (Miq.) Miq. ex Havil.	被子植物	药用价值
479	茜草科	钩藤属	白钩藤	*Uncaria sessilifructus* Roxb.	被子植物	药用价值

序号	科名	属名	种名	拉丁学名	植物属性	用途类型
480	旋花科	银背藤属	白鹤藤	*Argyreia acuta* Lour.	被子植物	药用价值
481	旋花科	银背藤属	白花银背藤	*Argyreia seguinii* (Levl.) Van. ex Levl.	被子植物	药用价值、食用价值、饲料价值
482	旋花科	菟丝子属	菟丝子	*Cuscuta chinensis* Lam.	被子植物	药用价值
483	旋花科	土丁桂属	短梗土丁桂	*Evolvulus nummularius*	被子植物	无
484	旋花科	番薯属	五爪金龙	*Ipomoea cairica* (L.) Sweet	被子植物	药用价值
485	旋花科	番薯属	小心叶薯	*Ipomoea obscura* (L.) Ker-Gawl.	被子植物	无
486	旋花科	番薯属	虎掌藤	*Ipomoea pes-tigridis* Linn.	被子植物	药用价值
487	旋花科	番薯属	三裂叶薯	*Ipomoea triloba* L.	被子植物	无
488	旋花科	鱼黄草属	尖萼鱼黄草	*Merremia tridentata* (L.) Hall. subsp. *hastata* (Desr.) v. Ooststr.	被子植物	药用价值
489	旋花科	鱼黄草属	山猪菜	*Merremia umbellata* (L.) Hall. f. subsp. *orientalis* (Hall. f.) v. Ooststr.	被子植物	药用价值
490	旋花科	鱼黄草属	掌叶鱼黄草	*Merremia vitifolia* (Burm. f.) Hall. f.	被子植物	药用价值
491	旋花科	牵牛属	牵牛	*Pharbitis nil* (L.) Choisy	被子植物	药用价值
492	旋花科	牵牛属	圆叶牵牛	*Pharbitis purpurea* (L.) Voisgt	被子植物	药用价值、观赏价值
493	旋花科	茑萝属	橙红茑萝	*Quamoclit coccinea* (L.) Moench	被子植物	药用价值、观赏价值
494	田基麻科	田基麻属	田基麻	*Hydrolea zeylanica* (L.) Vahl	被子植物	观赏价值
495	紫草科	基及树属	基及树	*Carmona microphylla* (Lam.) G. Don	被子植物	观赏价值
496	紫草科	天芥菜属	大尾摇	*Heliotropium indicum* L.	被子植物	药用价值
497	马鞭草科	大青属	大青	*Clerodendrum cyrtophyllum* Turcz.	被子植物	药用价值
498	马鞭草科	大青属	泰国垂茉莉	*Clerodendrum garrettianum* Craib	被子植物	无
499	马鞭草科	大青属	长管大青	*Clerodendrum indicum* (L.) O. Ktze.	被子植物	药用价值、观赏价值
500	马鞭草科	大青属	赪桐	*Clerodendrum japonicum* (Thunb.) Sweet	被子植物	药用价值
501	马鞭草科	假连翘属	假连翘	*Duranta repens* L.	被子植物	药用价值、观赏价值
502	马鞭草科	马缨丹属	马缨丹	*Lantana camara* L.	被子植物	药用价值、观赏价值
503	马鞭草科	假马鞭属	假马鞭	*Stachytarpheta jamaicensis* (L.) Vahl.	被子植物	药用价值
504	马鞭草科	柚木属	柚木	*Tectona grandis* L. f.	被子植物	药用价值、经济价值
505	马鞭草科	牡荆属	黄荆	*Vitex negundo* L.	被子植物	药用价值、经济价值
506	马鞭草科	牡荆属	牡荆	*Vitex negundo* L. var. *cannabifolia* (Sieb. et Zucc.) Hand.-Mazz.	被子植物	药用价值、经济价值
507	唇形科	尖头花属	尖头花	*Acrocephalus indicus* (Burm. F.) O. Ktze.	被子植物	无
508	唇形科	肾茶属	肾茶	*Clerodendranthus spicatus* (Thunb.) C. Y. Wu	被子植物	药用价值

序号	科名	属名	种名	拉丁学名	植物属性	用途类型
509	唇形科	风轮菜属	风轮菜	*Clinopodium chinense* (Benth.) O. Ktze.	被子植物	药用价值、食用价值
510	唇形科	风轮菜属	寸金草	*Clinopodium megalanthum* (Diels) C. Y. Wu et Hsuan ex H. W. Li	被子植物	药用价值
511	唇形科	青兰属	毛建草	*Dracocephalum rupestre* Hance	被子植物	食用价值、观赏价值
512	唇形科	广防风属	广防风	*Epimeredi indica* (L.) Rothm.	被子植物	药用价值
513	唇形科	山香属	吊球草	*Hyptis rhomboidea* Mart. et Gal.	被子植物	无
514	唇形科	山香属	山香	*Hyptis suaveolens* (L.) Poit.	被子植物	药用价值
515	唇形科	狮耳花属	荆芥叶狮耳花	*Leonotis nepetifolia* (L.) R. Br.	被子植物	无
516	唇形科	益母草属	益母草	*Leonurus artemisia* (Laur.) S. Y. Hu	被子植物	药用价值
517	唇形科	绣球防风属	蜂巢草	*Leucas aspera* (Willd.) Link	被子植物	药用价值
518	唇形科	蜜蜂花属	蜜蜂花	*Melissa axillaris* (Benth.) Bakh. f.	被子植物	药用价值、经济价值
519	唇形科	罗勒属	毛叶丁香罗勒	*Ocimum gratissimum* var. *suave*	被子植物	药用价值
520	唇形科	罗勒属	圣罗勒	*Ocimum sanctum* L.	被子植物	药用价值、食用价值
521	唇形科	糙苏属	糙苏	*Phlomis umbrosa*	被子植物	药用价值
522	茄科	颠茄属	颠茄	*Atropa belladonna* L.	被子植物	药用价值
523	茄科	辣椒属	辣椒	*Capsicum annuum* L.	被子植物	药用价值、食用价值
524	茄科	辣椒属	朝天椒	*Capsicum annuum* L. var. *conoides* (Mill.) Irish	被子植物	药用价值、食用价值、观赏价值
525	茄科	辣椒属	小米辣	*Capsicum frutescens* L.	被子植物	药用价值、食用价值
526	茄科	假酸浆属	假酸浆	*Nicandra physalodes* (L.) Gaertn.	被子植物	药用价值
527	茄科	酸浆属	小酸浆	*Physalis minima* L.	被子植物	药用价值
528	茄科	茄属	野茄	*Solanum coagulans* Forsk.	被子植物	药用价值
529	茄科	茄属	黄果龙葵	*Solanum diphyllum*	被子植物	无
530	茄科	茄属	茄	*Solanum melongena* L.	被子植物	药用价值、食用价值
531	茄科	茄属	龙葵	*Solanum nigrum* L.	被子植物	药用价值
532	茄科	茄属	少花龙葵	*Solanum photeinocarpum* Nakamura et S. Odashima	被子植物	药用价值、食用价值
533	茄科	茄属	牛茄子	*Solanum surattense* Burm. f.	被子植物	药用价值、观赏价值
534	茄科	茄属	水茄	*Solanum torvum* Swartz	被子植物	药用价值、食用价值
535	茄科	茄属	假烟叶树	*Solanum verbascifolium* L.	被子植物	药用价值
536	茄科	茄属	大花茄	*Solanum wrightii* Benth.	被子植物	无
537	茄科	茄属	黄果茄	*Solanum xanthocarpum* Schrad. et Wendl	被子植物	药用价值

序号	科名	属名	种名	拉丁学名	植物属性	用途类型
538	玄参科	假马齿苋属	百可花	*Bacopa diffusa*	被子植物	无
539	玄参科	假马齿苋属	假马齿苋	*Bacopa monnieri* (L.) Wettst.	被子植物	药用价值
540	玄参科	母草属	刺齿泥花草	*Lindernia ciliata* (Colsm.) Pennell	被子植物	药用价值
541	玄参科	母草属	母草	*Lindernia crustacea* (L.) F. Muell	被子植物	药用价值
542	玄参科	母草属	宽叶母草	*Lindernia nummularifolia* (D. Don) Wettst.	被子植物	药用价值
543	玄参科	母草属	棱萼母草	*Lindernia oblonga* (Benth.) Merr. et Chen	被子植物	药用价值
544	玄参科	黑蒴属	黑蒴	*Melasma arvense* (Benth.) Hand.-Mazz.	被子植物	药用价值
545	玄参科	泡桐属	台湾泡桐	*Paulownia kawakamii* Ito	被子植物	药用价值
546	玄参科	野甘草属	野甘草	*Scoparia dulcis* L.	被子植物	药用价值
547	玄参科	蝴蝶草属	单色蝴蝶草	*Torenia concolor* Lindl.	被子植物	药用价值
548	玄参科	蝴蝶草属	紫斑蝴蝶草	*Torenia fordii* Hook. f.	被子植物	药用价值
549	玄参科	蝴蝶草属	光叶蝴蝶草	*Torenia glabra* Osbeck	被子植物	无
550	玄参科	蝴蝶草属	紫萼蝴蝶草	*Torenia violacea* (Azaola) Pennell	被子植物	药用价值
551	紫葳科	木蝴蝶属	木蝴蝶	*Oroxylum indicum* (L.) Kurz	被子植物	药用价值、经济价值
552	紫葳科	火焰树属	火焰树	*Spathodea campanulata* Beauv.	被子植物	药用价值、观赏价值、生态价值
553	爵床科	穿心莲属	穿心莲	*Andrographis paniculata* (Burm. f.) Nees	被子植物	药用价值
554	爵床科	十万错属	十万错	*Asystasia chelonoides* Nees	被子植物	药用价值
555	爵床科	十万错属	宽叶十万错	*Asystasia gangetica* (L.) T. Anders.	被子植物	食用价值
556	爵床科	假杜鹃属	假杜鹃	*Barleria cristata* L.	被子植物	药用价值、观赏价值
557	爵床科	黄猄草属	黄猄草	*Championella tetrasperma* (Champ. ex Benth.) Bremek.	被子植物	无
558	爵床科	楠草属	楠草	*Dipteracanthus repens* (L.) Hassk.	被子植物	无
559	爵床科	喜花草属	喜花草	*Eranthemum pulchellum* Andrews.	被子植物	观赏价值
560	爵床科	鳞花草属	鳞花草	*Lepidagathis incurva* Buch.-Ham. ex D. Don	被子植物	药用价值
561	爵床科	山壳骨属	云南山壳骨	*Pseuderanthemum graciliflorum* (Nees) Ridley	被子植物	药用价值
562	爵床科	爵床属	爵床	*Rostellularia procumbens* (L.) Nees	被子植物	药用价值
563	爵床科	芦莉草属	芦莉草	*Ruellia tuberosa*	被子植物	观赏价值
564	爵床科	孩儿草属	孩儿草	*Rungia pectinata* (L.) Nees	被子植物	药用价值
565	爵床科	山牵牛属	碗花草	*Thunbergia fragrans* Roxb.	被子植物	药用价值
566	爵床科	山牵牛属	山牵牛	*Thunbergia grandiflora* (Rottl. ex Willd.) Roxb.	被子植物	药用价值、观赏价值
567	爵床科	山牵牛属	桂叶山牵牛	*Thunbergia laurifolia* Lindl.	被子植物	观赏价值

序号	科名	属名	种名	拉丁学名	植物属性	用途类型
568	苦苣苔科	金红岩桐属	金红花	*Chrysothemis pulchella*	被子植物	药用价值、经济价值、饲料价值、观赏价值
569	苦苣苔科	线柱苣苔属	椭圆线柱苣苔	*Rhynchotechum ellipticum* (Wall. ex D. F. N. Dietr.) A. DC.	被子植物	无
570	车前科	车前属	车前	*Plantago asiatica* L.	被子植物	药用价值、食用价值
571	忍冬科	接骨木属	接骨木	*Sambucus williamsii* Hance	被子植物	药用价值
572	桔梗科	金钱豹属	金钱豹	*Campanumoea javanica* Bl.	被子植物	药用价值、食用价值
573	桔梗科	铜锤玉带属	铜锤玉带草	*Pratia nummularia* (Lam.) A. Br. et Aschers.	被子植物	药用价值
574	菊科	藿香蓟属	藿香蓟	*Ageratum conyzoides* L.	被子植物	药用价值
575	菊科	藿香蓟属	熊耳草	*Ageratum houstonianum* Miller	被子植物	药用价值
576	菊科	鬼针草属	鬼针草	*Bidens pilosa* L.	被子植物	药用价值
577	菊科	鬼针草属	白花鬼针草	*Bidens pilosa* L. var. *radiata* Sch.-Bip.	被子植物	药用价值
578	菊科	艾纳香属	艾纳香	*Blumea balsamifera* (L.) DC.	被子植物	药用价值、经济价值
579	菊科	白酒草属	小蓬草	*Conyza canadensis* (L.) Cronq.	被子植物	药用价值、饲料价值
580	菊科	白酒草属	苏门白酒草	*Conyza sumatrensis* (Retz.) Walker	被子植物	药用价值
581	菊科	秋英属	秋英	*Cosmos bipinnata* Cav.	被子植物	药用价值、观赏价值
582	菊科	秋英属	黄秋英	*Cosmos sulphureus* Cav.	被子植物	观赏价值
583	菊科	野茼蒿属	蓝花野茼蒿	*Crassocephalum rubens* (Jussieu ex Jacquin) S. Moore	被子植物	无
584	菊科	野茼蒿属	野茼蒿	*Crassocephalum crepidioides* (Benth.) S. Moore	被子植物	药用价值、食用价值
585	菊科	醴肠属	醴肠	*Eclipta prostrata* (L.) L.	被子植物	药用价值、食用价值
586	菊科	地胆草属	地胆草	*Elephantopus scaber* L.	被子植物	药用价值
587	菊科	一点红属	小一点红	*Emilia prenanthoidea* DC.	被子植物	药用价值
588	菊科	一点红属	一点红	*Emilia sonchifolia* (L.) DC.	被子植物	药用价值
589	菊科	菊芹属	梁子菜	*Erechtites hieracifolia* (L.) Raf. ex DC.	被子植物	食用价值
590	菊科	飞蓬属	飞蓬	*Erigeron acer* L.	被子植物	药用价值、观赏价值
591	菊科	泽兰属	破坏草	*Eupatorium coelestinum* L.	被子植物	药用价值、经济价值、饲料价值
592	菊科	泽兰属	飞机草	*Eupatorium odoratum* L.	被子植物	药用价值
593	菊科	泥胡菜属	泥胡菜	*Hemistepta lyrata* (Bunge) Bunge	被子植物	药用价值
594	菊科	假泽兰属	微甘菊	*Mikania micrantha*	被子植物	无
595	菊科	假臭草属	假臭草	*Praxelis clematidea*	被子植物	无

序号	科名	属名	种名	拉丁学名	植物属性	用途类型
596	菊科	苦苣菜属	苦苣菜	*Sonchus oleraceus* L.	被子植物	药用价值
597	菊科	金钮扣属	金钮扣	*Spilanthes paniculata* Wall. ex DC.	被子植物	药用价值
598	菊科	金腰箭属	金腰箭	*Synedrella nodiflora* (L.) Gaertn.	被子植物	药用价值
599	菊科	肿柄菊属	肿柄菊	*Tithonia diversifolia* A. Gray	被子植物	药用价值
600	菊科	羽芒菊属	羽芒菊	*Tridax procumbens* L.	被子植物	药用价值、饲料价值
601	菊科	斑鸠菊属	夜香牛	*Vernonia cinerea* (L.) Less.	被子植物	药用价值
602	菊科	斑鸠菊属	咸虾花	*Vernonia patula* (Dryand.) Merr.	被子植物	药用价值
603	菊科	蟛蜞菊属	蟛蜞菊	*Wedelia chinensis* (Osbeck.) Merr.	被子植物	药用价值
604	百合科	芦荟属	芦荟	*Aloe vera* var. *chinensis* (Haw.) Berg	被子植物	药用价值、食用价值
605	百合科	山菅属	山菅	*Dianella ensifolia* (L.) DC.	被子植物	药用价值
606	百合科	竹根七属	长叶竹根七	*Disporopsis longifolia* Craib	被子植物	药用价值
607	百合科	万寿竹属	万寿竹	*Disporum cantoniense* (Lour.) Merr.	被子植物	药用价值
608	百合科	龙血树属	龙血树	*Dracaena draco*	被子植物	药用价值、观赏价值
609	百合科	龙血树属	香龙血树	*Dracaena fragrans*	被子植物	观赏价值
610	百合科	龙血树属	金心香龙血树	*Dracaena fragrans* cv. Massangean.	被子植物	观赏价值
611	百合科	龙血树属	油点木	*Dracaena surculosa* Maculata	被子植物	观赏价值
612	百合科	玉簪属	紫玉簪	*Hosta albo-marginata* (Hook.) Ohwi	被子植物	药用价值、观赏价值
613	百合科	假百合属	假百合	*Notholirion bulbuliferum* (Lingelsh.) Stearn	被子植物	药用价值
614	百合科	黄精属	黄精	*Polygonatum sibiricum*	被子植物	药用价值、食用价值、经济价值、观赏价值
615	百合科	虎尾兰属	金边虎尾兰	*Sansevieria trifasciata* Prain var. *laurentii* (De Wildem.) N. E. Brown	被子植物	药用价值、观赏价值
616	百合科	菝葜属	尖叶菝葜	*Smilax arisanensis*	被子植物	无
617	百合科	菝葜属	菝葜	*Smilax china*	被子植物	药用价值、经济价值
618	百合科	菝葜属	土茯苓	*Smilax glabra*	被子植物	药用价值、食用价值
619	百合科	菝葜属	黑果菝葜	*Smilax glaucochina*	被子植物	食用价值
620	百合科	菝葜属	粉背菝葜	*Smilax hypoglauca*	被子植物	无
621	百合科	菝葜属	马甲菝葜	*Smilax lanceifolia*	被子植物	无
622	百合科	菝葜属	抱茎菝葜	*Smilax ocreata*	被子植物	无
623	百合科	菝葜属	穿鞘菝葜	*Smilax perfoliata*	被子植物	无
624	百部科	百部属	细花百部	*Stemona parviflora*	被子植物	药用价值
625	百部科	百部属	大百部	*Stemona tuberosa*	被子植物	药用价值

序号	科名	属名	种名	拉丁学名	植物属性	用途类型
626	石蒜科	文殊兰属	文殊兰	*Crinum asiaticum* L. var. *sinicum* (Roxb. ex Herb.) Baker	被子植物	药用价值、观赏价值
627	石蒜科	仙茅属	大叶仙茅	*Curculigo capitulata* (Lour.) O. Ktze.	被子植物	药用价值、观赏价值
628	石蒜科	仙茅属	仙茅	*Curculigo orchioides* Gaertn.	被子植物	药用价值
629	石蒜科	朱顶红属	朱顶红	*Hippeastrum rutilum* (Ker-Gawl.) Herb.	被子植物	观赏价值
630	石蒜科	水鬼蕉属	水鬼蕉	*Hymenocallis littoralis* (Jacq.) Salisb.	被子植物	药用价值、观赏价值
631	薯蓣科	薯蓣属	参薯	*Dioscorea alata* L.	被子植物	药用价值、食用价值
632	薯蓣科	薯蓣属	三叶薯蓣	*Dioscorea arachidna* Prain et Burkill	被子植物	无
633	薯蓣科	薯蓣属	黄独	*Dioscorea bulbifera* L.	被子植物	药用价值
634	薯蓣科	薯蓣属	山薯	*Dioscorea fordii* Prain et Burkill	被子植物	药用价值、食用价值
635	薯蓣科	薯蓣属	白薯莨	*Dioscorea hispida* Dennst.	被子植物	药用价值、食用价值
636	薯蓣科	薯蓣属	日本薯蓣	*Dioscorea japonica* Thunb.	被子植物	药用价值、食用价值
637	薯蓣科	薯蓣属	薯蓣	*Dioscorea opposita* Thunb.	被子植物	药用价值、食用价值
638	薯蓣科	薯蓣属	五叶薯蓣	*Dioscorea pentaphylla* L.	被子植物	药用价值
639	薯蓣科	薯蓣属	褐苞薯蓣	*Dioscorea persimilis* Prain et Burkill	被子植物	药用价值
640	薯蓣科	薯蓣属	卷须状薯蓣	*Dioscorea tentaculigera* Prain et Burkill	被子植物	无
641	水玉簪科	水玉簪属	三品一枝花	*Burmannia coelestis* D. Don	被子植物	药用价值
642	灯心草科	灯心草属	笄石菖	*Juncus prismatocarpus* R. Br.	被子植物	无
643	凤梨科	凤梨属	凤梨	*Ananas comosus*	被子植物	药用价值、食用价值、经济价值
644	鸭跖草科	鸭跖草属	饭包草	*Commelina bengalensis*	被子植物	药用价值
645	鸭跖草科	鸭跖草属	鸭跖草	*Commelina communis*	被子植物	药用价值
646	鸭跖草科	鸭跖草属	节节草	*Commelina diffusa* Burm. f.	被子植物	药用价值、经济价值
647	鸭跖草科	鸭跖草属	大苞鸭跖草	*Commelina paludosa*	被子植物	药用价值
648	鸭跖草科	蓝耳草属	蛛丝毛蓝耳草	*Cyanotis arachnoidea* C. B. Clarke	被子植物	药用价值
649	鸭跖草科	水竹叶属	根茎水竹叶	*Murdannia hookeri* (C. B. Clarke) Bruckn.	被子植物	无
650	鸭跖草科	水竹叶属	水竹叶	*Murdannia triquetra* (Wall.) Bruckn.	被子植物	药用价值、食用价值、饲料价值
651	鸭跖草科	紫万年青属	紫背万年青	*Rhoeo discolor* Hance.	被子植物	观赏价值
652	禾本科	荩草属	荩草	*Arthraxon hispidus* (Thunb.) Makino	被子植物	药用价值
653	禾本科	地毯草属	地毯草	*Axonopus compressus* (Sw.) Beauv.	被子植物	饲料价值、生态价值
654	禾本科	蒺藜草属	蒺藜草	*Cenchrus echinatus* L.	被子植物	饲料价值

序号	科名	属名	种名	拉丁学名	植物属性	用途类型
655	禾本科	酸模芒属	酸模芒	*Centotheca lappacea*	被子植物	药用价值
656	禾本科	寒竹属	方竹	*Chimonobambusa quadrangularis* (Fenzi) Makino	被子植物	食用价值、经济价值、观赏价值
657	禾本科	虎尾草属	孟仁草	*Chloris barbata* Sw.	被子植物	无
658	禾本科	虎尾草属	虎尾草	*Chloris virgata* Sw.	被子植物	饲料价值
659	禾本科	金须茅属	竹节草	*Chrysopogon aciculatus* (Retz.) Trin.	被子植物	生态价值
660	禾本科	狗牙根属	狗牙根	*Cynodon dactylon* (L.) Pers.	被子植物	药用价值、饲料价值、生态价值
661	禾本科	弓果黍属	弓果黍	*Cyrtococcum patens* (L.) A. Camus	被子植物	观赏价值
662	禾本科	龙爪茅属	龙爪茅	*Dactyloctenium aegyptium* (L.) Beauv.	被子植物	药用价值
663	禾本科	马唐属	毛马唐	*Digitaria chrysoblephara* Fig.	被子植物	饲料价值
664	禾本科	马唐属	升马唐	*Digitaria ciliaris* (Retz.) Koel.	被子植物	饲料价值
665	禾本科	马唐属	马唐	*Digitaria sanguinalis* (L.) Scop.	被子植物	药用价值、饲料价值、生态价值
666	禾本科	马唐属	紫马唐	*Digitaria violascens* Link	被子植物	无
667	禾本科	稗属	无芒稗	*Echinochloa crusgalli* (L.) Beauv. var. *mitis* (Pursh) Peterm.	被子植物	无
668	禾本科	穇属	牛筋草	*Eleusine indica* (L.) Gaertn.	被子植物	药用价值、饲料价值、生态价值
669	禾本科	披碱草属	披碱草	*Elymus dahuricus* Turcz.	被子植物	饲料价值、生态价值
670	禾本科	画眉草属	知风草	*Eragrostis ferruginea* (Thunb.) Beauv.	被子植物	药用价值、饲料价值、生态价值
671	禾本科	羊茅属	高羊茅	*Festuca elata* Keng ex E. Alexeev	被子植物	观赏价值
672	禾本科	牛鞭草属	扁穗牛鞭草	*Hemarthria compressa* (L. f.) R. Br.	被子植物	饲料价值
673	禾本科	白茅属	白茅	*Imperata cylindrica* (L.) Beauv.	被子植物	药用价值
674	禾本科	白茅属	大白茅	*Imperata cylindrica* var. *major*	被子植物	无
675	禾本科	箬竹属	阔叶箬竹	*Indocalamus latifolius* (Keng) McClure	被子植物	经济价值、生态价值
676	禾本科	鸭嘴草属	细毛鸭嘴草	*Ischaemum indicum* (Houtt.) Merr.	被子植物	饲料价值
677	禾本科	淡竹叶属	淡竹叶	*Lophatherum gracile*	被子植物	药用价值、饲料价值
678	禾本科	芒属	芒	*Miscanthus sinensis* Anderss.	被子植物	经济价值
679	禾本科	求米草属	竹叶草	*Oplismenus compositus* (L.) Beauv.	被子植物	药用价值
680	禾本科	露籽草属	露籽草	*Ottochloa nodosa* (Kunth) Dandy	被子植物	无
681	禾本科	黍属	短叶黍	*Panicum brevifolium* L.	被子植物	无
682	禾本科	黍属	细柄黍	*Panicum psilopodium* Trin.	被子植物	无
683	禾本科	雀稗属	两耳草	*Paspalum conjugatum* Berg.	被子植物	饲料价值

序号	科名	属名	种名	拉丁学名	植物属性	用途类型
684	禾本科	雀稗属	圆果雀稗	*Paspalum orbiculare* Forst.	被子植物	药用价值、饲料价值
685	禾本科	雀稗属	双穗雀稗	*Paspalum paspaloides* (Michx.) Scribn.	被子植物	无
686	禾本科	雀稗属	雀稗	*Paspalum thunbergii* Kunth ex Steud.	被子植物	无
687	禾本科	狼尾草属	狼尾草	*Pennisetum alopecuroides* (L.) Spreng.	被子植物	经济价值、饲料价值、生态价值
688	禾本科	狼尾草属	象草	*Pennisetum purpureum* Schum.	被子植物	经济价值、饲料价值、生态价值
689	禾本科	狼尾草属	牧地狼尾草	*Pennisetum setosum* (Swartz) Rich.	被子植物	药用价值、经济价值、饲料价值、生态价值
690	禾本科	显子草属	显子草	*Phaenosperma globosa* Munro ex Benth.	被子植物	药用价值
691	禾本科	芦苇属	芦苇	*Phragmites australis* (Cav.) Trin. ex Steud.	被子植物	药用价值、经济价值、饲料价值、生态价值
692	禾本科	红毛草属	红毛草	*Rhynchelytrum repens* (Willd.) Hubb.	被子植物	药用价值
693	禾本科	甘蔗属	斑茅	*Saccharum arundinaceum* Retz.	被子植物	经济价值、饲料价值、生态价值
694	禾本科	狗尾草属	莠狗尾草	*Setaria geniculata* (Lam.) Beauv.	被子植物	药用价值、饲料价值
695	禾本科	狗尾草属	棕叶狗尾草	*Setaria palmifolia* (Koen.) Stapf	被子植物	药用价值、食用价值
696	禾本科	狗尾草属	皱叶狗尾草	*Setaria plicata* (Lam.) T. Cooke	被子植物	食用价值
697	禾本科	狗尾草属	狗尾草	*Setaria viridis* (L.) Beauv.	被子植物	药用价值、饲料价值
698	禾本科	鼠尾粟属	鼠尾粟	*Sporobolus fertilis* (Steud.) W. D. Clayt.	被子植物	药用价值
699	禾本科	泰竹属	泰竹	*Thyrsostachys siamensis* (Kurz ex Munro) Gamble	被子植物	食用价值、经济价值、观赏价值
700	禾本科	粽叶芦属	粽叶芦	*Thysanolaena maxima*	被子植物	食用价值、经济价值、观赏价值
701	棕榈科	槟榔属	槟榔	*Areca catechu* L.	被子植物	药用价值、经济价值
702	棕榈科	省藤属	白藤	*Calamus tetradactylus* Hance	被子植物	经济价值
703	棕榈科	省藤属	毛鳞省藤	*Calamus thysanolepis* Hance	被子植物	经济价值
704	棕榈科	省藤属	柳条省藤	*Calamus viminalis* Willd.	被子植物	经济价值、观赏价值
705	棕榈科	鱼尾葵属	短穗鱼尾葵	*Caryota mitis* Lour.	被子植物	食用价值
706	棕榈科	鱼尾葵属	单穗鱼尾葵	*Caryota monostachya* Becc.	被子植物	经济价值、观赏价值
707	棕榈科	鱼尾葵属	鱼尾葵	*Caryota ochlandra* Hance	被子植物	药用价值、经济价值、观赏价值
708	棕榈科	散尾葵属	散尾葵	*Chrysalidocarpus lutescens* H. Wendl.	被子植物	观赏价值

序号	科名	属名	种名	拉丁学名	植物属性	用途类型
709	棕榈科	椰子属	椰子	*Cocos nucifera* L.	被子植物	药用价值、食用价值、经济价值、观赏价值
710	棕榈科	油棕属	油棕	*Elaeis guineensis* Jacq.	被子植物	食用价值、经济价值
711	棕榈科	轴榈属	东方轴榈	*Licuala robinsoniana*	被子植物	无
712	棕榈科	蒲葵属	蒲葵	*Livistona chinensis* (Jacq.) R. Br.	被子植物	药用价值、经济价值、观赏价值
713	棕榈科	棕竹属	棕竹	*Rhapis excelsa* (Thunb.) Henry ex Rehd.	被子植物	药用价值、观赏价值
714	天南星科	海芋属	尖尾芋	*Alocasia cucullata*	被子植物	药用价值
715	天南星科	海芋属	箭叶海芋	*Alocasia longiloba*	被子植物	药用价值、饲料价值、观赏价值
716	天南星科	海芋属	海芋	*Alocasia macrorrhiza*	被子植物	药用价值
717	天南星科	磨芋属	滇磨芋	*Amorphophallus yunnanensis* Engl.	被子植物	无
718	天南星科	磨芋属	东川磨芋	*Amorphophallus mairei* Levl.	被子植物	药用价值、食用价值、经济价值
719	天南星科	天南星属	天南星	*Arisaema heterophyllum* Blume	被子植物	药用价值、经济价值
720	天南星科	天南星属	山珠南星	*Arisaema yunnanense* Buchet	被子植物	药用价值、饲料价值
721	天南星科	五彩芋属	五彩芋	*Caladium bicolor* (Ait.) Vent.	被子植物	药用价值
722	天南星科	芋属	野芋	*Colocasia antiquorum* Schott	被子植物	药用价值
723	天南星科	芋属	芋	*Colocasia esculenta* (L) . Schott	被子植物	药用价值、食用价值、饲料价值、经济价值
724	天南星科	芋属	大野芋	*Colocasia gigantea* (Blume) Hook. f.	被子植物	药用价值
725	天南星科	芋属	紫芋	*Colocasia tonoimo* Nakai	被子植物	食用价值
726	天南星科	麒麟叶属	绿萝	*Epipremnum aureum*	被子植物	观赏价值、生态价值
727	天南星科	石柑属	白足藤	*Pothos repens*	被子植物	药用价值、饲料价值
728	大南星科	石柑属	螳螂跌打	*Pothos scandens*	被子植物	药用价值、食用价值
729	天南星科	崖角藤属	爬树龙	*Rhaphidophora decursiva*	被子植物	药用价值
730	天南星科	合果芋属	合果芋	*Syngonium podophyllum* Schott	被子植物	观赏价值、生态价值
731	天南星科	犁头尖属	犁头尖	*Typhonium divaricatum* (L.) Decne.	被子植物	药用价值
732	露兜树科	露兜树属	露兜草	*Pandanus austrosinensis* T. L. Wu	被子植物	食用价值
733	莎草科	薹草属	青绿薹草	*Carex breviculmis* R. Br.	被子植物	观赏价值
734	莎草科	薹草属	隐穗薹草	*Carex cryptostachys* Brongn.	被子植物	无
735	莎草科	莎草属	碎米莎草	*Cyperus iria* L.	被子植物	无

续表

序号	科名	属名	种名	拉丁学名	植物属性	用途类型
736	莎草科	莎草属	异型莎草	*Cyperus difformis* L.	被子植物	药用价值
737	莎草科	莎草属	多脉莎草	*Cyperus diffusus* Vahl	被子植物	无
738	莎草科	莎草属	畦畔莎草	*Cyperus haspan* L.	被子植物	药用价值
739	莎草科	莎草属	茳芏	*Cyperus malaccensis* Lam.	被子植物	经济价值、生态价值
740	莎草科	莎草属	具芒碎米莎草	*Cyperus microiria* Steud.	被子植物	无
741	莎草科	飘拂草属	两歧飘拂草	*Fimbristylis dichotoma* (L.) Vahl	被子植物	无
742	莎草科	飘拂草属	水虱草	*Fimbristylis miliacea* (L.) Vahl	被子植物	药用价值
743	莎草科	飘拂草属	细叶飘拂草	*Fimbristylis polytrichoides* (Retz.) Vahl	被子植物	无
744	莎草科	水莎草属	水莎草	*Juncellus serotinus* (Rottb.) C. B. Clarke	被子植物	药用价值
745	莎草科	水蜈蚣属	单穗水蜈蚣	*Kyllinga monocephala* Rottb.	被子植物	药用价值
746	莎草科	水蜈蚣属	三头水蜈蚣	*Kyllinga triceps* Rottb.	被子植物	无
747	莎草科	砖子苗属	砖子苗	*Mariscus umbellatus* Vahl	被子植物	药用价值
748	莎草科	珍珠茅属	华珍珠茅	*Scleria chinensis* Kunth	被子植物	无
749	莎草科	珍珠茅属	毛果珍珠茅	*Scleria herbecarpa* Nees	被子植物	药用价值
750	芭蕉科	蝎尾蕉属	鹦鹉蝎尾蕉	*Heliconia psittacorum* L.f.	被子植物	观赏价值
751	芭蕉科	芭蕉属	香蕉	*Musa nana*	被子植物	药用价值、食用价值、经济价值
752	姜科	山姜属	华山姜	*Alpinia chinensis* (Retz.) Rosc.	被子植物	药用价值、经济价值
753	姜科	山姜属	红豆蔻	*Alpinia galanga* (L.) Willd.	被子植物	药用价值
754	姜科	山姜属	益智	*Alpinia oxyphylla* Miq.	被子植物	药用价值
755	姜科	闭鞘姜属	闭鞘姜	*Costus speciosus*	被子植物	药用价值
756	姜科	闭鞘姜属	光叶闭鞘姜	*Costus tonkinensis*	被子植物	药用价值
757	姜科	姜黄属	姜黄	*Curcuma longa* L.	被子植物	药用价值、经济价值
758	姜科	姜黄属	莪术	*Curcuma zedoaria* (Christm.) Rosc.	被子植物	药用价值、经济价值
759	姜科	舞花姜属	舞花姜	*Globba racemosa* Smith	被子植物	观赏价值
760	姜科	姜花属	姜花	*Hedychium coronarium* Koen.	被子植物	药用价值、经济价值、观赏价值
761	姜科	山柰属	紫花山柰	*Kaempferia elegans* (Wall.) Bak.	被子植物	无
762	姜科	山柰属	山柰	*Kaempferia galanga* L.	被子植物	药用价值、食用价值、经济价值
763	姜科	姜属	珊瑚姜	*Zingiber corallinum* Hance	被子植物	药用价值
764	姜科	姜属	姜	*Zingiber officinale* Rosc.	被子植物	药用价值、食用价值、经济价值
765	姜科	姜属	阳荷	*Zingiber striolatum* Diels	被子植物	经济价值

序号	科名	属名	种名	拉丁学名	植物属性	用途类型
766	姜科	姜属	红球姜	*Zingiber zerumbet* (L.) Smith	被子植物	药用价值、食用价值、经济价值
767	美人蕉科	美人蕉属	美人蕉	*Canna indica* L.	被子植物	药用价值、经济价值、观赏价值
768	竹芋科	竹芋属	竹芋	*Maranta arundinacea* L.	被子植物	药用价值、食用价值
769	竹芋科	竹芋属	花叶竹芋	*Maranta bicolor* Ker	被子植物	观赏价值
770	竹芋科	柊叶属	柊叶	*Phrynium capitatum* Willd.	被子植物	药用价值、食用价值
771	兰科	石豆兰属	梳帽卷瓣兰	*Bulbophyllum andersonii* (Hook. f.) J. J. Smith	被子植物	观赏价值
772	兰科	虾脊兰属	虾脊兰	*Calanthe discolor* Lindl.	被子植物	药用价值、观赏价值
773	兰科	兰属	硬叶兰	*Cymbidium bicolor* Lindl.	被子植物	药用价值、观赏价值
774	兰科	石斛属	流苏石斛	*Dendrobium fimbriatum* Hook.	被子植物	观赏价值
775	兰科	石斛属	石斛	*Dendrobium nobile* Lindl.	被子植物	药用价值、食用价值、观赏价值
776	兰科	蝴蝶兰属	蝴蝶兰	*Phalaenopsis aphrodite* Rchb. F.	被子植物	观赏价值
777	兰科	寄树兰属	寄树兰	*Robiquetia succisa* (Lindl.) Seidenf. et Garay	被子植物	药用价值
778	兰科	带叶兰属	带叶兰	*Taeniophyllum glandulosum* Bl.	被子植物	无

附图　团队成员工作照片及与国外相关单位合影

图1　团队成员与国际热带农业中心（越南分中心）合影

图2　越南橡胶园中的老胶树

图3　越南橡胶园中部分产量高的树放置2个收胶碗

图 4　越南胶园的收胶碗普遍较大

图 5　越南部分胶园割胶位置很高

图 6　团队成员与越南当地胶工
　　　交流割胶技术

图 7　团队成员在越南北部调查橡胶林植物多样性

图 8　越南大部分橡胶园植物多样性较低

图 9　团队成员与柬埔寨橡胶研究所交流籽苗芽接技术

图 10　与柬埔寨橡胶研究所进行交流

图 11　柬埔寨橡胶园

图 12　柬埔寨滂湛省橡胶园收胶站

图 13　团队成员在老挝开展野外调研活动

图 14　团队成员与柬埔寨橡胶所科技人员合影

图 15　团队成员与老挝农林部农林科学院合影

图 16　团队成员调查云橡集团在老挝的橡胶园

图 17　团队成员调查老挝橡胶园植物多样性

图 18　团队成员与泰国橡胶研究局进行交流

图 19　泰国南部橡胶园林下植物之十万错

图 20　泰国橡胶园附生的鹿角蕨

图 21　泰国橡胶园内林下养鱼

图 22　团队成员在泰国调查植物多样性

图 23　泰国橡胶园中的姜科植物

图 24　团队成员在泰国橡胶园合影

图 25　团队成员在泰国橡胶研究所合影

图 26　团队成员与缅甸多年生作物研究所
科研人员合影

图 27　团队成员与缅甸橡胶种植户合影

图 28　缅甸北部的柚木林长势较好

图 29　缅甸丹老老龄橡胶园

图 30　缅甸胶园内当地人住的房屋

图 31　缅甸南部的橡胶树
（疫霉病导致落叶）

图 32　缅甸引种的第一株
橡胶树（百年橡胶树）

图 33　缅甸橡胶园中的实生树

图 34　团队成员在缅甸开展橡胶林植物多样性调查

图 35　团队成员在缅甸多年生作物研究所门口合影

图 36　团队成员在缅甸橡胶园中留影

致 谢

本次大规模调查得到了外交部澜沧江-湄公河国际合作项目——澜沧江-湄公河区域种植橡胶对生物多样的影响（081720203994192003）项目的支持。本书出版得到了现代农业产业技术体系建设专项资金——国家天然橡胶产业技术体系建设——（CARS-34-ZP3）、国家自然科学基金项目基于高通量测序技术的海南典型热带森林土壤细菌群落构建机制（31770661）、海南省重点研发项目——基于宏基因组学的海南典型热带森林土壤微生物多样性及功能研究（ZDYF2019145）、农业农村部儋州热带作物科学观测实验站运行费等项目的资助。植物野外调查得到了泰国橡胶研究局、缅甸多年生作物研究所、柬埔寨橡胶研究所、越南农业大学、云橡集团等的帮助，在此表示感谢。